中国科学院科学出版基金资助出版

现代数学基础丛书 147

零过多数据的统计分析及其应用

解锋昌 韦博成 林金官 著

科学出版社
北京

内 容 简 介

本书系统介绍ZI数据和相关ZI模型的统计推断原理、方法和应用. 内容主要包括: ZI模型参数的极大似然估计、Bayes估计、基于经典方法的影响诊断、基于K-L距离的Bayes影响诊断、ZI参数和散度参数的假设检验、ZI随机效应模型参数的极大似然和Bayes估计、基于经典方法的影响诊断、基于K-L距离的Bayes影响诊断、回归系数和散度参数的假设检验、方差成分检验、ZI模型及相应的随机效应模型中与均值函数有关的协变量函数形式和联系函数形式的误判检验等.

本书可作为理工科应用统计、公共卫生、生物医学、经济学、生命科学、社会学专业大学生和研究生的教学参考书, 亦可供相关专业的教师、科技人员和统计工作者参考.

图书在版编目(CIP)数据

零过多数据的统计分析及其应用/谢锋昌, 韦博成, 林金官著.
—北京: 科学出版社, 2013
(现代数学基础丛书; 147)
ISBN 978-7-03-037283-3

I. ①零… II. ①谢… ②韦… ③林… III. ①统计分析 IV. ①O212.1

中国版本图书馆CIP数据核字(2013) 第072232号

责任编辑: 陈玉琢 / 责任校对: 张怡君
责任印制: 钱玉芬 / 封面设计: 陈 敬

科学出版社 出版
北京东黄城根北街16号
邮政编码: 100717
http://www.sciencep.com

北京凌奇印刷有限责任公司 印刷

科学出版社发行 各地新华书店经销
*
2013年4月第 一 版 开本: B5(720×1000)
2013年4月第一次印刷 印张: 14 1/4
字数: 269 000

POD定价: 88.00元
(如有印装质量问题, 我社负责调换)

《现代数学基础丛书》序

对于数学研究与培养青年数学人才而言，书籍与期刊起着特殊重要的作用．许多成就卓越的数学家在青年时代都曾钻研或参考过一些优秀书籍，从中汲取营养，获得教益．

20世纪70年代后期，我国的数学研究与数学书刊的出版由于文化大革命的浩劫已经破坏与中断了 10 余年，而在这期间国际上数学研究却在迅猛地发展着．1978 年以后，我国青年学子重新获得了学习、钻研与深造的机会．当时他们的参考书籍大多还是50年代甚至更早期的著述．据此，科学出版社陆续推出了多套数学丛书，其中《纯粹数学与应用数学专著》丛书与《现代数学基础丛书》更为突出，前者出版约40卷，后者则逾80卷．它们质量甚高，影响颇大，对我国数学研究、交流与人才培养发挥了显著效用．

《现代数学基础丛书》的宗旨是面向大学数学专业的高年级学生、研究生以及青年学者，针对一些重要的数学领域与研究方向，作较系统的介绍．既注意该领域的基础知识，又反映其新发展，力求深入浅出，简明扼要，注重创新．

近年来，数学在各门科学、高新技术、经济、管理等方面取得了更加广泛与深入的应用，还形成了一些交叉学科．我们希望这套丛书的内容由基础数学拓展到应用数学、计算数学以及数学交叉学科的各个领域．

这套丛书得到了许多数学家长期的大力支持，编辑人员也为其付出了艰辛的劳动．它获得了广大读者的喜爱．我们诚挚地希望大家更加关心与支持它的发展，使它越办越好，为我国数学研究与教育水平的进一步提高做出贡献．

杨　乐

2003 年 8 月

前　　言

在公共卫生、生物医学、经济、保险精算、道路安全、制造业和农业等众多领域都存在大量的计数数据. 为了分析这类数据, 常常借助于经典的离散广义线性模型. 然而在实际问题的计数数据中, 往往会含有大量超过标准模型能够预测的取值为零的数据, 称此类数据为零过多 (zero-inflated, 简记为 ZI) 数据, 此时, 标准离散分布可能不再适合分析它们. 取而代之, 近年来兴起的 ZI 模型成为分析零过多数据的有效方法, 受到人们越来越多的重视, 是当今统计学的热点问题之一, 其研究在理论上、应用上都有十分重要的意义.

但是迄今为止, 国内外尚未见到系统介绍这一内容的著作, 本书就是希望填补这方面的空白, 向读者系统介绍零过多数据的统计分析方法及其应用价值. ZI 模型是经典离散模型的推广和发展, 而随着计算机的快速发展和实际数据复杂化程度的提高, 一些适应性更广但比标准离散模型更复杂的模型受到理论和应用工作者越来越多的重视, 诸如负二项模型、双泊松模型、广义泊松模型等. 基于此, 本书首先系统介绍 ZI 数据的基本概念和实际背景以及基本 ZI 模型 (ZI 泊松模型、ZI 二项模型等) 的统计分析方法. 在此基础上, 本书着重介绍更复杂的 ZI 模型的基本理论和实际应用, 其中包括 ZI 负二项模型、ZI 广义线性模型、ZI 广义泊松模型、ZI 双泊松模型等. 其次, 本书系统介绍这些模型的极大似然估计及其 EM 算法、ZI 参数的存在性检验、散度参数和方差成分检验、模型中均值函数的误判检验、全局影响分析和局部影响分析、ZI 数据的 Bayes 统计分析及其马尔可夫链蒙特卡罗 (Markov chain Monte Carlo, MCMC) 算法等问题, 其中也包括作者近年来在零过多数据方面的工作. 本书在详细介绍有关统计理论和方法的同时, 还重点介绍这些理论和方法在公共卫生、生物医学、经济学、保险精算和农业等领域中的具体应用.

本书共分 5 章. 第 1 章引入 ZI 数据的概念, 并基于实际问题介绍一般的 ZI 计数数据和带有重复测量的 ZI 计数数据, 同时为了使读者对 ZI 模型有比较好的了解, 本章还介绍本书涉及的主要分布及其相关性质. 第 2 章介绍 ZI 泊松模型、ZI 二项模型、ZI 负二项模型和 ZI 广义线性模型等几个经典模型的参数估计、ZI 参数的假设检验、统计诊断等问题. 第 3 章研究广义 ZI 泊松回归模型的参数估计、全局影响分析、局部影响分析、ZI 参数和散度参数的存在性检验和齐性检验以及基于累加残差方法的均值函数的误判检验问题. 第 4 章研究广义 ZI 泊松随机效应模型的参数估计, 同时基于最佳线性无偏预测 (BLUP) 型的对数似然函数研究模型的统计诊断、ZI 参数的 score 检验、回归系数和散度参数的存在性检验、散度参数的齐性检验、基于梯度检验方法的方差成分检验以及基于累加残差方法的均值函数的误判检验等问题. 第 5 章研究广义 ZI 泊松模型及相应混合效应模型的 Bayes 方法, 其中包括 Bayes 估计、Gibbs 抽样、Metropolis-Hastings 算法, 以及基于 Kullback-Leibler 距离的 Bayes 影响分析. 本书每一章都附有较多的应用实例, 并注重介绍数值计算方法和模拟研究的结果.

本书在写作过程中, 自始至终得到科学出版社的关心与帮助, 特别要感谢数理分社的陈玉琢编辑, 她对本书的写作、审定与出版都给予了大力的支持与帮助. 在本书写作过程中, 参考了国内外许多文献, 受益匪浅, 一并对这些文献作者表示衷心的感谢! 同时也要感谢中国科学院科学出版基金、教育部人文社会科学规划基金项目 (11YJA910004)、国家自然科学基金 (11171065, 11271193)、江苏省自然科学基金 (BK2011058) 和江苏省高校自然科学研究计划项目 (11KJB110005) 的资助.

由于作者水平有限, 难免有不妥之处, 恳请同行专家和广大读者提出批评和建议.

作　者

2012 年 7 月于南京

目　录

第 1 章　零过多数据及预备知识

在公共卫生、生物医学、经济学、保险精算、道路安全、保险和农业等众多领域, 都存在大量的计数数据. 为了分析这类数据, 研究者常利用经典的离散分布, 如泊松分布、二项分布或负二项分布等建立模型. 然而, 在实际问题的计数数据中, 往往会出现大量过多取值为零的现象, 如调查人们一天中吸烟的数量时, 其中吸烟 0 支, 即不吸烟的人很多; 研究某药品服用后产生的不良反应的次数时, 其中不良反应次数为 0, 即无不良反应的人很多; 等等. 其中 0 的个数要明显多于泊松、二项或负二项等标准离散分布随机产生的个数, 我们称此现象为零过多 (zero-inflated, ZI) 现象, 此时, 通常的离散分布将不再适合用来刻画它们. 近年来兴起的 ZI 模型成为分析零过多数据的有效方法, 受到人们越来越广泛的重视, 是当今统计学的热点问题之一, 其研究在理论上、应用上都有十分重要的意义. 本书将系统介绍如何对这类数据进行有效的统计推断. 此外为了更加深入有效地研究问题, 计数数据常是通过重复测量得到的 (如果条件允许). 例如, 对若干试验者服用药品后, 每隔一定时间测量他们的不良反应次数, 测量多次, 则这批数据为典型的纵向计数数据. 当然, 这些重复测量数据的研究中也会产生零过多现象, 同时还会产生相关性 (见下一节例 5 和例 6), 本书也将详细介绍如何对这类重复测量的数据进行有效的统计推断. 另外, 随着计算机的快速发展和实际数据复杂化程度的增加, 一些适应性更广但比标准离散模型更复杂的模型受到理论和应用工作者越来越多的重视. 本书首先系统介绍基本的 ZI 模型 (ZI 泊松模型、ZI 二项模型等) 的统计分析方法, 并在此基础上着重介绍更复杂的 ZI 模型的基本理论和实际应用, 其中包括 ZI 负二项模型、ZI 广义线性模型、ZI 广义泊松模型、ZI 双泊松模型等, 这些都是更加有效、更加符合实际的 ZI 模型.

本章介绍 ZI 数据的实际背景及其有关的预备知识. 1.1 节通过两个实例阐述什么是零过多数据; 1.2 节介绍本书涉及不同领域的具体 ZI 数据案例; 1.3 节则介绍常见的经典离散分布. 这些都是本书后面介绍的模型和方法所需要的基础知识.

1.1　什么是零过多数据

近年来, 零过多数据的研究越来越受到理论和应用工作者的重视. 一般情况下, 零过多数据是相对于非零数据而言, 零的个数超过预期出现的数量. 以泊松分布为例, 假定有一组含零很多的计数数据, 其中包含非零数据和部分来自于泊松分布的零数据, 而余下的零数据则是额外得到的, 这种数据称为零过多数据, 其中额外得到的零在有些文献中也称为结构上的零. 实际上这些额外的零可以看成取值为零的退化总体产生的, 而其余的数据则可认为是非退化总体 (如泊松分布) 产生的. 因此, 零过多数据实际上是退化部分和非退化部分形成的混合分布产生的. 它既可以出现在连续数据中, 也可以出现在离散数据中, 如工业过程中产品的缺陷个数 (Lambert, 1992) (缺陷个数为零的很多)、园艺试验中使用杀虫剂后粉虱的存活数 (Hall and Zhang, 2004) (存活数为零的很多) 等 (参见 1.2 节). 另外, 与零过多数据对应的是零不足数据, 即零的数量比预期产生的数量少, 不过实际问题中这类数据不太常见. 本书主要研究带有零过多的离散数据 (也称为零过多计数数据).

对于零过多计数数据, Gupta 等于 1996 年曾经指出, 当观测到额外的取值为 0 的计数数据时, 如果我们仍用普通的泊松模型进行拟合, 则对于计数数据中取值较小的数据的预测将会产生较大误差. 以下是两个较典型的零过多数据的实例, 它们说明了普通泊松模型拟合时存在的缺陷.

例 1.1.1　HIV 数据(Broek, 1995).

该数据记录了 98 位 HIV 疾病感染者的尿道感染次数, 其频数分布见图 1.1.1. 从图 1.1.1 中可以看出感染 0 次的人特别多, 约占 82.6%, 这是一个典型的零过多数据. 由于是离散型数据, 通常可用泊松分布进行拟合, 其拟合结果见图 1.1.1(a). 但是由图 1.1.1(a) 可知, 其拟合效果很不理想. 图 1.1.1(a) 显示, 拟合预测感染 0 次的期望频数与实际观测频数有较大差距, 而且对于感染 1 次和 2 次的期望频数与观测频数也有很大差距. 因此说明, 应用普通泊松分布拟合 HIV 数据效果不好. 所以 Broek 建议用 ZIP 模型 (即 ZI 泊松模型, 见第 2 章) 拟合 HIV 数据, 其结果列于图 1.1.1(b). 由图 1.1.1(b) 可以看出, 经 ZIP 模型拟合, 由此获得的期望频数与实际观测频数都相当接近, 特别是对于感染 0 次的情形. 这表明用 ZIP 模型拟合 HIV 数据效果得到显著改进. 另外, 两个模型的拟合效果也可以通过 Pearson 拟合优度统计量 χ^2 进一步得到说明. 当 HIV 数据用普通泊松分布拟合时, $\chi^2 = 16.135$, 相应的 p 值为 0.0003, 表明拟合很不好; 而用 ZIP 分布拟合时, $\chi^2 = 1.3723$, 相应的 p 值为 0.2414, 表明拟合优度得到显著改进.

例 1.1.2　Accident 数据(Greenwood and Yule, 1920; Bohning, 1998) (女工事故数据).

该数据记录的是关于军工厂中 647 位女性工人发生事故的次数, 见图 1.1.2, 其中发生 0 次事故的人约占 70%, 这也是一个零过多数据. 与例 1.1.1 类似, 该数据若用泊松分布拟合 (图 1.1.2(a)), 其发生 0 次和 1 次事故的期望频数与实际观测频数差距均较大; 而用 ZIP 分布拟合时 (图 1.1.2(b)), 其差距明显变小. 另外, 用泊松分布拟合时, 其 Pearson 拟合优度统计量的 p 值小于 0.00001, 表明拟合很不好. 若用 ZIP 分布拟合, 则相应的 p 值为 0.0495, 表明拟合优度得到显著改进.

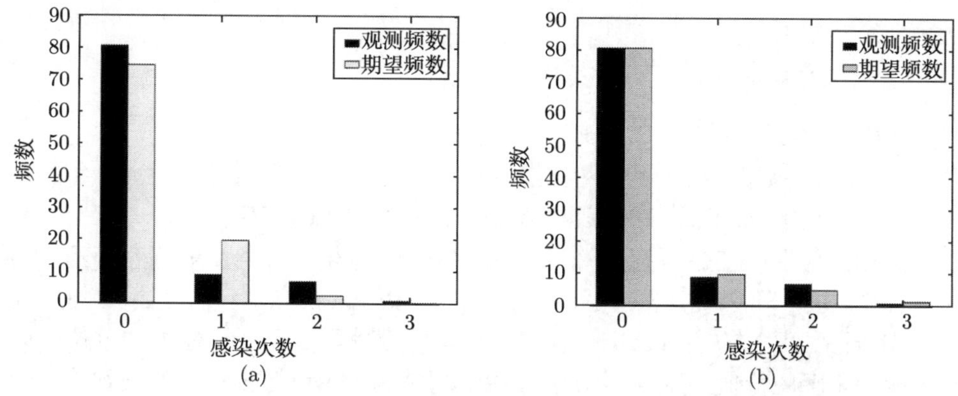

图 1.1.1 尿道感染的观测频数以及泊松和 ZIP 模型预测的期望频数

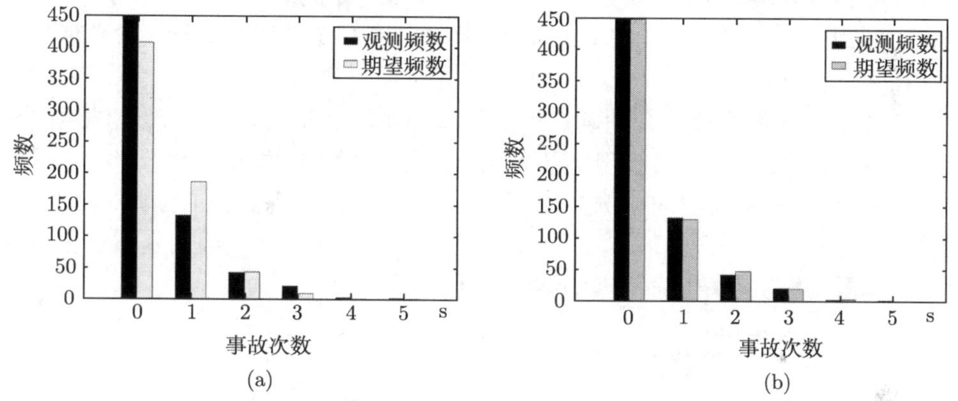

图 1.1.2 事故的观测频数以及泊松和 ZIP 模型预测的期望频数

例 1.1.1 和例 1.1.2 说明对于零过多数据, 由于实际数据与既定的传统模型之间可能存在比较大的偏离, 如果我们不考虑这种偏离, 仍然沿用经典的分析方法, 就可能导致错误的结论. 另外, 在计数数据中除了零过多现象外, 还常常出现偏大离差 (overdispersion) 或偏小离差 (underdispersion) 现象, 若忽视这种现象, 也会导致错误推断 (林金官, 2002). 在实际计数数据中, 零过多现象与偏大或偏小离差现象往往会同时存在, 后面将探讨如何建立适当的模型来同时刻画这两种现象.

1.2 零过多计数数据实际案例

除了 1.1 节介绍的两组零过多计数数据之外, 实际问题中还有很多类似的数据, 下面介绍几个来自不同领域的零过多计数数据, 本书后面各章将经常引用它们, 是阅读本书有关章节所必需的案例.

1. 机动车保险索赔数据

该保险索赔数据来自于 SAS Enterprise Miner 的数据库, 共有 10303 个原始观测数据, 由于大多数的数据记录不完整, Yip 和 Yau (2005) 仅考虑了最近一年中公司的保单持有人情况, 从而最终获得 2812 个有完整记录的客户.

该数据集包含的信息有索赔概况、保单细节、驾驶记录和保单持有人的详情等. 从索赔概况中可以确定每个投保人的索赔次数; 保单的细节中包含保单编号、客户识别号码、保单的生效日期、家庭或单位所处地区、往返于住处和单位的时间以及投保车辆的价值、种类、用法、颜色; 驾驶记录中包含投保人违规驾驶的记录和在过去七年里有无政府机构吊销保单持有人的驾照; 个人资料中包含性别、年龄、出生日期、婚姻状况、子女数目、每年的收入、工作类别和教育水平等情况. 在以上的信息中, 我们可以发现保单的细节、驾驶记录和个人资料可能包含着影响索赔经历的潜在风险因素.

我们知道, 索赔次数是合理确定保费的一个重要依据, 因此, 合理刻画索赔次数对车险业务保费的计算具有现实的意义. 这里的索赔次数从 0 到 5 不等, 其中一个有趣的特点是零索赔的比例非常高, 大约 60.7%的投保人没有索赔, 12.5%的保单持有人提出一项索赔, 平均索赔频率约为 0.82. 关于索赔次数的具体情况见图 1.2.1, 可以看出零次索赔的图形明显高于其他情形.

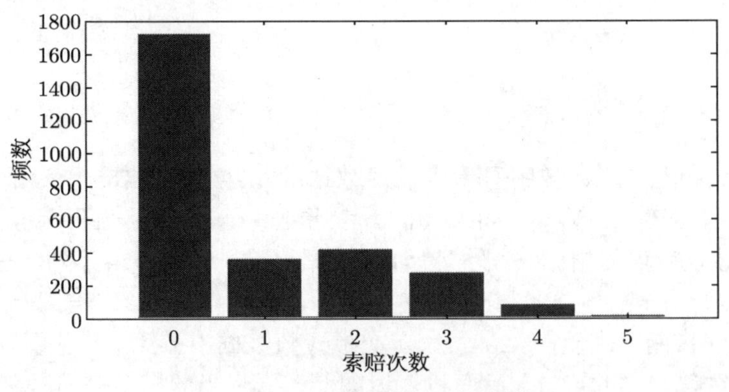

图 1.2.1　索赔次数的观测频数

显然, 这是一个零过多数据, 对于该数据, 第 2 章将利用 ZIP 模型以及零过多负二项 (ZINB) 模型进行统计分析, 从而可以找出对索赔次数有较大影响的风险因素.

2. 医院门诊数据

为了全面了解人们如何使用和支付医疗卫生服务, 美国在 1987 年和 1988 年进行了医疗支出统计调查 (NMES), 共涉及全美 15000 个家庭约超过 38000 个人. 该调查随机采访了家庭健康保险覆盖面、涉及的服务以及支付这些服务的成本和资源等. 数据集中除了医疗保健数据外, NMES 还提供了卫生状况、就业情况、社会人口特征、经济状况等信息.

在本书中, 我们仅考虑中西部地区 66 岁及以上的男性且享受私人医疗保险的子样本, 共 401 个观测值. 研究的数据中涉及的指标主要有医院门诊次数、慢性病数 (癌症、心脏病、胆囊问题、肺气肿、关节炎、糖尿病等)、日常生活活动限制情况 (若有则为 1)、年龄 (年)、种族 (若该人是非洲裔美国人则取 1)、婚姻状况 (若结婚则为 1)、学校受教育年限、家庭收入、就业情况 (若有工作则为 1) 等. 关于数据的详细说明可参见 Deb 和 Trivedi (1997). 我们发现这组数据中 0 很多, 占总数的 73.57%, 且从图 1.2.2 中也可看出, 零次门诊的频数图明显高于其他情形. 因此, 这是一个零过多数据, 为了进一步分析该数据, 第 3 章和第 5 章将分别利用零过多广义泊松模型和零过多双泊松模型对其进行统计分析.

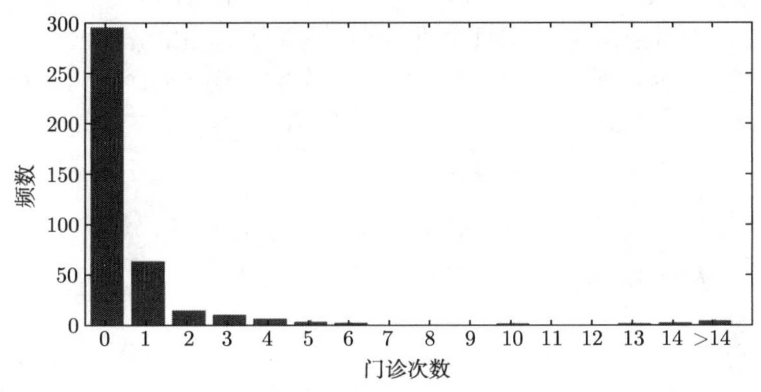

图 1.2.2 医院门诊次数的观测频数

3. *旅游数据*

该数据来自 Cameron 和 Trivedi (1998), 共有 659 个观测值, 目的是探讨对 1980 年划船到东德克萨斯州 Somerville 湖的旅游次数的影响因素. 主要涉及 7 个指标: 简明的个人品质等级、划水的体验应答、收入、消费哑变量 (若每年消费者在 Somerville 湖有消费, 则为 1, 否则为 0)、旅游到 Conroe 湖的消费、旅游到 Somerville 湖的消费、旅游到 Houston 湖的消费. 关于到东德克萨斯州 Somerville 湖的旅游次数具体情况见图 1.2.3, 明显可以看出没去过的人数显著高于去过的, 实际上没去过旅游的人数占总调查人数约 63.3%. 显然, 这是一个零过多数据, 读者可以在第 3 章看到, 我们将利用零过多广义泊松模型和零过多双泊松模型对其进行进一步的统计分析.

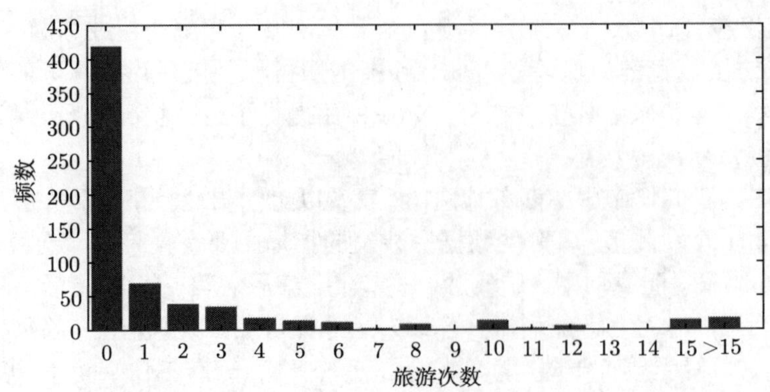

图 1.2.3 旅游次数的观测频数

4. 室性早搏数据

该数据最初由 Berry (1987) 以计数数据形式给出, 后来, Farewell 和 Sprott (1988) 将其作为比例数据对其进行分析. 该数据涉及 12 位患者, 他们患有频繁的室性早搏 (PVC), 为此, 他们服用了抗心律失常药物. 分别在用药前后 1min 记录了 12 位患者的心电图, 同时还记录了 PVC 次数. 具体数据见表 1.2.1 (Berry, 1987), 来自于 Deng 和 Paul (2000) 的表 1.2.1.

表 1.2.1 12 位患者的 PVC 数据

患者编号	用药前 PVC 次数 (x_i)	用药后 PVC 次数 (y_i)	总的 PVC 次数 (m_i)
1	6	5	11
2	9	2	11
3	17	0	17
4	22	0	22
5	7	2	9
6	5	1	6
7	5	0	5
8	14	0	14
9	9	0	9
10	7	0	7
11	9	13	22
12	51	0	51

从表 1.2.1 中可以看出, 用药后患者未出现室性早搏的占 58.33%. 另外, 从图 1.2.4 也可以看出, 出现 0 次室性早搏的患者数明显高于有室性早搏的患者数. 显然, 这是一个零过多数据, 在第 2 章, 我们将利用零过多二项分布 (ZIB) 模型对其进行统计分析.

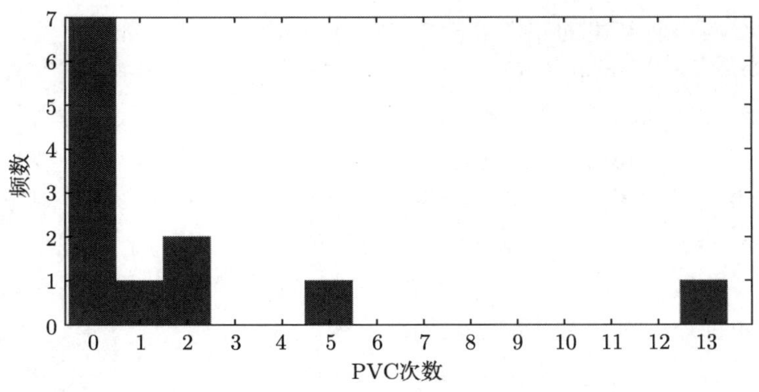

图 1.2.4 用药后 PVC 的观测频数

5. **粉虱数据**

该数据来自于利用杀虫剂控制温室栽培的一品红上的银叶粉虱的试验 (Hall and Zhang, 2004). 试验设计是完全随机分组的, 每周重复测量, 共计 12 周. 试验中每三株一品红作为一个试验单位, 共有 18 个试验单位, 它们被随机分成三个不同的区组进行 6 种不同的试验. 当粉虱出现于固定在叶子上的笼子里两天后, 开始按周计量其中存活的昆虫数, 共测量 12 周, 最终得到 640 个观测数据, 其中存活 0 只昆虫的情形大约占 53%, 具体情况见图 1.2.5.

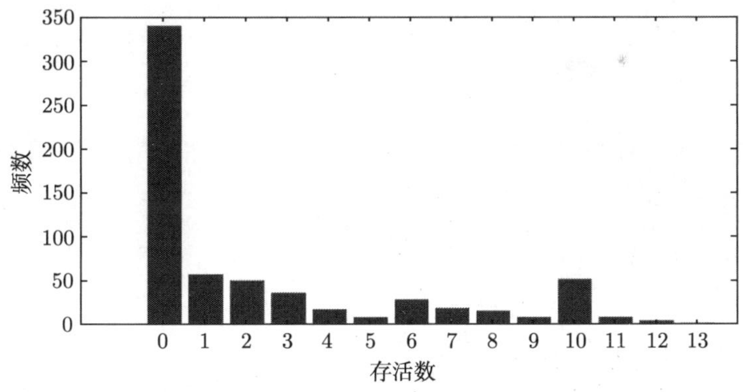

图 1.2.5 存活昆虫数的观测频数

显然, 这是一个零过多数据, 而且是带有重复测量的零过多数据, 流行的分析方法是采用随机效应模型进行刻画, 第 4 章将基于零过多广义 ZI 泊松随机效应模型进行详细研究.

6. **制药数据**

该数据来自于某制药公司 (Min and Agresti, 2005), 目的是研究利用两种不同方案治疗特殊疾病时产生的副作用次数. 数据中共涉及 118 位患者, 其中 59 人随机安排接受方案 A (TRT1) 治疗, 另外 59 人则接受方案 B(TRT2) 治疗. 然后, 对患者进行 6 次随访, 每次计量产生的副作用次数, 由于副作用次数随着随访时间间隔而有所变化, 我们将其作为协变量 (定义为 Time) 引入到模型中. 该数据中大约有 83% 的观测为零次副作用, 具体见图 1.2.6, 从中可发现产生零次副作用的图形最高. 显然, 这也是一个零过多数据, 该数据与粉虱数据属于同一类型, 是带有重复测量的零过多数据. 为了探究副作用产生的机制, 我们在第 4 章和第 5 章基于零过多广义泊松随机效应模型对其进行较详细的统计分析.

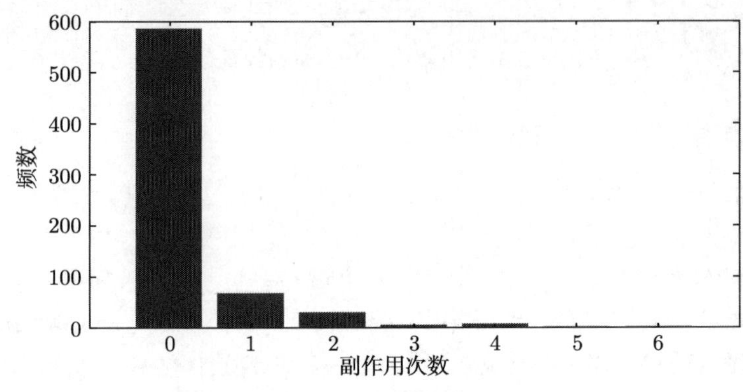

图 1.2.6 副作用次数的观测频数

1.3 预备知识 —— 常用的离散分布

本书后面讨论的模型主要产生于若干常用的离散分布, 下面对所涉及的分布作简要介绍.

1. 泊松分布

在实际离散数据分析中, 泊松分布是最基本、最常用的模型. 现在假定随机变量 Y 服从泊松分布, 则其概率函数可以写成如下形式:

$$P(Y=y)=\frac{\lambda^y}{y!}\mathrm{e}^{-\lambda},\quad \lambda>0,\ y=0,1,2,\cdots. \tag{1.3.1}$$

根据式 (1.3.1) 易得泊松分布的期望和方差为

$$E(Y)=\mathrm{Var}(Y)=\lambda.$$

方差和期望相等是泊松分布的一个重要特征, 也称为等偏差 (equidispersion), 它在后面的研究中起着关键作用, 当方差和期望不等时就产生了偏大离差 (方差大于期望) 或偏小离差 (方差小于期望) 的情形.

2. **二项分布**

当计数数据有界时, 我们常考虑利用二项分布进行刻画. 假定随机变量 Y 表示 m 次试验中事件成功的次数, 即其服从二项分布, 且概率函数为

$$P(Y=y)=\frac{m!}{y!(m-y)!}\pi^y(1-\pi)^{m-y}, \quad y=0,1,2,\cdots,m. \tag{1.3.2}$$

此时易得 Y 的期望和方差分别为

$$E(Y)=m\pi, \qquad \operatorname{Var}(Y)=E(Y)(1-\pi).$$

3. **负二项分布**

当计数数据中方差与期望不等时, 我们常利用负二项分布取代泊松分布进行建模. 假定随机变量 Y 服从负二项分布, 且具有下面概率函数

$$P(Y=y)=\frac{\Gamma(\alpha+y)}{\Gamma(\alpha)\Gamma(y+1)}\left(\frac{1}{1+\theta}\right)^{\alpha}\left(\frac{\theta}{1+\theta}\right)^{y}, \quad y=0,1,2,\cdots, \tag{1.3.3}$$

其中 $\alpha\geqslant 0$, $\theta\geqslant 0$, $\Gamma(\cdot)$ 表示 gamma 函数 $\Gamma(s)=\int_0^{+\infty}z^{s-1}\mathrm{e}^{-z}\mathrm{d}z\ (s>0)$. 记 $Y\sim NB(\alpha,\theta)$.

此时, 负二项分布的期望和方差分别为

$$E(Y)=\alpha\theta \tag{1.3.4}$$

和

$$\operatorname{Var}(Y)=\alpha\theta(1+\theta)=E(Y)(1+\theta). \tag{1.3.5}$$

由于 $\theta\geqslant 0$, 所以负二项分布的方差大于其期望, 即存在偏大离差现象, 而且当 $\theta\to 0$ 时, 偏大离差现象将消失.

负二项分布有多种参数形式, 为了能够利用该分布建立回归模型, 可以对其进行期望参数化, 即

$$\lambda=\alpha\theta, \tag{1.3.6}$$

其中 λ 是该分布的期望. 根据式 (1.3.6) 有以下两种常用的参数化形式.

(1) $\alpha=\lambda/\theta$, 此时方差具有下面形式:

$$\operatorname{Var}(Y)=\lambda(1+\theta), \tag{1.3.7}$$

易见方差是期望的线性函数, Cameron 和 Trivedi (1986) 称其为 I 型负二项分布, 记为 NBI, 其对应的概率函数为

$$P(Y=y)=\frac{\Gamma(\lambda/\theta+y)}{\Gamma(\lambda/\theta)\Gamma(y+1)}\left(\frac{1}{1+\theta}\right)^{\frac{\lambda}{\theta}}\left(\frac{\theta}{1+\theta}\right)^{y}. \tag{1.3.8}$$

(2) $\theta=\lambda/\alpha$, 此时方差具有下面形式:

$$\mathrm{Var}(Y)=\lambda+\alpha^{-1}\lambda^2, \tag{1.3.9}$$

式 (1.3.9) 表明此时负二项分布的方差是期望的二次函数, 这时模型称为 II 型负二项分布, 记为 NBII, 其对应的概率函数为

$$P(Y=y)=\frac{\Gamma(\alpha+y)}{\Gamma(\alpha)\Gamma(y+1)}\left(\frac{\alpha}{\alpha+\lambda}\right)^{\alpha}\left(\frac{\lambda}{\alpha+\lambda}\right)^{y}. \tag{1.3.10}$$

尽管在实际问题中这两种负二项分布应用最多, 但也有其他的参数化形式, 例如, 我们令

$$\alpha=\sigma^{-2}\lambda^{1-k},\quad \theta=\sigma^2\lambda^k,$$

则 $E(Y)=\lambda$. 将上式代入方差 (1.3.5) 中可得

$$\mathrm{Var}(Y)=\lambda(1+\sigma^2\lambda^k),$$

于是当 $k=0$ 时, 方差函数变为期望的线性形式; 当 $k=1$ 时, 方差函数变为期望的二次形式. Winkelmann 和 Zimmermann (1995) 称此模型为 k 型负二项分布, 记为 NBk.

总之, 由于引入额外参数, 负二项分布的方差大于其期望, 从而使得该分布较泊松分布更适合刻画具有偏大离差情形的计数数据.

4. *广义泊松分布*

广义泊松分布由于其具有适应于偏大离差和偏小离差的特点而受到统计学家的很多关注, 相关工作可以参见 Consul (1989), Consul 和 Famoye (1992), Famoye (1993), Wang 和 Famoye (1997), Famoye 和 Wang (2004), Xie 和 Wei (2007a, 2009, 2010) 等文献. 从已有工作中可以发现, 该分布常见形式有两种, 记为 GPI 和 GPII, 下面分别予以介绍.

1) GPI 分布

设响应变量 Y 服从 GPI 分布, 根据 Wang 和 Famoye (1997), 其概率函数为

$$P(Y=y)=\frac{1}{y!}\left(\frac{\mu}{1+\alpha\mu}\right)^{y}(1+\alpha y)^{y-1}\exp\left\{-\frac{\mu(1+\alpha y)}{1+\alpha\mu}\right\},\quad y=0,1,2,\cdots, \tag{1.3.11}$$

且 Y 的期望和方差分别为

$$E(Y)=\mu,\qquad \mathrm{Var}(Y)=\mu(1+\alpha\mu)^2. \tag{1.3.12}$$

GPI 分布是泊松分布的自然推广, 当 $\alpha=0$ 时, 概率函数 (1.3.11) 就退化为泊松分布的概率函数. 当 $\alpha>0$ 时, 则有 $\mathrm{Var}(Y)>E(Y)$, 即此时计数数据中存在偏

大离差. 当 $\alpha < 0$ 时, 则有 $\text{Var}(Y) < E(Y)$, 即此时计数数据中存在偏小离差. 因此, 参数 α 称为散度参数. 而对于 $\alpha < 0$ 的情形, 常要求 α 满足 $1 + \alpha\mu > 0$ 和 $1 + \alpha y > 0$, 这样才能保证概率函数 (1.3.11) 非负. 对于 GPI 分布有很多研究, 如 Famoye 和 Wang (2004) 研究了带删失的广义泊松回归模型的参数估计, Xie 和 Wei (2007a, 2010) 研究了带删失以及不带删失的广义泊松回归模型的影响诊断以及参数检验. 另外, Gupta et al (2004) 在研究模型的 score 检验时主要基于模型 (1.3.11) 的一种变形, 具体概率函数如下:

$$P(Y = y) = \frac{1}{y!}(1 + \alpha y)^{y-1}\frac{(\theta \mathrm{e}^{-\alpha\theta})^y}{\mathrm{e}^{\theta}}, \quad y = 0, 1, 2, \cdots, \tag{1.3.13}$$

其中参数空间为① $\theta > 0$, $\alpha \geqslant 0$, $0 \leqslant \alpha\theta < 1$; ② $\theta > 0$, $\alpha \leqslant 0$, $\max(-1, -\theta/m) < \alpha\theta \leqslant 0$, 其中 m 是使 $1 + \alpha m > 0$ 的最大正整数 (Consul, 1989). 当 $\alpha = 0$ 时, 概率函数 (1.3.13) 将退化为普通泊松分布的概率函数. 对于概率函数 (1.3.13) 来说, 当参数 $\theta = \mu/(1 + \alpha\mu)$ 时, 概率函数 (1.3.13) 就演变成函数 (1.3.11).

2) GPII 分布

假定响应变量 Y 服从 GPII 分布, 根据 Consul 和 Famoye (1992), 其概率函数为

$$P(Y = y) = \begin{cases} \mu(\mu + (\alpha - 1)y)^{y-1}\alpha^{-y}\dfrac{\exp\{-\alpha^{-1}[\mu + (\alpha - 1)y]\}}{y!}, & y = 0, 1, \cdots, \\ 0, & y > m, \alpha < 1, \end{cases} \tag{1.3.14}$$

其中 $\alpha \geqslant \max\left(\dfrac{1}{2}, 1 - \dfrac{\mu}{4}\right)$, 当 $\alpha < 1$ 时, m 是使 $\mu + m(\alpha - 1) > 0$ 的最大正整数值, 且 Y 的期望和方差分别为

$$E(Y) = \mu, \qquad \text{Var}(Y) = \alpha^2\mu.$$

当参数 $\alpha = 1$ 时, 概率函数 (1.3.14) 就退化为普通泊松分布的概率函数. 当 $\alpha > 1$, 则方差大于均值, 此时数据中具有偏大离差. 当 $\dfrac{1}{2} \leqslant \alpha < 1$ 和 $\mu > 2$ 时, 方差小于均值, 此时数据中具有偏小离差.

对于上面的广义泊松分布, 本书将主要把 GPI 分布 (1.3.11) 作为特例进行相应零过多模型的研究, 而对于 GPII 分布的研究可以类似得到. 并且在后面除了特殊说明外, 凡是涉及广义泊松分布的地方均是指 GPI 分布.

5. 双泊松分布

设响应变量 Y 服从双泊松分布, 根据 Efron (1986), 其概率密度函数为

$$\tilde{f}(y) = c(\mu, \alpha)(\alpha^{\frac{1}{2}}\mathrm{e}^{-\alpha\mu})\left(\frac{\mathrm{e}^{-y}y^y}{y!}\right)\left(\frac{\mathrm{e}\mu}{y}\right)^{\alpha y}, \quad y = 0, 1, 2, \cdots, \tag{1.3.15}$$

其中因子 $c(\mu,\alpha)$ 没有解析表达式, 可以按照下面公式近似计算:

$$\frac{1}{c(\mu,\alpha)} \approx 1 + \frac{1-\alpha}{12\mu\alpha}\left(1+\frac{1}{\mu\alpha}\right).$$

Efron (1986) 研究后指出, 在很多情况下因子 $c(\mu,\alpha)$ 与 1 很接近. 因此他建议在实际推断当中采用下面的不带因子 $c(\mu,\alpha)$ 的近似概率函数:

$$f(y) = (\alpha^{1/2}\mathrm{e}^{-\alpha\mu})\left(\frac{\mathrm{e}^{-y}y^y}{y!}\right)\left(\frac{\mathrm{e}\mu}{y}\right)^{\alpha y}, \quad y = 0, 1, 2, \cdots, \tag{1.3.16}$$

且关于 Y 的期望和方差可以近似得到

$$E(Y) \approx \mu, \qquad \mathrm{Var}(Y) \approx \frac{\mu}{\alpha}. \tag{1.3.17}$$

当参数 $\alpha = 1$ 时, 概率函数 (1.3.16) 就退化为普通泊松分布的概率函数. 当 $0 < \alpha < 1$, 则方差大于均值, 此时数据中具有偏大离差. 当 $\alpha > 1$ 时, 方差小于均值, 此时数据中具有偏小离差. 本书也将基于近似概率函数 (1.3.16) 研究某些零过多回归模型.

第 2 章　经典 ZI 模型的统计分析

对于含零过多的数据, 很多作者一直在研究和发展相关的统计模型和参数估计方法. Cohen (1954) 考虑了处理含零过多的计数数据, 并提出了调整的泊松模型; Singh (1963) 和 Johnson 和 Kotz (1969) 描述了零过多泊松分布, 但未考虑协变量; Mullahy (1986) 和 King (1989) 提出了 Hurdle 泊松回归模型; Heilbron (1989, 1994) 提出了 Zero-altered 泊松回归模型, 他们都考虑了协变量. 基于这些工作, Lambert (1992) 考虑了零过多泊松 (zero-inflated Poisson, 简记为 ZIP) 回归模型, 该模型假设取值为 0 的计数数据和取值服从泊松分布的计数数据各占一定比例, 组成混合分布, 并且在取值为 0 的部分和取值为泊松分布的部分都可以引入协变量, 从而构成 ZIP 回归模型 (见 2.1 节). 由于这一模型结构上比较合理, 处理上比较方便, 得到理论和应用工作者的广泛认可, 从而成为当前最常用的处理含零过多数据的模型. 现在, Lambert (1992) 的方法已广泛应用于各种常见的零过多数据的统计分析.

本章着重介绍几种典型的 ZI 模型及其统计推断问题. 其中包括 ZI 泊松 (ZIP) 模型、ZI 二项 (ZIB) 模型、ZI 负二项 (ZINB) 模型以及 ZI 广义线性模型 (ZIGLM) 等. 2.1 节介绍这些 ZI 模型及其参数估计方法和 EM 算法; 2.2 节介绍零过多现象的存在性检验; 2.3 节介绍 ZI 模型中的偏大离差检验; 2.4 节介绍这些模型的统计诊断问题以及基于数据删除模型和局部影响分析的诊断统计量.

2.1　ZI 模型及其参数估计

本节先基于 Lambert (1992) 的方法介绍几种常见的 ZI 模型, 然后介绍参数估计问题以及 EM 算法.

2.1.1　经典 ZI 模型

1. ZIP 模型

Lambert (1992) 考虑了 zero-inflated Poisson (ZIP) 混合分布

$$P(Y=y;\phi,\lambda)=\begin{cases}\phi+(1-\phi)\exp(-\lambda), & y=0,\\ (1-\phi)\dfrac{\lambda^y}{y!}\exp(-\lambda), & y>0,\end{cases}\tag{2.1.1}$$

其中参数 ϕ (通常称为 ZI 参数) 表示取值为 0 (也称结构上的 0) 的非泊松数据所占的比例; 当 $0<\phi<1$ 时, 数据中存在零过多现象, ϕ 的值越大, 说明数据中含零

的比例越大. 若 $\phi = 0$, 则模型 (2.1.1) 化简为标准的泊松分布, 说明数据中没有过多的零, 我们可通过检验 ϕ 是否为 0 来判别数据中是否存在零过多现象. 另外, 若 $\phi < 0$, 则数据中表现出零不足现象, 即零的个数比标准的泊松分布产生的零还少, 但是这种现象在实际问题中很少发生. 模型 (2.1.1) 可以看作为取值为 0 的计数数据 (退化部分) 和取值服从 Poisson 分布的计数数据 (非退化部分) 各占一定比例而组成的混合分布. 由直接计算可知, 若随机变量 Y 服从式 (2.1.1) 所示的 ZIP 混合分布, 则其期望和方差分别为

$$E(Y) = (1-\phi)\lambda, \qquad \mathrm{Var}(Y) = E(Y)(1+\lambda-E(Y)).$$

为了考虑 ZI 数据中因变量和自变量之间的关系, Lambert 在 ZI 参数部分和泊松参数部分分别引入协变量, 从而得到 ZIP 回归模型, 简述如下. 在混合分布 (2.1.1) 第二式中, 除去比例系数 $(1-\phi)$ 之外, 就是标准的泊松分布, 而基于泊松分布的回归通常都采用对数线性模型 (McCullagh and Nelder, 1989), 即 $\log(\lambda) = X^{\mathrm{T}}\beta$, 其中 X 为协变量, β 为回归系数. 至于 ZI 参数 ϕ, 由于它表示取值为 0 的非泊松数据所占的比例, 而 $1-\phi$ 则表示泊松分布数据所占的比例, 这类似于二项分布中的参数 π 和 $1-\pi$ (见 1.3 节). 因此通常都采用 logistic 回归模型(McCullagh and Nelder，1989), 即 $\mathrm{logit}(\phi) = W^{\mathrm{T}}\gamma$, 其中 $\mathrm{logit}(\phi) = \log\dfrac{\phi}{1-\phi}$, W 为协变量, γ 为回归系数. 因此综合以上分析可知, 基于 ZIP 混合泊松分布 (2.1.1) 的回归模型可表示为

$$\begin{cases} \mathrm{logit}(\phi) = W^{\mathrm{T}}\gamma, \\ \log(\lambda) = X^{\mathrm{T}}\beta. \end{cases} \tag{2.1.2}$$

易见, 模型 (2.1.2) 的两部分都有明确的解析表达式, 处理上比较方便, 在概率统计上的意义也很清楚, 从而成为当前最常用的处理含零过多数据的统计模型 (Welsh et al, 1996; Shankar et al, 1997; Bohning, 1998; Ridout et al, 1998; Street et al, 1999; Bohning et al, 1999; Dietz and Bohning, 2000; Lee et al, 2001; Xie et al, 2001; Cheung, 2002; Dalrymple et al, 2003; 解锋昌等, 2009).

2. ZIB 模型

Lambert 的 ZIP 模型很自然地可以推广到其他离散分布. 若在 ZIP 模型中, 将式 (2.1.1) 涉及的泊松分布改为二项分布 (1.3.2), 即可得到下面的零过多二项分布模型, 记为 ZIB 模型 (ZI-binomial)(Hall, 2000; Vieira et al, 2000), 其相应的混合分布为

$$P(Y=y;\phi,\pi) = \begin{cases} \phi + (1-\phi)(1-\pi)^m, & y=0, \\ (1-\phi)\dfrac{m!}{y!(m-y)!}\pi^y(1-\pi)^{m-y}, & y>0. \end{cases} \tag{2.1.3}$$

由直接计算可知, 若随机变量 Y 服从式 (2.1.3) 所示的 ZIB 混合分布, 则其期望和方差分别为

$$E(Y)=(1-\phi)m\pi, \qquad \mathrm{Var}(Y)=E(Y)(1-\pi(1-m\phi)).$$

此外, 我们亦可在 ZIB 混合分布中引入协变量, 从而得到 ZIB 回归模型. 由于 ZI 参数 ϕ 仍然表示额外的 0 数据所占的比例, 因此仍然采用 logistic 回归模型 (ZI 参数对应的回归模型一般都是 logistic 回归); 而在二项分布中引入协变量时, 通常也都采用 logistic 回归模型 (McCullagh and Nelder, 1989). 因此, 基于 ZIB 混合二项分布 (2.1.3) 的回归模型可表示为

$$\begin{cases} \mathrm{logit}(\phi)=W^{\mathrm{T}}\gamma, \\ \mathrm{logit}(\pi)=X^{\mathrm{T}}\beta. \end{cases} \tag{2.1.4}$$

3. ZINB 模型

将式 (2.1.1) 中涉及的泊松分布改为负二项分布 (1.3.10) 的形式, 则可得到下面零过多负二项分布模型 (zero-inflated negative binomial model, 简记为 ZINB)(Yip and Yau, 2005; Fahrmeir and Echavarria, 2006), 其相应的混合分布为

$$P(Y=y;\phi,\kappa)=\begin{cases} \phi+(1-\phi)\left(\dfrac{\kappa}{\kappa+\lambda}\right)^{\kappa}, & y=0, \\ (1-\phi)\dfrac{\Gamma(y+\kappa)}{\Gamma(y+1)\Gamma(\kappa)}\left(\dfrac{\kappa}{\kappa+\lambda}\right)^{\kappa}\left(\dfrac{\lambda}{\kappa+\lambda}\right)^{y}, & y>0, \end{cases} \tag{2.1.5}$$

其中 $\delta=1/\kappa$ 是散度参数. 由直接计算可知, 若随机变量 Y 服从式 (2.1.5) 所示的 ZINB 混合分布, 则其期望和方差分别为

$$E(Y)=(1-\phi)\lambda, \qquad \mathrm{Var}(Y)=E(Y)\left[1+\frac{\lambda(1+\kappa)}{\kappa}-E(Y)\right].$$

由式 (2.1.5) 可知, 当参数 $\delta\to 0$ 时, ZINB 模型就退化为 ZIP 模型 (2.1.1). 因此, 相应于 ZINB 混合分布的回归模型通常亦与 ZIP 模型相同, 即式 (2.1.2):

$$\begin{cases} \mathrm{logit}(\phi)=W^{\mathrm{T}}\gamma, \\ \log(\lambda)=X^{\mathrm{T}}\beta. \end{cases}$$

4. ZIGLM

以上我们介绍了含零过多的离散数据的 ZI 模型, 基于 (2.1.1)~(2.1.2) 的 ZIP 模型亦可推广到含零过多的连续型数据. 事实上, 由式 (2.1.1) 表示的混合分布以及式 (2.1.2) 表示的回归模型, 对连续型数据也可以有类似的结构. 比较常见

的, Deng 和 Paul (2000) 考虑了 ZI 广义线性模型 (ZIGLM), 这时相应的混合分布为

$$P(Y=y;\phi,\lambda)=\begin{cases}\phi+(1-\phi)f(0,\theta), & y=0,\\(1-\phi)f(y,\theta), & y>0,\end{cases}\tag{2.1.6}$$

其中 θ 是未知的自然参数, ZI 参数 ϕ 应满足 $0\leqslant\phi+(1-\phi)f(0,\theta)\leqslant 1$ (式 (2.1.6)), 该式亦可表示为 $-f(0;\theta)/[1-f(0;\theta)]\leqslant\phi\leqslant 1$. $f(y;\theta)$ 是具有下面概率密度函数的自然形式的指数族分布 (McCullagh and Nelder, 1989; 韦博成, 2006):

$$f(y,\theta)=\exp\{a(\theta)y-g(\theta)+c(y)\}.$$

指数族分布包含了很多常见的离散型分布和连续型分布, 如泊松分布、二项分布、负二项分布、正态分布、Γ 分布等 (韦博成, 2006).

由直接计算可知 (类似计算见韦博成, 2006), 若随机变量 Y 服从式 (2.1.6) 所示的 ZIGLM 混合分布, 则其期望和方差分别为

$$\begin{aligned}E(Y)&=(1-\phi)\mu(\theta)=(1-\phi)g'(\theta)/a'(\theta),\\\operatorname{Var}(Y)&=(1-\phi)\sigma^2(\theta)+\phi(1-\phi)\mu^2(\theta)\\&=(1-\phi)[a'(\theta)]^2[g''(\theta)-a''(\theta)g'(\theta)/a'(\theta)+\phi[g'(\theta)]^2],\end{aligned}$$

其中 $\mu(\theta)$ 为 $f(y;\theta)$ 的期望.

对于 ZIGLM 混合分布 (2.1.6), 我们亦可引入协变量, 得到 ZI 广义线性模型 (Deng et al, 2000)

$$\begin{cases}\operatorname{logit}(\phi)=W^{\mathrm T}\gamma,\\h(\mu)\quad\ =X^{\mathrm T}\beta,\end{cases}\tag{2.1.7}$$

其中 $h(\mu)$ 为联系函数. Deng 和 Paul (2005) 还进一步把以上 ZI 广义线性模型推广到 ZI 偏大离差的广义线性模型.

注意, 对于不同的 ZI 模型, 相应于式 (2.1.7) 的回归部分可能会有相应的变化. 但是, 由于 ZI 参数 ϕ 始终表示额外的 0 数据所占的比例, 因而其第一项通常不变, 即取为 Logistic 回归. 而式 (2.1.7) 第二项的回归形式要取决于相应非退化部分期望参数的形式以及实际问题的需要.

可能由于实际问题中经常出现含零过多的离散数据, 而含零过多的连续型数据相对较少, 所以后者的研究还很不充分, 这也给有兴趣的读者留下更多的发挥空间.

2.1.2 参数估计及其算法

关于 ZI 模型的参数估计, 本书介绍两种常用的估计方法, 即极大似然估计和 Bayes 估计. 为了叙述方便, 本书前几章着重介绍最常用的极大似然估计及其 EM

算法, 第 5 章则介绍 Bayes 估计及 MCMC 算法. 但是这两种估计方法对于各章的模型都是适用的. 另外, 由于 ZI 模型都是基于混合分布, 又是回归模型, 所以参数的估计一般都没有显式解, 通常都是数值解, 这早已形成共识.

本章介绍 ZIP, ZIB、ZINB、ZIGLM 等回归模型的极大似然估计及其算法. 极大似然估计的基本算法就是 Gauss-Newton 迭代法 (韦博成, 2006), 亦称 Newton-Raphson 方法或 Fisher-scoring 方法. 但是, 当参数的维数太高时, 该算法收敛很慢且不太稳定. 这时, EM 算法是公认的更有效的算法 (茆诗松等, 2006; 韦博成等, 2009). 下面将结合具体模型介绍这两种算法.

1. ZIP 模型

1) 极大似然估计的 Gauss-Newton 迭代法

假定 (y_i, X_i, W_i), $i = 1, 2, \cdots, n$ 为来自于 ZIP 回归模型 (2.1.1)~(2.1.2) 的 n 个观察值, 则相应的对数似然函数为 $l(\theta) = \log\left[\prod\limits_{i=1}^{n} P(y_i; \lambda_i, \phi_i)\right]$. 由式 (2.1.2) 可知 $\lambda_i = \exp(X_i^{\mathrm{T}}\beta)$, $\dfrac{\phi_i}{1-\phi_i} = \exp(W_i^{\mathrm{T}}\gamma)$, 则由式 (2.1.1) 可得

$$l(\theta) = \sum_{i=1}^{n}\left\{I_{\{y_i=0\}}\log\left[\phi_i + (1-\phi_i)\mathrm{e}^{-\lambda_i}\right] + I_{\{y_i>0\}}\left[\log(1-\phi_i) + y_i\log\lambda_i - \lambda_i - \log(y_i!)\right]\right\}, \tag{2.1.8}$$

其中 $I_{\{y_i=0\}}$, $I_{\{y_i>0\}}$ 是示性函数, 参数 $\theta = (\beta^{\mathrm{T}}, \gamma^{\mathrm{T}})^{\mathrm{T}}$ 且有 $\lambda_i = \exp(X_i^{\mathrm{T}}\beta)$, $\phi_i = \exp(W_i^{\mathrm{T}}\gamma)/[1+\exp(W_i^{\mathrm{T}}\gamma)]$.

参数 θ 的 score 函数 ($l(\theta)$ 的一阶导数 $\partial l(\theta)/\partial\theta$) 记为 $U(\theta) = (U_\beta^{\mathrm{T}},\ U_\gamma^{\mathrm{T}})^{\mathrm{T}}$, 根据对数似然函数 (2.1.8) 可以得到

$$U_\beta = \sum_{i=1}^{n}\left\{-I_{\{y_i=0\}}\frac{(1-\phi_i)\mathrm{e}^{-\lambda_i}\lambda_i}{\phi_i + (1-\phi_i)\mathrm{e}^{-\lambda_i}} + I_{\{y_i>0\}}(y_i - \lambda_i)\right\}X_i,$$

$$U_\gamma = \sum_{i=1}^{n}\left\{I_{\{y_i=0\}}\frac{1-\mathrm{e}^{-\lambda_i}}{\phi_i + (1-\phi_i)\mathrm{e}^{-\lambda_i}} - I_{\{y_i>0\}}\frac{1}{1-\phi_i}\right\}\frac{\partial\phi_i}{\partial\gamma},$$

其中 $\partial\phi_i/\partial\gamma = \phi_i(1-\phi_i)W_i$.

又设参数 θ 的观测信息阵 (即 $l(\theta)$ 二阶导数的负值) 记为 $I(\theta) = -\partial^2 l(\theta)/\partial\theta\partial\theta^{\mathrm{T}}$, 则通过计算, 根据对数似然函数 (2.1.8) 可以得到

$$I(\theta) = \begin{bmatrix} I_{\beta\beta} & I_{\beta\gamma} \\ I_{\beta\gamma}^{\mathrm{T}} & I_{\gamma\gamma} \end{bmatrix}, \tag{2.1.9}$$

其中

$$-I_{\beta\beta}=\sum_{i=1}^{n}\left\{I_{\{y_i=0\}}\frac{\lambda_i(1-\phi_i)\mathrm{e}^{-\lambda_i}[\phi_i(\lambda_i-1)-(1-\phi_i)\mathrm{e}^{-\lambda_i}]}{[\phi_i+(1-\phi_i)\mathrm{e}^{-\lambda_i}]^2}-\lambda_i I_{\{y_i>0\}}\right\}X_iX_i^{\mathrm{T}},$$

$$-I_{\beta\gamma}=\sum_{i=1}^{n}\left\{I_{\{y_i=0\}}\frac{\lambda_i\mathrm{e}^{-\lambda_i}}{[\phi_i+(1-\phi_i)\mathrm{e}^{-\lambda_i}]^2}\right\}X_i\frac{\partial\phi_i}{\partial\gamma^{\mathrm{T}}},$$

$$\begin{aligned}-I_{\gamma\gamma}=&\sum_{i=1}^{n}\left\{-I_{\{y_i=0\}}\frac{(1-\mathrm{e}^{-\lambda_i})^2}{[\phi_i+(1-\phi_i)\mathrm{e}^{-\lambda_i}]^2}-I_{\{y_i>0\}}\frac{1}{(1-\phi_i)^2}\right\}\frac{\partial\phi_i}{\partial\gamma}\frac{\partial\phi_i}{\partial\gamma^{\mathrm{T}}}\\&+\sum_{i=1}^{n}\left\{I_{\{y_i=0\}}\frac{1-\mathrm{e}^{-\lambda_i}}{\phi_i+(1-\phi_i)\mathrm{e}^{-\lambda_i}}-I_{\{y_i>0\}}\frac{1}{1-\phi_i}\right\}\frac{\partial^2\phi_i}{\partial\gamma\partial\gamma^{\mathrm{T}}},\end{aligned}$$

这里的 $\partial^2\phi_i/\partial\gamma\partial\gamma^{\mathrm{T}}=(1-\phi_i)(\phi_i-2\phi_i^2)W_iW_i^{\mathrm{T}}$.

于是, 参数 $\theta=(\beta^{\mathrm{T}},\gamma^{\mathrm{T}})^{\mathrm{T}}$ 的极大似然估计 $\widehat{\theta}=(\widehat{\beta}^{\mathrm{T}},\widehat{\gamma}^{\mathrm{T}})^{\mathrm{T}}$ 可以由下面的迭代方程得到 (韦博成, 2006).

$$\widehat{\theta}^{(t+1)}=\widehat{\theta}^{(t)}+I^{-1}\left(\widehat{\theta}^{(t)}\right)U\left(\widehat{\theta}^{(t)}\right),\quad t=1,2,\cdots,\tag{2.1.10}$$

其中 $\widehat{\theta}^{(t)}$ 表示第 t 步的迭代值. 另外, 式 (2.1.10) 中的观测信息阵 $I(\theta)$ 亦可取为 Fisher 信息阵 $J(\theta)$.

2) 极大似然估计的 EM 算法

上面介绍的 Gauss-Newton 迭代法有不少缺点, 该算法依赖于初值的选取, 若初值选取不当, 则收敛很慢. 另外, 当参数的维数太高时, 估计不易收敛且不太稳定. 在很多情况下, EM 算法是求解极大似然估计更有效的方法 (茆诗松等, 2006; 韦博成等, 2009); 关于 ZI 模型极大似然估计的 EM 算法, 可参见 Lambert (1992), Hall (2000), Lee et al (2001) 等文献, 结合 ZIP 模型介绍如下.

当 y_i 来自退化分布, 记 $u_i=1$; 当 y_i 来自非退化分布, 记 $u_i=0$. 我们将 $u=(u_1,\cdots,u_n)^{\mathrm{T}}$ 看做缺失数据 (missing data), 记为 Y_m, 记可观测数据 y_i, X_i, W_i $(i=1,\cdots,n)$ 为 Y_o, 记完全数据为 $Y_c=(Y_o,Y_m)$, 则基于完全数据的对数似然函数为

$$l_c(\theta|Y_c)=\sum_{i=1}^{n}\left\{u_i\log\phi_i+(1-u_i)\log(1-\phi_i)+(1-u_i)\Big[y_i\log\lambda_i-\lambda_i-\log(y_i!)\Big]\right\}.$$

EM 算法包含如下两步:

E 步, 即求期望

$$
\begin{aligned}
Q\left(\theta|\widehat{\theta}^{(t)}\right) &= E\left\{l_c(\theta|Y_c)|Y_o,\widehat{\theta}^{(t)}\right\}\\
&= \sum_{i=1}^{n}\left[E\left(u_i|Y_o,\widehat{\theta}^{(t)}\right)\log\phi_i+\left(1-E\left(u_i|Y_o,\widehat{\theta}^{(t)}\right)\right)\log(1-\phi_i)\right]\\
&\quad+\sum_{i=1}^{n}\left(1-E\left(u_i|Y_o,\widehat{\theta}^{(t)}\right)\right)\left[y_i\log\lambda_i-\lambda_i-\log(y_i!)\right]\\
&= Q_1(\gamma)+Q_2(\beta),
\end{aligned}
$$

其中 $\widehat{\theta}^{(t)}$ 表示 EM 算法过程中第 t 步的参数估计值, 且

$$
E\left(u_i|Y_o,\widehat{\theta}^{(t)}\right)=I_{\{y_i=0\}}\left[1+(1-\phi_i)\mathrm{e}^{-\lambda_i}/\phi_i\right]^{-1}_{\widehat{\theta}^{(t)}}.
$$

M 步, 即求最大值

$$
\widehat{\theta}^{(t+1)}=\mathrm{argmax}_{\theta}Q\left(\theta|\widehat{\theta}^{(t)}\right).
$$

由于参数 γ 和 β 恰好分离在函数 Q_1 和 Q_2 中, 所以为了执行 M 步, 只要分别极大化 Q_1 和 Q_2 即可. 通过计算, 得到下面两个迭代公式:

$$
\widehat{\gamma}^{(t+1)}=\widehat{\gamma}^{(t)}+\left\{\left[\sum_{i=1}^{n}\phi_i(1-\phi_i)W_iW_i^{\mathrm{T}}\right]^{-1}\sum_{i=1}^{n}\left[E\left(u_i|Y_o,\widehat{\theta}^{(t)}\right)W_i-\phi_iW_i\right]\right\}_{\widehat{\theta}^{(t)}},
$$

$$
\widehat{\beta}^{(t+1)}=\widehat{\beta}^{(t)}+\left\{\left[-\frac{\partial^2Q_2(\beta)}{\partial\beta\partial\beta^{\mathrm{T}}}\right]^{-1}\frac{\partial Q_2(\beta)}{\partial\beta}\right\}_{\widehat{\theta}^{(t)}},
$$

其中

$$
\frac{\partial Q_2(\beta)}{\partial\beta}=\sum_{i=1}^{n}\left(1-E\left(u_i|Y_o,\widehat{\theta}^{(t)}\right)\right)(y_i-\lambda_i)X_i,
$$

$$
\frac{\partial^2Q_2(\beta)}{\partial\beta\partial\beta^{\mathrm{T}}}=-\sum_{i=1}^{n}\left(1-E\left(u_i|Y_o,\widehat{\theta}^{(t)}\right)\right)\lambda_iX_iX_i^{\mathrm{T}}.
$$

可以证明 EM 算法中获得的序列 $\{\widehat{\theta}^{(t)}\}$ 收敛到参数 θ 的极大似然估计 $\widehat{\theta}$, 更详细的讨论可参见文献 Wu (1983).

2. ZIB 模型

1) Gauss-Newton 迭代法

假定 (y_i, X_i, W_i), $i = 1, 2, \cdots, n$ 为来自于 ZIB 回归模型 (2.1.3)~(2.1.4) 的 n 个观察值, 则相应的对数似然函数 $l(\theta)$ 可表示为

$$\begin{aligned}l(\theta) = \sum_{i=1}^{n} \bigg\{ & I_{\{y_i=0\}} \log \left[\phi_i + (1-\phi_i)(1-\pi_i)^{m_i}\right] \\ & + I_{\{y_i>0\}} \Big[\log(1-\phi_i) + y_i \log \pi_i + (m_i - y_i) \log(1-\pi_i) \\ & + \log(m_i!) - \log(y_i!) - \log((m_i - y_i)!) \Big] \bigg\},\end{aligned}$$

其中 $\pi_i = \exp(X_i^{\mathrm{T}}\beta)/[1+\exp(X_i^{\mathrm{T}}\beta)]$, 参数 $\theta = (\beta^{\mathrm{T}}, \gamma^{\mathrm{T}})^{\mathrm{T}}$.

记参数 θ 的 score 函数为 $U(\theta) = (U_\beta^{\mathrm{T}},\ U_\gamma^{\mathrm{T}})^{\mathrm{T}}$, 于是有

$$U_\beta = \sum_{i=1}^{n} \left\{ -I_{\{y_i=0\}} \frac{(1-\phi_i)m_i(1-\pi_i)^{m_i-1}}{\phi_i + (1-\phi_i)(1-\pi_i)^{m_i}} \pi_i(1-\pi_i)X_i + I_{\{y_i>0\}}(y_i - m_i\pi_i) \right\} X_i,$$

$$U_\gamma = \sum_{i=1}^{n} \left\{ I_{\{y_i=0\}} \frac{1-(1-\pi_i)^{m_i}}{\phi_i + (1-\phi_i)(1-\pi_i)^{m_i}} - I_{\{y_i>0\}} \frac{1}{1-\phi_i} \right\} \frac{\partial \phi_i}{\partial \gamma}.$$

通过计算, 根据 ZIB 模型的对数似然函数可以得到下面的观测信息阵

$$I(\theta) = \begin{bmatrix} I_{\beta\beta} & I_{\beta\gamma} \\ I_{\beta\gamma}^T & I_{\gamma\gamma} \end{bmatrix},$$

其中

$$\begin{aligned}-I_{\beta\beta} = \sum_{i=1}^{n} \bigg\{ & I_{\{y_i=0\}} \frac{m_i(1-\phi_i)(1-\pi_i)^{m_i-2}}{[\phi_i + (1-\phi_i)(1-\pi_i)^{m_i}]^2} \Big[\phi_i(m_i - 1) \\ & - (1-\phi_i)(1-\pi_i)^{m_i} \Big] \pi_i^2 (1-\pi_i)^2 \\ & - I_{\{y_i=0\}} \frac{m_i(1-\phi_i)(1-\pi_i)^{m_i-1}}{\phi_i + (1-\phi_i)(1-\pi_i)^{m_i}} \pi_i(1-\pi_i)(1-2\pi_i) \\ & - I_{\{y_i>0\}} m_i \pi_i (1-\pi_i) \bigg\} X_i X_i^{\mathrm{T}},\end{aligned}$$

$$-I_{\beta\gamma} = \sum_{i=1}^{n} \left\{ I_{\{y_i=0\}} \frac{m_i(1-\pi_i)^{m_i-1}}{[\phi_i + (1-\phi_i)(1-\pi_i)^{m_i}]^2} \right\} \pi_i(1-\pi_i) X_i \frac{\partial \phi_i}{\partial \gamma^{\mathrm{T}}},$$

$$-I_{\gamma\gamma}=\sum_{i=1}^{n}\left\{-I_{\{y_i=0\}}\frac{[1-(1-\pi_i)^{m_i}]^2}{[\phi_i+(1-\phi_i)(1-\pi_i)^{m_i}]^2}-I_{\{y_i>0\}}\frac{1}{(1-\phi_i)^2}\right\}\frac{\partial\phi_i}{\partial\gamma}\frac{\partial\phi_i}{\partial\gamma^{\mathrm{T}}}$$
$$+\sum_{i=1}^{n}\left\{I_{\{y_i=0\}}\frac{1-(1-\pi_i)^{m_i}}{\phi_i+(1-\phi_i)(1-\pi_i)^{m_i}}-I_{\{y_i>0\}}\frac{1}{1-\phi_i}\right\}\frac{\partial^2\phi_i}{\partial\gamma\partial\gamma^{\mathrm{T}}},$$

于是参数的极大似然估计 $\widehat{\theta}=(\widehat{\beta}^{\mathrm{T}},\widehat{\gamma}^{\mathrm{T}})^{\mathrm{T}}$ 可以由类似于前面迭代方程 (2.1.10) 得到.

2) EM 算法

为了参数估计易收敛且较稳定, 下面基于 EM 算法给出参数的极大似然估计.

当 y_i 来自 ZIB 模型的退化分布, 记 $u_i=1$; 当 y_i 来自非退化分布, 记 $u_i=0$. 记缺失数据 $(u_1,\cdots,u_n)^{\mathrm{T}}$ 为 Y_m, 可观测数据 y_i, X_i, W_i $(i=1,\cdots,n)$ 为 Y_o, 记完全数据为 $Y_c=(Y_o,Y_m)$, 则基于完全数据的对数似然函数为

$$l_c(\theta|Y_c)=\sum_{i=1}^{n}\Big\{u_i\log\phi_i+(1-u_i)\log(1-\phi_i)+(1-u_i)\Big[y_i\log\pi_i$$
$$+(m_i-y_i)\log(1-\pi_i)+\log(m_i!)-\log(y_i!)-\log((m_i-y_i)!)\Big]\Big\}.$$

于是,

$$\begin{aligned}Q\left(\theta|\widehat{\theta}^{(t)}\right)&=E\left\{l_c(\theta|Y_c)|Y_o,\widehat{\theta}^{(t)}\right\}\\&=\sum_{i=1}^{n}\left[E\left(u_i|Y_o,\widehat{\theta}^{(t)}\right)\log\phi_i+\left(1-E\left(u_i|Y_o,\widehat{\theta}^{(t)}\right)\right)\log(1-\phi_i)\right]\\&\quad+\sum_{i=1}^{n}\left(1-E\left(u_i|Y_o,\widehat{\theta}^{(t)}\right)\right)\Big[y_i\log\pi_i+(m_i-y_i)\log(1-\pi_i)\\&\quad+\log(m_i!)-\log(y_i!)-\log((m_i-y_i)!)\Big]\\&=Q_1(\gamma)+Q_2(\beta),\end{aligned}$$

其中

$$E\left(u_i|Y_o,\widehat{\theta}^{(t)}\right)=I_{\{y_i=0\}}\Big[1+(1-\phi_i)(1-\pi_i)^{m_i}/\phi_i\Big]^{-1}_{\widehat{\theta}^{(t)}}.$$

类似于前面的讨论, 分别极大化函数 Q_1 和 Q_2 即可得到参数的估计.

3. ZINB 模型

1) Gauss-Newton 迭代法

假定 (y_i,X_i,W_i), $i=1,2,\cdots,n$ 为来自于 ZINB 回归模型 (2.1.5) 和 (2.1.2) 的 n 个观察值, 则相应的对数似然函数可表示为

$$l(\theta)=\sum_{i=1}^{n}\left\{I_{\{y_i=0\}}\log\left[\phi_i+(1-\phi_i)t_i^{\kappa}\right]\right.$$
$$\left.+I_{\{y_i>0\}}\left[\log(1-\phi_i)+\kappa\log t_i+y_i\log(1-t_i)+\log\frac{\Gamma(y_i+\kappa)}{\Gamma(y_i+1)\Gamma(\kappa)}\right]\right\},$$

其中 $t_i=\kappa/(\kappa+\lambda_i)$, 参数 $\theta=(\kappa,\beta^{\mathrm{T}},\gamma^{\mathrm{T}})^{\mathrm{T}}$.

记参数 θ 的 score 函数为 $U(\theta)=(U_\kappa,\ U_\beta^{\mathrm{T}},\ U_\gamma^{\mathrm{T}})^{\mathrm{T}}$, 于是有

$$U_\kappa=\sum_{i=1}^{n}I_{\{y_i=0\}}\frac{(1-\phi_i)t_i^{\kappa}(1-t_i+\log t_i)}{\phi_i+(1-\phi_i)t_i^{\kappa}}$$
$$+\sum_{i=1}^{n}I_{\{y_i>0\}}\left[\log t_i+1-t_i-\frac{y_i}{\kappa+\lambda_i}+\psi(y_i+\kappa)-\psi(\kappa)\right],$$

$$U_\beta=\sum_{i=1}^{n}I_{\{y_i=0\}}\frac{(1-\phi_i)\kappa t_i^{\kappa-1}}{\phi_i+(1-\phi_i)t_i^{\kappa}}\frac{-\kappa\lambda_i}{(\kappa+\lambda_i)^2}X_i$$
$$+\sum_{i=1}^{n}I_{\{y_i>0\}}\left[-\frac{\kappa\lambda_i}{\kappa+\lambda_i}+y_i-\frac{y_i\lambda_i}{\kappa+\lambda_i}\right]X_i,$$

$$U_\gamma=\sum_{i=1}^{n}\left\{I_{\{y_i=0\}}\frac{(1-t_i^{\kappa})\phi_i(1-\phi_i)}{\phi_i+(1-\phi_i)t_i^{\kappa}}-I_{\{y_i>0\}}\phi_i\right\}W_i,$$

其中 $\psi(d)=\dfrac{\partial\log(\Gamma(d))}{\partial d}$.

通过计算, 根据 ZINB 模型的对数似然函数可以得到下面的观测信息阵

$$I(\theta)=\begin{bmatrix} I_{\kappa\kappa} & I_{\kappa\beta} & I_{\kappa\gamma}\\ I_{\kappa\beta}^{T} & I_{\beta\beta} & I_{\beta\gamma}\\ I_{\kappa\gamma}^{T} & I_{\beta\gamma}^{T} & I_{\gamma\gamma}\end{bmatrix},\tag{2.1.11}$$

其中 $I(\theta)$ 的子块分别为

$$-I_{\kappa\kappa}=\sum_{i=1}^{n}I_{\{y_i=0\}}\left\{\frac{t_i^{\kappa}(1-\phi_i)}{\phi_i+(1-\phi_i)t_i^{\kappa}}\left[(1-t_i+\log t_i)^2-\frac{\lambda_i}{(\kappa+\lambda_i)^2}+\frac{1}{\kappa}-\frac{1}{\kappa+\lambda_i}\right]\right.$$
$$\left.-\frac{t_i^{2\kappa}(1-\phi_i)^2}{[\phi_i+(1-\phi_i)t_i^{\kappa}]^2}(1-t_i+\log t_i)^2\right\}$$
$$+\sum_{i=1}^{n}I_{\{y_i>0\}}\left[\frac{1}{\kappa}-\frac{1}{\kappa+\lambda_i}-\frac{\lambda_i}{(\kappa+\lambda_i)^2}+\frac{y_i}{(\kappa+\lambda_i)^2}+\psi'(y_i+\kappa)-\psi'(\kappa)\right],$$

$$
\begin{aligned}
-I_{\kappa\beta} =& \sum_{i=1}^{n} I_{\{y_i=0\}} \left\{ \frac{(1-\phi_i)t_i^{\kappa-1}}{\phi_i+(1-\phi_i)t_i^{\kappa}} \left[-\frac{\kappa^2\lambda_i}{(\kappa+\lambda_i)^2}(1-t_i+\log t_i) - \frac{t_i\lambda_i^2}{(\kappa+\lambda_i)^2} \right] \right. \\
&\left. + \frac{(1-\phi_i)^2\kappa t_i^{2\kappa-1}}{[\phi_i+(1-\phi_i)t_i^{\kappa}]^2} \frac{\kappa\lambda_i}{(\kappa+\lambda_i)^2}(1-t_i+\log t_i) \right\} X_i^{\mathrm{T}} \\
&+ \sum_{i=1}^{n} I_{\{y_i>0\}} \left[-\frac{\lambda_i^2}{(\kappa+\lambda_i)^2} + \frac{y_i\lambda_i}{(\kappa+\lambda_i)^2} \right] X_i^{\mathrm{T}}, \\
-I_{\kappa\gamma} =& -\sum_{i=1}^{n} I_{\{y_i=0\}} \left\{ \frac{\phi_i(1-\phi_i)t_i^{\kappa}}{[\phi_i+(1-\phi_i)t_i^{\kappa}]^2}(1-t_i+\log t_i) \right\} W_i^{\mathrm{T}}, \\
-I_{\beta\beta} =& \sum_{i=1}^{n} I_{\{y_i=0\}} \left\{ \frac{(1-\phi_i)\kappa t_i^{\kappa-2}}{[\phi_i+(1-\phi_i)t_i^{\kappa}]^2} \left[\phi_i(\kappa-1) - (1-\phi_i)t_i^{\kappa} \right] \frac{\kappa^2\lambda_i^2}{(\kappa+\lambda_i)^4} \right. \\
&\left. + \frac{(1-\phi_i)\kappa t_i^{\kappa-1}}{\phi_i+(1-\phi_i)t_i^{\kappa}} \frac{\kappa\lambda_i^2-\kappa^2\lambda_i}{(\kappa+\lambda_i)^3} \right\} X_i X_i^{\mathrm{T}} \\
&+ \sum_{i=1}^{n} I_{\{y_i>0\}} \left[-\frac{\kappa^2\lambda_i}{(\kappa+\lambda_i)^2} - \frac{\kappa y_i\lambda_i}{(\kappa+\lambda_i)^2} \right] X_i X_i^{\mathrm{T}}, \\
-I_{\beta\gamma} =& \sum_{i=1}^{n} I_{\{y_i=0\}} \frac{\phi_i(1-\phi_i)\kappa^2 t_i^{\kappa-1}\lambda_i}{[\phi_i+(1-\phi_i)t_i^{\kappa}]^2(\kappa+\lambda_i)^2} X_i W_i^{\mathrm{T}}, \\
-I_{\gamma\gamma} =& \sum_{i=1}^{n} I_{\{y_i=0\}} \left\{ \frac{\phi_i(1-\phi_i)(1-t_i^{\kappa})}{[\phi_i+(1-\phi_i)t_i^{\kappa}]^2} \left[(1-\phi_i)^2 t_i^{\kappa} - \phi_i^2 \right] \right\} W_i W_i^{\mathrm{T}} \\
&- \sum_{i=1}^{n} I_{\{y_i>0\}} \phi_i(1-\phi_i) W_i W_i^{\mathrm{T}},
\end{aligned}
$$

这里 $\psi'(d) = \dfrac{\partial\psi(d)}{\partial d}$.

于是类似于前面迭代方程 (2.1.10) 可得参数的极大似然估计 $\widehat{\theta} = (\widehat{\kappa}, \widehat{\beta}^{\mathrm{T}}, \widehat{\gamma}^{\mathrm{T}})^{\mathrm{T}}$ (Garay et al., 2011).

2) EM 算法

为了参数估计易收敛且较稳定, 下面基于 EM 算法给出参数的极大似然估计 (Garay et al., 2011).

当 y_i 来自 ZINB 模型的退化分布, 记 $u_i = 1$; 当 y_i 来自非退化分布, 记 $u_i = 0$. 记缺失数据 $(u_1, \cdots, u_n)^{\mathrm{T}}$ 为 Y_m, 可观测数据 y_i, X_i, W_i $(i = 1, \cdots, n)$ 为 Y_o, 记完

全数据为 $Y_c=(Y_o,Y_m)$, 则基于完全数据的对数似然函数为

$$l_c(\theta|Y_c)=\sum_{i=1}^{n}\left\{u_iW_i^{\mathrm{T}}\gamma-\log\left[1+\exp(W_i^{\mathrm{T}}\gamma)\right]+(1-u_i)\log[g(y_i;\beta,\kappa)]\right\},$$

其中 $g(y_i;\beta,\kappa)=\dfrac{\Gamma(\kappa+y_i)}{\Gamma(y_i+1)\Gamma(\kappa)}\left(\dfrac{\lambda_i}{\lambda_i+\kappa}\right)^{y_i}\left(\dfrac{\kappa}{\lambda_i+\kappa}\right)^{\kappa}$. 于是,

$$\begin{aligned}
Q\left(\theta|\widehat{\theta}^{(t)}\right)&=E\left\{l_c(\theta|Y_c)|Y_o,\widehat{\theta}^{(t)}\right\}\\
&=\sum_{i=1}^{n}\Big[E\left(u_i|Y_o,\widehat{\theta}^{(t)}\right)W_i^{\mathrm{T}}\gamma-\log[1+\exp(W_i^{\mathrm{T}}\gamma)]\\
&\quad+\left(1-E\left(u_i|Y_o,\widehat{\theta}^{(t)}\right)\right)\log[g(y_i;\beta,\kappa)]\Big]\\
&=Q_1(\gamma)+Q_2(\beta,\kappa),
\end{aligned}$$

其中

$$E\left(u_i|Y_o,\widehat{\theta}^{(t)}\right)=I_{\{y_i=0\}}\left\{1+\exp(-W_i^{\mathrm{T}}\gamma)\left[\frac{\kappa}{\exp(X_i^{\mathrm{T}}\beta)+\kappa}\right]^{\kappa}\right\}_{\widehat{\theta}^{(t)}}^{-1}.$$

类似于前面的讨论, 分别极大化函数 Q_1 和 Q_2 即可得到参数的估计.

4. ZIGLM

1) Gauss-Newton 迭代法

假定 (y_i,X_i,W_i), $i=1,2,\cdots,n$ 为来自于 ZIGLM 回归模型 (2.1.6)~(2.1.7) 的 n 个观察值, 则相应的对数似然函数可表示为

$$\begin{aligned}
l(\delta)=&\sum_{i=1}^{n}\Big\{I_{\{y_i=0\}}\log\left[\phi_i+(1-\phi_i)\mathrm{e}^{c(0)-g(\theta_i)}\right]\\
&+I_{\{y_i>0\}}\left[\log(1-\phi_i)+a(\theta_i)y_i-g(\theta_i)+c(y_i)\right]\Big\},
\end{aligned}$$

其中与广义线性模型 (GLM) 均值 μ 有关的参数 $\theta_i=\theta_i(X_i,\beta)$, $\delta=(\beta^{\mathrm{T}},\gamma^{\mathrm{T}})^{\mathrm{T}}$.

记参数 δ 的 score 函数为 $U(\delta)=(U_\beta^{\mathrm{T}},\ U_\gamma^{\mathrm{T}})^{\mathrm{T}}$, 于是有

$$\begin{aligned}
U_\beta=&\sum_{i=1}^{n}I_{\{y_i=0\}}\left\{\frac{-(1-\phi_i)\mathrm{e}^{c(0)-g(\theta_i)}}{\phi_i+(1-\phi_i)\mathrm{e}^{c(0)-g(\theta_i)}}g'(\theta_i)\right\}\frac{\partial\theta_i}{\partial\beta}\\
&+\sum_{i=1}^{n}I_{\{y_i>0\}}\left[y_ia'(\theta_i)-g'(\theta_i)\right]\frac{\partial\theta_i}{\partial\beta},\\
U_\gamma=&\sum_{i=1}^{n}\left\{I_{\{y_i=0\}}\frac{1-\mathrm{e}^{c(0)-g(\theta_i)}}{\phi_i+(1-\phi_i)\mathrm{e}^{c(0)-g(\theta_i)}}-I_{\{y_i>0\}}\frac{1}{1-\phi_i}\right\}\frac{\partial\phi_i}{\partial\gamma}.
\end{aligned}$$

通过计算, 根据 ZIGLM 的对数似然函数可以得到下面的观测信息阵

$$I(\delta)=\left[\begin{array}{cc} I_{\beta\beta} & I_{\beta\gamma} \\ I_{\beta\gamma}^{\mathrm{T}} & I_{\gamma\gamma} \end{array}\right],$$

其中

$$\begin{aligned}
-I_{\beta\beta}=&\sum_{i=1}^{n} I_{\{y_i=0\}}\left\{\frac{\phi_i(1-\phi_i)\mathrm{e}^{c(0)-g(\theta_i)}}{\left[\phi_i+(1-\phi_i)\mathrm{e}^{c(0)-g(\theta_i)}\right]^2}\left[g'(\theta_i)\right]^2\right\}\frac{\partial\theta_i}{\partial\beta}\frac{\partial\theta_i}{\partial\beta^{\mathrm{T}}}\\
&+\sum_{i=1}^{n} I_{\{y_i=0\}}\left\{\frac{(1-\phi_i)\mathrm{e}^{c(0)-g(\theta_i)}}{\phi_i+(1-\phi_i)\mathrm{e}^{c(0)-g(\theta_i)}}\right\}\left\{-g''(\theta_i)\frac{\partial\theta_i}{\partial\beta}\frac{\partial\theta_i}{\partial\beta^{\mathrm{T}}}-g'(\theta_i)\frac{\partial^2\theta_i}{\partial\beta\partial\beta^{\mathrm{T}}}\right\}\\
&+\sum_{i=1}^{n} I_{\{y_i>0\}}\left\{\left[y_i a''(\theta_i)-g''(\theta_i)\right]\frac{\partial\theta_i}{\partial\beta}\frac{\partial\theta_i}{\partial\beta^{\mathrm{T}}}+\left[y_i a'(\theta_i)-g'(\theta_i)\right]\frac{\partial^2\theta_i}{\partial\beta\partial\beta^{\mathrm{T}}}\right\},\\
-I_{\beta\gamma}=&\sum_{i=1}^{n} I_{\{y_i=0\}}\left\{\frac{\mathrm{e}^{c(0)-g(\theta_i)}}{\left[\phi_i+(1-\phi_i)\mathrm{e}^{c(0)-g(\theta_i)}\right]^2}g'(\theta_i)\right\}\frac{\partial\theta_i}{\partial\beta}\frac{\partial\phi_i}{\partial\gamma^{\mathrm{T}}},\\
-I_{\gamma\gamma}=&\sum_{i=1}^{n} I_{\{y_i=0\}}\left\{\frac{-\left[1-\mathrm{e}^{c(0)-g(\theta_i)}\right]^2}{\left[\phi_i+(1-\phi_i)\mathrm{e}^{c(0)-g(\theta_i)}\right]^2}\right\}\frac{\partial\phi_i}{\partial\gamma}\frac{\partial\phi_i}{\partial\gamma^{\mathrm{T}}}\\
&+\sum_{i=1}^{n} I_{\{y_i=0\}}\left\{\frac{1-\mathrm{e}^{c(0)-g(\theta_i)}}{\phi_i+(1-\phi_i)\mathrm{e}^{c(0)-g(\theta_i)}}\right\}\frac{\partial^2\phi_i}{\partial\gamma\partial\gamma^{\mathrm{T}}}\\
&+\sum_{i=1}^{n} I_{\{y_i>0\}}\left\{-\frac{1}{(1-\phi_i)^2}\frac{\partial\phi_i}{\partial\gamma}\frac{\partial\phi_i}{\partial\gamma^{\mathrm{T}}}-\frac{1}{1-\phi_i}\frac{\partial^2\phi_i}{\partial\gamma\partial\gamma^{\mathrm{T}}}\right\},
\end{aligned}$$

于是参数的极大似然估计 $\widehat{\delta}=(\widehat{\beta}^{\mathrm{T}},\widehat{\gamma}^{\mathrm{T}})^{\mathrm{T}}$ 可以类似于由前面迭代方程 (2.1.10) 得到.

2) EM 算法

为了参数估计易收敛且较稳定, 下面基于 EM 算法给出参数的极大似然估计.

当 y_i 来自模型的退化分布, 记 $u_i=1$; 当 y_i 来自非退化分布, 记 $u_i=0$. 记缺失数据 $(u_1,\cdots,u_n)^{\mathrm{T}}$ 为 Y_m, 可观测数据 y_i, X_i, W_i $(i=1,\cdots,n)$ 为 Y_o, 记完全数据为 $Y_c=(Y_o,Y_m)$, 则基于完全数据的对数似然函数为

$$l_c(\delta|Y_c)=\sum_{i=1}^{n}\Big\{u_i\log\phi_i+(1-u_i)\log(1-\phi_i)+(1-u_i)[a(\theta_i)y_i-g(\theta_i)+c(y_i)]\Big\},$$

其中 $\delta=(\beta^{\mathrm{T}},\gamma^{\mathrm{T}})^{\mathrm{T}}$, $\phi_i=\exp(W_i^{\mathrm{T}}\gamma)/[1+\exp(W_i^{\mathrm{T}}\gamma)]$. EM 算法包含如下两步:

E 步:

$$
\begin{aligned}
Q\left(\delta|\widehat{\delta}^{(t)}\right) &= E\left\{l_c(\delta|Y_c)|Y_o,\widehat{\delta}^{(t)}\right\} \\
&= \sum_{i=1}^{n}\left[E\left(u_i|Y_o,\widehat{\delta}^{(t)}\right)\log\phi_i + \left(1-E\left(u_i|Y_o,\widehat{\delta}^{(t)}\right)\right)\log(1-\phi_i)\right] \\
&\quad + \sum_{i=1}^{n}\left(1-E\left(u_i|Y_o,\widehat{\delta}^{(t)}\right)\right)\left[a(\theta_i)y_i - g(\theta_i) + c(y_i)\right] \\
&= Q_1(\gamma) + Q_2(\beta),
\end{aligned}
$$

其中 $\widehat{\delta}^{(t)}$ 表示 EM 算法过程中第 t 步的参数估计值, 且

$$
E\left(u_i|Y_o,\widehat{\delta}^{(t)}\right) = I_{\{y_i=0\}}\left[1+(1-\phi_i)f(y_i,\theta_i)/\phi_i\right]^{-1}_{\widehat{\delta}^{(t)}}.
$$

M 步:

$$
\widehat{\delta}^{(t+1)} = \mathrm{Argmax}_{\delta} Q\left(\delta|\widehat{\delta}^{(t)}\right).
$$

由于参数 γ, β 恰好分离在函数 Q_1 和 Q_2 中, 所以为了执行 M 步, 只要分别极大化 Q_1 和 Q_2 即可. 通过计算, 得到下面两个迭代公式:

$$
\widehat{\gamma}^{(t+1)} = \widehat{\gamma}^{(t)} + \left\{\left[\sum_{i=1}^{n}\phi_i(1-\phi_i)W_iW_i^{\mathrm{T}}\right]^{-1}\sum_{i=1}^{n}\left[E\left(u_i|Y_o,\widehat{\theta}^{(t)}\right)W_i - \phi_iW_i\right]\right\}_{\widehat{\delta}^{(t)}},
$$

$$
\widehat{\beta}^{(t+1)} = \widehat{\beta}^{(t)} + \left\{\left[-\frac{\partial^2 Q_2(\beta)}{\partial\beta\partial\beta^{\mathrm{T}}}\right]^{-1}\frac{\partial Q_2(\beta)}{\partial\beta}\right\}_{\widehat{\delta}^{(t)}},
$$

其中

$$
\begin{aligned}
\frac{\partial Q_2(\beta)}{\partial\beta} &= \sum_{i=1}^{n}\left(1-E\left(u_i|Y_o,\widehat{\delta}^{(t)}\right)\right)\left[a'(\theta_i)y_i - g'(\theta_i)\right]\frac{\partial\theta_i}{\partial\beta}, \\
\frac{\partial^2 Q_2(\beta)}{\partial\beta\partial\beta^{T}} &= \sum_{i=1}^{n}\left(1-E\left(u_i|Y_o,\widehat{\delta}^{(t)}\right)\right)\left[a''(\theta_i)y_i - g''(\theta_i)\right]\frac{\partial\theta_i}{\partial\beta}\frac{\partial\theta_i}{\partial\beta^{\mathrm{T}}} \\
&\quad + \sum_{i=1}^{n}\left(1-E\left(u_i|Y_o,\widehat{\delta}^{(t)}\right)\right)\left[a'(\theta_i)y_i - g'(\theta_i)\right]\frac{\partial^2\theta_i}{\partial\beta\partial\beta^{\mathrm{T}}}.
\end{aligned}
$$

可以证明 EM 算法中获得的序列 $\{\widehat{\delta}^{(t)}\}$ 收敛到参数 δ 的极大似然估计 $\widehat{\delta}$.

对于上面的 ZI 回归模型, 我们考虑退化部分和非退化部分都和协变量有关系. 当然, 也可以考虑不带协变量的 ZI 模型或考虑只在非退化部分建立回归, 此时相应的参数估计可类似于上面的方法得到.

2.1.3 实例分析

例 2.1.1 机动车保险索赔数据(续 1.2 节例 1).

为了说明上述估计方法的应用, 下面基于 1.2 节例 1 的机动车保险索赔数据来进行分析, 这里考虑带协变量和不带协变量两种情况.

1. 无协变量

首先考虑利用不带协变量的模型来分析机动车保险数据. 这里主要考虑泊松分布、NB 分布、ZIP、ZINB 四个模型.

为了检验 ZIP 模型中 ZI 参数的存在性, Yip 和 Yau (2005) 利用 Broek (1995) 提供的 score 检验统计量 (参见 2.2 节) 进行检验, 这时 score 统计量的值为 592.17 ($p \ll 0.0001$), 这表明此时数据中显著地存在零过多现象. 基于 Gauss-Newton 迭代法, 四个模型的拟合结果见表 2.1.1, 其中 $1/\kappa$ 表示散度. 从表 2.1.1 中可以发现 ZI 参数 ϕ 显著不为 0, 这也进一步说明该保险数据中存在零过多现象, 同时也表明泊松分布和 NB 分布不适合刻画这批数据.

表 2.1.1 基于索赔数据的参数估计(括号里的是参数估计的标准差)

	Poisson	NB	ZIP	ZINB
ϕ	–	–	0.5177	0.5176
			(0.0123)	(0.0124)
λ	0.8151	0.8151	1.6899	1.6898
	(0.0710)	(0.0252)	(0.0449)	(0.0318)
$1/\kappa$	–	0.7095	–	3.3315×10^{-5}
Log-likelihood	−3782.76	−3500.98	−3347.60	−3347.60
AIC	7566.51	7005.96	6699.19	6701.21
BIC	7573.46	7017.84	6711.07	6719.03

另外, 通过计算, 可得常用的模型选择统计量参考文献 (陈家鼎等, 2006)$\text{AIC} = -2\text{loglikehood} + 2k$ (k 是模型中参数个数) 和 $\text{BIC} = -2\text{loglikehood} + k\ln(n)$ (n 是样本量) 的值. 由表 2.1.1 的结果可知, ZIP 模型和 ZINB 模型比泊松分布和 NB 分布更适合拟合该保险数据.

2. 带有协变量

下面我们利用 ZI 回归模型来进一步分析机动车保险数据. 为了避免多重共线性问题, Yip 和 Yau (2005) 利用 Pearson 相关系数等方法得到 13 个与索赔次数有着高度相关的风险因素. 对于这 13 个变量, 基于能否显著改进泊松回归模型的对数似然函数, 他们发现其中 usage, married, area, income, sex(分别表示为使用情况、婚姻状况、居住地区、年收入与性别)5 个变量在泊松回归模型中是显著的. 借助于这 5 个变量, Yip 和 Yau (2005) 还分别考虑了 NB、ZIP、ZINB 三个回归模型, 其中对于 ZI 回归模型, 仅考虑在非退化部分中引入这 5 个变量. 对于这四个模型假定

$$\log(\lambda_i) = \beta_0 + \beta_1 \text{usage}_i + \beta_2 \text{married}_i + \beta_3 \text{area}_i + \beta_4 \text{income}_i + \beta_5 \text{sex}_i.$$

为了检验 ZIP 回归模型中 ZI 参数的存在性, 仍然利用 Broek (1995) 提供的 score 检验统计量 (参见 2.2 节) 进行检验, 这时 score 统计量的值为 415.30 (p≪0.0001), 这表明此时数据中存在零过多现象. 基于 EM 算法, 四个模型的拟合结果见表 2.1.2, 结果表明, ZI 参数 ϕ 显著不为 0, 因此数据中存在零过多现象. 另外, 根据 AIC 和 BIC 的结果可知, ZIP 和 ZINB 回归模型比泊松回归和 NB 回归模型更适合拟合这批数据.

表 2.1.2　基于索赔数据的参数估计(括号里的是参数估计的标准差)

	Poisson	NB	ZIP	ZINB
β_0	−1.2388	−1.2187	−0.5619	−0.5620
	(0.0891)	(0.1045)	(0.1046)	(0.0181)
β_1	0.2750	0.2895	0.1489	0.1490
	(0.0449)	(0.0639)	(0.0517)	(0.0433)
β_2	−0.1083	−0.1430	−0.1108	−0.1108
	(0.0426)	(0.0598)	(0.0490)	(0.0186)
β_3	1.3919	1.4071	1.2298	1.2299
	(0.0837)	(0.0970)	(0.0973)	(0.0201)
β_4	−0.0283	−0.0309	−0.0174	−0.0174
	(0.0049)	(0.0067)	(0.0058)	(0.0048)
β_5	−0.1124	−0.1187	−0.0510	−0.0510
	(0.0439)	(0.0615)	(0.0508)	(0.0237)
ϕ	–	–	0.4468	0.4468
			(0.0147)	(0.0145)
$1/\kappa$	–	1.0309	–	2.0104×10^{-5}
Log-likelihood	−3559.20	−3374.58	−3268.26	−3268.26
AIC	6730.40	6763.17	6550.52	6552.52
BIC	7166.05	6804.76	6592.11	6600.06

例 2.1.2　苹果树数据.

下面利用苹果树数据 (Ridout et al, 1998, 2001) 进一步说明前面参数估计方法的有效性. 该数据集包含 270 根苹果树芽, 分别进行 2×4 完全随机设计试验. 该研究中涉及两种因素: 光照长度 (8 小时或 16 小时), 细胞分裂数 BAP 的浓度 (2.2, 4.4, 8.8, 17.6, 单位为 μM). 在相同条件下产生根系, 则每个树芽生出的根数作为响应变量. 经观察研究发现, 在 16 小时光照下有大量的树芽未能生根, 且在所有研究的树芽中未生根的比例为 23.7%. 因此, ZI 回归模型可能比较适合刻画他们. 由

于试验设计是完全随机的, 所以可以假定数据是相互独立的. 另外, 根据 Ridout 等 (2001) 的研究, 最终获得 267 个数据.

该数据涉及的变量有树芽生出的根数 y_i; 光照长度 x_{i1}, 其中当光照时间为 8 小时, 变量取值为 0, 为 16 小时, 取值为 1 以及细胞分裂素 BAP 的浓度 x_{i2}. 根据 Ridout 等 (1998, 2001) 的研究, ZI 回归模型比较适合这批数据. 下面, 我们考虑分别利用 ZIP 和 ZINB 回归模型拟合这批数据, 其中假定

$$\begin{cases} \log(\lambda_i) = \beta_0 + \beta_1 x_{i1} + \beta_2 x_{i2}, \\ \text{logit}(\phi_i) = \gamma_0 + \gamma_1 x_{i1} + \gamma_2 x_{i2}. \end{cases}$$

借助 EM 算法, 可以得到参数的极大似然估计, 结果列于表 2.1.3. 同时, 表 2.1.3 中还给出模型选择标准 AIC、BIC 的值. 从表 2.1.3 中可以看出, 解释变量 x_1 在 5%水平下是显著的, 而变量 x_2, 即细胞分裂数 BAP 浓度对于根数在统计上却并不显著. 另外, 通过比较可以得出, ZINB 回归模型比 ZIP 回归模型更适合刻画该数据.

表 2.1.3　基于苹果树数据的参数估计(括号里的是参数估计的标准差)

	ZIP	ZINB
β_0	1.9662 (0.0513)	1.9723 (0.0645)
β_1	−0.2639 (0.0619)	−0.2675 (0.0755)
β_2	0.0004 (0.0046)	−0.0006 (0.0057)
γ_0	−4.3042 (0.7872)	−4.5088 (0.9657)
γ_1	4.2082 (0.7709)	4.4218 (0.9714)
γ_2	0.0028 (0.0278)	0.0003 (0.0285)
κ	–	12.7112
Log-likelihood	−620.6992	−612.4512
AIC	1253.4	1238.9
BIC	1274.9	1264.0

例 2.1.3　室性早搏 (PVC) 数据.

为了说明 ZIB 模型的参数估计方法, 下面基于例 1.24 的室性早搏 (PVC) 数据来进行分析. 根据 Farewell 以及 Sprott (1988) 以及 Deng 和 Paul (2000) 的研究, 下面的 ZIB 模型比较适合该数据:

$$\begin{cases} P(y_i = 0|m_i) = \phi + (1-\phi)(1-\pi)^{m_i}, \\ P(y_i|m_i) = (1-\phi)\dfrac{\Gamma(m_i+1)}{\Gamma(y_i+1)\Gamma(m_i-y_i+1)}\pi^{y_i}(1-\pi)^{m_i-y_i}, \quad y_i = 1, \cdots, m_i. \end{cases}$$

现在, 基于该模型, 利用 Gauss-Newton 迭代法, 可以得到其中参数的极大似然估计分别为 $\widehat{\pi} = 0.38614(0.0643)$ 和 $\widehat{\phi} = 0.57549(0.1450)$. 另外, 经过计算, ZIB 模型和二

项分布模型对应的 AIC 的值分别为 41.7 和 83.4, 这也进一步表明 ZIB 模型比二项分布模型更适合 PVC 数据.

2.2 ZI 参数的 score 检验

关于 ZI 模型, 一个很自然也很基本的问题是在实际问题中, 我们所处理的给定数据是否确实是零过多数据, 从而需要应用 ZI 模型来进行拟合? 这可通过直观分析以及作直方图等方法进行初步分析 (见 1.1 节). 但是, 更加精确严格的方法就是对数据是否存在零过多现象进行假设检验, 即对 ZI 参数的存在性进行检验 (见 2.2.1 节), 这在理论上、应用上都有重要意义. 这个问题等价于以下关于 ZI 参数的假设检验

$$H_0: \phi = 0, \qquad H_1: \phi \neq 0. \tag{2.2.1}$$

这可称为 ZI 参数的存在性检验. 关于这类假设检验问题, 常用的方法有 score 检验、似然比检验和 Wald 检验且三者渐近等价参见文献 (韦博成, 2006), 但是 score 检验只要求计算在零假设下参数的极大似然估计, 而另外两种检验则同时要求在零假设和备则假设下的参数估计, 因此, 相比之下, score 检验要简单得多. 所以本书各章涉及的检验统计量主要基于 score 检验方法进行. Broek (1995) 首先研究了 ZIP 模型, 得到了检验 (2.2.1) 的 score 检验统计量. Deng 和 Paul (2000) 对于一般的 ZI 广义线性模型得到了 (2.2.1) 的 score 检验统计量, 并作为特例, 把他们的结果应用于 ZIP 和 ZIB 模型, 得到了 (2.2.1) 的 score 检验统计量, 并与 Broek (1995) 的结果一致. 另外 Lee 等 (2001) 和 Jansakul 和 Hinde (2002) 也更深入地考虑了 ZIP 模型中 (2.2.1) 的检验问题. 本节下面分别介绍 ZIP、ZINB、ZIGLM 等回归模型中 ZI 参数的存在性检验问题. 至于更复杂的 ZI 模型中 ZI 参数的存在性等检验, 可参见后面各章.

由于本书多处用到 score 检验统计量, 今简要介绍如下, 详见韦博成 (2006). 设观察值 Y 的密度函数与对数似然函数分别为 $p(y,\theta)$ 和 $l(\theta) = \log p(y,\theta)$. 记 $\theta = (\theta_1^{\mathrm{T}}, \theta_2^{\mathrm{T}})^{\mathrm{T}}$, 其中 θ_1 和 θ_2 分别为 p_1 维和 p_2 维子集参数, 并考虑以下假设检验问题

$$H_0: \theta_1 = \theta_{10} \longleftrightarrow H_1: \theta_1 \neq \theta_{10}. \tag{2.2.2}$$

则该检验问题的 score 检验统计量可表示为

$$S = \left\{ \left(\frac{\partial l}{\partial \theta_1} \right)^{\mathrm{T}} J^{11} \left(\frac{\partial l}{\partial \theta_1} \right) \right\}_{\widehat{\theta}_0}. \tag{2.2.3}$$

其中 $\widehat{\theta}_0$ 为零假设下参数 θ 的极大似然估计, J^{11} 为 Y 的分布族的 Fisher 信息阵 $J(\theta)$ 的逆阵 $J^{-1}(\theta)$ 对应于 θ_1 的子块, 在一定正则条件下, S 的渐近分布为 $\chi^2(p_1)$.

同时, 若在式 (2.2.3) 中, $J(\theta)$ 换为观察信息阵 $I(\theta)=-\partial^2 l/\partial\theta\partial\theta^{\mathrm{T}}$, 则 S 的渐近分布不变.

另外, J^{11} 可由 $J(\theta)$ 与 $J^{-1}(\theta)$ 的分块形式表示为

$$J=\begin{pmatrix} J_{11} & J_{12} \\ J_{21} & J_{22} \end{pmatrix}, \quad J^{-1}=\begin{pmatrix} J^{11} & J^{12} \\ J^{21} & J^{22} \end{pmatrix}, \quad J^{11}=(J_{11}-J_{12}J_{22}^{-1}J_{21})^{-1}. \tag{2.2.4}$$

对于检验问题 (2.2.2), 当 $l(\theta)$ 已知时, 主要问题就是求相应的 score 函数 $U(\theta)=\partial l/\partial\theta$, 特别是 Fisher 信息阵 $J(\theta)$ 及其子块.

2.2.1 ZIP 回归模型

假设 $Y_1,\cdots,Y_n$ 为来自于以下 ZIP 模型的相互独立的观测

$$P(Y_i=y_i)=\begin{cases} \phi+(1-\phi)\exp(-\lambda_i), & y_i=0, \\ (1-\phi)\dfrac{\lambda_i^{y_i}}{y_i!}\exp(-\lambda_i), & y_i>0, \end{cases} \tag{2.2.5}$$

且假定非退化部分均值 λ_i 与 $p\times 1$ 协变量 X_i 呈对数线性关系, 即 $\log\lambda_i=X_i^{\mathrm{T}}\beta$, 其中 β 是回归参数. 另外 ZI 参数 ϕ 应满足 $0\leqslant\phi+(1-\phi)\exp(-\lambda_i)\leqslant 1$ (见式 (2.2.5)), 即 $-\exp(-\lambda_i)/[1-\exp(-\lambda_i)]\leqslant\phi\leqslant 1$ (Broek, 1995; Deng and Paul, 2000, 2005). 为了简化计算, 记 $\gamma=\phi/(1-\phi)$, 则有 $\phi=\gamma/(1+\gamma)$, $1-\phi=1/(1+\gamma)$(且有 $-\exp(-\lambda_i)\leqslant\gamma<+\infty$), 则此时假设检验问题 (2.2.1) 化为

$$H_0:\gamma=0; \qquad H_1:\gamma\neq 0. \tag{2.2.6}$$

根据式 (2.2.5) 可得下面的对数似然函数:

$$l(\gamma,\beta)=\sum_{i=1}^{n}\left\{-\log(1+\gamma)+I_{\{y_i=0\}}\log\left(\gamma+\mathrm{e}^{-\lambda_i}\right)+I_{\{y_i>0\}}\left[-\lambda_i+y_i\log(\lambda_i)-\log(y_i!)\right]\right\}, \tag{2.2.7}$$

由对数似然函数 (2.2.7) 可以获得下面的一阶导数:

$$\frac{\partial l}{\partial\gamma}=\sum_{i=1}^{n}\left\{-\frac{1}{1+\gamma}+I_{\{y_i=0\}}\frac{1}{\gamma+\mathrm{e}^{-\lambda_i}}\right\}. \tag{2.2.8}$$

则在 $H_0:\gamma=0$ 下, 由式 (2.2.8) 可得相应的 score 函数为

$$\Psi=\sum_{i=1}^{n}\left\{\frac{I_{\{y_i=0\}}}{\mathrm{e}^{-\lambda_i}}-1\right\}. \tag{2.2.9}$$

通过计算, 由对数似然函数 (2.2.7) 可以获得下面的二阶导数:

$$\frac{\partial^2 l}{\partial\gamma^2}=\sum_{i=1}^{n}\left\{\frac{1}{(1+\gamma)^2}-I_{\{y_i=0\}}\frac{1}{(\gamma+\mathrm{e}^{-\lambda_i})^2}\right\},$$

$$\frac{\partial^2 l}{\partial\gamma\partial\beta^{\mathrm{T}}}=\sum_{i=1}^{n}\left\{I_{\{y_i=0\}}\left(\frac{\mathrm{e}^{-\lambda_i}}{[\gamma+\mathrm{e}^{-\lambda_i}]^2}\right)\lambda_i X_i^{\mathrm{T}}\right\},$$

$$\frac{\partial^2 l}{\partial\beta\partial\beta^{\mathrm{T}}}=\sum_{i=1}^{n}\left\{I_{\{y_i=0\}}\left(\frac{-\mathrm{e}^{-\lambda_i}[(1-\lambda_i)\gamma+\mathrm{e}^{-\lambda_i}]}{[\gamma+\mathrm{e}^{-\lambda_i}]^2}\right)\lambda_i X_i X_i^{\mathrm{T}}-I_{\{y_i>0\}}\lambda_i X_i X_i^{\mathrm{T}}\right\}.$$

由于

$$E\Big[I_{\{y_i=0\}}\Big]=\frac{\gamma+\mathrm{e}^{-\lambda_i}}{1+\gamma},\quad E\Big[I_{\{y_i>0\}}\Big]=\frac{1-\mathrm{e}^{-\lambda_i}}{1+\gamma},$$

因此, 经过计算, 可得上面二阶导数负值的期望为

$$J_{\gamma\gamma}=\sum_{i=1}^{n}\left\{\frac{1-\mathrm{e}^{-\lambda_i}}{(1+\gamma)^2(\gamma+\mathrm{e}^{-\lambda_i})}\right\},$$

$$J_{\gamma\beta}=-\sum_{i=1}^{n}\left\{\frac{\mathrm{e}^{-\lambda_i}}{(1+\gamma)(\gamma+\mathrm{e}^{-\lambda_i})}\right\}\lambda_i X_i^{\mathrm{T}},$$

$$J_{\beta\beta}=\sum_{i=1}^{n}\left\{\frac{-\mathrm{e}^{-\lambda_i}\lambda_i\gamma+\gamma+\mathrm{e}^{-\lambda_i}}{(1+\gamma)(\gamma+\mathrm{e}^{-\lambda_i})}\right\}\lambda_i X_i X_i^{\mathrm{T}}.$$

于是, 在 $H_0:\gamma=0$ 下可得

$$J_{\gamma\gamma}=\sum_{i=1}^{n}\left(\frac{1-\mathrm{e}^{-\lambda_i}}{\mathrm{e}^{-\lambda_i}}\right),\quad J_{\gamma\beta}=-\sum_{i=1}^{n}\lambda_i X_i^{\mathrm{T}},\quad J_{\beta\beta}=\sum_{i=1}^{n}\lambda_i X_i X_i^{\mathrm{T}}.$$

基于此, 可得 $H_0:\gamma=0$ 下的期望信息阵为

$$J(\gamma,\beta)=\begin{pmatrix} J_{11} & J_{12}\\ J_{21} & J_{22}\end{pmatrix},$$

其中 $J_{11}=\sum_{i=1}^{n}\left(\frac{1}{\mathrm{e}^{-\lambda_i}}-1\right)$, $J_{12}=-\lambda^{\mathrm{T}}X$, $J_{21}=-X^{\mathrm{T}}\lambda$, $J_{22}=X^{\mathrm{T}}\mathrm{diag}(\lambda)X$, $X=(X_1,\cdots,X_n)^{\mathrm{T}}$, $\lambda=(\lambda_1,\cdots,\lambda_n)^{\mathrm{T}}$. 记 $J(\gamma,\beta)$ 的逆阵为 $\begin{pmatrix} J^{11} & J^{12}\\ J^{21} & J^{22}\end{pmatrix}$, 则通过计算得

$$\left(J^{11}\right)^{-1}=\sum_{i=1}^{n}\left(\frac{1}{\mathrm{e}^{-\lambda_i}}-1\right)-\lambda^{\mathrm{T}}X\left[X^{\mathrm{T}}\mathrm{diag}(\lambda)X\right]^{-1}X^{\mathrm{T}}\lambda.$$

结合式 (2.2.9), 并根据式 (2.2.3), 可得检验 $H_0:\gamma=0$ 的 score 统计量为

$$S=\left\{\frac{\left[\sum_{i=1}^{n}\left(I_{\{y_i=0\}}\mathrm{e}^{\lambda_i}-1\right)\right]^2}{\left[\sum_{i=1}^{n}\left(\mathrm{e}^{\lambda_i}-1\right)\right]-\lambda^{\mathrm{T}}X\left[X^{\mathrm{T}}\mathrm{diag}(\lambda)X\right]^{-1}X^{\mathrm{T}}\lambda}\right\}_{\widehat{\beta}}, \tag{2.2.10}$$

其中 $\widehat{\beta}$ 是零假设下参数 β 的极大似然估计, S 的渐近分布为 $\chi^2(1)$.

2.2.2 ZINB 回归模型

设 $Y_1,\cdots,Y_n$ 是来自于 ZINB 模型 (2.1.5) 的独立观测, 且假定非退化部分均值 λ_i 与 $p\times 1$ 协变量 X_i 呈对数线性关系, 即 $\log\lambda_i=X_i^{\mathrm{T}}\beta$, 其中 β 是回归参数.

记 $\gamma=\phi/(1-\phi)$, 则此时对数似然函数可以写成

$$\begin{aligned}l(\gamma,\theta)=&\sum_{i=1}^{n}\Bigg\{-\log(1+\gamma)+I_{\{y_i=0\}}\log(\gamma+t_i^{\kappa})+I_{\{y_i>0\}}\Bigg[\kappa\log\kappa+y_iX_i^{\mathrm{T}}\beta\\&-(\kappa+y_i)\log(\kappa+\lambda_i)+\log\frac{\Gamma(y_i+\kappa)}{\Gamma(y_i+1)\Gamma(\kappa)}\Bigg]\Bigg\},\end{aligned}$$

其中 $\theta=(\beta^{\mathrm{T}},\kappa)^{\mathrm{T}}$. 根据上式可得检验 $\phi=0$, 即检验 $\gamma=0$ 的 score 函数为

$$\varPsi=\frac{\partial l}{\partial\gamma}\Big|_{\gamma=0}=\sum_{i=1}^{n}\left\{-\frac{1}{1+\gamma}+I_{\{y_i=0\}}\frac{1}{\gamma+t_i^{\kappa}}\right\}\Big|_{\gamma=0}=\sum_{i=1}^{n}\left\{\frac{I_{\{y_i=0\}}}{t_i^{\kappa}}-1\right\}.$$

由似然函数可得其关于参数的二阶导数:

$$\begin{aligned}\frac{\partial^2 l}{\partial\gamma^2}&=\sum_{i=1}^{n}\left\{\frac{1}{(1+\gamma)^2}-I_{\{y_i=0\}}\frac{1}{(\gamma+t_i^{\kappa})^2}\right\},\\
\frac{\partial^2 l}{\partial\gamma\partial\beta^{\mathrm{T}}}&=\sum_{i=1}^{n}I_{\{y_i=0\}}\left\{\frac{\kappa t_i^{\kappa-1}}{(\gamma+t_i^{\kappa})^2}\frac{\kappa\lambda_i}{(\kappa+\lambda_i)^2}X_i^{\mathrm{T}}\right\},\\
\frac{\partial^2 l}{\partial\gamma\partial\kappa}&=\sum_{i=1}^{n}I_{\{y_i=0\}}\left\{\frac{-t_i^{\kappa}}{(\gamma+t_i^{\kappa})^2}\left[\log\kappa-\log(\kappa+\lambda_i)+\frac{\lambda_i}{\kappa+\lambda_i}\right]\right\},\\
\frac{\partial^2 l}{\partial\beta\partial\beta^{\mathrm{T}}}&=\sum_{i=1}^{n}I_{\{y_i=0\}}\left\{\frac{\gamma\kappa(\kappa-1)t_i^{\kappa-2}-\kappa t_i^{2\kappa-2}}{(\gamma+t_i^{\kappa})^2}\frac{\kappa^2\lambda_i^2}{(\kappa+\lambda_i)^4}X_iX_i^{\mathrm{T}}\right\}\\
&\quad+\sum_{i=1}^{n}I_{\{y_i=0\}}\left\{\frac{\kappa t_i^{\kappa-1}}{\gamma+t_i^{\kappa}}\frac{\kappa\lambda_i^2-\kappa^2\lambda_i}{(\kappa+\lambda_i)^3}X_iX_i^{\mathrm{T}}\right\}\end{aligned}$$

$$+\sum_{i=1}^{n} I_{\{y_i>0\}}\left\{-\frac{\kappa(\kappa+y_i)\lambda_i}{(\kappa+\lambda_i)^2}X_iX_i^{\mathrm{T}}\right\},$$

$$\frac{\partial^2 l}{\partial\beta\partial\kappa}=\sum_{i=1}^{n} I_{\{y_i=0\}}\left\{\frac{\gamma\kappa t_i^{\kappa-1}}{(\gamma+\lambda_i)^2}\frac{-\kappa\lambda_i}{(\kappa+\lambda_i)^2}\left[\log\kappa-\log(\kappa+\lambda_i)+\frac{\lambda_i}{\kappa+\lambda_i}\right]X_i\right\}$$

$$+\sum_{i=1}^{n} I_{\{y_i=0\}}\left\{\frac{t_i^{\kappa}}{\gamma+t_i^{\kappa}}\frac{-\lambda_i^2}{(\kappa+\lambda_i)^2}X_i\right\}+\sum_{i=1}^{n} I_{\{y_i>0\}}\left\{\frac{y_i\lambda_i-\lambda_i^2}{(\kappa+\lambda_i)^2}X_i\right\},$$

$$\frac{\partial^2 l}{\partial\kappa^2}=\sum_{i=1}^{n} I_{\{y_i=0\}}\left\{\frac{\gamma t_i^{\kappa}}{(\gamma+t_i^{\kappa})^2}\left[\log\kappa-\log(\kappa+\lambda_i)+\frac{\lambda_i}{\kappa+\lambda_i}\right]^2\right\}$$

$$+\sum_{i=1}^{n} I_{\{y_i=0\}}\left\{\frac{t_i^{\kappa}}{\gamma+t_i^{\kappa}}\left[\frac{1}{\kappa}-\frac{1}{\kappa+\lambda_i}-\frac{\lambda_i}{(\kappa+\lambda_i)^2}\right]\right\}$$

$$+\sum_{i=1}^{n} I_{\{y_i>0\}}\left\{\frac{1}{\kappa}-\frac{1}{\kappa+\lambda_i}-\frac{\lambda_i-y_i}{(\kappa+\lambda_i)^2}+\psi'(y_i+\kappa)-\psi'(\kappa)\right\}.$$

在 $H_0:\gamma=0$ 下, 经过计算, 可得前面二阶导数负值的期望为

$$J_{\gamma\gamma}=\sum_{i=1}^{n}\left(t_i^{-\kappa}-1\right),$$

$$J_{\gamma\beta}=\sum_{i=1}^{n}\left[\frac{-\kappa^2\lambda_i}{t_i(\kappa+\lambda_i)^2}\right]X_i^{\mathrm{T}},$$

$$J_{\gamma\kappa}=\sum_{i=1}^{n}\left[\log\kappa-\log(\kappa+\lambda_i)+\frac{\lambda_i}{\kappa+\lambda_i}\right],$$

$$J_{\beta\beta}=\sum_{i=1}^{n}\left[\frac{\kappa^3\lambda_i^2 t_i^{\kappa-2}}{(\kappa+\lambda_i)^4}\right]X_iX_i^{\mathrm{T}}+\sum_{i=1}^{n}\left[\frac{\kappa t_i^{\kappa-1}(\kappa^2\lambda_i-\kappa\lambda_i^2)}{(\kappa+\lambda_i)^3}\right]X_iX_i^{\mathrm{T}}$$

$$+\sum_{i=1}^{n}\left[\frac{(1-t_i^{\kappa})\kappa^2\lambda_i+\kappa\lambda_i^2}{(\kappa+\lambda_i)^2}\right]X_iX_i^{\mathrm{T}},$$

$$J_{\beta\kappa}=0,$$

$$J_{\kappa\kappa}=\sum_{i=1}^{n}\left[\frac{-1}{\kappa}+\frac{1}{\kappa+\lambda_i}+\frac{\lambda_i}{(\kappa+\lambda_i)^2}-(-1+t_i^{\kappa})\psi'(\kappa)\right]$$

$$+\sum_{i=1}^{n}\left\{-\frac{\lambda_i}{(\kappa+\lambda_i)^2}-E_{H_0}\left[I_{\{y_i>0\}}\psi'(y_i+\kappa)\right]\right\},$$

其中 $E_{H_0}[I_{\{y_i>0\}}\psi'(y_i+\kappa)]$ 通过数值计算可以得到.

于是得 $\gamma=0$ 时的期望信息阵

$$J(\gamma,\theta)=\begin{pmatrix} J_{11} & J_{12} \\ J_{12}^{\mathrm{T}} & J_{22} \end{pmatrix},$$

其中 $J_{11}=J_{\gamma\gamma}$, $J_{12}=\left(J_{\gamma\beta},J_{\gamma\kappa}\right)$ 且

$$J_{22}=\begin{pmatrix} J_{\beta\beta} & J_{\beta\kappa} \\ J_{\beta\kappa}^{\mathrm{T}} & J_{\kappa\kappa} \end{pmatrix}.$$

因此根据式 (2.2.3), 得到检验 $H_0:\gamma=0$ 的 score 统计量为

$$S=\left\{\left[\sum_{i=1}^{n}\left(\frac{I_{\{y_i=0\}}}{t_i^{\kappa}}-1\right)\right]^2 J^{11}\right\}_{\widehat{\theta}}, \tag{2.2.11}$$

其中 $\widehat{\theta}$ 是在零假设下的极大似然估计, $J^{11}=\left[J_{11}-J_{12}J_{22}^{-1}J_{21}\right]^{-1}$, S 的渐近分布为 $\chi^2(1)$.

2.2.3 ZIGLM 回归模型

设 $Y_1,\cdots,Y_n$ 是来自于 ZIGLM (2.1.6) 的独立观测, 且假定与均值有关的参数 θ_i 和 $p\times 1$ 协变量 X_i 具有关系 $\theta_i=\theta_i(X_i,\beta),1\leqslant i\leqslant n$, 其中 β 是回归参数.

记 $\gamma=\phi/(1-\phi)$, 则对数似然函数可以写成

$$\begin{aligned} l(\gamma,\beta)=&\sum_{i=1}^{n} l_i(\gamma,\beta)\\ =&\sum_{i=1}^{n}\Big\{-\log(1+\gamma)+I_{\{y_i=0\}}\log[\gamma+f(0;\theta_i)]+I_{\{y_i>0\}}\log f(y_i;\theta)\Big\}\\ =&\sum_{i=1}^{n}\Big\{-\log(1+\gamma)+I_{\{y_i=0\}}\log[\gamma+\exp(-g(\theta_i)+c(0))]\\ &+I_{\{y_i>0\}}\log[a(\theta_i)y_i-g(\theta_i)+c(y_i)]\Big\}. \end{aligned}$$

根据上式可得检验 $\phi=0$, 即 $\gamma=0$ 的 score 函数为

$$\Psi=\frac{\partial l}{\partial\gamma}\Big|_{\gamma=0}=\sum_{i=1}^{n}\left\{-\frac{1}{1+\gamma}+I_{\{y_i=0\}}\frac{1}{\gamma+f(0;\theta_i)}\right\}\Big|_{\gamma=0}=\sum_{i=1}^{n}\left\{\frac{I_{\{y_i=0\}}}{f(0;\theta_i)}-1\right\}.$$

另外, 根据对数似然函数可得 l_i 的导数如下:

$$\frac{\partial l_i}{\partial\theta_i}=I_{\{y_i=0\}}\frac{f(0;\theta_i)(-g_i')}{\gamma+f(0;\theta_i)}+I_{\{y_i>0\}}(a_i'y_i-g_i'),$$

$$
\begin{aligned}
\frac{\partial^2 l_i}{\partial \theta_i^2} &= I_{\{y_i=0\}}\left[\frac{f(0;\theta_i)(-g_i')^2}{\gamma+f(0;\theta_i)} - \frac{\{f(0;\theta_i)\}^2(-g_i')^2}{\{\gamma+f(0;\theta_i)\}^2} + \frac{f(0;\theta_i)(-g_i'')}{\gamma+f(0;\theta_i)}\right] \\
&\quad + I_{\{y_i>0\}}(a_i''u_i - g_i''), \\
\frac{\partial^2 l_i}{\partial \theta_i \partial \gamma} &= I_{\{y_i=0\}}\frac{-f(0;\theta_i)(-g_i')}{\{\gamma+f(0;\theta_i)\}^2}, \\
\frac{\partial l_i}{\partial \gamma} &= -\frac{1}{1+\gamma} + I_{\{y_i=0\}}\tfrac{1}{\gamma+f(0;\theta_i)}, \\
\frac{\partial^2 l_i}{\partial \gamma^2} &= \frac{1}{(1+\gamma)^2} - I_{\{y_i=0\}}\frac{1}{\{\gamma+f(0;\theta_i)\}^2}.
\end{aligned}
$$

设 U 表示 $n\times p$ 矩阵, 其第 i 行第 r 列元素为 $\partial\theta_i/\partial\beta_r$, $\mathbf{1}$ 表示元素全为 1 的 $n\times 1$ 向量, $h_i = h_i(\theta_i) = \log a_i'(\theta_i)$, V_1 和 V_2 表示对角矩阵, 其对角元素为

$$
\begin{aligned}
V_{1i} &= E\left(-\frac{\partial^2 l_i}{\partial\theta_i^2}\right)\Big|_{\gamma=0} = g_i'' f(0;\theta_i) + \{-a_i'' E y_i + g_i''(1-f(0;\theta_i))\} \\
&= g_i'' - h_i' g_i', \\
V_{2i} &= E\left(-\frac{\partial^2 l_i}{\partial\theta_i\partial\gamma}\right)\Big|_{\gamma=0} = -g_i'.
\end{aligned}
$$

于是 $J_{\beta\beta} = U^{\mathrm{T}}V_1U$, $J_{\gamma\beta}^{\mathrm{T}} = U^{\mathrm{T}}V_2\mathbf{1}$ 以及

$$
J_{\gamma\gamma} = \sum_{i=1}^n E\left(-\frac{\partial^2 l_i}{\partial\gamma^2}\right)\Big|_{\gamma=0} = \sum_{i=1}^n \left\{\frac{1}{f(0;\theta_i)} - 1\right\}.
$$

从而得到下面的期望信息阵:

$$
J(\gamma,\beta) = \begin{pmatrix} J_{\gamma\gamma} & J_{\gamma\beta} \\ J_{\gamma\beta}^{\mathrm{T}} & J_{\beta\beta} \end{pmatrix}.
$$

因此根据式 (2.2.3), 得到检验 $H_0:\gamma=0$ 的 score 统计量为

$$
S = \left\{\left[\sum_{i=1}^n\left(\frac{I_{\{y_i=0\}}}{f(0;\theta_i)} - 1\right)\right]^2 J^{\gamma\gamma}\right\}_{\widehat{\beta}}, \tag{2.2.12}
$$

其中 $\widehat{\beta}$ 是在零假设下的极大似然估计, 且

$$
(J^{\gamma\gamma})^{-1} = J_{\gamma\gamma} - J_{\gamma\beta}J_{\beta\beta}^{-1}J_{\gamma\beta}^{\mathrm{T}} = J_{\gamma\gamma} - \mathbf{1}^{\mathrm{T}}V_2U(U^{\mathrm{T}}V_1U)^{-1}U^{\mathrm{T}}V_2\mathbf{1}.
$$

Deng 和 Paul (2000) 指出, 当 $n\to+\infty$ 时, 检验统计量 S 渐近服从自由度为 1 的 χ^2 分布.

特例 1 ZIP 模型中 ZI 参数的 score 检验.

对于 ZIP 回归模型, 只要令 $\theta=\log\lambda$, $a(\theta)=\theta$, $g(\theta)=\exp(\theta)$, $c(y)=-\log(y!)$ 即可. 于是

$$\begin{aligned}
f(0;\theta_i)&=\exp\{-\exp(\theta_i)\}=\exp(-\lambda_i),\\
\varPsi_i(\theta_i)&=I_{\{y_i=0\}}\mathrm{e}^{\lambda_i}-1,\\
V_{1i}&=g_i''-h_i'g_i'=\exp(\theta_i)=\lambda_i,\\
V_{2i}&=-g_i'=-\exp(\theta_i)=-\lambda_i,\\
J_{\beta\beta}&=U^{\mathrm{T}}V_1U=U^{\mathrm{T}}\mathrm{diag}(\lambda_i)U,\\
J_{\beta\gamma}&=U^{\mathrm{T}}\lambda,\\
J_{\gamma\gamma}&=\sum_{i=1}^{n}\{\exp(\lambda_i)-1\},
\end{aligned}$$

其中 $\lambda=(\lambda_1,\cdots,\lambda_n)^{\mathrm{T}}$. 因此, 可得 ZIP 模型中 ZI 参数的 score 检验统计量为

$$S_1=\frac{\left[\sum_{i=1}^{n}(I_{\{y_i=0\}}\mathrm{e}^{\widehat{\lambda}_i}-1)\right]^2}{\sum_{i=1}^{n}(\mathrm{e}^{\widehat{\lambda}_i}-1)-\widehat{\lambda}'U\{U'\mathrm{diag}(\widehat{\lambda}_i)U\}^{-1}U'\widehat{\lambda}},\tag{2.2.13}$$

其中 $\widehat{\lambda}_i=\exp(\widehat{\theta}_i)=\exp(\theta_i(X_i,\widehat{\beta}))$, $\widehat{\beta}$ 是参数 β 的极大似然估计. $\widehat{\lambda}=(\widehat{\lambda}_1,\cdots,\widehat{\lambda}_n)^{\mathrm{T}}$. 当 $\theta_i=X_i^{\mathrm{T}}\beta$ 时, 检验统计量 S_1 与 Broek (1995) 得到的相应检验统计量保持一致.

特例 2 ZIB 模型中 ZI 参数的 score 检验.

对于 ZIB 模型, 只要令 $\theta=\log\{\pi/(1-\pi)\}$, $a(\theta)=\theta$, $g(\theta)=m\log(1+\exp(\theta))$, $c(y)=\log(m!)-\log(y!)-\log((m-y)!)$ 即可. 于是

$$\begin{aligned}
f(0;\theta_i)&=\exp\{-m_i\log(1+\exp(\theta_i))\}=(1-\pi_i)^{m_i},\\
\varPsi_i(\theta_i)&=I_{\{y_i=0\}}(1-\pi_i)^{-m_i}-1,\\
V_{1i}&=g_i''-h_i'g_i'=m_i\exp(\theta_i)/(1+\exp(\theta_i))^2=m_i\pi_i(1-\pi_i)=H_i,\\
V_{2i}&=-g_i'=-m_i\exp(\theta_i)/(1+\exp(\theta_i))=-m_i\pi_i=-\mu_i,\\
J_{\beta\beta}&=U^{\mathrm{T}}V_1U=U^{\mathrm{T}}\mathrm{diag}(H_i)U,\\
J_{\beta\gamma}&=U^{\mathrm{T}}\mu,\\
J_{\gamma\gamma}&=\sum_{i=1}^{n}\{(1-\pi_i)^{-m_i}-1\},
\end{aligned}$$

其中 $\mu=(\mu_1,\cdots,\mu_n)^{\mathrm{T}}$. 因此, 可得 ZIB 模型中 ZI 参数的 score 检验统计量为

$$S_2 = \frac{\left[\sum_{i=1}^{n}\{I_{\{y_i=0\}}(1-\widehat{\pi}_i)^{-m_i}-1\}\right]^2}{\sum_{i=1}^{n}\{(1-\widehat{\pi}_i)^{-m_i}-1\}-\widehat{\mu}^{\mathrm{T}}U\{U^{\mathrm{T}}\mathrm{diag}(\widehat{H}_i)U\}^{-1}U^{\mathrm{T}}\widehat{\mu}}, \tag{2.2.14}$$

其中 $\widehat{\pi}_i = \mathrm{e}^{\widehat{\theta}_i}/(1+\mathrm{e}^{\widehat{\theta}_i}) = \mathrm{e}^{\theta_i(X_i,\widehat{\beta})}/(1+\mathrm{e}^{\theta_i(X_i,\widehat{\beta})})$, $\widehat{H}_i = m_i\widehat{\pi}_i(1-\widehat{\pi}_i)$, $\widehat{\mu}_i = m_i\widehat{\pi}_i$, $\widehat{\mu} = (\widehat{\mu}_1,\cdots,\widehat{\mu}_n)^{\mathrm{T}}$, 这里 $\widehat{\beta}$ 是参数 β 的极大似然估计.

类似地, 若无协变量, 即 $\pi_i = \pi$, 则 ZI 参数的 score 检验统计量变为

$$\begin{aligned} S_2 &= \frac{\left[\sum_{i=1}^{n}\{I_{\{y_i=0\}}(1-\widehat{\pi})^{-m_i}-1)\}\right]^2}{\sum_{i=1}^{n}\{(1-\widehat{\pi})^{-m_i}-1\}-\left(\sum m_i\widehat{\pi}\right)^2/\sum m_i\widehat{\pi}(1-\widehat{\pi})} \\ &= \frac{\left[\sum_{i=1}^{n}\{I_{\{y_i=0\}}(1-\widehat{\pi})^{-m_i}-1\}\right]^2}{\sum_{i=1}^{n}\{(1-\widehat{\pi})^{-m_i}-1-m_i\widehat{\pi}/(1-\widehat{\pi})\}}, \end{aligned}$$

其中 $\widehat{\pi} = \sum y_i/\sum m_i$. 当 $m = m_i$ 时, 可以得到

$$S_2 = \frac{(n_0-n\widehat{\pi}_0)^2}{n\widehat{\pi}_0(1-\widehat{\pi}_0)-\widehat{\pi}_0^2 nm\bar{y}/(m-\bar{y})},$$

其中 $\widehat{\pi}_0 = (1-\widehat{\pi})^m$, $\bar{y} = \sum y_i/n$, $\widehat{\pi} = \bar{y}/m$.

2.2.4　实例分析

例 2.2.1HIV 数据(续例 1.1.1)

为了说明前面介绍的检验统计量的有效性, Broek (1995) 利用 ZIP 回归模型研究了 HIV 数据, 并假定

$$\log(\lambda_i) = \beta_0 + \beta_1 CD4+_i, \quad i = 1,\cdots,98,$$

其中变量 $CD4+$ 的大小可以用来衡量患者的免疫状况. 通过计算, score 检验统计量的值为 $S = 5.96$, 相应 p 值为 0.0146, 因此数据中存在着零过多现象.

例 2.2.2　苹果树数据(续例 2.1.2).

Ridout 等 (1998) 利用 ZIP 回归模型探讨了苹果树数据中是否存在过多的零, 其中假定 Poisson 分布的均值与光照长度、细胞分裂素 BAP 浓度呈对数线性关系. 通过计算, 得 score 检验统计量的值为 $S = 58.2896$, 相应 p 值小于 0.0001, 表明 ZIP 模型比 Poisson 模型更适合刻画这批数据.

另外, 我们利用 ZINB 回归模型来研究该数据中是否存在零过多现象, 其中假定 NB 分布的均值与光照长度、细胞分裂素 BAP 浓度呈对数线性关系. 通过计算, 得 score 检验统计量的值为 $S = 6.8167$, 相应 p 值为 0.0090, 表明 ZINB 模型比 NB 模型更适合刻画这批数据.

例 2.2.3 PVC 数据(续例 2.1.3).

基于该数据, 例 2.1.3 研究了 ZIB 模型中参数的极大似然估计. 为了说明该数据中是否存在零过多现象, Deng 和 Paul (2000) 考察了例 2.1.3 中 ZIB 模型里的 ZI 参数 $\phi = 0$ 的检验问题, 通过计算, 得到 score 检验统计量 $S_2 = 931.0432$. 相应 p-值小于 0.0001, 结果表明 ZIB 模型比二项模型更适合拟合 PVC 数据.

2.3 偏大离差的 score 检验

在实际问题中, 计数数据常出现偏大离差或偏小离差的情形 (McCullagh and Nelder, 1989; Wei, 1998; Wei et al., 1998), ZI 模型亦有类似的问题. 以下结合 ZINB 模型说明偏大离差的检验方法. Ridout 等 (2001) 曾经指出, 在 ZIP 模型中, 若非退化部分有比较严重的偏大离差, 则其参数估计不相合. 我们知道, NB 模型的方差一般大于其均值, 因此, ZINB 模型比普通的 ZIP 模型可能更适合处理具有偏大离差的实际数据. 为此, Ridout 等 (2001) 研究了 ZINB 回归模型相对于 ZIP 回归模型的假设检验问题, 这就相当于 ZIP 回归模型的偏大离差检验; 为此他们考虑了下面更一般的 ZINB 回归模型 (Ridout et al, 2001; Fahrmeir and Echavarria, 2006),

$$P(Y = y; \phi, \alpha) = \begin{cases} \phi + (1-\phi)(1+\alpha\lambda^c)^{-\lambda^{1-c}/\alpha}, & y = 0, \\ (1-\phi)\dfrac{\Gamma(y+\lambda^{1-c}/\alpha)}{y!\Gamma(\lambda^{1-c}/\alpha)}(1+\alpha\lambda^c)^{-\lambda^{1-c}/\alpha}(1+\lambda^{-c}/\alpha)^{-y}, & y > 0, \end{cases} \tag{2.3.1}$$

其中 $\alpha \geqslant 0$ 是散度参数, 这时相应随机变量 Y 的期望和方差分别为

$$E(Y) = (1-\phi)\lambda, \quad \mathrm{Var}(Y) = E(Y)(1 + \phi\lambda + \alpha\lambda^c).$$

当参数 $\alpha \to 0$ 时, ZINB 模型就退化为 ZIP 模型 (2.1.1), 正如第 1 章所述, 式 (2.3.1) 中的参数 c 取不同值时对应于不同的负二项分布, 当 $c = 0$ 时, 涉及的负二项分布的方差为 $(1+\alpha)\lambda \geqslant \lambda$; 当 $c = 1$ 时, 相应的方差为 $\lambda + \alpha\lambda^2 \geqslant \lambda$; 而当 $\alpha = 0$ 时二者的方差都为常数 λ. 因此, 偏大离差检验就等价于检验:

$$H_0 : \alpha = 0; \quad H_1 : \alpha > 0. \tag{2.3.2}$$

而在模型 (2.3.1) 中, ZI 参数 ϕ 和 λ 与协变量之间的关系仍然如式 (2.1.2) 所示.

1. score 检验统计量

设 $Y_1,\cdots,Y_n$ 是来自于 ZINB 回归模型 (2.3.1) 的独立观测, 则根据 (2.3.1) 和式 (2.1.2) 得到如下对数似然函数:

$$\begin{aligned}l(\theta)=&\sum_{i=1}^{n}I_{\{y_i=0\}}\log\left\{\phi_i+(1-\phi_i)(1+\alpha\lambda_i^c)^{-\lambda_i^{1-c}/\alpha}\right\}\\&+\sum_{i=1}^{n}I_{\{y_i>0\}}\left\{\log(1-\phi_i)+\log\frac{\Gamma\left(y_i+\lambda_i^{1-c}/\alpha\right)}{\Gamma\left(\lambda_i^{1-c}/\alpha\right)\Gamma(y_i+1)}\right.\\&\left.-\frac{\lambda_i^{1-c}}{\alpha}\log\left(1+\alpha\lambda_i^c\right)-y_i\log\left(1+\frac{\lambda_i^{-c}}{\alpha}\right)\right\},\end{aligned}$$

其中 $\theta=(\alpha,\beta^{\mathrm{T}},\gamma^{\mathrm{T}})^{\mathrm{T}}$.

通过计算, 得到 $l(\theta)$ 关于参数 α 的一阶导数:

$$\begin{aligned}\frac{\partial l(\theta)}{\partial\alpha}=&\sum_{i=1}^{n}I_{\{y_i=0\}}\frac{(1-\phi_i)d_i}{\phi_i+(1-\phi_i)d_i}\left[\frac{\lambda_i^{1-c}}{\alpha^2}\log(1+\alpha\lambda_i^c)-\frac{\lambda_i}{\alpha(1+\alpha\lambda_i^c)}\right]\\&+\sum_{i=1}^{n}I_{\{y_i>0\}}\left[\sum_{j=0}^{y_i-1}\frac{j}{\lambda_i^{1-c}+\alpha j}-\frac{y_i}{\alpha}+\frac{\lambda_i^{1-c}}{\alpha^2}\log(1+\alpha\lambda_i^c)\right.\\&\left.-\frac{\lambda_i}{\alpha(1+\alpha\lambda_i^c)}+\frac{y_i\lambda_i^{-c}}{\alpha(\alpha+\lambda_i^{-c})}\right],\end{aligned}$$

其中 $d_i=(1+\alpha\lambda_i^c)^{-\lambda_i^{1-c}/\alpha}$, 同时, 在求上面一阶导数时, 还利用到了下式.

$$\frac{\Gamma\left(y_i+\lambda_i^{1-c}/\alpha\right)}{\Gamma\left(\lambda_i^{1-c}/\alpha\right)}=\alpha^{-y_i}\prod_{j=0}^{y_i-1}\left(\lambda_i^{1-c}+\alpha j\right).$$

在零假设下, 可由上面导数得到检验 $H_0:\alpha=0$ 的 score 函数:

$$\varPsi=\frac{1}{2}\sum_{i=1}^{n}\lambda_i^{c-1}\left\{\left[\left(y_i-\lambda_i\right)^2-y_i\right]-I_{\{y_i=0\}}\lambda_i^2\phi_i/p_{0,i}\right\},$$

其中 $p_{0,i}=\phi_i+(1-\phi_i)\exp(-\lambda_i)$, $I_{\{y_i=0\}}$ 表示示性函数.

另外, 基于对数似然函数 $l(\theta)$ 可以得到下面的二阶导数:

$$\begin{aligned}\frac{\partial^2 l(\theta)}{\partial\alpha^2}=&\sum_{i=1}^{n}I_{\{y_i=0\}}\frac{\phi_i(1-\phi_i)d_i}{[\phi_i+(1-\phi_i)d_i]^2}\left[\frac{\lambda_i^{1-c}}{\alpha^2}\log(1+\alpha\lambda_i^c)-\frac{\lambda_i}{\alpha(1+\alpha\lambda_i^c)}\right]^2\\&+\sum_{i=1}^{n}I_{\{y_i=0\}}\frac{(1-\phi_i)d_i}{\phi_i+(1-\phi_i)d_i}\left[-\frac{2\lambda_i^{1-c}}{\alpha^3}\log(1+\alpha\lambda_i^c)+\frac{\lambda_i(2+3\alpha\lambda_i^c)}{\alpha^2(1+\alpha\lambda_i^c)^2}\right]\end{aligned}$$

$$
\begin{aligned}
&+\sum_{i=1}^{n} I_{\{y_i>0\}}\left[\sum_{j=0}^{y_i-1} \frac{-j^2}{(\lambda_i^{1-c}+\alpha j)^2}+\frac{y_i}{\alpha^2}-\frac{2\lambda_i^{1-c}}{\alpha^3}\log(1+\alpha\lambda_i^c)\right.\\
&\left.+\frac{\lambda_i(2+3\alpha\lambda_i^c)}{\alpha^2(1+\alpha\lambda_i^c)^2}-\frac{y_i\lambda_i^{-c}(2\alpha+\lambda_i^{-c})}{\alpha^2(\alpha+\lambda_i^{-c})^2}\right],
\end{aligned}
$$

$$
\begin{aligned}
\frac{\partial^2 l(\theta)}{\partial\alpha\partial\beta^{\mathrm{T}}}=&\sum_{i=1}^{n} I_{\{y_i=0\}} \frac{-\phi_i(1-\phi_i)d_i}{[\phi_i+(1-\phi_i)d_i]^2}\left[\frac{(1-c)\lambda_i^{1-c}}{\alpha}\log(1+\alpha\lambda_i^c)+\frac{c\lambda_i}{1+\alpha\lambda_i^c}\right]\\
&\left[\frac{\lambda_i^{1-c}}{\alpha^2}\log(1+\alpha\lambda_i^c)-\frac{\lambda_i}{\alpha(1+\alpha\lambda_i^c)}\right]X_i^{\mathrm{T}}\\
&+\sum_{i=1}^{n} I_{\{y_i=0\}} \frac{(1-\phi_i)d_i}{\phi_i+(1-\phi_i)d_i}\left[\frac{(1-c)\lambda_i^{1-c}}{\alpha^2}\log(1+\alpha\lambda_i^c)\right.\\
&\left.+\frac{c\lambda_i}{\alpha(1+\alpha\lambda_i^c)}-\frac{\lambda_i(1+\alpha\lambda_i^c-\alpha c\lambda_i^c)}{\alpha(1+\alpha\lambda_i^c)^2}\right]X_i^{\mathrm{T}}\\
&+\sum_{i=1}^{n} I_{\{y_i>0\}}\left[\sum_{j=0}^{y_i-1} \frac{-j(1-c)\lambda_i^{1-c}}{(\lambda_i^{1-c}+\alpha j)^2}+\frac{(1-c)\lambda_i^{1-c}}{\alpha^2}\log(1+\alpha\lambda_i^c)\right.\\
&\left.+\frac{c\lambda_i}{\alpha(1+\alpha\lambda_i^c)}-\frac{\lambda_i(1+\alpha\lambda_i^c-\alpha c\lambda_i^c)}{\alpha(1+\alpha\lambda_i^c)^2}-\frac{cy_i\lambda_i^{-c}}{(\alpha+\lambda_i^{-c})^2}\right]X_i^{\mathrm{T}},
\end{aligned}
$$

$$
\frac{\partial^2 l(\theta)}{\partial\alpha\partial\gamma^{\mathrm{T}}}=\sum_{i=1}^{n} I_{\{y_i=0\}} \frac{-\phi_i(1-\phi_i)d_i}{[\phi_i+(1-\phi_i)d_i]^2}\left[\frac{\lambda_i^{1-c}}{\alpha^2}\log(1+\alpha\lambda_i^c)-\frac{\lambda_i}{\alpha(1+\alpha\lambda_i^c)}\right]W_i^{\mathrm{T}},
$$

$$
\begin{aligned}
\frac{\partial^2 l(\theta)}{\partial\beta\partial\beta^{\mathrm{T}}}=&\sum_{i=1}^{n} I_{\{y_i=0\}} \frac{\phi_i(1-\phi_i)d_i}{[\phi_i+(1-\phi_i)d_i]^2}\left[\frac{(1-c)\lambda_i^{1-c}}{\alpha}\log(1+\alpha\lambda_i^c)+\frac{c\lambda_i}{1+\alpha\lambda_i^c}\right]^2 X_iX_i^{\mathrm{T}}\\
&+\sum_{i=1}^{n} I_{\{y_i=0\}} \frac{-(1-\phi_i)d_i}{\phi_i+(1-\phi_i)d_i}\left[\frac{(1-c)^2\lambda_i^{1-c}}{\alpha}\log(1+\alpha\lambda_i^c)\right.\\
&\left.+\frac{c(1-c)\lambda_i}{1+\alpha\lambda_i^c}+\frac{c\lambda_i(1+\alpha\lambda_i^c-\alpha c\lambda_i^c)}{(1+\alpha\lambda_i^c)^2}\right]X_iX_i^{\mathrm{T}}\\
&+\sum_{i=1}^{n} I_{\{y_i>0\}}\left[\sum_{j=0}^{y_i-1} \frac{\alpha j(1-c)^2\lambda_i^{1-c}}{(\lambda_i^{1-c}+\alpha j)^2}-\frac{(1-c)^2\lambda_i^{1-c}}{\alpha}\log(1+\alpha\lambda_i^c)\right.\\
&\left.-\frac{c(1-c)\lambda_i}{1+\alpha\lambda_i^c}-\frac{c\lambda_i(1+\alpha\lambda_i^c-\alpha c\lambda_i^c)}{(1+\alpha\lambda_i^c)^2}-\frac{\alpha c^2 y_i\lambda_i^c}{(1+\alpha\lambda_i^c)^2}\right]X_iX_i^{\mathrm{T}},
\end{aligned}
$$

$$\frac{\partial^2 l(\theta)}{\partial\beta\partial\gamma^{\mathrm{T}}}=\sum_{i=1}^{n}I_{\{y_i=0\}}\frac{\phi_i(1-\phi_i)d_i}{[\phi_i+(1-\phi_i)d_i]^2}\left[\frac{(1-c)\lambda_i^{1-c}}{\alpha}\log(1+\alpha\lambda_i^c)+\frac{c\lambda_i}{1+\alpha\lambda_i^c}\right]X_iW_i^{\mathrm{T}},$$

$$\begin{aligned}\frac{\partial^2 l(\theta)}{\partial\gamma\partial\gamma^{\mathrm{T}}}=&\sum_{i=1}^{n}I_{\{y_i=0\}}\frac{-\phi_i^3(1-\phi_i)d_i+\phi_i(1-\phi_i)^3d_i^2}{[\phi_i+(1-\phi_i)d_i]^2}(1-d_i)W_iW_i^{\mathrm{T}}\\&-\sum_{i=1}^{n}I_{\{y_i>0\}}\phi_i(1-\phi_i)W_iW_i^{\mathrm{T}}.\end{aligned}$$

当 $\alpha\to 0$ 时, 可得上述二阶导数负值的期望为

$$\begin{aligned}
J_{\alpha\alpha}&=E\left(-\frac{\partial^2 l(\theta)}{\partial\alpha^2}\right)=\frac{1}{4}\sum_{i=1}^{n}\lambda_i^{2c}\{2(1-\phi_i)-\lambda_i\kappa_i\},\\
J_{\alpha\beta}&=E\left(-\frac{\partial^2 l(\theta)}{\partial\alpha\partial\beta^{\mathrm{T}}}\right)=\frac{1}{2}\sum_{i=1}^{n}\lambda_i^{c+1}\kappa_iX_i^{\mathrm{T}},\\
J_{\alpha\gamma}&=E\left(-\frac{\partial^2 l(\theta)}{\partial\alpha\partial\gamma^{\mathrm{T}}}\right)=\frac{1}{2}\sum_{i=1}^{n}\lambda_i^{c}\kappa_iW_i^{\mathrm{T}},\\
J_{\beta\beta}&=E\left(-\frac{\partial^2 l(\theta)}{\partial\beta\partial\beta^{\mathrm{T}}}\right)=\sum_{i=1}^{n}\lambda_i\{(1-\phi_i)-\kappa_i\}X_iX_i^{\mathrm{T}},\\
J_{\beta\gamma}&=E\left(-\frac{\partial^2 l(\theta)}{\partial\beta\partial\gamma^{\mathrm{T}}}\right)=-\sum_{i=1}^{n}\kappa_iX_iW_i^{\mathrm{T}},\\
J_{\gamma\gamma}&=E\left(-\frac{\partial^2 l(\theta)}{\partial\gamma\partial\gamma^{\mathrm{T}}}\right)=\sum_{i=1}^{n}\frac{\phi_i^2(1-p_{0,i})}{p_{0,i}}W_iW_i^{\mathrm{T}},
\end{aligned}$$

其中

$$\kappa_i=\lambda_i\phi_i\left(1-\frac{\phi_i}{p_{0,i}}\right).$$

记 J 为对应的 Fisher 信息阵, 则有

$$J=\begin{pmatrix}J_{\alpha\alpha}&J_{\alpha\beta}&J_{\alpha\gamma}\\J_{\alpha\beta}^{\mathrm{T}}&J_{\beta\beta}&J_{\beta\gamma}\\J_{\alpha\gamma}^{\mathrm{T}}&J_{\beta\gamma}^{\mathrm{T}}&J_{\gamma\gamma}\end{pmatrix}.$$

于是, 得到检验 H_0 的 score 统计量如下:

$$T=\left\{\Psi\sqrt{J^{\alpha\alpha}}\right\}_{\widehat{\theta}},$$

其中 $J^{\alpha\alpha}$ 是零假设下 Fisher 信息阵的逆阵中左上角元素, $\widehat{\theta}$ 是零假设下的参数极大似然估计. 在 H_0 下, 检验统计量 T 渐近服从标准正态分布, 而 T^2 的渐近分布则为 $\chi^2(1)$ 参阅文献 (Ridout et al, 2001).

2. 实例分析

例 2.3.1 苹果树数据(续例 2.2.2).

前面研究了该数据中是否存在零过多现象, 发现 ZIP 和 ZINB 回归模型较适合刻画这批数据. 现在, 我们继续利用苹果树数据来说明 ZINB 回归模型中的偏大离差检验问题. 根据 Ridout 等 (2001), 假定非退化部分, 即 NB 部分的均值和光照长度以及细胞分裂数 BAP 浓度呈对数线性关系, 而 ZI 参数仅和光照呈 logit 线性关系. 应用以上公式计算, 当 $c = 1$ 时, 统计量 $T = 3.58$; 当 $c = 0$ 时, $T = 4.31$, 二者都显著大于标准正态分布的临界值 1.65. 因此, 两个 score 检验统计量的值都清晰地表明 ZINB 回归模型比 ZIP 回归模型更适合拟合这批数据.

2.4 统计诊断

统计诊断是数据分析的重要组成部分, 其主要任务是检测已知观测数据在应用既定模型拟合时的合理性 (也称为数据的影响分析), 详见韦博成等 (2009). 在统计诊断中, 两种基本方法为基于数据删除模型的诊断方法 (Cook, 1977) 和基于局部影响分析的诊断方法 (Cook, 1986). 这些方法已成功地应用于各种统计模型的影响分析. 本节分别介绍这两种方法在经典的 ZI 回归模型中的应用, 后面各章将进一步把它们应用到更加复杂的 ZI 回归模型的统计诊断.

2.4.1 基于数据删除模型的诊断方法

数据删除模型是统计诊断最基本的模型, 比较删除模型与未删除模型相应的统计量之间的差异是统计诊断最基本的方法. 自从 Cook 于 1977 年提出来以后, 该方法已经广泛应用到各种统计模型的影响分析. 例如, 线性模型 (Cook and Weisberg, 1982; 韦博成等, 1991, 2009), 非线性回归模型 (Seber and Wild, 1989; 韦博成等, 2009), 指数族非线性模型 (Wei, 1998) 以及其他模型 (Xie and Wei, 2007a, 2007b; Xie et al, 2007; Lin et al, 2009) 等.

为了评价第 i 个数据点 (y_i, X_i, W_i) 在 ZI 回归分析中的作用与影响, 可通过比较第 i 个数据点删除前后回归分析结果 (如预测、估计和检验等) 的变化, 来检测这个数据点是否为异常点或强影响点. 这时删除第 i 个数据点以后的 ZI 回归模型就称为数据删除模型 (case-deletion, 简记为 CDM). 下面主要对 ZIP 和 ZINB 回归模型推导基于 CDM 的诊断统计量, 其他经典 ZI 模型可以类似地进行讨论.

1. ZIP 回归模型

对于 ZIP 回归模型 (2.1.1)~(2.1.2), 假定第 i 个点删除, 则此时 CDM 可表示为

$$Y_j \sim \text{ZIP}(\lambda_j, \phi_j), \quad j \neq i, j = 1, \cdots, n, \tag{2.4.1}$$

其中

$$\begin{cases} \log \lambda_j = X_j^{\mathrm{T}}\beta, \\ \operatorname{logit}(\phi_j) = W_j^{\mathrm{T}}\gamma. \end{cases}$$

记上述模型的对数似然函数为 $l_{(i)}(\theta)$, 相应的参数 θ 的极大似然估计为 $\widehat{\theta}_{(i)} = (\widehat{\beta}_{(i)}^{\mathrm{T}}, \widehat{\gamma}_{(i)}^{\mathrm{T}})^{\mathrm{T}}$. 为了研究第 i 个数据点对参数估计的影响, 最简单直接的方法就是比较估计 $\widehat{\theta}$ 与 $\widehat{\theta}_{(i)}$ 的差异. 然而, 在实际问题中, 当数据量很大时, 若对每个数据点都求一次参数估计 $\widehat{\theta}_{(i)}$, 则工作量太大. 因此, 通常可以根据式 (2.4.2) 得到其一步近似 $\widehat{\theta}_{(i)}^1$ (Cook and Weisberg, 1982; 韦博成等, 2009)

$$\widehat{\theta}_{(i)}^1 = \widehat{\theta} + I^{-1}(\widehat{\theta})\frac{\partial l_{(i)}(\widehat{\theta})}{\partial \theta}, \tag{2.4.2}$$

记观测信息阵 $I(\theta)$ (见式 (2.1.9)) 的逆阵为

$$I^{-1}(\theta) = \begin{bmatrix} I^{\beta\beta} & I^{\beta\gamma} \\ I^{\gamma\beta} & I^{\gamma\gamma} \end{bmatrix},$$

于是由式 (2.4.2) 可以得到关于 ZIP 数据删除模型中参数估计的近似公式:

$$\begin{cases} \widehat{\beta}_{(i)}^1 = \widehat{\beta} - (I^{\beta\beta} d_{1i} + I^{\beta\gamma} d_{2i})_{\widehat{\theta}}, \\ \widehat{\gamma}_{(i)}^1 = \widehat{\gamma} - (I^{\gamma\beta} d_{1i} + I^{\gamma\gamma} d_{2i})_{\widehat{\theta}}, \end{cases} \tag{2.4.3}$$

其中

$$\begin{aligned} d_{1i} &= -I_{\{y_i=0\}}\frac{(1-\phi_i)\mathrm{e}^{-\lambda_i}\lambda_i X_i}{\phi_i + (1-\phi_i)\mathrm{e}^{-\lambda_i}} + I_{\{y_i>0\}}(y_i - \lambda_i)X_i, \\ d_{2i} &= I_{\{y_i=0\}}\frac{\phi_i(1-\phi_i)(1-\mathrm{e}^{-\lambda_i})}{\phi_i + (1-\phi_i)\mathrm{e}^{-\lambda_i}}W_i - I_{\{y_i>0\}}\phi_i W_i. \end{aligned}$$

该近似公式给出了模型 (2.4.1) 中第 i 个数据点 (y_i, X_i, W_i) 删除前后参数 θ 的估计量之间的关系, 这是很多影响分析问题的研究基础. 易见, 若模型与数据比较吻合, 则删除一个数据点后, 参数 θ 的估计不应有太大的变化; 若删除前后参数的估计量变化较大, 则说明相应的数据点有较大影响; 若这种变化很大, 则有理由怀疑相应的数据点可能是异常点.

下面的任务就是定义合适的 “距离”, 来度量第 i 个数据点被删除前后参数估计量之间的差异, 从而得到相应的诊断统计量. 这些统计量都反映了第 i 个数据点 (y_i, X_i, W_i) 对 ZIP 模型回归分析的影响.

1) 广义 Cook 距离

根据近似公式 (2.4.3), 我们即可得到 $\widehat{\theta} - \widehat{\theta}_{(i)}$, 它是第 i 个数据点 (y_i, X_i, W_i) 影响大小的一种度量. 但是, 这是一个向量, 不便于比较大小. 因此有必要选择一个合适的距离, 以便确定其影响大小. $\widehat{\theta}$ 与 $\widehat{\theta}_{(i)}$ 之间的距离越大, 则第 i 个数据点对于 θ 极大似然估计的影响越大. 自从 Cook 于 1977 年对线性回归模型定义了度量影响的著名的 Cook 距离之后, 一些作者将其推广到了广义 Cook 距离, 并研究了广义 Cook 距离在各种模型中的应用 (Cook and Weisberg, 1982; 韦博成等, 1991, 2009; Wei, 1998; Tang et al, 2000, 2006; Galea et al, 2005; Xie and Wei, 2007a, 2007b, 2010). 对于 ZIP 回归模型 (2.1.1)~(2.1.2), 广义 Cook 距离可类似地定义为

$$GD_i=\left(\widehat{\theta}_{(i)}-\widehat{\theta}\right)^{\mathrm{T}} M\left(\widehat{\theta}_{(i)}-\widehat{\theta}\right)/c,$$

其中 M 是某正定的权矩阵, $c>0$ 为尺度因子. M 和 c 可以取各种不同的值, 但是对比较 $\widehat{\theta}$ 与 $\widehat{\theta}_{(i)}$ 之间差异的影响并不太大 (韦博成等, 2009). 一个常用的方法是选取 $M=I(\widehat{\theta})$, $c=1$. 根据近似公式 (2.4.2) 和公式 (2.4.3), 广义 Cook 距离的一步近似可表示为

$$GD_i^1=\dot{l}_{(i)}(\widehat{\theta})^{\mathrm{T}}I^{-1}(\widehat{\theta})\dot{l}_{(i)}(\widehat{\theta}), \tag{2.4.4}$$

其中 $\dot{l}_{(i)}(\widehat{\theta})=(-d_{1i}^{\mathrm{T}},-d_{2i}^{\mathrm{T}})^{\mathrm{T}}_{\widehat{\theta}}$.

2) 似然距离

在数据删除模型下, 似然距离是与 Cook 距离同等重要的诊断统计量, 并且是 Cook 距离的进一步推广 (Cook and Weisberg, 1982; 韦博成等, 2009). 对于 ZIP 回归模型 (2.1.1)~(2.1.2), 第 i 个数据点关于估计量 $\widehat{\theta}$ 的似然距离可定义为

$$LD_i(\theta)=2\left\{l(\widehat{\theta})-l(\widehat{\theta}_{(i)})\right\}.$$

由于 $l(\widehat{\theta})$ 是全局最大值, 所以 $LD_i(\theta)$ 恒大于零. 似然距离 $LD_i(\theta)$ 越大, 说明第 i 个数据点对于 θ 极大似然估计的影响越大. 根据近似公式 (2.4.2), 似然距离的一步近似可表示为

$$LD_i^1(\theta)=2\left\{l(\widehat{\theta})-l(\widehat{\theta}_{(i)}^1)\right\}.$$

另外, 对 $LD_i(\theta)=2\{l(\widehat{\theta})-l(\widehat{\theta}_{(i)})\}$ 在 $\widehat{\theta}$ 处进行 Taylor 展开可得

$$LD_i(\theta)\approx 2\left\{\frac{\partial l(\widehat{\theta})}{\partial\theta}\left(\widehat{\theta}-\widehat{\theta}_{(i)}\right)+\frac{1}{2}\left(\widehat{\theta}-\widehat{\theta}_{(i)}\right)^{\mathrm{T}}I(\widehat{\theta})\left(\widehat{\theta}-\widehat{\theta}_{(i)}\right)\right\}.$$

因为 $\widehat{\theta}$ 是参数 θ 的极大似然估计, 所以 $\partial l(\widehat{\theta})/\partial\theta=0$. 于是, 似然距离 $LD_i(\theta)$ 可近似表示为

$$LD_i(\theta)\approx\left(\widehat{\theta}-\widehat{\theta}_{(i)}\right)^{\mathrm{T}}I(\widehat{\theta})\left(\widehat{\theta}-\widehat{\theta}_{(i)}\right),$$

根据近似公式 (2.4.2) 可知

$$LD_i(\theta)\approx\dot{l}_{(i)}(\widehat{\theta})^{\mathrm{T}}I^{-1}(\widehat{\theta})\dot{l}_{(i)}(\widehat{\theta})=GD_i^1.$$

上式表明, 尽管似然距离与 Cook 距离的表现形式不同, 但其统计意义是相似的, 这点与其他模型的结论也是一致的.

2. ZINB 回归模型

对于 ZINB 回归模型 (2.1.5) 和 (2.1.2), 假定第 i 个点删除, 则 CDM 可表示为

$$Y_j \sim \mathrm{ZINB}(\lambda_j, \phi_j), \quad j \neq i, j = 1, \cdots, n, \tag{2.4.5}$$

其中

$$\begin{cases} \log \lambda_j = X_j^{\mathrm{T}} \beta, \\ \mathrm{logit}(\phi_j) = W_j^{\mathrm{T}} \gamma. \end{cases}$$

记上述模型的对数似然函数为 $l_{(i)}(\theta)$, 相应的参数 θ 的极大似然估计为 $\widehat{\theta}_{(i)} = (\widehat{\kappa}_{(i)}^{\mathrm{T}}, \widehat{\beta}_{(i)}^{\mathrm{T}}, \widehat{\gamma}_{(i)}^{\mathrm{T}})^{\mathrm{T}}$.

根据 ZINB 回归模型中的观测信息阵 $I(\theta)$(见式 (2.1.11)), 将其逆阵按参数表示成如下分块形式:

$$I^{-1}(\theta) = \begin{bmatrix} I^{\kappa\kappa} & I^{\kappa\beta} & I^{\kappa\gamma} \\ I^{\beta\kappa} & I^{\beta\beta} & I^{\beta\gamma} \\ I^{\gamma\kappa} & I^{\gamma\beta} & I^{\gamma\gamma} \end{bmatrix},$$

于是根据式 (2.4.2), 可得 ZINB 数据删除模型中参数估计的近似公式:

$$\begin{cases} \widehat{\kappa}_{(i)}^{1} = \widehat{\kappa} - (I^{\kappa\kappa} d_{3i} + I^{\kappa\beta} d_{4i} + I^{\kappa\gamma} d_{5i})_{\widehat{\theta}}, \\ \widehat{\beta}_{(i)}^{1} = \widehat{\beta} - (I^{\beta\kappa} d_{3i} + I^{\beta\beta} d_{4i} + I^{\beta\gamma} d_{5i})_{\widehat{\theta}}, \\ \widehat{\gamma}_{(i)}^{1} = \widehat{\gamma} - (I^{\gamma\kappa} d_{3i} + I^{\gamma\beta} d_{4i} + I^{\gamma\gamma} d_{5i})_{\widehat{\theta}}, \end{cases} \tag{2.4.6}$$

其中

$$\begin{aligned} d_{3i} = & I_{\{y_i=0\}} \frac{(1-\phi_i) t_i^{\kappa} (1 - t_i + \log t_i)}{\phi_i + (1-\phi_i) t_i^{\kappa}} \\ & + I_{\{y_i>0\}} \left[\log t_i + 1 - t_i - \frac{y_i}{\kappa + \lambda_i} + \psi(y_i + \kappa) - \psi(\kappa) \right], \\ d_{4i} = & I_{\{y_i=0\}} \frac{(1-\phi_i) \kappa t_i^{\kappa-1}}{\phi_i + (1-\phi_i) t_i^{\kappa}} \frac{-\kappa \lambda_i}{(\kappa + \lambda_i)^2} X_i \\ & + I_{\{y_i>0\}} \left[-\frac{\kappa \lambda_i}{\kappa + \lambda_i} + y_i - \frac{y_i \lambda_i}{\kappa + \lambda_i} \right] X_i, \\ d_{5i} = & I_{\{y_i=0\}} \frac{(1 - t_i^{\kappa}) \phi_i (1-\phi_i)}{\phi_i + (1-\phi_i) t_i^{\kappa}} W_i - I_{\{y_i>0\}} \phi_i W_i. \end{aligned}$$

基于近似公式 (2.4.6), 可以类似于前面 ZIP 回归模型, 得到广义 Cook 距离 GD_i^1 和似然距离 LD_i^1(Garay, 2011).

2.4.2 基于局部影响分析的诊断方法

除了 2.3 节介绍的基于数据删除模型的方法之外, 局部影响分析 (Cook, 1986) 也是一种很重要且很一般的诊断方法. 该方法是 Cook 于 1986 年从微分几何观点出发提出的, 其主要特点是引入一种扰动模式, 并研究扰动对模型所产生的影响. 自从该方法提出之后, 受到很多研究者的重视, 如 Thomas 和 Cook (1990), Escobar 和 Meeker (1992)、Wei (1998)、Poon 和 Poon (1999)、Zhu 和 Lee (2001) 和韦博成等 (1991, 2009). 现在, 局部影响分析已经成功地应用到各种统计模型, 诸如广义线性模型 (Thomas and Cook, 1989)、指数族非线性模型 (Wei, 1998)、结构方程模型 (Lee and Wang, 1996)、多元模型 (石磊, 1994; 解锋昌和韦博成, 2006)、生存分析模型 (Ortega et al, 2006; Leiva et al, 2007; Xie and Wei, 2007b; Carrasco et al, 2008) 以及其他模型 (Galea et al, 1997; Liu, 2000; Silvia et al, 2004; Xie and Wei, 2010) 等. 下面简要介绍局部影响分析的基本思想.

假设 ω 为定义在 $\Omega \subset \mathbf{R}^n$ 上的 n 维向量, 表示对模型的扰动因素. $l(\theta)$ 是模型的对数似然函数, θ 是定义在 $\Theta \subset \mathbf{R}^q$ 上的 q 维未知参数, 扰动后模型的对数似然函数记为 $l(\theta|\omega)$. 相应于对数似然函数 $l(\theta)$ 和 $l(\theta|\omega)$ 的参数极大似然估计为 $\widehat{\theta}$ 和 $\widehat{\theta}(\omega)$, 并假设 $l(\theta|\omega)$ 在 $\Theta \times \Omega$ 上有二阶以上连续偏导数. 特别地, 假定存在 $\omega^0 \in \Omega$ 对应于未受扰动的模型, 即 $l\left(\theta|\omega^0\right) = l(\theta)$, 此时 $\widehat{\theta}(\omega^0) = \widehat{\theta}$.

根据 Cook (1986), 可基于以下似然距离来研究扰动对模型的影响

$$LD(\omega) = 2\left\{l(\widehat{\theta}) - l(\widehat{\theta}(\omega))\right\}.$$

由于 $l(\widehat{\theta})$ 是全局最大值, 因此恒有 $LD(\omega) \geqslant 0$, 且有 $LD(\omega^0) = 0$. 似然距离 $LD(\omega)$ 越大, 则该扰动对于 θ 极大似然估计的影响越大. 特别地, $z = LD(\omega)$ 可以看成 $n+1$ 维空间中的一个 n 维曲面 (称为影响图), 而这个曲面在 ω^0 附近随 ω 变化的情况就反映了扰动的影响. 通过计算易得

$$\left.\frac{\partial LD(\omega)}{\partial \omega}\right|_{\omega^0} = -2\left.\frac{\partial l(\widehat{\theta}(\omega))}{\partial \omega}\right|_{\omega^0} = -2\frac{\partial l(\widehat{\theta}(\omega))}{\partial \theta}\left.\frac{\partial \widehat{\theta}(\omega)}{\partial \omega^{\mathrm{T}}}\right|_{\omega^0} = 0.$$

所以为了研究 $z = LD(\omega)$ 在 ω^0 附近的变化情况, 应该考虑其二阶导数, 即曲率. 为了定义曲率, Cook(1986) 将 $z = LD(\omega)$ 写成参数方程的形式:

$$\eta(\omega) = \left(\omega^{\mathrm{T}}, LD(\omega)\right)^{\mathrm{T}}.$$

这时, 曲面 $z = LD(\omega)$ 在 ω^0 处沿方向 h ($||h|| = 1$) 的影响曲率可表示为

$$C_h = -2h^{\mathrm{T}}\ddot{F}h = -2h^{\mathrm{T}}\Delta^{\mathrm{T}}\ddot{l}^{-1}\Delta h, \tag{2.4.7}$$

其中 $\ddot{F} = \Delta^{\mathrm{T}}\ddot{l}^{-1}\Delta$, $\Delta = \partial^2 l(\theta|\omega)/\partial\theta\partial\omega^{\mathrm{T}}$, $\ddot{l} = \partial^2 l(\theta)/\partial\theta\partial\theta^{\mathrm{T}}$, 式 (2.4.7) 中所有的量都在 $(\widehat{\theta}, \omega^0)$ 处计值. 可以看出, 影响曲率 C_h 表示似然距离 $z = LD(\omega)$ 沿方向 h 的变化率. 记变化率 C_h 的最大值为 $C_{\max} = \max_h C_h$, 相应的方向为 $h_{\max}$, 它表示似然距离对于扰动最敏感的方向. Cook (1986) 指出, $h_{\max}$ 对于统计诊断是最重要的 (韦博成等, 2009), 它表示似然距离产生最大局部变化的方向, 我们可通过对 $(i, |(h_{\max})_i|), i = 1, 2, \cdots, n$ 进行列表或作散点图得到影响最大的分量, 从而检测是否存在强影响点, 其中 $|(h_{\max})_i|$ 是 $h_{\max}$ 的第 i 个分量的绝对值. 由式 (2.4.7) 可知, $C_{\max}$ 就是矩阵 $-\ddot{F}$ 的最大特征值; $h_{\max}$ 就是相应的特征向量. 另外, Escobar 和 Meeker (1992), Lesaffre 和 Verbeke (1998), 唐年胜和韦博成 (2007) 以及韦博成等 (2009) 指出, 矩阵 $-\ddot{F}$ (通常称为影响矩阵) 的对角元 $-\ddot{F}_{ii}$ 也是重要的影响诊断统计量, 借助于散点图 $(i, -\ddot{F}_{ii})$ 可以识别出强影响点.

本节应用上面介绍的方法研究 ZIP、ZINB 回归模型在不同扰动方案下的局部影响分析. 由式 (2.4.7) 知, 对于不同扰动方案, 要计算影响曲率和最大曲率方向, 关键是求矩阵 $\Delta = \partial^2 l(\theta|\omega)/\partial\theta\partial\omega^{\mathrm{T}}$, 从而得到矩阵 $-\ddot{F}$. 下面针对不同扰动方案计算矩阵 Δ 中的元素 $\partial^2 l(\theta|\omega)/\partial\theta\partial\omega_i$.

1. ZIP 回归模型

以下基于 ZIP 回归模型 (2.1.1) 和 (2.1.2), 推导若干扰动方案下的对数似然函数以及矩阵 Δ 的计算公式.

1) 数据加权扰动模型

现考虑加权扰动模型, 设 $\omega = (\omega_1, \cdots, \omega_n)^{\mathrm{T}}$ 为加权扰动向量, 其中 $0 \leqslant \omega_i \leqslant 1$, $i = 1, \cdots, n$, $\omega^0 = (1, 1, \cdots, 1)^{\mathrm{T}}$ 对应于无扰动情形, 则加权扰动模型的对数似然函数为

$$\begin{aligned} l(\theta|\omega) = &\sum_{i=1}^{n} \omega_i I_{\{y_i=0\}} \log\left[\phi_i + (1-\phi_i)\mathrm{e}^{-\lambda_i}\right] \\ &+ \sum_{i=1}^{n} \omega_i I_{\{y_i>0\}} \left[\log(1-\phi_i) + y_i X_i^{\mathrm{T}}\beta - \lambda_i - \log(y_i!)\right]. \end{aligned}$$

通过计算得到

$$\begin{aligned} \frac{\partial^2 l(\theta|\omega^0)}{\partial\beta\partial\omega_i} &= -I_{\{y_i=0\}} \frac{(1-\phi_i)\mathrm{e}^{-\lambda_i}\lambda_i}{\phi_i + (1-\phi_i)\mathrm{e}^{-\lambda_i}} X_i + I_{\{y_i>0\}}(y_i - \lambda_i)X_i, \\ \frac{\partial^2 l(\theta|\omega^0)}{\partial\gamma\partial\omega_i} &= I_{\{y_i=0\}} \frac{\left(1-\mathrm{e}^{-\lambda_i}\right)\phi_i(1-\phi_i)}{\phi_i + (1-\phi_i)\mathrm{e}^{-\lambda_i}} W_i - I_{\{y_i>0\}}\phi_i W_i. \end{aligned}$$

2) 退化部分协变量扰动模型

这里只考虑有一个协变量发生扰动, 下同. 设 $\omega=(\omega_1,\cdots,\omega_n)^{\mathrm{T}}$ 是扰动向量, 则协变量 W_i 发生扰动变为 $W_i(\omega)=W_i+\delta_1E_1\omega_i$, 其中 δ_1 是尺度因子, $E_1=(0,\cdots,0,1,0,\cdots,0)^{\mathrm{T}}$ 是 $p_2\times1$ 向量, 其第 k_1(若存在截距, 则 $k_1\geqslant2$) 个成分为 1, 其余为 0. $\omega^0=(0,\cdots,0)^{\mathrm{T}}$ 表示模型没有发生扰动. 于是发生扰动后的对数似然函数为

$$\begin{aligned}l(\theta|\omega)=&\sum_{i=1}^{n}I_{\{y_i=0\}}\log\left[\phi_i(\omega)+(1-\phi_i(\omega))\mathrm{e}^{-\lambda_i}\right]\\&+\sum_{i=1}^{n}I_{\{y_i>0\}}\Big[\log(1-\phi_i(\omega))+y_iX_i^{\mathrm{T}}\beta-\lambda_i-\log(y_i!)\Big],\end{aligned}$$

其中 $\mathrm{logit}(\phi_i(\omega))=W_i^{\mathrm{T}}(\omega)\gamma$.

通过计算得

$$\begin{aligned}\frac{\partial^2l(\theta|\omega^0)}{\partial\beta\partial\omega_i}=&I_{\{y_i=0\}}\frac{\mathrm{e}^{-\lambda_i}\lambda_i\phi_i(1-\phi_i)}{\left[\phi_i+(1-\phi_i)\mathrm{e}^{-\lambda_i}\right]^2}\delta_1E_1^{\mathrm{T}}\gamma X_i,\\\frac{\partial^2l(\theta|\omega^0)}{\partial\gamma\partial\omega_i}=&I_{\{y_i=0\}}\frac{(1-\phi_i)^2\mathrm{e}^{-\lambda_i}-\phi_i^2}{\left[\phi_i+(1-\phi_i)\mathrm{e}^{-\lambda_i}\right]^2}\left(1-\mathrm{e}^{-\lambda_i}\right)\phi_i(1-\phi_i)\delta_1E_1^{\mathrm{T}}\gamma W_i\\&+I_{\{y_i=0\}}\frac{\left(1-\mathrm{e}^{-\lambda_i}\right)\phi_i(1-\phi_i)}{\phi_i+(1-\phi_i)\mathrm{e}^{-\lambda_i}}\delta_1E_1\\&+I_{\{y_i>0\}}\Big[-\phi_i(1-\phi_i)\delta_1E_1^{\mathrm{T}}\gamma W_i-\phi_i\delta_1E_1\Big].\end{aligned}$$

3) 非退化部分协变量扰动模型

设 $\omega=(\omega_1,\cdots,\omega_n)^{\mathrm{T}}$ 是扰动向量, 则协变量 X_i 发生扰动变为 $X_i(\omega)=X_i+\delta_2E_2\omega_i$, 其中 δ_2 是尺度因子, $E_2=(0,\cdots,0,1,0,\cdots,0)^{\mathrm{T}}$ 是 $p_1\times1$ 向量, 其第 k_2(若存在截距, 则 $k_2\geqslant2$) 个成分为 1, 其余为 0. $\omega^0=(0,\cdots,0)^{\mathrm{T}}$ 表示模型没有发生扰动. 于是类似于上述 (2) 中退化部分的对数似然函数, 有

$$\begin{aligned}l(\theta|\omega)=&\sum_{i=1}^{n}I_{\{y_i=0\}}\log\left[\phi_i+(1-\phi_i)\mathrm{e}^{-\lambda_i(\omega)}\right]\\&+\sum_{i=1}^{n}I_{\{y_i>0\}}\Big[\log(1-\phi_i)+y_iX_i^{\mathrm{T}}(\omega)\beta-\lambda_i(\omega)-\log(y_i!)\Big],\end{aligned}$$

其中 $\xi_i=\mathrm{logit}(\phi_i)=W_i^{\mathrm{T}}\gamma$, $\lambda_i(\omega)=\exp(X_i(\omega)^{\mathrm{T}}\beta)=\exp(X_i^{\mathrm{T}}\beta+\delta_2E_2^{\mathrm{T}}\beta\omega_i)$.

通过计算得

$$\frac{\partial^2 l(\theta|\omega^0)}{\partial\beta\partial\omega_i}=I_{\{y_i=0\}}\frac{(1-\phi_i)\mathrm{e}^{-\lambda_i}\lambda_i}{\left[\phi_i+(1-\phi_i)\mathrm{e}^{-\lambda_i}\right]^2}\left[\phi_i\lambda_i-\phi_i-(1-\phi_i)\mathrm{e}^{-\lambda_i}\right]\delta_2E_2^{\mathrm{T}}\beta X_i$$

$$-I_{\{y_i=0\}}\tfrac{(1-\phi_i)\mathrm{e}^{-\lambda_i}\lambda_i}{\phi_i+(1-\phi_i)\mathrm{e}^{-\lambda_i}}\delta_2E_2$$

$$+I_{\{y_i>0\}}\left[y_i\delta_2E_2-\lambda_i\delta_2E_2^{\mathrm{T}}\beta X_i-\lambda_i\delta_2E_2\right],$$

$$\frac{\partial^2 l(\theta|\omega^0)}{\partial\gamma\partial\omega_i}=I_{\{y_i=0\}}\frac{\phi_i(1-\phi_i)\mathrm{e}^{-\lambda_i}\lambda_i}{\left[\phi_i+(1-\phi_i)\mathrm{e}^{-\lambda_i}\right]^2}\delta_2E_2^{\mathrm{T}}\beta W_i.$$

4) 退化部分和非退化部分协变量同时扰动模型

为了方便, 假定 $X_i=W_i$, 且类似于前面这里只考虑一个协变量发生扰动情形. 设 $\omega=(\omega_1,\cdots,\omega_n)^{\mathrm{T}}$ 是扰动向量, 则协变量 X_i 发生扰动变为 $X_i(\omega)=X_i+\delta_3E_3\omega_i$, 其中 δ_3 是尺度因子, $E_3=(0,\cdots,0,1,0,\cdots,0)^{\mathrm{T}}$ 是 $p_1\times 1$ 向量, 其第 k_3(若存在截距, 则 $k_3\geqslant 2$) 个成分为 1, 其余为 0. $\omega^0=(0,\cdots,0)^{\mathrm{T}}$ 表示模型没有发生扰动. 于是类似于前面, 扰动模型的对数似然函数为

$$l(\theta|\omega)=\sum_{i=1}^{n}I_{\{y_i=0\}}\log\left[\phi_i(\omega)+(1-\phi_i(\omega))\mathrm{e}^{-\lambda_i(\omega)}\right]$$

$$+\sum_{i=1}^{n}I_{\{y_i>0\}}\left[\log(1-\phi_i(\omega))+y_iX_i^{\mathrm{T}}(\omega)\beta-\lambda_i(\omega)-\log(y_i!)\right],$$

其中 $\mathrm{logit}(\phi_i(\omega))=X_i(\omega)^{\mathrm{T}}\gamma=X_i^{\mathrm{T}}\gamma+\delta_3E_3^{\mathrm{T}}\gamma\omega_i$, $\lambda_i(\omega)=\exp(X_i(\omega)^{\mathrm{T}}\beta)=\exp(X_i^{\mathrm{T}}\beta+\delta_3E_3^{\mathrm{T}}\beta\omega_i)$.

通过计算得

$$\frac{\partial^2 l(\theta|\omega^0)}{\partial\beta\partial\omega_i}=I_{\{y_i=0\}}\frac{(1-\phi_i)\mathrm{e}^{-\lambda_i}\lambda_i}{\phi_i+(1-\phi_i)\mathrm{e}^{-\lambda_i}}\left(\phi_i\delta_3E_3^{\mathrm{T}}\gamma+\lambda_i\delta_3E_3^{\mathrm{T}}\beta-\delta_3E_3^{\mathrm{T}}\beta\right)X_i$$

$$+I_{\{y_i=0\}}\frac{(1-\phi_i)^2\mathrm{e}^{-\lambda_i}\lambda_i}{\left[\phi_i+(1-\phi_i)\mathrm{e}^{-\lambda_i}\right]^2}\left[\phi_i\delta_3E_3^{\mathrm{T}}\gamma(1-\mathrm{e}^{-\lambda_i})-\mathrm{e}^{-\lambda_i}\lambda_i\delta_3E_3^{\mathrm{T}}\beta\right]X_i$$

$$-I_{\{y_i=0\}}\frac{(1-\phi_i)\mathrm{e}^{-\lambda_i}\lambda_i}{\phi_i+(1-\phi_i)\mathrm{e}^{-\lambda_i}}\delta_3E_3$$

$$+I_{\{y_i>0\}}\left[y_i\delta_3E_3-\lambda_i\delta_3E_3^{\mathrm{T}}\beta X_i-\lambda_i\delta_3E_3\right],$$

$$\frac{\partial^2 l(\theta|\omega^0)}{\partial\gamma\partial\omega_i}=I_{\{y_i=0\}}\frac{\phi_i(1-\phi_i)}{\phi_i+(1-\phi_i)\mathrm{e}^{-\lambda_i}}\left[\mathrm{e}^{-\lambda_i}\lambda_i\delta_3E_3^{\mathrm{T}}\beta+\left(1-\mathrm{e}^{-\lambda_i}\right)(1-2\phi_i)\delta_3E_3^{\mathrm{T}}\gamma\right]X_i$$

$$
\begin{aligned}
&-I_{\{y_i=0\}}\frac{\left(1-\mathrm{e}^{-\lambda_i}\right)\phi_i(1-\phi_i)^2}{\left[\phi_i+(1-\phi_i)\mathrm{e}^{-\lambda_i}\right]^2}\left[\phi_i(1-\mathrm{e}^{-\lambda_i})\delta_3E_3^{\mathrm{T}}\gamma-\mathrm{e}^{-\lambda_i}\lambda_i\delta_3E_3^{\mathrm{T}}\beta\right]X_i\\
&+I_{\{y_i=0\}}\frac{1-\mathrm{e}^{-\lambda_i}}{\phi_i+(1-\phi_i)\mathrm{e}^{-\lambda_i}}\phi_i(1-\phi_i)\delta_3E_3\\
&+I_{\{y_i>0\}}\left[-\phi_i(1-\phi_i)\delta_3E_3^{\mathrm{T}}\gamma X_i-\phi_i\delta_3E_3\right].
\end{aligned}
$$

2. ZINB 回归模型

以下基于 ZINB 回归模型 (2.1.5) 和 (2.1.2), 推导若干扰动方案下的对数似然函数以及矩阵 Δ 的计算公式 (Garay et al., 2011).

1) 数据加权扰动模型

现考虑加权扰动模型, 设 $\omega=(\omega_1,\cdots,\omega_n)^{\mathrm{T}}$ 为加权扰动向量, 其中 $0\leqslant\omega_i\leqslant1$, $i=1,\cdots,n$, $\omega^0=(1,1,\cdots,1)^{\mathrm{T}}$ 对应于无扰动情形, 则加权扰动模型的对数似然函数为

$$
\begin{aligned}
l(\theta|\omega)=\sum_{i=1}^n\omega_i\Bigg\{&I_{\{y_i=0\}}\log\left[\phi_i+(1-\phi_i)t_i^{\kappa}\right]\\
&I_{\{y_i>0\}}\left[\log(1-\phi_i)+\kappa\log t_i+y_i\log(1-t_i)+\log\frac{\Gamma(y_i+\kappa)}{\Gamma(y_i+1)\Gamma(\kappa)}\right]\Bigg\}.
\end{aligned}
$$

通过计算得到

$$
\begin{aligned}
\frac{\partial^2l(\theta|\omega^0)}{\partial\kappa\partial\omega_i}=&I_{\{y_i=0\}}\frac{(1-\phi_i)t_i^{\kappa}}{\phi_i+(1-\phi_i)t_i^{\kappa}}(1-t_i+\log t_i)\\
&+I_{\{y_i>0\}}\left[\log t_i+1-t_i-\frac{y_i}{\kappa+\lambda_i}+\psi(y_i+\kappa)-\psi(\kappa)\right],\\
\frac{\partial^2l(\theta|\omega^0)}{\partial\beta\partial\omega_i}=&-I_{\{y_i=0\}}\frac{(1-\phi_i)\kappa t_i^{\kappa-1}}{\phi_i+(1-\phi_i)t_i^{\kappa}}\frac{\kappa\lambda_i}{(\kappa+\lambda_i)^2}X_i\\
&+I_{\{y_i>0\}}\left(-\frac{\kappa\lambda_i}{\kappa+\lambda_i}+y_i-\frac{y_i\lambda_i}{\kappa+\lambda_i}\right)X_i,\\
\frac{\partial^2l(\theta|\omega^0)}{\partial\gamma\partial\omega_i}=&I_{\{y_i=0\}}\frac{(1-t_i^{\kappa})\phi_i(1-\phi_i)}{\phi_i+(1-\phi_i)t_i^{\kappa}}W_i-I_{\{[y_i>0\}}\phi_iW_i.
\end{aligned}
$$

2) 退化部分协变量扰动模型

设 $\omega=(\omega_1,\cdots,\omega_n)^{\mathrm{T}}$ 是扰动向量, 则协变量 W_i 发生扰动变为 $W_i(\omega)=W_i+\delta_1E_1\omega_i$, 其中 δ_1 是尺度因子, $E_1=(0,\cdots,0,1,0,\cdots,0)^{\mathrm{T}}$ 是 $p_2\times1$ 向量, 其第 k_1(若存在截距, 则 $k_1\geqslant2$) 个成分为 1, 其余为 0. $\omega^0=(0,\cdots,0)^{\mathrm{T}}$ 表示模型没有发生扰

动. 于是发生扰动后的对数似然函数为

$$
\begin{aligned}
l(\theta|\omega)=&\sum_{i=1}^{n} I_{\{y_i=0\}}\log\left[\phi_i(\omega)+(1-\phi_i(\omega))t_i^{\kappa}\right]\\
&+\sum_{i=1}^{n} I_{\{y_i>0\}}\left[\log(1-\phi_i(\omega))+\kappa\log t_i+y_i\log(1-t_i)+\log\frac{\Gamma(y_i+\kappa)}{\Gamma(y_i+1)\Gamma(\kappa)}\right],
\end{aligned}
$$

其中 $\operatorname{logit}(\phi_i(\omega))=W_i^{\mathrm{T}}(\omega)\gamma$.

通过计算得

$$
\begin{aligned}
\frac{\partial^2 l(\theta|\omega^0)}{\partial\kappa\partial\omega_i}=&-I_{\{y_i=0\}}\frac{\phi_i(1-\phi_i)t_i^{\kappa}}{\left[\phi_i+(1-\phi_i)t_i^{\kappa}\right]^2}(1-t_i+\log t_i)\delta_1 E_1^{\mathrm{T}}\gamma,\\
\frac{\partial^2 l(\theta|\omega^0)}{\partial\beta\partial\omega_i}=&I_{\{y_i=0\}}\frac{\phi_i(1-\phi_i)t_i^{\kappa-1}}{\left[\phi_i+(1-\phi_i)t_i^{\kappa}\right]^2}\frac{\kappa^2\lambda_i}{(\kappa+\lambda_i)^2}\delta_1 E_1^{\mathrm{T}}\gamma X_i,\\
\frac{\partial^2 l(\theta|\omega^0)}{\partial\gamma\partial\omega_i}=&I_{\{y_i=0\}}\frac{1-t_i^{\kappa}}{\left[\phi_i+(1-\phi_i)t_i^{\kappa}\right]^2}\left[-\phi_i^3(1-\phi_i)+\phi_i(1-\phi_i)^3t_i^{\kappa}\right]\delta_1 E_1^{\mathrm{T}}\gamma W_i\\
&+I_{\{y_i=0\}}\frac{\left(1-t_i^{\kappa}\right)\phi_i(1-\phi_i)}{\phi_i+(1-\phi_i)t_i^{\kappa}}\delta_1 E_1\\
&+I_{\{y_i>0\}}\left[-\phi_i(1-\phi_i)\delta_1 E_1^{\mathrm{T}}\gamma W_i-\phi_i\delta_1 E_1\right].
\end{aligned}
$$

3) 非退化部分协变量扰动模型

设 $\omega=(\omega_1,\cdots,\omega_n)^{\mathrm{T}}$ 是扰动向量, 则协变量 X_i 发生扰动变为 $X_i(\omega)=X_i+\delta_2E_2\omega_i$, 其中 δ_2 是尺度因子, $E_2=(0,\cdots,0,1,0,\cdots,0)^{\mathrm{T}}$ 是 $p_1\times 1$ 向量, 其第 k_2(若存在截距, 则 $k_2\geqslant 2$) 个成分为 1, 其余为 0. $\omega^0=(0,\cdots,0)^{\mathrm{T}}$ 表示模型没有发生扰动. 于是类似于退化部分的对数似然函数, 有

$$
\begin{aligned}
l(\theta|\omega)=&\sum_{i=1}^{n} I_{\{y_i=0\}}\log\left[\phi_i+(1-\phi_i)t_i^{\kappa}(\omega)\right]\\
&+\sum_{i=1}^{n} I_{\{y_i>0\}}\left[\log(1-\phi_i)+\kappa\log t_i(\omega)+y_i\log(1-t_i(\omega))+\log\frac{\Gamma(y_i+\kappa)}{\Gamma(y_i+1)\Gamma(\kappa)}\right],
\end{aligned}
$$

其中 $t_i(\omega)=\kappa/(\kappa+\lambda_i(\omega))$, $\operatorname{logit}(\phi_i)=W_i^{\mathrm{T}}\gamma$, $\lambda_i(\omega)=\exp(X_i(\omega)^{\mathrm{T}}\beta)=\exp(X_i^{\mathrm{T}}\beta+\delta_2E_2^{\mathrm{T}}\beta\omega_i)$.

通过计算得

$$\frac{\partial^2 l(\theta|\omega^0)}{\partial\kappa\partial\omega_i}=-I_{\{y_i=0\}}\frac{\phi_i(1-\phi_i)\lambda_i\left[\kappa^2 t_i^{\kappa-1}(1-t_i+\log t_i)+t_i^{\kappa}\lambda_i\right]+(1-\phi_i)^2 t_i^{2\kappa}\lambda_i^2}{\left[\phi_i+(1-\phi_i)t_i^{\kappa}\right]^2(\kappa+\lambda_i)^2}\delta_2 E_2^{\mathrm{T}}\beta$$

$$+I_{\{y_i>0\}}\frac{-\lambda_i^2+y_i\lambda_i}{(\kappa+\lambda_i)^2}\delta_2 E_2^{\mathrm{T}}\beta,$$

$$\frac{\partial^2 l(\theta|\omega^0)}{\partial\beta\partial\omega_i}=I_{\{y_i=0\}}\frac{(1-\phi_i)t_i^{\kappa-2}\left[\phi_i(\kappa-1)-(1-\phi_i)t_i^{\kappa}\right]}{\left[\phi_i+(1-\phi_i)t_i^{\kappa}\right]^2}\frac{\kappa^3\lambda_i^2}{(\kappa+\lambda_i)^4}\delta_2 E_2^{\mathrm{T}}\beta X_i$$

$$-I_{\{y_i=0\}}\frac{(1-\phi_i)\kappa t_i^{\kappa-1}}{\phi_i+(1-\phi_i)t_i^{\kappa}}\frac{\kappa\left(\kappa\lambda_i-\lambda_i^2\right)}{(\kappa+\lambda_i)^3}\delta_2 E_2^{\mathrm{T}}\beta X_i$$

$$-I_{\{y_i=0\}}\frac{(1-\phi_i)\kappa t_i^{\kappa-1}}{\phi_i+(1-\phi_i)t_i^{\kappa}}\frac{\kappa\lambda_i}{(\kappa+\lambda_i)^2}\delta_2 E_2$$

$$-I_{\{y_i>0\}}\left[\frac{\kappa^2\lambda_i}{(\kappa+\lambda_i)^2}+\frac{y_i\kappa\lambda_i}{(\kappa+\lambda_i)^2}\right]\delta_2 E_2^{\mathrm{T}}\beta X_i$$

$$+I_{\{y_i>0\}}\left[-\frac{\kappa\lambda_i}{\kappa+\lambda_i}+y_i-\frac{y_i\lambda_i}{\kappa+\lambda_i}\right]\delta_2 E_2,$$

$$\frac{\partial^2 l(\theta|\omega^0)}{\partial\gamma\partial\omega_i}=I_{\{y_i=0\}}\frac{\phi_i(1-\phi_i)\kappa^2 t_i^{\kappa-1}\lambda_i}{\left[\phi_i+(1-\phi_i)t_i^{\kappa}\right]^2(\kappa+\lambda_i)^2}\delta_2 E_2^{\mathrm{T}}\beta W_i.$$

4) 退化部分和非退化部分协变量同时扰动模型

为了方便, 假定 $X_i=W_i$, 且类似于前面这里只考虑一个协变量发生扰动情形. 设 $\omega=(\omega_1,\cdots,\omega_n)^{\mathrm{T}}$ 是扰动向量, 则协变量 X_i 发生扰动变为 $X_i(\omega)=X_i+\delta_3 E_3\omega_i$, 其中 δ_3 是尺度因子, $E_3=(0,\cdots,0,1,0,\cdots,0)^{\mathrm{T}}$ 是 $p_1\times 1$ 向量, 其第 k_3(若存在截距, 则 $k_3\geqslant 2$) 个成分为 1, 其余为 0. $\omega^0=(0,\cdots,0)^{\mathrm{T}}$ 表示模型没有发生扰动. 于是类似于前面, 扰动模型的对数似然函数为

$$l(\theta|\omega)=\sum_{i=1}^{n}I_{\{y_i=0\}}\log\left[\phi_i(\omega)+(1-\phi_i(\omega))t_i^{\kappa}(\omega)\right]$$

$$+\sum_{i=1}^{n}I_{\{y_i>0\}}\Bigg[\log(1-\phi_i(\omega))+\kappa\log t_i(\omega)$$

$$+y_i\log(1-t_i(\omega))+\log\frac{\Gamma(y_i+\kappa)}{\Gamma(y_i+1)\Gamma(\kappa)}\Bigg],$$

其中 $t_i(\omega)=\kappa/(\kappa+\lambda_i(\omega))$, $\mathrm{logit}(\phi_i(\omega))=X_i(\omega)^{\mathrm{T}}\gamma=X_i^{\mathrm{T}}\gamma+\delta_3 E_3^{\mathrm{T}}\gamma\omega_i$, $\lambda_i(\omega)=\exp(X_i(\omega)^{\mathrm{T}}\beta)=\exp(X_i^{\mathrm{T}}\beta+\delta_3 E_3^{\mathrm{T}}\beta\omega_i)$.

通过计算得

$$
\begin{aligned}
\frac{\partial^2 l(\theta|\omega^0)}{\partial\kappa\partial\omega_i} =& -I_{\{y_i=0\}}\left\{\frac{\phi_i(1-\phi_i)t_i^\kappa(1-t_i+\log t_i)}{\phi+(1-\phi_i)t_i^\kappa}\delta_3 E_3^{\mathrm{T}}\gamma\right.\\
&+\frac{(1-\phi_i)^2 t_i^\kappa(1-t_i+\log t_i)}{\left[\phi_i+(1-\phi_i)t_i^\kappa\right]^2}\left[\phi_i\delta_3 E_3^{\mathrm{T}}\gamma(1-t_i^\kappa)-t_i^{\kappa-1}\frac{\kappa^2\lambda_i}{(\kappa+\lambda_i)^2}\delta_3 E_3^{\mathrm{T}}\beta\right]\\
&\left.+\frac{(1-\phi_i)t_i^{\kappa-1}\lambda_i\delta_3 E_3^{\mathrm{T}}\beta}{\left[\phi_i+(1-\phi_i)t_i^\kappa\right](\kappa+\lambda_i)^2}\left[\kappa^2(1-t_i+\log t_i)+\lambda_i t_i\right]\right\}\\
&+I_{\{y_i>0\}}\frac{-\lambda_i^2+\lambda_i y_i}{(\kappa+\lambda_i)^2}\delta_3 E_3^{\mathrm{T}}\beta,
\end{aligned}
$$

$$
\begin{aligned}
\frac{\partial^2 l(\theta|\omega^0)}{\partial\beta\partial\omega_i} =& I_{\{y_i=0\}}\left\{\frac{\phi_i(1-\phi_i)\delta_3 E_3^{\mathrm{T}}\gamma}{\phi_i+(1-\phi_i)t_i^\kappa}\frac{\lambda_i t_i^{\kappa-1}}{(\kappa+\lambda_i)^2}\right.\\
&+\frac{(1-\phi_i)^2\lambda_i t_i^{\kappa-1}}{\left[\phi_i+(1-\phi_i)t_i^\kappa\right]^2(\kappa+\lambda_i)^2}\left[\phi_i\delta_3 E_3^{\mathrm{T}}\gamma\left(1-t_i^\kappa\right)-t_i^{\kappa-1}\frac{\kappa^2\lambda_i}{(\kappa+\lambda_i)^2}\delta_3 E_3^{\mathrm{T}}\beta\right]\\
&\left.+\frac{(1-\phi_i)t_i^{\kappa-2}\delta_3 E_3^{\mathrm{T}}\beta}{\left[\phi_i+(1-\phi_i)t_i^\kappa\right](\kappa+\lambda_i)^4}\left[(\kappa-1)\kappa\lambda_i^2-t_i(\kappa^2-\lambda_i^2)\lambda_i\right]\right\}\kappa^2 X_i\\
&-I_{\{y_i=0\}}\frac{(1-\phi_i)t_i^{\kappa-1}}{\phi_i+(1-\phi_i)t_i^\kappa}\frac{\kappa^2\lambda_i}{(\kappa+\lambda_i)^2}\delta_3 E_3\\
&-I_{\{y_i>0\}}\frac{\kappa^2\lambda_i+\kappa\lambda_i y_i}{(\kappa+\lambda_i)^2}\delta_3 E_3^{\mathrm{T}}\beta X_i\\
&+I_{\{y_i>0\}}\frac{\kappa y_i-\kappa\lambda_i}{\kappa+\lambda_i}\delta_3 E_3,
\end{aligned}
$$

$$
\begin{aligned}
\frac{\partial^2 l(\theta|\omega^0)}{\partial\gamma\partial\omega_i} =& I_{\{y_i=0\}}\left\{\frac{\kappa^2 t_i^{\kappa-1}\lambda_i\phi_i(1-\phi_i)\delta_3 E_3^{\mathrm{T}}\beta}{\left[\phi_i+(1-\phi_i)t_i^\kappa\right](\kappa+\lambda_i)^2}\right.\\
&-\frac{\phi_i(1-\phi_i)^2(1-t_i^\kappa)}{\left[\phi_i+(1-\phi_i)t_i^\kappa\right]^2}\left[\phi_i\delta_3 E_3^{\mathrm{T}}\gamma(1-t_i^\kappa)-\frac{\kappa^2\lambda_i t_i^{\kappa-1}}{(\kappa+\lambda_i)^2}\delta_3 E_3^{\mathrm{T}}\beta\right]\\
&\left.+\frac{(1-t_i^\kappa)\phi_i(1-\phi_i)(1-2\phi_i)\delta_3 E_3^{\mathrm{T}}\gamma}{\phi_i+(1-\phi_i)t_i^\kappa}\right\}X_i
\end{aligned}
$$

$$
\begin{aligned}
&+I_{\{y_i=0\}}\frac{(1-t_i^{\kappa})\phi_i(1-\phi_i)}{\phi_i+(1-\phi_i)t_i^{\kappa}}\delta_3 E_3\\
&-I_{\{y_i>0\}}\phi_i(1-\phi_i)\delta_3 E_3^{\mathrm{T}}\gamma X_i\\
&-I_{\{y_i>0\}}\phi_i\delta_3 E_3.
\end{aligned}
$$

2.4.3 实例分析

例 2.4.1 苹果树数据(续例 2.2.2).

例 2.1.2 和例 2.2.2 曾对这组数据分别讨论了参数估计方法和零过多现象存在性检验. 下面应用前面介绍的诊断统计量对这组数据进行影响分析. 由前面的研究知 ZINB 回归模型较适合刻画该数据, 故这里只考虑 ZINB 回归模型的诊断统计量的应用. 图 2.4.1 给出了部分基于数据删除模型的诊断统计量的散点图. 其中图 2.4.1(a) 给出了 (i, GD_i^1) 的散点图, 图 2.4.1(b) 列出了 (i, LD_i^1) 的散点图. 图 2.4.1 显示了第 100 号点和第 101 号点是强影响点. 另外, 对于局部影响分析, 这里仅考虑了加权扰动模型以及退化部分和非退化部分自变量同时扰动模型. 由于此时模型中涉及的变量 x_1 只取 0 和 1, 因此, 在自变量扰动模型中只考虑变量 x_2. 图 2.4.2 给出了这些扰动模型的局部影响分析结果. 其中图 2.4.2(a) 给出了数据加权扰动模型下扰动最为敏感方向 $h_{\max}$ 的散点图, 从该图可以明显看出第 100 号点和第 101 号点的影响最强, 这与数据删除度量的结果保持一致. 图 2.4.2(b) 给出了自变量 x_2 扰动下 $(i, |(h_{\max})_i|)$ 的散点图, 但是可以发现, 此时并没有检测出较强的影响点.

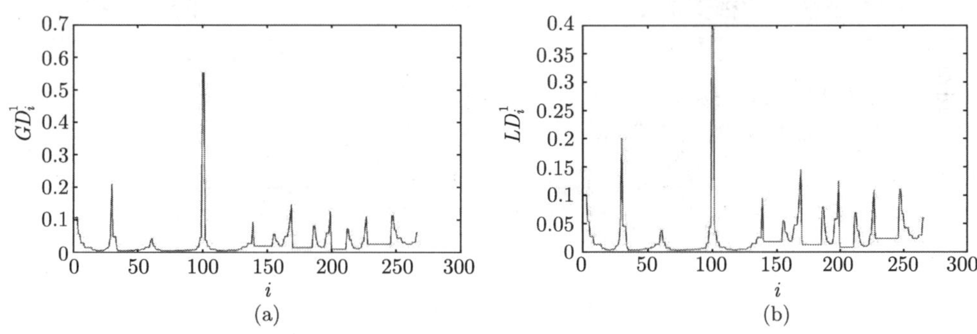

图 2.4.1 基于数据删除模型的诊断统计量

(a) 广义 Cook 距离 GD_i^1; (b) 似然距离 LD_i^1

例 2.4.2 UPB 数据.

该数据来自于弗兰德斯实施的分离优化跨学科项目 (IPOS) 中的一部分 (可参见 www.scheidingsonderzoek.be), 目的是探讨在夫妻分离轨迹情况下, 教育程度和焦虑依恋程度对多余追求行为 (UPB) 产生次数的影响, 其中教育程度 (x_1) 是取 0 和 1 的二值指示变量, 焦虑依恋程度 (x_2) 是一连续变量, 共有 387 个数据, 其中零很多, 占有 63.57%. 最近, Loeys 等 (2012) 利用 ZINB 模型对此数据进行了相关分析. 在这里, 同样基于 ZINB 回归模型, 我们考虑相应的影响诊断问题.

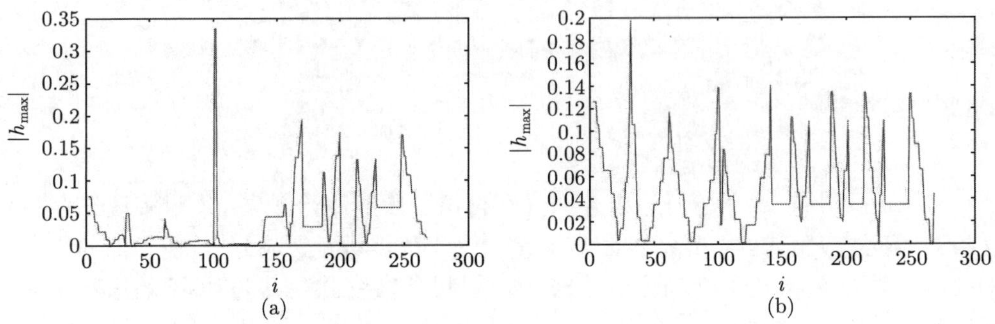

图 2.4.2　局部影响分析

(a) 数据加权扰动; (b) 退化部分和非退化部分中变量 x_2 同时扰动

图2.4.3给出了部分基于数据删除模型的诊断统计量的散点图. 其中, 图 2.4.3(a) 给出了 (i, GD_i^1) 的散点图, 图 2.4.3(b) 列出了 (i, LD_i^1) 的散点图. 该图显示了第 238 号点和第 335 号点是强影响点. 另外, 对于局部影响分析, 这里仅考虑了加权扰动模型以及退化部分和非退化部分自变量同时扰动模型. 由于此时模型中涉及的变量 x_1 只取 0 和 1, 因此, 在自变量扰动模型中只考虑变量 x_2. 图 2.4.4 给出了这些扰动模型的局部影响分析结果. 其中图 2.4.4 (a) 给出了数据加权扰动模型下扰动最为敏感方向 $h_{\max}$ 的散点图, 图 2.4.4(b) 给出了自变量 x_2 扰动下 $(i, |(h_{\max})_i|)$ 的散点图, 从该图可以明显看出第 238 号点和第 335 号点是强影响点, 这与数据删除度量的结果保持一致.

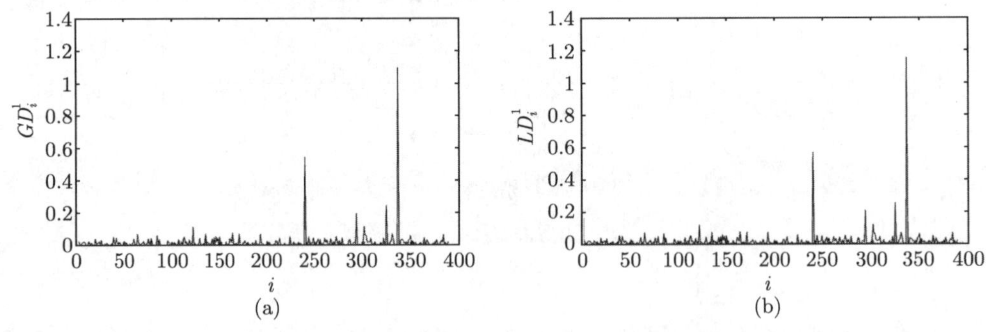

图 2.4.3　基于数据删除模型的诊断统计量

(a) 广义 Cook 距离 GD_i^1; (b) 似然距离 LD_i^1

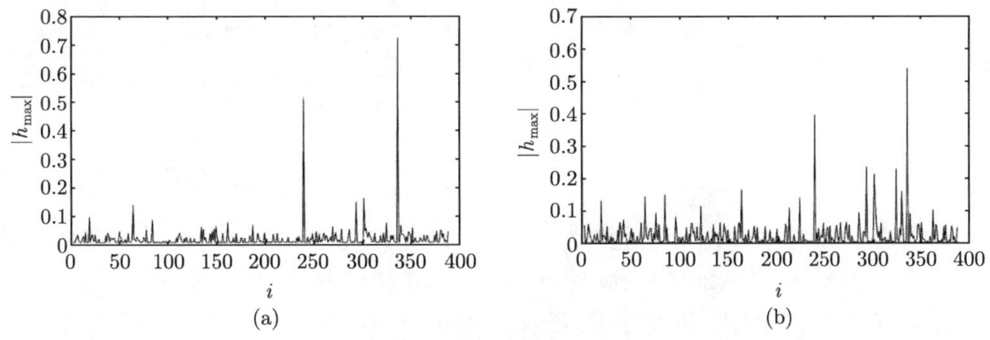

图 2.4.4 局部影响分析

(a) 数据加权扰动; (b) 退化部分和非退化部分中变量 x_2 同时扰动

第 3 章　广义 ZI 泊松模型的统计分析

本书第 2 章主要介绍几种经典 ZI 模型, 如 ZIP、ZIB、ZINB 以及 ZIGLM 等模型的统计分析. 从本章开始, 我们将介绍广义 ZI 泊松模型的统计分析, 主要包括零过多广义泊松 (ZIGP) 和零过多双泊松 (ZIDP) 两种模型. 相对于经典 ZI 模型中非退化部分来说, 由于 GP 分布和 DP 分布不仅适合于偏大离差情形, 而且适合于偏小离差情形 (见第 1.3 节), 因此, ZIGP 和 ZIDP 模型具有更大的灵活性和更加广泛的应用价值.

本章讨论广义 ZI 泊松回归模型的统计分析, 每节都结合具体的 GP 分布和 DP 分布研究了相应的零过多模型. 第 3.1 节首先介绍广义 ZI 泊松回归模型, 并应用 EM 算法和 Gauss-Newton 迭代法给出模型中参数的估计; 第 3.2 节基于数据删除模型研究全局影响诊断问题, 并得到相应的广义 Cook 距离、似然距离、W-K 统计量; 第 3.3 节介绍局部影响分析方法, 并研究模型在数据加权扰动和解释变量扰动下的影响诊断; 第 3.4 节研究模型中 ZI 参数和非退化部分的散度参数的显著性检验以及它们的齐性检验; 第 3.5 节基于累加残差方法研究了均值函数的误判检验问题; 第 3.6 节利用随机模拟方法研究本章所得统计量的有效性; 第 3.7 节把本章的结果应用到相应的实际问题.

3.1　广义 ZI 泊松回归模型及其参数估计

3.1.1　广义 ZI 泊松回归模型

广义泊松 (GP) 和双泊松 (DP) 分布可参见 1.3 节, 本章以 $f(y;\mu,\alpha)$ 表示它们的概率函数以及类似分布的概率函数, 则广义 ZI 泊松模型 (解锋昌, 2011) 可表示为

$$P(Y=y)=\begin{cases}\phi+(1-\phi)f(0;\mu,\alpha), & y=0,\\ (1-\phi)f(y;\mu,\alpha), & y=1,2,\cdots,\end{cases}\tag{3.1.1}$$

其中 ϕ 为 ZI 参数, 满足 $0\leqslant\phi+(1-\phi)f(0;\mu,\alpha)\leqslant 1$ (见式 (3.1.1)) 该式亦可表示为 $-f(0;\mu,\alpha)/[1-f(0;\mu,\alpha)]\leqslant\phi<1$. 当 $\phi>0$ 时, 模型出现零过多现象, 当 $-f(0;\mu,\alpha)/[1-f(0;\mu,\alpha)]\leqslant\phi<0$ 时, 模型出现零不足现象 (这种情形在实际问题中很少出现), 当 $\phi=0$ 时, 模型退化为普通离散模型 $f(y;\mu,\alpha)$. 在模型 (3.1.1) 中, μ 是分布 $f(y;\mu,\alpha)$ 的期望; α 是散度参数且假定存在唯一的 α_0, 使得 $\alpha=\alpha_0$ 时分

布 $f(y;\mu,\alpha)$ 退化为普通的泊松分布, 从而广义 ZI 泊松模型演变成典型的 ZIP 模型. 且当 $\alpha>\alpha_0$ 时 (有时为 $\alpha<\alpha_0$), 分布 $f(y;\mu,\alpha)$ 存在偏大离差, 即其方差大于期望 μ; 当 $\alpha<\alpha_0$ 时 (有时为 $\alpha>\alpha_0$), 分布 $f(y;\mu,\alpha)$ 存在偏小离差, 即其方差小于期望 μ. 由 1.3 节可知, 对于广义泊松 (GP) 分布, $\alpha_0=0$; 对于双泊松分布, $\alpha_0=1$. 显然, 模型 (3.1.1) 可以看作是取值为 0 的计数数据 (退化部分) 和取值服从 $f(y;\mu,\alpha)$ 分布的计数数据 (非退化部分) 的混合分布.

现在进一步假定 μ、ϕ 和协变量有下面的联系形式

$$\begin{cases} g_1(\mu)=X^{\mathrm{T}}\beta, \\ g_2(\phi)=W^{\mathrm{T}}\gamma, \end{cases} \tag{3.1.2}$$

则称式 (3.1.1)~(3.1.2) 为广义 ZI 泊松回归模型, 其中 X,W 分别是 p_1 和 p_2 维协变量, $\beta=(\beta_1,\cdots,\beta_{p_1})^{\mathrm{T}}$, $\gamma=(\gamma_1,\cdots,\gamma_{p_2})^{\mathrm{T}}$ 是分别定义在子集 $\mathcal{B}_1\subseteq\mathcal{R}^{p_1}$ 和 $\mathcal{B}_2\subseteq\mathcal{R}^{p_2}$ 上的未知回归系数, $g_1(\cdot)$ 和 $g_2(\cdot)$ 是已知的二阶可微的联系函数, 在众多的文献和应用中, 常常取 $g_1(\mu)=\log\mu$, $g_2(\phi)=\mathrm{logit}(\phi)=\log[\phi/(1-\phi)]$ (见 2.1 节), 下面我们也采用同样的形式, 即

$$\begin{cases} \log\mu=X^{\mathrm{T}}\beta, \\ \mathrm{logit}(\phi)=W^{\mathrm{T}}\gamma. \end{cases} \tag{3.1.3}$$

3.1.2 极大似然估计的 Gauss-Newton 迭代法

根据解锋昌 (2011), 下面介绍广义 ZI 泊松回归模型的参数估计. 假定 (y_i,X_i,W_i), $i=1,2,\cdots,n$ 来自于模型 (3.1.1) 和式 (3.1.3), 则有对数似然函数

$$\begin{aligned} l(\theta)=\sum_{i=1}^{n}\Big\{&I_{\{y_i=0\}}\log[\phi_i+(1-\phi_i)f(0;\mu_i,\alpha)] \\ &+I_{\{y_i>0\}}\log(1-\phi_i)+I_{\{y_i>0\}}\log f(y_i;\mu_i,\alpha)\Big\}, \end{aligned} \tag{3.1.4}$$

其中 $I_{\{y_i=0\}}$, $I_{\{y_i>0\}}$ 是示性函数, 参数 $\theta=(\alpha,\beta^{\mathrm{T}},\gamma^{\mathrm{T}})^{\mathrm{T}}$ 且有 $\log(\mu_i)=X_i^{\mathrm{T}}\beta$, $\mathrm{logit}(\phi_i)=W_i^{\mathrm{T}}\gamma$. 当 $f(y_i;\mu_i,\alpha)$ 分别取 GP 分布和 DP 分布的概率函数时, 即得到 ZIGP 和 ZIDP 的对数似然函数. 为了方便, 记 $f(0;\mu_i,\alpha)$ 和 $\log f(y_i;\mu_i,\alpha)$ 分别为 f_{0i} 和 T_i.

记参数 θ 的 score 函数为 $U(\theta)=(U_\alpha,\ U_\beta^{\mathrm{T}},\ U_\gamma^{\mathrm{T}})^{\mathrm{T}}$, 根据式 (3.1.4) 我们可以得到

$$U_\alpha=\sum_{i=1}^{n}\left\{I_{\{y_i=0\}}c_{1i}\frac{\partial f_{0i}}{\partial\alpha}+I_{\{y_i>0\}}\frac{\partial T_i}{\partial\alpha}\right\},$$

$$U_\beta=\sum_{i=1}^{n}\left\{I_{\{y_i=0\}}c_{1i}\frac{\partial f_{0i}}{\partial\beta}+I_{\{y_i>0\}}\frac{\partial T_i}{\partial\beta}\right\},$$

$$U_\gamma=\sum_{i=1}^{n}\left\{I_{\{y_i=0\}}\frac{1-f_{0i}}{c_{2i}}\frac{\partial\phi_i}{\partial\gamma}-I_{\{y_i>0\}}\frac{1}{1-\phi_i}\frac{\partial\phi_i}{\partial\gamma}\right\},$$

其中 $c_{1i}=(1-\phi_i)/[\phi_i+(1-\phi_i)f_{0i}]$, $c_{2i}=\phi_i+(1-\phi_i)f_{0i}$, $\partial\phi_i/\partial\gamma=\phi_i(1-\phi_i)W_i$.

通过计算, 根据对数似然函数 (3.1.4) 可以得到下面的观测信息阵

$$I(\theta)=\begin{bmatrix} I_{\alpha\alpha} & I_{\alpha\beta} & I_{\alpha\gamma}\\ I_{\alpha\beta}^{\mathrm{T}} & I_{\beta\beta} & I_{\beta\gamma}\\ I_{\alpha\gamma}^{\mathrm{T}} & I_{\beta\gamma}^{\mathrm{T}} & I_{\gamma\gamma}\end{bmatrix},$$

其中

$$-I_{\alpha\alpha}=\sum_{i=1}^{n}\left\{-I_{\{y_i=0\}}c_{1i}^2\left(\frac{\partial f_{0i}}{\partial\alpha}\right)^2+I_{\{y_i=0\}}c_{1i}\frac{\partial^2 f_{0i}}{\partial\alpha^2}+I_{\{y_i>0\}}\frac{\partial^2 T_i}{\partial\alpha^2}\right\},$$

$$-I_{\alpha\beta}=\sum_{i=1}^{n}\left\{-I_{\{y_i=0\}}c_{1i}^2\frac{\partial f_{0i}}{\partial\alpha}\frac{\partial f_{0i}}{\partial\beta^{\mathrm{T}}}+I_{\{y_i=0\}}c_{1i}\frac{\partial^2 f_{0i}}{\partial\alpha\partial\beta^{\mathrm{T}}}+I_{\{y_i>0\}}\frac{\partial^2 T_i}{\partial\alpha\partial\beta^{\mathrm{T}}}\right\},$$

$$-I_{\alpha\gamma}=\sum_{i=1}^{n}\left\{-I_{\{y_i=0\}}\frac{1}{c_{2i}^2}\frac{\partial\phi_i}{\partial\gamma^{\mathrm{T}}}\frac{\partial f_{0i}}{\partial\alpha}\right\},$$

$$-I_{\beta\beta}=\sum_{i=1}^{n}\left\{-I_{\{y_i=0\}}c_{1i}^2\frac{\partial f_{0i}}{\partial\beta}\frac{\partial f_{0i}}{\partial\beta^{\mathrm{T}}}+I_{\{y_i=0\}}c_{1i}\frac{\partial^2 f_{0i}}{\partial\beta\partial\beta^{\mathrm{T}}}+I_{\{y_i>0\}}\frac{\partial^2 T_i}{\partial\beta\partial\beta^{\mathrm{T}}}\right\},$$

$$-I_{\beta\gamma}=\sum_{i=1}^{n}\left\{-I_{\{y_i=0\}}\frac{1}{c_{2i}^2}\frac{\partial f_{0i}}{\partial\beta}\frac{\partial\phi_i}{\partial\gamma^{\mathrm{T}}}\right\},$$

$$\begin{aligned}-I_{\gamma\gamma}=\sum_{i=1}^{n}\Bigg\{&-I_{\{y_i=0\}}\frac{(1-f_{0i})^2}{c_{2i}^2}\frac{\partial\phi_i}{\partial\gamma}\frac{\partial\phi_i}{\partial\gamma^{\mathrm{T}}}+I_{\{y_i=0\}}\frac{1-f_{0i}}{c_{2i}}\frac{\partial^2\phi_i}{\partial\gamma\partial\gamma^{\mathrm{T}}}\\ &-I_{\{y_i>0\}}\left[\frac{1}{(1-\phi_i)^2}\frac{\partial\phi_i}{\partial\gamma}\frac{\partial\phi_i}{\partial\gamma^{\mathrm{T}}}+\frac{1}{1-\phi_i}\frac{\partial^2\phi_i}{\partial\gamma\partial\gamma^{T}}\right]\Bigg\},\end{aligned}$$

这里 $\partial^2\phi_i/\partial\gamma\partial\gamma^{\mathrm{T}}=(1-\phi_i)(\phi_i-2\phi_i^2)W_iW_i^{\mathrm{T}}$. 于是参数的极大似然估计 $\widehat{\theta}=(\widehat{\alpha},\widehat{\beta}^{\mathrm{T}},\widehat{\gamma}^{\mathrm{T}})^{\mathrm{T}}$ 可以由下面的迭代方程得到.

$$\widehat{\theta}^{(t+1)}=\widehat{\theta}^{(t)}+I^{-1}\left(\widehat{\theta}^{(t)}\right)U\left(\widehat{\theta}^{(t)}\right),\tag{3.1.5}$$

其中 $\widehat{\theta}^{(t)}$ 表示第 t 步迭代值.

下面考虑具体模型的参数估计.

1. ZIGP 回归模型

Famoye 和 Singh 于 2006 年研究了 ZIGP 回归模型的参数估计, 现对其作一介绍. 为了得到 ZIGP 模型的对数似然函数, 只要在式 (3.1.4) 中取 $f(y_i;\mu_i,\alpha)$ 为 GP 分布的概率函数即可, 其中 $f_{0i}=\exp(-\mu_i/(1+\alpha\mu_i))$, 且有

$$T_i=\log f(y_i;\mu_i,\alpha)=y_i\log\mu_i-y_i\log(1+\alpha\mu_i)+(y_i-1)\log(1+\alpha y_i)-\frac{\mu_i(1+\alpha y_i)}{1+\alpha\mu_i}-\log(y_i!).$$

通过计算, 可以得到 score 函数 $U(\theta)$ 和观测信息阵 $I(\theta)$ 中关于 f_{0i} 和 T_i 的导数分别如下:

$$\frac{\partial f_{0i}}{\partial\alpha}=f_{0i}\frac{\mu_i^2}{(1+\alpha\mu_i)^2},\quad \frac{\partial f_{0i}}{\partial\beta}=-f_{0i}\frac{\mu_i}{(1+\alpha\mu_i)^2}X_i,$$

$$\frac{\partial^2 f_{0i}}{\partial\alpha^2}=f_{0i}\frac{\mu_i^4}{(1+\alpha\mu_i)^4}-f_{0i}\frac{2\mu_i^3}{(1+\alpha\mu_i)^3},$$

$$\frac{\partial^2 f_{0i}}{\partial\alpha\partial\beta^{\mathrm T}}=-f_{0i}\frac{\mu_i^3}{(1+\alpha\mu_i)^4}X_i^{\mathrm T}+f_{0i}\frac{2\mu_i^2}{(1+\alpha\mu_i)^3}X_i^{\mathrm T},$$

$$\frac{\partial^2 f_{0i}}{\partial\beta\partial\beta^{\mathrm T}}=f_{0i}\frac{\mu_i^2}{(1+\alpha\mu_i)^4}X_iX_i^{\mathrm T}+f_{0i}\frac{-\mu_i+\alpha\mu_i^2}{(1+\alpha\mu_i)^3}X_iX_i^{\mathrm T};$$

$$\frac{\partial T_i}{\partial\alpha}=-\frac{y_i\mu_i}{1+\alpha\mu_i}+\frac{(y_i-1)y_i}{1+\alpha y_i}-\frac{y_i\mu_i-\mu_i^2}{(1+\alpha\mu_i)^2},$$

$$\frac{\partial T_i}{\partial\beta}=\frac{y_i-\mu_i}{(1+\alpha\mu_i)^2}X_i,$$

$$\frac{\partial^2 T_i}{\partial\alpha^2}=\frac{y_i\mu_i^2}{(1+\alpha\mu_i)^2}-\frac{y_i^2(y_i-1)}{(1+\alpha y_i)^2}+\frac{2(y_i\mu_i^2-\mu_i^3)}{(1+\alpha\mu_i)^3},$$

$$\frac{\partial^2 T_i}{\partial\alpha\partial\beta^{\mathrm T}}=-\frac{2y_i\mu_i-2\mu_i^2}{(1+\alpha\mu_i)^3}X_i^{\mathrm T},$$

$$\frac{\partial^2 T_i}{\partial\beta\partial\beta^{\mathrm T}}=\frac{-\mu_i-2\alpha y_i\mu_i+\alpha\mu_i^2}{(1+\alpha\mu_i)^3}X_iX_i^{\mathrm T}.$$

于是, 由式 (3.1.5) 即得参数 θ 的极大似然估计 $\widehat{\theta}$.

2. ZIDP 回归模型

若 $f(y_i;\mu_i,\alpha)$ 为 DP 分布的概率函数时, 则可以得到 ZIDP 回归模型的对数似然函数. 此时 $f_{0i}=\alpha^{1/2}\exp(-\alpha\mu_i)$, 并且

$$T_i=\frac{1}{2}\log\alpha-\alpha\mu_i+\alpha y_i(1+\log\mu_i-\log y_i)+y_i\log y_i-y_i-\log(y_i!).$$

于是, score 函数 $U(\theta)$ 和观测信息阵 $I(\theta)$ 中涉及的 f_{0i} 和 T_i 的导数可分别表示为

$$\frac{\partial f_{0i}}{\partial\alpha}=\left(\frac{1}{2\alpha}-\mu_i\right)f_{0i},\quad \frac{\partial f_{0i}}{\partial\beta}=-\alpha f_{0i}\mu_i X_i,\quad \frac{\partial^2 f_{0i}}{\partial\alpha^2}=\left(-\frac{1}{4\alpha^2}-\frac{1}{\alpha}\mu_i+\mu_i^2\right)f_{0i},$$

$$\frac{\partial^2 f_{0i}}{\partial\alpha\partial\beta^{\mathrm{T}}}=f_{0i}\mu_i\left(-\frac{3}{2}+\alpha\mu_i\right)X_i^{\mathrm{T}},\quad \frac{\partial^2 f_{0i}}{\partial\beta\partial\beta^{\mathrm{T}}}=f_{0i}(\alpha^2\mu_i^2-\alpha\mu_i)X_iX_i^{\mathrm{T}};$$

$$\frac{\partial T_i}{\partial\alpha}=\frac{1}{2\alpha}-\mu_i+y_i(1+\log\mu_i-\log y_i),\quad \frac{\partial T_i}{\partial\beta}=\alpha(y_i-\mu_i)X_i,$$

$$\frac{\partial^2 T_i}{\partial\alpha^2}=-\frac{1}{2\alpha^2},\quad \frac{\partial^2 T_i}{\partial\alpha\partial\beta^{\mathrm{T}}}=(y_i-\mu_i)X_i^{\mathrm{T}},\quad \frac{\partial^2 T_i}{\partial\beta\partial\beta^{\mathrm{T}}}=-\alpha\mu_iX_iX_i^{\mathrm{T}}.$$

从而, 借助于式 (3.1.5) 可以得到参数 θ 的极大似然估计 $\widehat{\theta}$.

3.1.3 极大似然估计的 EM 算法

前一节中利用 Gauss-Newton 方法给出了广义 ZI 泊松回归模型的参数估计. 然而, 当参数的维数太高时, 估计不易收敛且不太稳定, 为此下面基于 EM 算法给出参数的极大似然估计 (解锋昌, 2011). 对于 ZI 模型极大似然估计的 EM 算法, 可参见 Lambert (1992), Hall (2000), Lee et al (2001) 等文献.

当 Y_i 来自于退化的零分布, 令 $u_i=1$; 否则令 $u_i=0$. 我们将 $u=(u_1,\cdots,u_n)^{\mathrm{T}}$ 看做缺失数据 (missing data), 记为 Y_m. 记可观测数据 y_i, X_i, $W_i(i=1,\cdots,n)$ 为 Y_o, 记完全数据为 $Y_c=(Y_o,Y_m)$, 则基于完全数据的对数似然函数为

$$l_c(\theta|Y_c)=\sum_{i=1}^n\Big[u_i\log\phi_i+(1-u_i)\log(1-\phi_i)+(1-u_i)\log f(y_i;\mu_i,\alpha)\Big].$$

EM 算法包含如下两步:

E 步

$$\begin{aligned}Q(\theta|\widehat{\theta}^{(t)})&=E\left\{l_c(\theta|Y_c)|Y_o,\widehat{\theta}^{(t)}\right\}\\&=\sum_{i=1}^n\left[E\left(u_i|Y_o,\widehat{\theta}^{(t)}\right)\log\phi_i+\left(1-E\left(u_i|Y_o,\widehat{\theta}^{(t)}\right)\right)\log(1-\phi_i)\right]\\&\quad+\sum_{i=1}^n\left(1-E\left(u_i|Y_o,\widehat{\theta}^{(t)}\right)\right)\log f(y_i;\mu_i,\alpha)\\&=Q_1(\gamma)+Q_2(\theta_f),\end{aligned}$$

其中 $\widehat{\theta}^{(t)}$ 表示 EM 算法过程中第 t 步的参数估计值, $\theta_f=(\alpha,\beta^{\mathrm{T}})^{\mathrm{T}}$, 且

$$E\left(u_i|Y_o,\widehat{\theta}^{(t)}\right)=I_{\{y_i=0\}}\Big[1+(1-\phi_i)f(y_i;\mu_i,\alpha)/\phi_i\Big]_{\widehat{\theta}^{(t)}}^{-1}.$$

M 步 $\widehat{\theta}^{(t+1)}=\mathrm{Argmax}_\theta Q\left(\theta|\widehat{\theta}^{(t)}\right).$

由于参数 α, β, γ 恰好分离在函数 Q_1 和 Q_2 中, 所以为了执行 M- 步, 只要分别极大化 Q_1 和 Q_2 即可. 通过计算, 得到下面两个迭代公式:

$$\widehat{\gamma}^{(t+1)}=\widehat{\gamma}^{(t)}+\left\{\left[\sum_{i=1}^{n}\phi_i(1-\phi_i)W_iW_i^{\mathrm{T}}\right]^{-1}\sum_{i=1}^{n}\left[E\left(u_i|Y_o,\widehat{\theta}^{(t)}\right)W_i-\phi_iW_i\right]\right\}_{\widehat{\theta}^{(t)}},$$

$$\widehat{\theta}_f^{(t+1)}=\widehat{\theta}_f^{(t)}-\left\{\left[\sum_{i=1}^{n}\left(1-E\left(u_i|Y_o,\widehat{\theta}^{(t)}\right)\right)\frac{\partial^2T_i}{\partial\theta_f\partial\theta_f^{\mathrm{T}}}\right]^{-1}\sum_{i=1}^{n}\left(1-E\left(u_i|Y_o,\widehat{\theta}^{(t)}\right)\right)\frac{\partial T_i}{\partial\theta_f}\right\}_{\widehat{\theta}^{(t)}},$$

其中 $\partial T_i/\partial\theta_f=(\partial T_i/\partial\alpha,\partial T_i/\partial\beta^{\mathrm{T}})^{\mathrm{T}}$, 且

$$\frac{\partial^2T_i}{\partial\theta_f\partial\theta_f^{\mathrm{T}}}=\begin{bmatrix}\dfrac{\partial^2T_i}{\partial\alpha^2} & \dfrac{\partial^2T_i}{\partial\alpha\partial\beta^{\mathrm{T}}}\\ \dfrac{\partial^2T_i}{\partial\beta\partial\alpha} & \dfrac{\partial^2T_i}{\partial\beta\partial\beta^{\mathrm{T}}}\end{bmatrix}.$$

可以证明 EM 算法中获得的序列 $\{\widehat{\theta}^{(t)}\}$ 收敛到参数 θ 的极大似然估计 $\widehat{\theta}$, 细节可参见 Wu (1983). 对于 ZIGP 和 ZIDP 模型, 只要将前面 3.1.2 节中相应的导数代入, 并经过迭代公式计算, 即可得到相应模型的参数估计 (参见文献 Xie et al, 2012a, 2012b).

3.2 基于数据删除模型的统计诊断

数据删除模型是统计诊断最基本的模型, 比较删除模型与未删除模型相应统计量之间的差异是统计诊断最基本的方法. 本书 2.4 节曾经介绍过 ZI 泊松等回归模型的统计诊断方法, 下面针对广义 ZI 泊松回归模型的讨论在很多方面与那里类似, 本节内容可参见解锋昌 (2011) 和 Xie et al (2012a, 2012b).

3.2.1 数据删除模型和参数估计

对于广义 ZI 泊松回归模型, 为了评价第 i 个数据点 (y_i,X_i,W_i) 在回归分析中的作用与影响, 可通过比较第 i 个数据点删除前后回归分析 (如预测、估计和检验等) 的结果的变化, 来检测这个数据点是否为异常点或强影响点. 这时删除第 i 个数据点后的模型可表示为

$$P(Y_j=y_j)=\begin{cases}\phi_j+(1-\phi_j)f(0;\mu_j,\alpha), & y_j=0,\\ (1-\phi_j)f(y_j;\mu_j,\alpha), & y_j=1,2,\cdots,\end{cases}\tag{3.2.1}$$

其中

$$\begin{cases}\log\mu_j=X_j^{\mathrm{T}}\beta,\\ \mathrm{logit}(\phi_j)=W_j^{\mathrm{T}}\gamma,\end{cases}\quad j\neq i,j=1,2,\cdots,n.$$

模型 (3.2.1) 通常称为数据删除模型 (简记为 CDM). 记上述模型的对数似然函数为 $l_{(i)}(\theta)$, 相应的参数 θ 的极大似然估计为 $\widehat{\theta}_{(i)}=(\widehat{\alpha}_{(i)},\widehat{\beta}_{(i)}^{\mathrm{T}},\widehat{\gamma}_{(i)}^{\mathrm{T}})^{\mathrm{T}}$. 为了研究第 i 个数据点对参数估计的影响, 最简单直接的方法就是比较估计 $\widehat{\theta}$ 与 $\widehat{\theta}_{(i)}$ 的差异. 然而, 由于广义 ZI 泊松回归模型中的参数估计一般无显式解且在实际问题中, 当数据量很大时, 若对每个数据点都求一次参数估计 $\widehat{\theta}_{(i)}$, 则工作量太大. 因此, 通常可以求其一步近似 $\widehat{\theta}_{(i)}^{1}$ (Cook and Weisberg, 1982; 韦博成等, 2009). 于是有下面的引理 3.2.1.

引理 3.2.1 对模型 (3.2.1), 其参数估计的一步近似可表示为

$$\begin{aligned}
\widehat{\alpha}_{(i)}^{1}&=\widehat{\alpha}-\left(I^{\alpha\alpha}q_{1i}+I^{\alpha\beta}q_{2i}+I^{\alpha\gamma}q_{3i}\right)_{\widehat{\theta}},\\
\widehat{\beta}_{(i)}^{1}&=\widehat{\beta}-\left(I^{\beta\alpha}q_{1i}+I^{\beta\beta}q_{2i}+I^{\beta\gamma}q_{3i}\right)_{\widehat{\theta}},\\
\widehat{\gamma}_{(i)}^{1}&=\widehat{\gamma}-\left(I^{\gamma\alpha}q_{1i}+I^{\gamma\beta}q_{2i}+I^{\gamma\gamma}q_{3i}\right)_{\widehat{\theta}},
\end{aligned}$$

其中 $I^{\alpha\alpha}$ 为观测信息阵 $I(\theta)$ 的逆阵中相应于参数 α 的分块阵, 其余类似. 另外 $q_{1i}=I_{\{y_i=0\}}c_{1i}\partial f_{0i}/\partial\alpha+I_{\{y_i>0\}}\partial T_i/\partial\alpha$, $q_{2i}=I_{\{y_i=0\}}c_{1i}\partial f_{0i}/\partial\beta+I_{\{y_i>0\}}\partial T_i/\partial\beta$, $q_{3i}=I_{\{y_i=0\}}(1-f_{0i})\phi_i(1-\phi_i)W_i/c_{2i}-I_{\{y_i>0\}}\phi_iW_i$.

证明 由模型 (3.2.1), 可以得到 CDM 下的对数似然函数为

$$l_{(i)}(\theta)=\sum_{j\neq i}\left\{I_{\{y_j=0\}}\log[\phi_j+(1-\phi_j)f(0;\mu_j,\alpha)]+I_{\{y_j>0\}}[\log(1-\phi_j)+\log f(y_j;\mu_j,\alpha)]\right\},\tag{3.2.2}$$

即

$$l_{(i)}(\theta)=l(\theta)-\left\{I_{\{y_i=0\}}\log[\phi_i+(1-\phi_i)f_{0i}]+I_{\{y_i>0\}}\log(1-\phi_i)+I_{\{y_i>0\}}T_i\right\}.$$

于是, 通过计算可得到 $l_{(i)}(\theta)$ 关于参数 θ 的一阶导数如下:

$$\begin{aligned}
\frac{\partial l_{(i)}(\theta)}{\partial\alpha}&=\frac{\partial l(\theta)}{\partial\alpha}-\left\{I_{\{y_i=0\}}c_{1i}\frac{\partial f_{0i}}{\partial\alpha}+I_{\{y_i>0\}}\frac{\partial T_i}{\partial\alpha}\right\},\\
\frac{\partial l_{(i)}(\theta)}{\partial\beta}&=\frac{\partial l(\theta)}{\partial\beta}-\left\{I_{\{y_i=0\}}c_{1i}\frac{\partial f_{0i}}{\partial\beta}+I_{\{y_i>0\}}\frac{\partial T_i}{\partial\beta}\right\},\\
\frac{\partial l_{(i)}(\theta)}{\partial\gamma}&=\frac{\partial l(\theta)}{\partial\gamma}-\left\{I_{\{y_i=0\}}\frac{1-f_{0i}}{c_{2i}}\frac{\partial\phi_i}{\partial\gamma}-I_{\{y_i>0\}}\frac{1}{1-\phi_i}\frac{\partial\phi_i}{\partial\gamma}\right\}.
\end{aligned}$$

由于参数 θ 的极大似然估计 $\widehat{\theta}=(\widehat{\alpha},\widehat{\beta}^{\mathrm{T}},\widehat{\gamma}^{\mathrm{T}})^{\mathrm{T}}$ 满足下面方程:

$$\frac{\partial l(\theta)}{\partial\alpha}=0,\quad \frac{\partial l(\theta)}{\partial\beta}=0,\quad \frac{\partial l(\theta)}{\partial\gamma}=0,$$

所以有

$$\frac{\partial l_{(i)}(\widehat{\theta})}{\partial \alpha}=-\left\{I_{\{y_i=0\}}c_{1i}\frac{\partial f_{0i}}{\partial \alpha}+I_{\{y_i>0\}}\frac{\partial T_i}{\partial \alpha}\right\}_{\widehat{\theta}}=-\{q_{1i}\}_{\widehat{\theta}},$$

$$\frac{\partial l_{(i)}(\widehat{\theta})}{\partial \beta}=-\left\{I_{\{y_i=0\}}c_{1i}\frac{\partial f_{0i}}{\partial \beta}+I_{\{y_i>0\}}\frac{\partial T_i}{\partial \beta}\right\}_{\widehat{\theta}}=-\{q_{2i}\}_{\widehat{\theta}},$$

$$\frac{\partial l_{(i)}(\widehat{\theta})}{\partial \gamma}=-\left\{I_{\{y_i=0\}}\frac{1-f_{0i}}{c_{2i}}\frac{\partial \phi_i}{\partial \gamma}-I_{\{y_i>0\}}\frac{1}{1-\phi_i}\frac{\partial \phi_i}{\partial \gamma}\right\}_{\widehat{\theta}}=-\{q_{3i}\}_{\widehat{\theta}}.$$

记观测信息阵的逆阵为

$$I^{-1}(\theta)=\begin{bmatrix} I^{\alpha\alpha} & I^{\alpha\beta} & I^{\alpha\gamma} \\ I^{\beta\alpha} & I^{\beta\beta} & I^{\beta\gamma} \\ I^{\gamma\alpha} & I^{\gamma\beta} & I^{\gamma\gamma} \end{bmatrix}, \tag{3.2.3}$$

则根据下式

$$\widehat{\theta}^1_{(i)}=\widehat{\theta}+I^{-1}(\widehat{\theta})\frac{\partial l_{(i)}(\widehat{\theta})}{\partial \theta}$$

可得到引理所示的公式.

该引理给出了模型 (3.1.1) 中第 i 个数据点 (y_i, X_i, W_i) 删除前后参数 θ 的估计量之间的关系, 这是下面问题的研究基础.

3.2.2 基于数据删除模型的诊断统计量

3.2.1 小节给出了数据删除模型的参数估计公式, 这为导出诊断统计量奠定了基础. 下面的任务就是定义合适的 “距离” 来度量第 i 个数据点被删除前后参数估计量之间的差异, 从而得到相应的诊断统计量 (见 2.4 节). 这些统计量都反映了第 i 个数据点 (y_i, X_i, W_i) 对广义 ZI 泊松回归模型参数估计的影响.

1. 广义 Cook 距离

根据引理 3.2.1, 我们可得到 $\widehat{\theta}-\widehat{\theta}_{(i)}$, 它是第 i 个数据点 (y_i, X_i, W_i) 影响大小的一种度量. 但是, 这是一个向量, 不便于比较大小, 因此有必要选择一个合适的距离, 以便确定其影响大小. 对于广义 ZI 泊松回归模型 (3.1.1) 和 (3.1.3), 广义 Cook 距离可定义为

$$GD_i=\left(\widehat{\theta}_{(i)}-\widehat{\theta}\right)^{\mathrm{T}}I(\widehat{\theta})\left(\widehat{\theta}_{(i)}-\widehat{\theta}\right),$$

根据引理 3.2.1, 其一步近似为

$$GD_i^1=\dot{l}_{(i)}(\widehat{\theta})^{\mathrm{T}}I^{-1}(\widehat{\theta})\dot{l}_{(i)}(\widehat{\theta}), \tag{3.2.4}$$

其中 $\dot{l}_{(i)}(\widehat{\theta}) = (-q_{1i}, -q_{2i}^{\mathrm{T}}, -q_{3i}^{\mathrm{T}})_{\widehat{\theta}}^{\mathrm{T}}$.

另一方面, 常常考虑第 i 个数据点 (y_i, X_i, W_i) 对某些参数, 如 α, β, γ 的估计量的影响. 于是根据式 (3.2.3) 和式 (3.2.4), 可得到以下关于参数 α, β, γ 的广义 Cook 距离

$$GD_i^1(\alpha) = q_{1i}^2 I^{\alpha\alpha}, \quad GD_i^1(\beta) = q_{2i}^{\mathrm{T}} I^{\beta\beta} q_{2i}, \quad GD_i^1(\gamma) = q_{3i}^{\mathrm{T}} I^{\gamma\gamma} q_{3i}.$$

2. 似然距离

在数据删除模型下, 似然距离是与 Cook 距离同等重要的诊断统计量, 对于广义 ZI 泊松回归模型 (3.1.1) 和 (3.1.3), 可类似地定义第 i 个数据点关于估计量 $\widehat{\theta}$ 的似然距离为

$$LD_i(\theta) = 2\left\{l(\widehat{\theta}) - l(\widehat{\theta}_{(i)})\right\}.$$

根据引理 3.2.1, 似然距离一步近似可表示为

$$LD_i^1(\theta) = 2\left\{l(\widehat{\theta}) - l(\widehat{\theta}_{(i)}^1)\right\}.$$

另外, 对 $LD_i(\theta) = 2\{l(\widehat{\theta}) - l(\widehat{\theta}_{(i)})\}$ 在 $\widehat{\theta}$ 处进行 Taylor 展开可得

$$LD_i(\theta) \approx \left(\widehat{\theta} - \widehat{\theta}_{(i)}\right)^{\mathrm{T}} I(\widehat{\theta}) \left(\widehat{\theta} - \widehat{\theta}_{(i)}\right).$$

根据引理 3.2.1 知

$$LD_i(\theta) \approx \dot{l}_{(i)}(\widehat{\theta})^{\mathrm{T}} I^{-1}(\widehat{\theta}) \dot{l}_{(i)}(\widehat{\theta}) = GD_i^1.$$

这与 2.4 节的结果一致, 即似然距离与 Cook 距离的定义虽然不同, 但其统计意义十分相似.

3. W-K 统计量

类似于广义 Cook 距离, 对于任何统计量, 都可以考虑删除第 i 个数据点前后该统计量的变化, 从而了解这个数据点对该统计量的影响. 基于这一观点, 下面介绍另一个常用的诊断统计量, 即 W-K 统计量. 该统计量是从数据拟合观点提出的, 它表示删除第 i 个点前后拟合值的差异 (Pregibon, 1981; Tang et al, 2000, 2006; 韦博成等, 2009). 以下定义经过适当化简, 亦可称为 W-K 统计量:

$$WK_i(\theta_j) = \frac{\widehat{\theta}_j - \widehat{\theta}_{j(i)}}{\sqrt{Var(\widehat{\theta}_j)}}, \quad j = 1, 2, \cdots, p_1 + p_2 + 1,$$

其中 θ_j 是参数 $\theta = (\alpha, \beta^{\mathrm{T}}, \gamma^{\mathrm{T}})^{\mathrm{T}}$ 的第 j 个分量, $\widehat{\theta}_{j(i)}$ 是删除第 i 个数据点以后参数 θ_j 的估计量, $\mathrm{Var}(\widehat{\theta}_j)$ 是 $\widehat{\theta}_j$ 的方差, 它可以通过观测信息阵 $I(\widehat{\theta})$ 近似获得. 注

意, $\widehat{\theta}=(\widehat{\alpha},\widehat{\beta}^{\mathrm{T}},\widehat{\gamma}^{\mathrm{T}})^{\mathrm{T}}$ 为 (p_1+p_2+1) 维向量. 根据引理 3.2.1, 我们有下面的 W-K 统计量的一步近似形式:

$$WK_i^1(\theta_j)=-\frac{d_j^{\mathrm{T}}I(\widehat{\theta})^{-1}\dot{l}_{(i)}(\widehat{\theta})}{\sqrt{Var(\widehat{\theta}_j)}},\quad j=1,2,\cdots,p_1+p_2+1,$$

其中 $d_j=(0,\cdots,0,1,0,\cdots,0)^{\mathrm{T}}$ 是 (p_1+p_2+1) 维向量, 其第 j 个分量为 1, 其余为 0.

3.3 基于局部影响分析的统计诊断

在 2.4.2 小节, 我们对局部影响分析的基本思想已经作了比较详细的介绍. 本节把局部影响分析方法应用到广义 ZI 泊松回归模型的影响诊断 (解锋昌, 2011; Xie et al, 2012a, 2012b). 近年来该方法不断有所发展和推广, 其中 Zhu 和 Lee (2001) 的工作在理论上应用上都很有价值. 他们基于 Poon 和 Poon (1999) 的方法, 给出了下面的保形法曲率

$$B_h=\frac{-2h^{\mathrm{T}}\ddot{F}h}{\mathrm{tr}(-2\ddot{F})}\Big|_{\omega=\omega^0,\theta=\widehat{\theta}},\tag{3.3.1}$$

其中 h, $\ddot{F}$, ω, ω^0, θ 以及 $\hat{\theta}$ 等记号参见 2.4.2 小节. 根据 Zhu 和 Lee (2001), 假定式 (3.3.1) 中 $-2\ddot{F}$ 有下面的谱分解

$$-2\ddot{F}_{\omega^0}=\sum_{i=1}^{n}\lambda_i\boldsymbol{e}_i\boldsymbol{e}_i^{\mathrm{T}},$$

其中 $\{(\lambda_i,\boldsymbol{e}_i)\}_{i=1}^n$ 是 $-2\ddot{F}$ 相应的特征值和特征向量, 且有 $\lambda_1\geqslant\cdots\geqslant\lambda_r>\lambda_{r+1}=\cdots=\lambda_n=0$, $\sum_{j=1}^{n}\mathrm{e}_{ij}^2=1$. 记 $\tilde{\lambda}_i=\lambda_i/\sum_{j=1}^{n}\lambda_j$, 因为 $\mathrm{tr}(-2\ddot{F})=\sum_{i=1}^{r}\lambda_i$, 则

$$c_{u_j}=\sum_{i=1}^{r}\lambda_i\mathrm{e}_{ij}^2,\qquad B_{u_j}=\sum_{i=1}^{r}\tilde{\lambda}_i\mathrm{e}_{ij}^2,$$

其中 u_j 是一个基本扰动向量, 其第 j 个分量为 1, 其余为 0. 对于任何单位向量都有 $0\leqslant B_h\leqslant 1$, 特别是对于特征向量 $\boldsymbol{e}_k$ 有 $B_{\boldsymbol{e}_k}=\tilde{\lambda}_k$. 这表明 B_h 是一个标准化度量. 为了构造局部影响评价准则, 他们将满足条件 $B_{\boldsymbol{e}_i}\geqslant m_0/r$ 的向量 $\boldsymbol{e}_i$ 定义为 m_0 影响向量, 并定义

$$M(m_0)=\sum_{i:\tilde{\lambda}_i\geqslant m_0/r}\tilde{\lambda}_i\boldsymbol{e}_i^2,$$

为所有 m_0 影响向量的总贡献, 其中 $\boldsymbol{e}_i^2=(e_{i1}^2,\cdots,e_{in}^2)^{\mathrm{T}}$. 特别地, 当 $m_0=0$ 时, $M(0)=\sum_{i=1}^{r}\tilde{\lambda}_i\boldsymbol{e}_i^2$. 基于 $M(m_0)$ 的分量, 我们可以评价每个数据点的影响. 根据 Zhu 和 Lee (2001), 将

$$\bar{M}(m_0)+2S_M(m_0)$$

作为基准点 (bench-mark), 其中 $\bar{M}(m_0)$ 是 $M(m_0)$ 的均值, $S_M(m_0)$ 是 $M(m_0)$ 的标准差. 如果 $M(m_0)$ 的第 j 个分量 $M(m_0)_j$ 大于此基准点, 则第 j 个数据点为强影响点. 以下的随机模拟和应用实例中均采用这一评价准则.

由 2.4.2 小节的讨论以及式 (3.3.1) 可知, 对于不同的扰动方案, 为了计算基准点, 关键是求矩阵 $\varDelta=\partial^2 l(\theta|\omega)/\partial\theta\partial\omega^{\mathrm{T}}$, 从而应用公式 (2.4.7) 得到影响矩阵 $-2\ddot{F}$. 下面分别考虑几种常见的扰动模型, 导出矩阵 $\varDelta$ 和 $-\ddot{F}$ 的计算公式.

1. *加权扰动模型*

现考虑加权扰动模型, 设 $\omega=(\omega_1,\cdots,\omega_n)^{\mathrm{T}}$ 为加权扰动向量, $\omega^0=(1,1,\cdots,1)^{\mathrm{T}}$ 对应于无扰动情形, 则加权扰动模型的对数似然函数为

$$l(\theta|\omega)=\sum_{i=1}^{n}\omega_i\Big\{I_{\{y_i=0\}}\log[\phi_i+(1-\phi_i)f(0;\mu_i,\alpha)]+I_{\{y_i>0\}}[\log(1-\phi_i)+\log f(y_i;\mu_i,\alpha)]\Big\},$$

通过计算可得下面二阶导数:

$$\frac{\partial^2 l(\widehat{\theta}|\omega^0)}{\partial\alpha\partial\omega_i}=\left\{I_{\{y_i=0\}}c_{1i}\frac{\partial f_{0i}}{\partial\alpha}+I_{\{y_i>0\}}\frac{\partial T_i}{\partial\alpha}\right\}_{\widehat{\theta},\omega^0}=\{q_{1i}\}_{\widehat{\theta},\omega^0},$$

$$\frac{\partial^2 l(\widehat{\theta}|\omega^0)}{\partial\beta\partial\omega_i}=\left\{I_{\{y_i=0\}}c_{1i}\frac{\partial f_{0i}}{\partial\beta}+I_{\{y_i>0\}}\frac{\partial T_i}{\partial\beta}\right\}_{\widehat{\theta},\omega^0}=\{q_{2i}\}_{\widehat{\theta},\omega^0},$$

$$\frac{\partial^2 l(\widehat{\theta}|\omega^0)}{\partial\gamma\partial\omega_i}=\left\{I_{\{y_i=0\}}\frac{1-f_{0i}}{c_{2i}}\frac{\partial\phi_i}{\partial\gamma}-I_{\{y_i>0\}}\frac{1}{1-\phi_i}\frac{\partial\phi_i}{\partial\gamma}\right\}_{\widehat{\theta},\omega^0}=\{q_{3i}\}_{\widehat{\theta},\omega^0}.$$

记 $q_1=(q_{11},\cdots,q_{1n})$, $q_2=(q_{21},\cdots,q_{2n})$, $q_3=(q_{31},\cdots,q_{3n})$, 则

$$\varDelta_1=\begin{bmatrix}q_1\\q_2\\q_3\end{bmatrix}_{\widehat{\theta},\omega^0}.$$

于是得到影响矩阵

$$-\ddot{F}=-\varDelta_1^{\mathrm{T}}\left[\ddot{l}(\widehat{\theta})\right]^{-1}\varDelta_1=\varDelta_1^{\mathrm{T}}I^{-1}(\widehat{\theta})\varDelta_1.$$

2. 退化部分协变量扰动模型

这里只考虑有一个协变量发生扰动, 下同. 设 $\omega=(\omega_1,\cdots,\omega_n)^{\mathrm{T}}$ 是扰动向量, 则协变量 W_i 发生扰动变为 $W_i(\omega)=W_i+\delta_1E_1\omega_i$, 其中 δ_1 是尺度因子, $E_1=(0,\cdots,0,1,0,\cdots,0)^{\mathrm{T}}$ 是 $p_2\times 1$ 向量, 其第 k_1(若存在截距, 则 $k_1\geqslant 2$) 个成分为 1, 其余为 0. $\omega^0=(0,\cdots,0)^{\mathrm{T}}$ 表示模型没有发生扰动. 于是对应的对数似然函数为

$$l(\theta|\omega)=\sum_{i=1}^n\Big\{I_{\{y_i=0\}}\log[\phi_i(\omega)+(1-\phi_i(\omega))f_{0i}]+I_{\{y_i>0\}}[\log(1-\phi_i(\omega))+T_i]\Big\},$$

其中 $\mathrm{logit}\phi_i(\omega)=W_i(\omega)^{\mathrm{T}}\gamma=W_i^{\mathrm{T}}\gamma+\delta_1E_1^{\mathrm{T}}\gamma\omega_i=\xi_i(\omega)$. 基于此, 上式 $l(\theta|\omega)$ 可以改写成如下形式:

$$l(\theta|\omega)=-\sum_{i=1}^n\log[1+\exp(\xi_i(\omega))]+\sum_{i=1}^n\Big\{I_{\{y_i=0\}}\log[\exp(\xi_i(\omega))+f_{0i}]+I_{\{y_i>0\}}T_i\Big\}.$$

通过计算可得下面二阶导数:

$$\begin{aligned}
\frac{\partial^2l(\widehat{\theta}|\omega^0)}{\partial\alpha\partial\omega_i}&=\left\{-I_{\{y_i=0\}}\frac{\exp(\xi_i(\omega))}{c_{3i}^2}\delta_1(E_1^{\mathrm{T}}\gamma)\frac{\partial f_{0i}}{\partial\alpha}\right\}_{\widehat{\theta},\omega^0}=\{q_{4i}\}_{\widehat{\theta},\omega^0},\\
\frac{\partial^2l(\widehat{\theta}|\omega^0)}{\partial\beta\partial\omega_i}&=\left\{-I_{\{y_i=0\}}\frac{\exp(\xi_i(\omega))}{c_{3i}^2}\delta_1(E_1^{\mathrm{T}}\gamma)\frac{\partial f_{0i}}{\partial\beta}\right\}_{\widehat{\theta},\omega^0}=\{q_{5i}\}_{\widehat{\theta},\omega^0},\\
\frac{\partial^2l(\widehat{\theta}|\omega^0)}{\partial\gamma\partial\omega_i}&=\left\{-\left[\frac{\exp(\xi_i(\omega))}{(1+\exp(\xi_i(\omega)))^2}\delta_1(E_1^{\mathrm{T}}\gamma)W_i+\frac{\exp(\xi_i(\omega))}{1+\exp(\xi_i(\omega))}\delta_1E_1\right]\right.\\
&\qquad\left.+I_{\{y_i=0\}}\left[\frac{\exp(\xi_i(\omega))f_{0i}}{c_{3i}^2}\delta_1(E_1^{\mathrm{T}}\gamma)W_i+\frac{\exp(\xi_i(\omega))}{c_{3i}}\delta_1E_1\right]\right\}_{\widehat{\theta},\omega^0}=\{q_{6i}\}_{\widehat{\theta},\omega^0},
\end{aligned}$$

其中 $c_{3i}=\exp(\xi_i(\omega))+f_{0i}$. 记 $q_4=(q_{41},\cdots,q_{4n})$, $q_5=(q_{51},\cdots,q_{5n})$, $q_6=(q_{61},\cdots,q_{6n})$, 则

$$\varDelta_2=\begin{bmatrix}q_4\\q_5\\q_6\end{bmatrix}_{\widehat{\theta},\omega^0}.$$

于是得到影响矩阵

$$-\ddot{F}=-\varDelta_2^{\mathrm{T}}\left[\ddot{l}(\widehat{\theta})\right]^{-1}\varDelta_2=\varDelta_2^{\mathrm{T}}I^{-1}(\widehat{\theta})\varDelta_2.$$

3. 非退化部分协变量扰动模型

设 $\omega=(\omega_1,\cdots,\omega_n)^{\mathrm{T}}$ 是扰动向量, 则协变量 X_i 发生扰动变为 $X_i(\omega)=X_i+\delta_2E_2\omega_i$, 其中 δ_2 是尺度因子, $E_2=(0,\cdots,0,1,0,\cdots,0)^{\mathrm{T}}$ 是 $p_1\times 1$ 向量, 其第 k_2(若

存在截距, 则 $k_2 \geqslant 2$) 个成分为 1, 其余为 0. $\omega^0 = (0, \cdots, 0)^{\mathrm{T}}$ 表示模型没有发生扰动. 于是类似于上述 2 中退化部分的对数似然函数, 有

$$
\begin{aligned}
l(\theta|\omega) = &- \sum_{i=1}^{n} \log[1 + \exp(\xi_i)] \\
&+ \sum_{i=1}^{n} \Big\{ I_{\{y_i=0\}} \log[\exp(\xi_i) + f(0; \mu_i(\omega), \alpha)] + I_{\{y_i>0\}} \log f(y_i; \mu_i(\omega), \alpha) \Big\},
\end{aligned}
$$

其中 $\xi_i = \mathrm{logit}(\phi_i) = W_i^{\mathrm{T}}\gamma$, $\mu_i(\omega) = \exp(X_i(\omega)^{\mathrm{T}}\beta) = \exp(X_i^{\mathrm{T}}\beta + \delta_2 E_2^{\mathrm{T}}\beta\omega_i)$. 记 $f(0; \mu_i(\omega), \alpha) = f_{0i}(\omega)$, $\log f(y_i; \mu_i(\omega), \alpha) = T_i(\omega)$. 通过计算可得下面二阶导数:

$$
\begin{aligned}
\frac{\partial^2 l(\widehat{\theta}|\omega^0)}{\partial\alpha\partial\omega_i} &= \left\{ -I_{\{y_i=0\}} \frac{1}{c_{4i}^2} \frac{\partial f_{0i}(\omega)}{\partial\alpha} \frac{\partial f_{0i}(\omega)}{\partial\omega_i} + I_{\{y_i=0\}} \frac{1}{c_{4i}} \frac{\partial^2 f_{0i}(\omega)}{\partial\alpha\partial\omega_i} + I_{\{y_i>0\}} \frac{\partial^2 T_i(\omega)}{\partial\alpha\partial\omega_i} \right\}_{\widehat{\theta},\omega^0} \\
&= \{q_{7i}\}_{\widehat{\theta},\omega^0}, \\
\frac{\partial^2 l(\widehat{\theta}|\omega^0)}{\partial\beta\partial\omega_i} &= \left\{ -I_{\{y_i=0\}} \frac{1}{c_{4i}^2} \frac{\partial f_{0i}(\omega)}{\partial\beta} \frac{\partial f_{0i}(\omega)}{\partial\omega_i} + I_{\{y_i=0\}} \frac{1}{c_{4i}} \frac{\partial^2 f_{0i}(\omega)}{\partial\beta\partial\omega_i} + I_{\{y_i>0\}} \frac{\partial^2 T_i(\omega)}{\partial\beta\partial\omega_i} \right\}_{\widehat{\theta},\omega^0} \\
&= \{q_{8i}\}_{\widehat{\theta},\omega^0}, \\
\frac{\partial^2 l(\widehat{\theta}|\omega^0)}{\partial\gamma\partial\omega_i} &= \left\{ -I_{\{y_i=0\}} \frac{\exp(\xi_i)}{c_{4i}^2} W_i \frac{\partial f_{0i}(\omega)}{\partial\omega_i} \right\}_{\widehat{\theta},\omega^0} = \{q_{9i}\}_{\widehat{\theta},\omega^0},
\end{aligned}
$$

其中 $c_{4i} = \exp(\xi_i) + f_{0i}(\omega)$.

下面分别计算在 ZIGP 模型和 ZIDP 模型中 $f_{0i}(\omega)$ 与 $T_i(\omega)$ 的相关导数 (Xie et al, 2012a, 2012b).

1) ZIGP 模型

对于 ZIGP 回归模型, 有

$$
f_{0i}(\omega) = f(0; \mu_i(\omega), \alpha) = \exp\left(-\frac{\mu_i(\omega)}{1 + \alpha\mu_i(\omega)} \right).
$$

通过计算有

$$
\begin{aligned}
\frac{\partial f_{0i}(\omega)}{\partial\omega_i} &= -f_{0i}(\omega) \frac{\mu_i(\omega)}{(1 + \alpha\mu_i(\omega))^2} \delta_2(E_2^{\mathrm{T}}\beta), \\
\frac{\partial f_{0i}(\omega)}{\partial\alpha} &= f_{0i}(\omega) \frac{\mu_i(\omega)^2}{(1 + \alpha\mu_i(\omega))^2}, \\
\frac{\partial f_{0i}(\omega)}{\partial\beta} &= -f_{0i}(\omega) \frac{\mu_i(\omega)}{(1 + \alpha\mu_i(\omega))^2} X_i(\omega),
\end{aligned}
$$

$$\begin{aligned}\frac{\partial^2 f_{0i}(\omega)}{\partial\alpha\partial\omega_i}&=f_{0i}(\omega)\left[-\frac{\mu_i(\omega)^3}{(1+\alpha\mu_i(\omega))^4}+\frac{2\mu_i(\omega)^2}{(1+\alpha\mu_i(\omega))^3}\right]\delta_2(E_2^{\mathrm{T}}\beta),\\ \frac{\partial^2 f_{0i}(\omega)}{\partial\beta\partial\omega_i}&=f_{0i}(\omega)\left[\frac{\mu_i(\omega)^2}{(1+\alpha\mu_i(\omega))^4}+\frac{\alpha\mu_i(\omega)^2-\mu_i(\omega)}{(1+\alpha\mu_i(\omega))^3}\right]\delta_2(E_2^{\mathrm{T}}\beta)X_i(\omega)\\ &\quad-f_{0i}(\omega)\frac{\mu_i(\omega)}{(1+\alpha\mu_i(\omega))^2}\delta_2 E_2.\end{aligned}$$

另外, ZIGP 回归模型中 $T_i(\omega)$ 为

$$\begin{aligned}T_i(\omega)&=\log f(y_i;\mu_i(\omega),\alpha)\\ &=y_i\log\mu_i(\omega)-y_i\log(1+\alpha\mu_i(\omega))+(y_i-1)\log(1+\alpha y_i)\\ &\quad-\frac{\mu_i(\omega)(1+\alpha y_i)}{1+\alpha\mu_i(\omega)}-\log(y_i!).\end{aligned}$$

通过简单计算, 可得下面二阶导数:

$$\begin{aligned}\frac{\partial^2 T_i(\omega)}{\partial\alpha\partial\omega_i}&=-\frac{2y_i\mu_i(\omega)-2\mu_i(\omega)^2}{(1+\alpha\mu_i(\omega))^3}\delta_2(E_2^{\mathrm{T}}\beta),\\ \frac{\partial^2 T_i(\omega)}{\partial\beta\partial\omega_i}&=\frac{-\mu_i(\omega)+\alpha\mu_i(\omega)^2-2\alpha y_i\mu_i(\omega)}{(1+\alpha\mu_i(\omega))^3}\delta_2(E_2^{\mathrm{T}}\beta)X_i(\omega)+\frac{y_i-\mu_i(\omega)}{(1+\alpha\mu_i(\omega))^2}\delta_2 E_2.\end{aligned}$$

2) ZIDP 模型

根据 DP 分布, ZIDP 回归模型中 $f_{0i}(\omega)$ 为

$$f_{0i}(\omega)=f(0;\mu_i(\omega),\alpha)=\alpha^{1/2}\exp(-\alpha\mu_i(\omega)).$$

于是可得下面导数:

$$\begin{aligned}\frac{\partial f_{0i}(\omega)}{\partial\omega_i}&=-\alpha f_{0i}(\omega)\mu_i(\omega)\delta_2(E_2^{\mathrm{T}}\beta),\\ \frac{\partial f_{0i}(\omega)}{\partial\alpha}&=f_{0i}(\omega)\left(\frac{1}{2\alpha}-\mu_i(\omega)\right),\\ \frac{\partial f_{0i}(\omega)}{\partial\beta}&=-\alpha f_{0i}(\omega)\mu_i(\omega)X_i(\omega),\\ \frac{\partial^2 f_{0i}(\omega)}{\partial\alpha\partial\omega_i}&=f_{0i}(\omega)\mu_i(\omega)\left(-\frac{3}{2}+\alpha\mu_i(\omega)\right)\delta_2(E_2^{\mathrm{T}}\beta),\\ \frac{\partial^2 f_{0i}(\omega)}{\partial\beta\partial\omega_i}&=f_{0i}(\omega)(\alpha^2\mu_i(\omega)^2-\alpha\mu_i(\omega))\delta_2(E_2^{\mathrm{T}}\beta)X_i(\omega)-\alpha f_{0i}(\omega)\mu_i(\omega)\delta_2 E_2.\end{aligned}$$

同时由

$$\begin{aligned}T_i(\omega)&=\log f(y_i;\mu_i(\omega),\alpha)\\ &=\frac{1}{2}\log\alpha-\alpha\mu_i(\omega)+\alpha y_i(1+\log\mu_i(\omega)-\log y_i)+y_i\log y_i-y_i-\log(y_i!)\end{aligned}$$

可得其二阶导数分别为

$$\frac{\partial^2 T_i(\omega)}{\partial\alpha\partial\omega_i}=(y_i-\mu_i(\omega))\delta_2(E_2^{\mathrm{T}}\beta),$$

$$\frac{\partial^2 T_i(\omega)}{\partial\beta\partial\omega_i}=-\alpha\mu_i(\omega)\delta_2(E_2^{\mathrm{T}}\beta)X_i(\omega)+\alpha(y_i-\mu_i(\omega))\delta_2 E_2.$$

有了具体模型下的导数后, 记 $q_7=(q_{71},\cdots,q_{7n})$, $q_8=(q_{81},\cdots,q_{8n})$, $q_9=(q_{91},\cdots,q_{9n})$, 则

$$\Delta_3=\begin{bmatrix} q_7 \\ q_8 \\ q_9 \end{bmatrix}_{\widehat{\theta},\omega^0},$$

于是得到影响矩阵

$$-\ddot{F}=-\Delta_3^{\mathrm{T}}\left[\ddot{l}(\widehat{\theta})\right]^{-1}\Delta_3=\Delta_3^{\mathrm{T}}I^{-1}(\widehat{\theta})\Delta_3.$$

4. 退化部分和非退化部分协变量同时扰动模型

为了方便, 假定 $X_i=W_i$, 且类似于前面这里只考虑一个协变量发生扰动情形. 设 $\omega=(\omega_1,\cdots,\omega_n)^{\mathrm{T}}$ 是扰动向量, 则协变量 X_i 发生扰动变为 $X_i(\omega)=X_i+\delta_3E_3\omega_i$, 其中 δ_3 是尺度因子, $E_3=(0,\cdots,0,1,0,\cdots,0)^{\mathrm{T}}$ 是 $p_1\times 1$ 向量, 其第 k_3(若存在截距, 则 $k_3\geqslant 2$) 个成分为 1, 其余为 0. $\omega^0=(0,\cdots,0)^{\mathrm{T}}$ 表示模型没有发生扰动. 于是类似于前面, 扰动模型的对数似然函数为

$$\begin{aligned}l(\theta|\omega)=&-\sum_{i=1}^{n}\log[1+\exp(\xi_i(\omega))]\\&+\sum_{i=1}^{n}\left\{I_{\{y_i=0\}}\log[\exp(\xi_i(\omega))+f(0;\mu_i(\omega),\alpha)]+I_{\{y_i>0\}}\log f(y_i;\mu_i(\omega),\alpha)\right\},\end{aligned}$$

其中 $\xi_i(\omega)=X_i(\omega)^{\mathrm{T}}\gamma=X_i^{\mathrm{T}}\gamma+\delta_3E_3^{\mathrm{T}}\gamma\omega_i$, $\mu_i(\omega)=\exp(X_i(\omega)^{\mathrm{T}}\beta)=\exp(X_i^{\mathrm{T}}\beta+\delta_3E_3^{\mathrm{T}}\beta\omega_i)$. 同样记 $f(0;\mu_i(\omega),\alpha)=f_{0i}(\omega)$, $\log f(y_i;\mu_i(\omega),\alpha)=T_i(\omega)$. 通过计算可得下面二阶导数:

$$\begin{aligned}\frac{\partial^2 l(\widehat{\theta}|\omega^0)}{\partial\alpha\partial\omega_i}=&\left\{-I_{\{y_i=0\}}\frac{1}{c_{5i}^2}\frac{\partial f_{0i}(\omega)}{\partial\alpha}\left[\frac{\partial f_{0i}(\omega)}{\partial\omega_i}+\exp(\xi_i(\omega))\delta_3E_3^{\mathrm{T}}\gamma\right]\right.\\&\left.+I_{\{y_i=0\}}\frac{1}{c_{5i}}\frac{\partial^2 f_{0i}(\omega)}{\partial\alpha\partial\omega_i}+I_{\{y_i>0\}}\frac{\partial^2 T_i(\omega)}{\partial\alpha\partial\omega_i}\right\}_{\widehat{\theta},\omega^0}\\=&\{q_{10,i}\}_{\widehat{\theta},\omega^0},\end{aligned}$$

$$\begin{aligned}\frac{\partial^2 l(\widehat{\theta}|\omega^0)}{\partial\beta\partial\omega_i}=&\Bigg\{-I_{\{y_i=0\}}\frac{1}{c_{5i}^2}\frac{\partial f_{0i}(\omega)}{\partial\beta}\left[\frac{\partial f_{0i}(\omega)}{\partial\omega_i}+\exp(\xi_i(\omega))\delta_3E_3^{\mathrm{T}}\gamma\right]\\&+I_{\{y_i=0\}}\frac{1}{c_{5i}}\frac{\partial^2 f_{0i}(\omega)}{\partial\beta\partial\omega_i}+I_{\{y_i>0\}}\frac{\partial^2 T_i(\omega)}{\partial\beta\partial\omega_i}\Bigg\}_{\widehat{\theta},\omega^0}\\=&\{q_{11,i}\}_{\widehat{\theta},\omega^0},\\\frac{\partial^2 l(\widehat{\theta}|\omega^0)}{\partial\gamma\partial\omega_i}=&\Bigg\{-\frac{\exp(\xi_i(\omega))}{(1+\exp(\xi_i(\omega)))^2}\delta_3(E_3^{\mathrm{T}}\gamma)X_(\omega)-\frac{\exp(\xi_i(\omega))}{1+\exp(\xi_i(\omega))}\delta_3E_3\\&+I_{\{y_i=0\}}\frac{\exp(\xi_i(\omega))}{c_{5i}}\delta_3E_3\\&+I_{\{y_i=0\}}\frac{\exp(\xi_i(\omega))\left(f_{0i}(\omega)\delta_3E_3^{\mathrm{T}}\gamma-\frac{\partial f_{0i}(\omega)}{\partial\omega_i}\right)}{c_{5i}^2}X_i(\omega)\Bigg\}_{\widehat{\theta},\omega^0}\\=&\{q_{12,i}\}_{\widehat{\theta},\omega^0},\end{aligned}$$

其中 $c_{5i}=\exp(\xi_i(\omega))+f_{0i}(\omega)$. 对于 ZIGP 回归模型和 ZIDP 回归模型来说, $f_{0i}(\omega)$ 与 $T_i(\omega)$ 的导数可以由 2 和 3 两种情形里相应公式得到 (Xie et al, 2012a, 2012b).

记 $q_{10}=(q_{10,1},\cdots,q_{10,n})$, $q_{11}=(q_{11,1},\cdots,q_{11,n})$, $q_{12}=(q_{12,1},\cdots,q_{12,n})$, 则

$$\Delta_4=\begin{bmatrix}q_{10}\\q_{11}\\q_{12}\end{bmatrix}_{\widehat{\theta},\omega^0}.$$

于是得到影响矩阵

$$-\ddot{F}=-\Delta_4^{\mathrm{T}}\left[\ddot{l}(\widehat{\theta})\right]^{-1}\Delta_4=\Delta_4^{\mathrm{T}}I^{-1}(\widehat{\theta})\Delta_4.$$

3.4 ZI 参数和散度参数的 score 检验

第 2 章第 2.2 节曾经讨论过 ZIP 模型中 ZI 参数的存在性检验, 对于广义 ZI 泊松模型亦有类似的问题. Deng 和 Paul (2000) 考虑了 ZI 广义线性模型中 ZI 参数的检验 (见第 2.2.3 小节); Gupta et al (2004) 和 Famoye 和 Singh (2006) 分别基于 GPI 分布的变形 (1.3.13) 和 GPI 分布 (Wang and Famoye, 1997) 探讨了 ZIGP 模型中 ZI 参数的检验, 但是都没有利用模拟方法研究检验的功效和水平.

本节探讨广义 ZI 泊松回归模型中 ZI 参数的存在性检验, 并具体得到 ZIGP、ZIDP 模型中 ZI 参数的 score 检验统计量, 同时通过随机模拟详细研究其功效和水平 (解锋昌, 2011; Xie et al, 2012c). 计数数据中除了会出现零过多现象, 还有可能出现偏大离差或偏小离差现象, Ridout 等 (2001) 曾经指出, 对于此类数据, ZIP 模

型可能就不再适合了 (见 2.3 节). 因此, 我们常需要检验数据是用 ZIP 模型拟合还是用某个带有偏大离差或偏小离差的 ZI 模型进行拟合, 这种检验通常变为检验散度参数 $\alpha = \alpha_0$ 的问题 (由 1.3 节可知, 对于 GP 分布则 $\alpha_0 = 0$; 而对于 DP 分布则 $\alpha_0 = 1$). 关于这类问题, 在非 ZI 模型和 ZI 模型中都有很多研究, 如关于 ZI 模型, Ridout 等 (2001) 和 Jung 等 (2005) 研究了 ZINB 模型中散度参数的显著性检验 (见第 2.3 节), Gupta 等 (2004) 基于 GPI 分布的变形 (1.3.13) 研究了 ZIGP 中散度参数的 score 检验, Famoye 和 Singh (2006) 基于 GPI 分布研究了 ZIGP 中散度参数的似然比检验和 Wald 检验. 下面, 我们将探讨广义 ZI 泊松回归模型中散度参数的显著性检验, 并得到相应 score 检验统计量, 同时将其应用到 ZIGP 和 ZIDP 等具体模型中 (解锋昌, 2011; Xie et al, 2012c).

另一方面, 关于 ZI 模型, 当 ZI 参数显著存在时, 即计数数据中存在零过多现象时, 许多研究工作都将其看作是固定不变的参数进行分析. 同样, 对于带有偏大离差或偏小离差的 ZI 模型, 已有文献也视其散度参数为固定不变的. 然而, 在有些情况下, 实际的 ZI 参数和散度参数可能与观察值 y_i 有关, 这就是变 ZI 参数与变散度参数问题 (Smyth, 1989; Xie et al, 2010, 2012c). 可以看出, 若广义 ZI 泊松回归模型存在变 ZI 参数或变散度参数, 则由于涉及更多未知参数而使问题变得非常复杂. 关于类似参数的非齐性问题 (变参数问题), 很多作者都考虑了相应的检验, 如 Smyth (1989), Woldie 等 (2001), Jansakul 和 Hinde (2002), Lin 等 (2004), Xie 和 Wei (2007b, 2010), Xie 等 (2009a, 2009b, 2010, 2012c), Lin 等 (2009) 等. 本节将研究广义 ZI 泊松回归模型中变 ZI 参数以及变散度参数的假设检验问题.

另外, 正如第 2.2 节所述, score 检验渐近等价于似然比检验, 但是它只要求计算在零假设情况下参数的极大似然估计, 比其他检验方法的计算量要小很多 (见式 (2.2.3)). 所以, 本章也只推导 score 检验统计量的公式, 其渐近分布仍为 χ^2 分布 (Cox and Hinkley, 1974), 不再一一赘述.

3.4.1　ZI 参数和散度参数的存在性检验

假定观察值 $y_i,\ i = 1, \cdots, n$ 来自于下面的 ZI 模型

$$P(Y_i = y_i) = \begin{cases} \phi + (1-\phi) f(0; \mu_i, \alpha), & y_i = 0, \\ (1-\phi) f(y_i; \mu_i, \alpha), & y_i = 1, 2, \cdots, \end{cases} \tag{3.4.1}$$

且 $g_1(\mu_i) = \log \mu_i = X_i^{\mathrm{T}} \beta$, 其中 X_i 是 p_1 维协变量, β 是 p_1 维未知参数向量. 令 $\zeta = \phi/(1-\phi)$ (类似的假设 2.2 节也用过), 则相应的对数似然函数为

$$l(\delta) = \sum_{i=1}^{n} \Big\{ -\log(1+\zeta) + I_{\{y_i=0\}} \log(\zeta + f(0; \mu_i, \alpha)) + I_{\{y_i>0\}} \log f(y_i; \mu_i, \alpha) \Big\}, \tag{3.4.2}$$

其中 $\delta = (\alpha, \beta^{\mathrm{T}}, \zeta)^{\mathrm{T}}$.

于是, 模型中 ZI 参数的存在性检验可表示为

$$H_0: \ \ \phi = 0 \longleftrightarrow H_1: \ \ \phi \neq 0,$$

而这等价于检验

$$H_0: \ \ \zeta = 0 \longleftrightarrow H_1: \ \ \zeta \neq 0. \tag{3.4.3}$$

记参数 δ 在 H_0 下的极大似然估计为 $\widehat{\delta}_\zeta = (\widehat{\alpha}, \widehat{\beta}^{\mathrm{T}}, 0)^{\mathrm{T}}$. 对于这一假设检验问题, ζ 是有兴趣参数, $\delta_1 = (\alpha, \beta^{\mathrm{T}})^{\mathrm{T}}$ 是多余参数.

另外, 模型中散度参数的存在性检验可表示为

$$H_0: \ \ \alpha = \alpha_0 \longleftrightarrow H_1: \ \ \alpha \neq \alpha_0. \tag{3.4.4}$$

记参数 δ 在 H_0 下的极大似然估计为 $\widehat{\delta}_\alpha = (\alpha_0, \widehat{\beta}^{\mathrm{T}}, \widehat{\zeta})^{\mathrm{T}}$. 对于这一假设检验问题, α 是有兴趣参数, 而 $\delta_2 = (\beta^{\mathrm{T}}, \zeta)^{\mathrm{T}}$ 是多余参数.

为了进一步进行计算, 记

$$f_{0\alpha} = \Big(\frac{\partial f_{01}}{\partial \alpha}, \cdots, \frac{\partial f_{0n}}{\partial \alpha}\Big)^{\mathrm{T}}, \quad f_{0\beta} = \Big(\frac{\partial f_{01}}{\partial \beta}, \cdots, \frac{\partial f_{0n}}{\partial \beta}\Big)^{\mathrm{T}}, \quad f_{0\alpha\alpha} = \Big(\frac{\partial^2 f_{01}}{\partial \alpha^2}, \cdots, \frac{\partial^2 f_{0n}}{\partial \alpha^2}\Big)^{\mathrm{T}},$$

$$f_{0\alpha\beta} = \Big(\frac{\partial^2 f_{01}}{\partial \alpha \partial \beta}, \cdots, \frac{\partial^2 f_{0n}}{\partial \alpha \partial \beta}\Big)^{\mathrm{T}}, \quad f_{0\beta\beta} = \Big[\frac{\partial^2 f_{0i}}{\partial \beta \partial \beta^{\mathrm{T}}}\Big] \text{是 } n \times p_1 \times p_1 \text{阶立体阵},$$

$$\bar{E}_1 = \sum_{i=1}^n E\Big[-I_{\{y_i>0\}} \frac{\partial^2 T_i}{\partial \alpha^2}\Big], \quad \bar{E}_2 = \sum_{i=1}^n E\Big[-I_{\{y_i>0\}} \frac{\partial^2 T_i}{\partial \alpha \partial \beta^{\mathrm{T}}}\Big],$$

$$\bar{E}_3 = \sum_{i=1}^n E\Big[-I_{\{y_i>0\}} \frac{\partial^2 T_i}{\partial \beta \partial \beta^{\mathrm{T}}}\Big], \quad U_\zeta(\delta) = \sum_{i=1}^n \Big\{\frac{-1}{(1+\zeta)} + \frac{I_{\{y_i=0\}}}{(\zeta + f_{0i})}\Big\},$$

$$U_\alpha(\delta) = \sum_{i=1}^n \Big\{I_{\{y_i=0\}} \frac{\partial f_{0i}/\partial \alpha}{\zeta + f_{0i}} + I_{\{y_i>0\}} \frac{\partial T_i}{\partial \alpha}\Big\}.$$

定理 3.4.1 (1) 对于模型 (3.4.1), 假设检验问题 (3.4.3) 的 score 检验统计量可表示为

$$SC_\zeta = \left\{U_\zeta(\delta)^{\mathrm{T}} \left[-\frac{n}{(1+\zeta)^2} + \frac{\mathbf{1}^{\mathrm{T}} \bar{D} \mathbf{1}}{1+\zeta} - J_{\zeta\delta_1} J_{\delta_1\delta_1}^{-1} J_{\zeta\delta_1}^{\mathrm{T}}\right]^{-1} U_\zeta(\delta)\right\}_{\widehat{\delta}_\zeta}, \tag{3.4.5}$$

其中 $\bar{d}_i = (\zeta + f_{0i})^{-1}$, $\bar{D} = \mathrm{diag}(\bar{d}_1, \cdots, \bar{d}_n)$, $\mathbf{1} = (1, \cdots, 1)^{\mathrm{T}}$, $J_{\zeta\delta_1} = \Big[\mathbf{1}^{\mathrm{T}} \bar{D} f_{0\alpha} \ \ \mathbf{1}^{\mathrm{T}} \bar{D} f_{0\beta}\Big] / (1+\zeta)$,

$$J_{\delta_1\delta_1} = \begin{bmatrix} \bar{E}_1 + (f_{0\alpha}^{\mathrm{T}} \bar{D} f_{0\alpha} - \mathbf{1}^{\mathrm{T}} f_{0\alpha\alpha})/(1+\zeta) & \bar{E}_2 + (f_{0\alpha}^{\mathrm{T}} \bar{D} f_{0\beta} - \mathbf{1}^{\mathrm{T}} f_{0\alpha\beta})/(1+\zeta) \\ \bar{E}_2^{\mathrm{T}} + (f_{0\alpha}^{\mathrm{T}} \bar{D} f_{0\beta} - \mathbf{1}^{\mathrm{T}} f_{0\alpha\beta})^{\mathrm{T}}/(1+\zeta) & \bar{E}_3 + (f_{0\beta}^{\mathrm{T}} \bar{D} f_{0\beta} - \mathbf{1}^{\mathrm{T}} f_{0\beta\beta})/(1+\zeta) \end{bmatrix}.$$

(2) 对于模型 (3.4.1), 假设检验问题 (3.4.4) 的 score 检验统计量可表示为

$$SC_\alpha = \left\{ U_\alpha(\delta)^{\mathrm{T}} \left[\bar{E}_1 + \frac{f_{0\alpha}^{\mathrm{T}} \bar{D} f_{0\alpha} - \mathbf{1}^{\mathrm{T}} f_{0\alpha\alpha}}{1+\zeta} - J_{\alpha\delta_2} J_{\delta_2\delta_2}^{-1} J_{\alpha\delta_2}^{\mathrm{T}} \right]^{-1} U_\alpha(\delta) \right\}_{\widehat{\delta}_\alpha}, \quad (3.4.6)$$

其中 $J_{\alpha\delta_2} = \left[\bar{E}_2 + (f_{0\alpha}^{\mathrm{T}} \bar{D} f_{0\beta} - \mathbf{1}^{\mathrm{T}} f_{0\alpha\beta})/(1+\zeta) \quad \mathbf{1}^{\mathrm{T}} \bar{D} f_{0\alpha}/(1+\zeta) \right]$,

$$J_{\delta_2\delta_2} = \begin{bmatrix} \bar{E}_3 + (f_{0\beta}^{\mathrm{T}} \bar{D} f_{0\beta} - \mathbf{1}^{\mathrm{T}} f_{0\beta\beta})/(1+\zeta) & f_{0\beta}^{\mathrm{T}} \bar{D} \mathbf{1}/(1+\zeta) \\ \mathbf{1}^{\mathrm{T}} \bar{D} f_{0\beta}/(1+\zeta) & -n/(1+\zeta)^2 + \mathbf{1}^{\mathrm{T}} \bar{D} \mathbf{1}/(1+\zeta) \end{bmatrix}.$$

证明 由对数似然函数 (3.4.2), 可以得到 $l(\delta)$ 的二阶偏导:

$$\frac{\partial^2 l(\delta)}{\partial \alpha^2} = \sum_{i=1}^n \left\{ I_{\{y_i=0\}} \frac{-1}{(\zeta+f_{0i})^2} \left(\frac{\partial f_{0i}}{\partial \alpha} \right)^2 + I_{\{y_i=0\}} \frac{1}{\zeta+f_{0i}} \frac{\partial^2 f_{0i}}{\partial \alpha^2} + I_{\{y_i>0\}} \frac{\partial^2 T_i}{\partial \alpha^2} \right\},$$

$$\frac{\partial^2 l(\delta)}{\partial \alpha \partial \beta^{\mathrm{T}}} = \sum_{i=1}^n \left\{ I_{\{y_i=0\}} \frac{-1}{(\zeta+f_{0i})^2} \frac{\partial f_{0i}}{\partial \alpha} \frac{\partial f_{0i}}{\partial \beta^{\mathrm{T}}} + I_{\{y_i=0\}} \frac{1}{\zeta+f_{0i}} \frac{\partial^2 f_{0i}}{\partial \alpha \partial \beta^{\mathrm{T}}} + I_{\{y_i>0\}} \frac{\partial^2 T_i}{\partial \alpha \partial \beta^{\mathrm{T}}} \right\},$$

$$\frac{\partial^2 l(\delta)}{\partial \alpha \partial \zeta} = \sum_{i=1}^n \left\{ I_{\{y_i=0\}} \frac{-1}{(\zeta+f_{0i})^2} \frac{\partial f_{0i}}{\partial \alpha} \right\},$$

$$\frac{\partial^2 l(\delta)}{\partial \beta \partial \beta^{\mathrm{T}}} = \sum_{i=1}^n \left\{ I_{\{y_i=0\}} \frac{-1}{(\zeta+f_{0i})^2} \frac{\partial f_{0i}}{\partial \beta} \frac{\partial f_{0i}}{\partial \beta^{\mathrm{T}}} + I_{\{y_i=0\}} \frac{1}{\zeta+f_{0i}} \frac{\partial^2 f_{0i}}{\partial \beta \partial \beta^{\mathrm{T}}} + I_{\{y_i>0\}} \frac{\partial^2 T_i}{\partial \beta \partial \beta^{\mathrm{T}}} \right\},$$

$$\frac{\partial^2 l(\delta)}{\partial \beta \partial \zeta} = \sum_{i=1}^n \left\{ I_{\{y_i=0\}} \frac{-1}{(\zeta+f_{0i})^2} \frac{\partial f_{0i}}{\partial \beta} \right\},$$

$$\frac{\partial^2 l(\delta)}{\partial \zeta^2} = \sum_{i=1}^n \left\{ \frac{1}{(1+\zeta)^2} + I_{\{y_i=0\}} \frac{-1}{(\zeta+f_{0i})^2} \right\},$$

通过计算 $-\partial^2 l(\delta)/\partial\delta\partial\delta^{\mathrm{T}}$ 的期望, 得到下面的 Fisher 信息阵

$$J(\delta) = \begin{bmatrix} \bar{E}_1 + \dfrac{f_{0\alpha}^{\mathrm{T}} \bar{D} f_{0\alpha} - \mathbf{1}^{\mathrm{T}} f_{0\alpha\alpha}}{1+\zeta} & \bar{E}_2 + \dfrac{f_{0\alpha}^{\mathrm{T}} \bar{D} f_{0\beta} - \mathbf{1}^{\mathrm{T}} f_{0\alpha\beta}}{1+\zeta} & \dfrac{\mathbf{1}^{\mathrm{T}} \bar{D} f_{0\alpha}}{1+\zeta} \\ \bar{E}_2^{\mathrm{T}} + \dfrac{(f_{0\alpha}^{\mathrm{T}} \bar{D} f_{0\beta} - \mathbf{1}^{\mathrm{T}} f_{0\alpha\beta})^{\mathrm{T}}}{1+\zeta} & v\bar{E}_3 + \dfrac{f_{0\beta}^{\mathrm{T}} \bar{D} f_{0\beta} - \mathbf{1}^{\mathrm{T}} f_{0\beta\beta}}{1+\zeta} & \dfrac{f_{0\beta}^{\mathrm{T}} \bar{D} \mathbf{1}}{1+\zeta} \\ \dfrac{\mathbf{1}^{\mathrm{T}} \bar{D} f_{0\alpha}}{1+\zeta} & \dfrac{\mathbf{1}^{\mathrm{T}} \bar{D} f_{0\beta}}{1+\zeta} & \dfrac{-n}{(1+\zeta)^2} + \dfrac{\mathbf{1}^{\mathrm{T}} \bar{D} \mathbf{1}}{1+\zeta} \end{bmatrix}. \quad (3.4.7)$$

对假设检验问题 (3.4.3), score 检验统计量可表示为

$$\mathrm{SC}_\zeta = \left\{ \left(\frac{\partial l(\delta)}{\partial \zeta} \right)^{\mathrm{T}} J^{\zeta\zeta} \frac{\partial l(\delta)}{\partial \zeta} \right\}_{\widehat{\delta}_\zeta},$$

其中 $J^{\zeta\zeta}$ 表示 Fisher 信息阵 $J(\delta)$ 逆阵中相应于参数 ζ 的分块阵. 通过计算, 由函数 (3.4.2) 得

$$\frac{\partial l(\delta)}{\partial \zeta}=\sum_{i=1}^{n}\left\{-\frac{1}{1+\zeta}+I_{\{y_i=0\}}\frac{1}{\zeta+f_{0i}}\right\}=U_\zeta(\delta).$$

另外, $J(\delta)$ 按参数 δ_1 和 ζ 可以分块为

$$J(\delta)=\begin{bmatrix} J_{\delta_1\delta_1} & J_{\delta_1\zeta} \\ J_{\delta_1\zeta}^{\mathrm{T}} & J_{\zeta\zeta} \end{bmatrix},$$

其中 $J_{\zeta\zeta}=-n/(1+\zeta)^2+\mathbf{1}^{\mathrm{T}}\bar{D}\mathbf{1}/(1+\zeta)$, $J_{\delta_1\zeta}$ 和 $J_{\delta_1\delta_1}$ 见定理 3.4.1 中的说明. 于是, 由分块阵的逆阵可以求得

$$J^{\zeta\zeta}=(J_{\zeta\zeta}-J_{\delta_1\zeta}^{\mathrm{T}}J_{\delta_1\delta_1}^{-1}J_{\delta_1\zeta})^{-1},$$

从而结合 $\partial l(\delta)/\partial\zeta$ 可得结论 (3.4.5) 成立.

同理, 对假设检验问题 (3.4.4), score 检验统计量可表示为

$$SC_\alpha=\left\{\left(\frac{\partial l(\delta)}{\partial\alpha}\right)^{\mathrm{T}}J^{\alpha\alpha}\frac{\partial l(\delta)}{\partial\alpha}\right\}_{\widehat{\delta}_\alpha},$$

其中 $J^{\alpha\alpha}$ 表示 Fisher 信息阵 $J(\delta)$ 逆阵中相应于参数 α 的分块阵. 通过计算, 由函数 (3.4.2) 得

$$\frac{\partial l(\delta)}{\partial \alpha}=\sum_{i=1}^{n}\left\{I_{\{y_i=0\}}\frac{1}{\zeta+f_{0i}}\frac{\partial f_{0i}}{\partial\alpha}+I_{\{y_i>0\}}\frac{\partial T_i}{\partial\alpha}\right\}=U_\alpha(\delta).$$

另外, $J(\delta)$ 按参数 α 和 δ_2 可以分块为

$$J(\delta)=\begin{bmatrix} J_{\alpha\alpha} & J_{\alpha\delta_2} \\ J_{\alpha\delta_2}^{\mathrm{T}} & J_{\delta_2\delta_2} \end{bmatrix}.$$

其中 $J_{\alpha\alpha}=\bar{E}_1+(f_{0\alpha}^{\mathrm{T}}\bar{D}f_{0\alpha}-\mathbf{1}^{\mathrm{T}}f_{0\alpha\alpha})/(1+\zeta)$, $J_{\alpha\delta_2}$ 和 $J_{\delta_2\delta_2}$ 见定理 3.4.1 中的说明. 于是, 由分块阵的逆阵可以求得

$$J^{\alpha\alpha}=(J_{\alpha\alpha}-J_{\alpha\delta_2}J_{\delta_2\delta_2}^{-1}J_{\alpha\delta_2}^{\mathrm{T}})^{-1},$$

从而结合 $\partial l(\delta)/\partial\alpha$ 可得结论 (3.4.6) 成立.

下面来看具体的模型, 为了得到相应的 score 检验统计量, 只要计算 $\bar{E}_1$, $\bar{E}_2$ 和 $\bar{E}_3$, 而关于 f_{0i} 的导数可以参见前面的容.

1. ZIGP 模型

$$\bar{E}_1=\sum_{i=1}^{n}E\left[-I_{\{y_i>0\}}\frac{\partial^2 T_i}{\partial\alpha^2}\right]=\frac{1}{1+\zeta}\sum_{i=1}^{n}\left[\frac{2\mu_i^2}{(1+\alpha\mu_i)^2(1+2\alpha)}-\frac{2\mu_i^3 f_{0i}}{(1+\alpha\mu_i)^3}\right],$$

$$\bar{E}_2=\sum_{i=1}^{n}E\left[-I_{\{y_i>0\}}\frac{\partial^2 T_i}{\partial\alpha\partial\beta^{\mathrm{T}}}\right]=\frac{1}{1+\zeta}\sum_{i=1}^{n}\frac{2\mu_i f_{0i}}{(1+\alpha\mu_i)^3}\frac{\partial\mu_i}{\partial\beta^{\mathrm{T}}},$$

$$\begin{aligned}\bar{E}_3&=\sum_{i=1}^{n}E\left[-I_{\{y_i>0\}}\frac{\partial^2 T_i}{\partial\beta\partial\beta^{\mathrm{T}}}\right]\\&=\frac{1}{1+\zeta}\sum_{i=1}^{n}\left[\left(\frac{1}{\mu_i(1+\alpha\mu_i)^2}+\frac{2\alpha f_{0i}}{(1+\alpha\mu_i)^3}\right)\frac{\partial\mu_i}{\partial\beta}\frac{\partial\mu_i}{\partial\beta^{\mathrm{T}}}-\frac{f_{0i}}{(1+\alpha\mu_i)^2}\frac{\partial^2\mu_i}{\partial\beta\partial\beta^{\mathrm{T}}}\right].\end{aligned}$$

2. ZIDP 模型

$$\bar{E}_1=\sum_{i=1}^{n}E\left[-I_{\{y_i>0\}}\frac{\partial^2 T_i}{\partial\alpha^2}\right]\approx\frac{1}{1+\zeta}\sum_{i=1}^{n}\frac{1-f_{0i}}{2\alpha^2},$$

$$\bar{E}_2=\sum_{i=1}^{n}E\left[-I_{\{y_i>0\}}\frac{\partial^2 T_i}{\partial\alpha\partial\beta^{\mathrm{T}}}\right]\approx-\frac{1}{1+\zeta}\sum_{i=1}^{n}f_{0i}\mu_i X_i^{\mathrm{T}},$$

$$\bar{E}_3=\sum_{i=1}^{n}E\left[-I_{\{y_i>0\}}\frac{\partial^2 T_i}{\partial\beta\partial\beta^{\mathrm{T}}}\right]\approx\frac{1}{1+\zeta}\sum_{i=1}^{n}(1-f_{0i})\alpha\mu_i X_i X_i^{\mathrm{T}}.$$

3.4.2 ZI 参数和散度参数的齐性检验

当模型 (3.4.1) 中 ZI 参数 ϕ 与散度参数 α 显著存在时, 常常会考虑他们是否与 i 有关, 这就是参数的齐性问题. 根据 Cook 和 Weisberg (1983), Tsai (1986), Smyth (1989), Simonoff 和 Tsai (1994) 以及 Wei 等 (1998) 的思想, 我们对 $\zeta=\phi/(1-\phi)$ 和 α 重新参数化, 即

$$\alpha_i=\alpha m_{1i}=\alpha m_1(z_{1i},\rho_1),\qquad \zeta_i=\zeta m_{2i}=\zeta m_2(z_{2i},\rho_2),\tag{3.4.8}$$

其中 α 和 ζ 是未知参数, ρ_1 和 ρ_2 分别是 $q_1\times 1$ 和 $q_2\times 1$ 未知向量, z_{1i} 和 z_{2i} 是某协变量, m_1 和 m_2 是已知的二阶可微权函数. 假定存在唯一的值 ρ_{10} 和 ρ_{20}, 使得对于任意的 i 都有 $m_1(z_{1i},\rho_{10})=1$ 和 $m_2(z_{2i},\rho_{20})=1$. 显然, 如果 $\rho_1=\rho_{10}$, $\rho_2=\rho_{20}$, 则 $\alpha_i=\alpha$, $\zeta_i=\zeta$ 为常数, 即所有 Y_i 都有固定的 ZI 参数和散度参数. 因此, 散度参数和 ZI 参数的齐性检验就等价于检验:

(i) $H_0:\ \rho_1=\rho_{10},\ \rho_2=\rho_{20}\longleftrightarrow H_1:\ \rho_1\neq\rho_{10},\ \rho_2=\rho_{20}$;

(ii) $H_0:\ \rho_1=\rho_{10},\ \rho_2=\rho_{20}\longleftrightarrow H_1:\ \rho_1=\rho_{10},\ \rho_2\neq\rho_{20}$;

(iii) H_0： $\rho_1=\rho_{10}$， $\rho_2=\rho_{20}\longleftrightarrow H_1$： $\rho_1\neq\rho_{10}$， $\rho_2\neq\rho_{20}$.

情形1 对于假设检验问题 (i), 记 $\theta_1=(\rho_1^{\mathrm T},\delta^{\mathrm T})^{\mathrm T}$, ρ_1 是兴趣参数, $\delta=(\alpha,\beta^{\mathrm T},\zeta)^{\mathrm T}$ 是多余参数, 在零假设成立下, 参数 θ_1 的极大似然估计记为 $\widehat{\theta}_1^0=(\rho_{10}^{\mathrm T},\widehat{\delta}^{\mathrm T})^{\mathrm T}$. 根据模型 (3.4.1) 和 (3.4.8), 有下面的对数似然函数

$$l(\theta_1)=\sum_{i=1}^n\Big\{-\log(1+\zeta)+I_{\{y_i=0\}}\log(\zeta+f(0;\mu_i,\alpha_i))+I_{\{y_i>0\}}\log f(y_i;\mu_i,\alpha_i)\Big\}.\tag{3.4.9}$$

为了方便, 记

$$f(0;\mu_i,\alpha_i)=f_{0i}(\rho_1),\quad \log f(y_i;\mu_i,\alpha_i)=T_i(\rho_1),\quad f_{0\rho_1}^{\mathrm T}=\left(\frac{\partial f_{01}(\rho_1)}{\partial\rho_1},\cdots,\frac{\partial f_{0n}(\rho_1)}{\partial\rho_1}\right),$$

$$f_{0\rho_1\alpha}=\left(\frac{\partial^2 f_{01}(\rho_1)}{\partial\rho_1\partial\alpha},\cdots,\frac{\partial^2 f_{0n}(\rho_1)}{\partial\rho_1\partial\alpha}\right)^{\mathrm T},\quad f_{0\rho_1\beta}=\left[\frac{\partial^2 f_{0i}(\rho_1)}{\partial\rho_1\partial\beta^{\mathrm T}}\right]\text{是一 } n\times q_1\times p_1\text{立体阵},$$

$$f_{0\rho_1\rho_1}=\left[\frac{\partial^2 f_{0i}(\rho_1)}{\partial\rho_1\partial\rho_1^{\mathrm T}}\right]\text{是一 } n\times q_1\times q_1\text{立体阵},\quad \bar E_4=\sum_{i=1}^n E\left[-I_{\{y_i>0\}}\frac{\partial^2 T_i(\rho_1)}{\partial\rho_1\partial\rho_1^{\mathrm T}}\right],$$

$$\bar E_5=\sum_{i=1}^n E\left[-I_{\{y_i>0\}}\frac{\partial^2 T_i(\rho_1)}{\partial\rho_1\partial\alpha}\right],\quad \bar E_6=\sum_{i=1}^n E\left[-I_{\{y_i>0\}}\frac{\partial^2 T_i(\rho_1)}{\partial\rho_1\partial\beta^{\mathrm T}}\right].$$

定理 3.4.2 对于模型 (3.4.1) 和 (3.4.8), 假设检验问题 (i) 的 score 检验统计量为

$$\mathrm{SC}_i=\left\{\psi_1^{\mathrm T}\left(\bar E_4+\frac{f_{0\rho_1}^{\mathrm T}\bar D f_{0\rho_1}-\mathbf 1^{\mathrm T}f_{0\rho_1\rho_1}}{1+\zeta}-J_{\rho_1\delta}J(\delta)^{-1}J_{\rho_1\delta}^{\mathrm T}\right)^{-1}\psi_1\right\}_{\widehat\theta_1^0},\tag{3.4.10}$$

其中

$$\begin{aligned}J_{\rho_1\delta}=\Big[&f_{0\rho_1}^{\mathrm T}\bar D f_{0\alpha}-\mathbf 1^{\mathrm T}f_{0\rho_1\alpha}+(1+\zeta)\bar E_5\\&f_{0\rho_1}^{\mathrm T}\bar D f_{0\beta}-\mathbf 1^{\mathrm T}f_{0\rho_1\beta}+(1+\zeta)\bar E_6\quad f_{0\rho_1}^{\mathrm T}\bar D\mathbf 1\Big]\Big/(1+\zeta),\\ \psi_1=\sum_{i=1}^n&\Big[I_{\{y_i=0\}}\bar d_i f_{0\rho_1}+I_{\{y_i>0\}}\partial T_i(\rho_1)/\partial\rho_1\Big]_{\rho_1=\rho_{10}},\end{aligned}$$

$J(\delta)$ 见式 (3.4.7), 并且 SC_i 渐近服从 $\chi^2(q_1)$ 分布.

证明 由函数 (3.4.9), 可以得到 $l(\theta_1)$ 的二阶偏导:

$$\frac{\partial^2 l(\theta_1)}{\partial\rho_1\partial\rho_1^T}=\sum_{i=1}^n\left\{I_{\{y_i=0\}}\frac{-1}{(\zeta+f_{0i}(\rho_1))^2}\frac{\partial f_{0i}(\rho_1)}{\partial\rho_1}\frac{\partial f_{0i}(\rho_1)}{\partial\rho_1^{\mathrm T}}\right.$$

$$
+I_{\{y_i=0\}}\frac{1}{\zeta+f_{0i}(\rho_1)}\frac{\partial^2 f_{0i}(\rho_1)}{\partial\rho_1\partial\rho_1^{\mathrm{T}}}+I_{\{y_i>0\}}\frac{\partial^2 T_i(\rho_1)}{\partial\rho_1\partial\rho_1^{\mathrm{T}}}\Bigg\},
$$

$$
\begin{aligned}
\frac{\partial^2 l(\theta_1)}{\partial\rho_1\partial\alpha}=&\sum_{i=1}^n\Bigg\{I_{\{y_i=0\}}\frac{-1}{(\zeta+f_{0i}(\rho_1))^2}\frac{\partial f_{0i}(\rho_1)}{\partial\rho_1}\frac{\partial f_{0i}(\rho_1)}{\partial\alpha}\\
&+I_{\{y_i=0\}}\frac{1}{\zeta+f_{0i}(\rho_1)}\frac{\partial^2 f_{0i}(\rho_1)}{\partial\rho_1\partial\alpha}+I_{\{y_i>0\}}\frac{\partial^2 T_i(\rho_1)}{\partial\rho_1\partial\alpha}\Bigg\},\\
\frac{\partial^2 l(\theta_1)}{\partial\rho_1\partial\beta^{\mathrm{T}}}=&\sum_{i=1}^n\Bigg\{I_{\{y_i=0\}}\frac{-1}{(\zeta+f_{0i}(\rho_1))^2}\frac{\partial f_{0i}(\rho_1)}{\partial\rho_1}\frac{\partial f_{0i}(\rho_1)}{\partial\beta^{\mathrm{T}}}\\
&+I_{\{y_i=0\}}\frac{1}{\zeta+f_{0i}(\rho_1)}\frac{\partial^2 f_{0i}(\rho_1)}{\partial\rho_1\partial\beta^{\mathrm{T}}}+I_{\{y_i>0\}}\frac{\partial^2 T_i(\rho_1)}{\partial\rho_1\partial\beta^{\mathrm{T}}}\Bigg\},\\
\frac{\partial^2 l(\theta_1)}{\partial\rho_1\partial\zeta}=&\sum_{i=1}^n\Bigg\{I_{\{y_i=0\}}\frac{-1}{(\zeta+f_{0i}(\rho_1))^2}\frac{\partial f_{0i}(\rho_1)}{\partial\rho_1}\Bigg\}.
\end{aligned}
$$

通过计算, 在原假设下可以得到下面的 Fisher 信息阵

$$
J(\theta_1)=E\left[-\frac{\partial^2 l(\theta_1)}{\partial\theta_1\partial\theta_1^{\mathrm{T}}}\right]=\begin{bmatrix} J_{\rho_1\rho_1} & J_{\rho_1\delta}\\ J_{\rho_1\delta}^{\mathrm{T}} & J(\delta)\end{bmatrix},
$$

其中 $J(\delta)$ 见式 (3.4.7), $J_{\rho_1\rho_1}=\bar{E}_4+(f_{0\rho_1}^{\mathrm{T}}\bar{D}f_{0\rho_1}-\mathbf{1}^{\mathrm{T}}f_{0\rho_1\rho_1})/(1+\zeta)$, 且

$$
J_{\rho_1\delta}=\left[\ \frac{f_{0\rho_1}^{\mathrm{T}}\bar{D}f_{0\alpha}-\mathbf{1}^{\mathrm{T}}f_{0\rho_1\alpha}}{1+\zeta}+\bar{E}_5\quad \frac{f_{0\rho_1}^{\mathrm{T}}\bar{D}f_{0\beta}-\mathbf{1}^{\mathrm{T}}f_{0\rho_1\beta}}{1+\zeta}+\bar{E}_6\quad \frac{f_{0\rho_1}^{\mathrm{T}}\bar{D}\mathbf{1}}{1+\zeta}\ \right].
$$

对于假设检验 (i), score 检验统计量为

$$
\mathrm{SC}_i=\left\{\left(\frac{\partial l(\theta_1)}{\partial\rho_1}\right)^{\mathrm{T}}J^{\rho_1\rho_1}\frac{\partial l(\theta_1)}{\partial\rho_1}\right\}_{\widehat{\theta}_1^0},
$$

其中 $J^{\rho_1\rho_1}$ 是 Fisher 信息阵 $J(\theta_1)$ 逆阵中相应于参数 ρ_1 的分块阵. 根据 (3.4.9), 通过简单计算, 得到检验 H_0 的 score 函数如下:

$$
\psi_1=\frac{\partial l(\theta_1)}{\partial\rho_1}\Big|_{\widehat{\theta}_1^0}=\sum_{i=1}^n\Bigg\{I_{\{y_i=0\}}\frac{1}{\zeta+f_{0i}(\rho_1)}\frac{\partial f_{0i}(\rho_1)}{\partial\rho_1}+I_{\{y_i>0\}}\frac{\partial T_i(\rho_1)}{\partial\rho_1}\Bigg\}_{\widehat{\theta}_1^0},
$$

于是, 得结论 (3.4.10) 成立.

下面考虑具体模型中的假设检验问题. 实际上, 根据定理 3.4.2, 只要求出具体的期望 $\bar{E}_4$, $\bar{E}_5$, $\bar{E}_6$ 以及关于 $f_{0i}(\rho_1)$ 的导数即可.

1. ZIGP 模型

对于 ZIGP 回归模型, 有 $f_{0i}(\rho_1)=\exp(-\mu_i/(1+\alpha_i\mu_i))$, 则通过计算可得其关于参数的相关导数,

$$\frac{\partial f_{0i}(\rho_1)}{\partial\rho_1}=\frac{f_{0i}(\rho_1)\alpha\mu_i^2}{(1+\alpha_i\mu_i)^2}\dot{m}_{1i},$$

$$\frac{\partial^2 f_{0i}(\rho_1)}{\partial\rho_1\partial\rho_1^{\mathrm{T}}}=f_{0i}(\rho_1)\left[\frac{\alpha^2\mu_i^4}{(1+\alpha_i\mu_i)^4}-\frac{2\alpha^2\mu_i^3}{(1+\alpha_i\mu_i)^3}\right]\dot{m}_{1i}\dot{m}_{1i}^{\mathrm{T}}+f_{0i}(\rho_1)\frac{\alpha\mu_i^2}{(1+\alpha_i\mu_i)^2}\ddot{m}_{1i},$$

$$\frac{\partial^2 f_{0i}(\rho_1)}{\partial\rho_1\partial\alpha}=f_{0i}(\rho_1)\left[\frac{\alpha\mu_i^4}{(1+\alpha_i\mu_i)^4}m_{1i}+\frac{\mu_i^2}{(1+\alpha_i\mu_i)^2}-\frac{2\alpha\mu_i^3}{(1+\alpha_i\mu_i)^3}m_{1i}\right]\dot{m}_{1i},$$

$$\frac{\partial^2 f_{0i}(\rho_1)}{\partial\rho_1\partial\beta^{\mathrm{T}}}=f_{0i}(\rho_1)\left[-\frac{\alpha\mu_i^2}{(1+\alpha_i\mu_i)^4}+\frac{2\alpha\mu_i}{(1+\alpha_i\mu_i)^2}-\frac{2\alpha\mu_i^2\alpha_i}{(1+\alpha_i\mu_i)^3}\right]\dot{m}_{1i}\frac{\partial\mu_i}{\partial\beta^{\mathrm{T}}},$$

其中 $\dot{m}_{1i}=\partial m_{1i}/\partial\rho_1$, $\ddot{m}_{1i}=\partial^2 m_{1i}/\partial\rho_1\partial\rho_1^{\mathrm{T}}$. 另外, 由下面的

$$\begin{aligned}T_i(\rho_1)=&\log f(y_i;\mu_i,\alpha_i)=y_i\log\left(\frac{\mu_i}{1+\alpha_i\mu_i}\right)\\&+(y_i-1)\log(1+\alpha_i y_i)-\frac{\mu_i(1+\alpha_i y_i)}{1+\alpha_i\mu_i}-\log(y_i!),\end{aligned}$$

可以得到其导数如下:

$$\frac{\partial T_i(\rho_1)}{\partial\rho_1}=\left[-\frac{y_i\mu_i\alpha}{1+\alpha_i\mu_i}+\frac{y_i(y_i-1)\alpha}{1+\alpha_i y_i}-\frac{\alpha\mu_i(y_i-\mu_i)}{(1+\alpha_i\mu_i)^2}\right]\dot{m}_{1i},$$

$$\begin{aligned}\frac{\partial^2 T_i(\rho_1)}{\partial\rho_1\partial\rho_1^{\mathrm{T}}}=&\left[\frac{\alpha y_i(y_i-1)}{1+\alpha_i y_i}-\frac{\alpha y_i\mu_i}{1+\alpha_i\mu_i}-\frac{\alpha\mu_i(y_i-\mu_i)}{(1+\alpha_i\mu_i)^2}\right]\ddot{m}_{1i}\\&+\left[-\frac{y_i^2(y_i-1)\alpha^2}{(1+\alpha_i y_i)^2}+\frac{\alpha^2 y_i\mu_i^2}{(1+\alpha_i\mu_i)^2}+\frac{2\alpha^2\mu_i^2(y_i-\mu_i)}{(1+\alpha_i\mu_i)^3}\right]\dot{m}_{1i}\dot{m}_{1i}^{\mathrm{T}},\end{aligned}$$

$$\frac{\partial^2 T_i(\rho_1)}{\partial\rho_1\partial\alpha}=\left[-\frac{y_i\mu_i}{(1+\alpha_i\mu_i)^2}+\frac{y_i(y_i-1)}{(1+\alpha_i y_i)^2}-\frac{(1-\alpha_i\mu_i)\mu_i(y_i-\mu_i)}{(1+\alpha_i\mu_i)^3}\right]\dot{m}_{1i},$$

$$\frac{\partial^2 T_i(\rho_1)}{\partial\rho_1\partial\beta^T}=-\frac{2\alpha(y_i-\mu_i)}{(1+\alpha_i\mu_i)^3}\dot{m}_{1i}\frac{\partial\mu_i}{\partial\beta^{\mathrm{T}}}.$$

于是, 基于上面 $T_i(\rho_1)$ 的二阶导数, 经过计算我们可以得到下面的期望:

$$\begin{aligned}\bar{E}_4=&E\left[-I_{\{y_i>0\}}\frac{\partial^2 T_i(\rho_1)}{\partial\rho_1\partial\rho_1^{\mathrm{T}}}\right]_{\rho_{10}}\\=&\sum_{i=1}^n\left\{\frac{f_{0i}(\rho_1)}{1+\zeta}\frac{\alpha\mu_i^2}{(1+\alpha\mu_i)^2}\ddot{m}_{1i}\right.\end{aligned}$$

$$+\frac{\alpha^2}{1+\zeta}\frac{2\mu_i^2}{(1+\alpha\mu_i)^2(1+2\alpha)}\dot{m}_{1i}\dot{m}_{1i}^{\mathrm{T}}-\frac{f_{0i}(\rho_1)}{1+\zeta}\frac{2\alpha^2\mu_i^3}{(1+\alpha\mu_i)^3}\dot{m}_{1i}\dot{m}_{1i}^{\mathrm{T}}\Bigg\}_{\rho_{10}},$$

$$\begin{aligned}\bar{E}_5&=E\left[-I_{\{y_i>0\}}\frac{\partial^2 T_i(\rho_1)}{\partial\rho_1\partial\alpha}\right]_{\rho_{10}}\\&=\sum_{i=1}^n\left\{\frac{1}{1+\zeta}\frac{2\alpha\mu_i^2}{(1+\alpha\mu_i)^2(1+2\alpha)}\dot{m}_{1i}+\frac{f_{0i}(\rho_1)}{1+\zeta}\frac{(1-\alpha\mu_i)\mu_i^2}{(1+\alpha\mu_i)^3}\dot{m}_{1i}\right\}_{\rho_{10}},\end{aligned}$$

$$\bar{E}_6=E\left[-I_{\{y_i>0\}}\frac{\partial^2 T_i(\rho_1)}{\partial\rho_1\partial\beta^{\mathrm{T}}}\right]_{\rho_{10}}=\sum_{i=1}^n\left\{\frac{f_{0i}(\rho_1)}{1+\zeta}\frac{2\alpha\mu_i}{(1+\alpha\mu_i)^3}\dot{m}_{1i}\frac{\partial\mu_i}{\partial\beta^{\mathrm{T}}}\right\}_{\rho_{10}}.$$

2. ZIDP 模型

在 ZIDP 模型中, $f_{0i}(\rho_1)=\alpha_i^{1/2}\exp(-\alpha_i\mu_i)=\alpha^{1/2}m_{1i}^{1/2}\exp(-\alpha m_{1i}\mu_i)$, 于是有

$$\frac{\partial f_{0i}(\rho_1)}{\partial\rho_1}=\left(\frac{1}{2}m_{1i}^{-1}-\alpha\mu_i\right)f_{0i}(\rho_1)\dot{m}_{1i},$$

$$\frac{\partial^2 f_{0i}(\rho_1)}{\partial\rho_1\partial\rho_1^{\mathrm{T}}}=\left[-\frac{1}{2}m_{1i}^{-2}+\left(\frac{1}{2}m_{1i}^{-1}-\alpha\mu_i\right)^2\right]f_{0i}(\rho_1)\dot{m}_{1i}\dot{m}_{1i}^{\mathrm{T}}+\left(\frac{1}{2}m_{1i}^{-1}-\alpha\mu_i\right)f_{0i}(\rho_1)\ddot{m}_{1i},$$

$$\frac{\partial^2 f_{0i}(\rho_1)}{\partial\rho_1\partial\alpha}=-\mu_i f_{0i}(\rho_1)\dot{m}_{1i}+\left(\frac{1}{2}m_{1i}^{-1}-\alpha\mu_i\right)\frac{\partial f_{0i}(\rho_1)}{\partial\alpha}\dot{m}_{1i},$$

$$\frac{\partial^2 f_{0i}(\rho_1)}{\partial\rho_1\partial\beta^{\mathrm{T}}}=-\alpha\mu_i f_{0i}(\rho_1)\dot{m}_{1i}X_i^{\mathrm{T}}+\left(\frac{1}{2}m_{1i}^{-1}-\alpha\mu_i\right)\dot{m}_{1i}\frac{\partial f_{0i}(\rho_1)}{\partial\beta^{\mathrm{T}}}.$$

同时根据 $T_i(\rho_1)$ 的表达式

$$\begin{aligned}T_i(\rho_1)&=\log f(y_i;\mu_i,\alpha_i)\\&=\frac{1}{2}\log\alpha+\frac{1}{2}\log m_{1i}-\alpha m_{1i}\mu_i+\alpha m_{1i}y_i(1+\log\mu_i-\log y_i)\\&\quad+y_i\log y_i-y_i-\log(y_i!)\end{aligned}$$

可得到

$$\begin{aligned}\frac{\partial T_i(\rho_1)}{\partial\rho_1}&=\left[\frac{1}{2}\frac{1}{m_{1i}}-\alpha\mu_i+\alpha y_i(1+\log\mu_i-\log y_i)\right]\dot{m}_{1i},\\\frac{\partial^2 T_i(\rho_1)}{\partial\rho_1\partial\rho_1^{\mathrm{T}}}&=-\frac{1}{2}\frac{1}{m_{1i}^2}\dot{m}_{1i}\dot{m}_{1i}^{\mathrm{T}},+\left[\frac{1}{2m_{1i}}-\alpha\mu_i+\alpha y_i(1+\log\mu_i-\log y_i)\right]\ddot{m}_{1i},\\\frac{\partial^2 T_i(\rho_1)}{\partial\rho_1\partial\alpha}&=[-\mu_i+y_i(1+\log\mu_i-\log y_i)]\dot{m}_{1i},\\\frac{\partial^2 T_i(\rho_1)}{\partial\rho_1\partial\beta^{\mathrm{T}}}&=(-\alpha\mu_i+\alpha y_i)\dot{m}_{1i}X_i^{\mathrm{T}}.\end{aligned}$$

借助于上面 $T_i(\rho_1)$ 的二阶导数, 可得下面的近似期望:

$$\begin{aligned}\bar{E}_4 = E\left[-I_{\{y_i>0\}}\frac{\partial^2 T_i(\rho_1)}{\partial\rho_1\partial\rho_1^{\mathrm{T}}}\right]_{\rho_{10}} &\approx \sum_{i=1}^n\left\{\frac{1-f_{0i}(\rho_1)}{1+\zeta}\left(\frac{1}{2}\dot{m}_{1i}\dot{m}_{1i}^{\mathrm{T}}-\frac{1}{2}\ddot{m}_{1i}+\alpha\mu_i\ddot{m}_{1i}\right)\right.\\ &\quad\left.-\frac{\alpha\mu_i(1+\log\mu_i)\ddot{m}_{1i}}{1+\zeta}+E[I_{\{y_i>0\}}\alpha y_i\log y_i]\ddot{m}_{1i}\right\}_{\rho_{10}},\\ \bar{E}_5 = E\left[-I_{\{y_i>0\}}\frac{\partial^2 T_i(\rho_1)}{\partial\rho_1\partial\alpha}\right]_{\rho_{10}} &\\ \approx\sum_{i=1}^n\left\{\frac{1-f_{0i}(\rho_1)}{1+\zeta}\mu_i\dot{m}_{1i}-\frac{\mu_i(1+\log\mu_i)\dot{m}_{1i}}{1+\zeta}+E[I_{\{y_i>0\}}y_i\log y_i]\ddot{m}_{1i}\right\}_{\rho_{10}},&\\ \bar{E}_6 = E\left[-I_{\{y_i>0\}}\frac{\partial^2 T_i(\rho_1)}{\partial\rho_1\partial\beta^{\mathrm{T}}}\right]_{\rho_{10}} &\approx \sum_{i=1}^n\left\{-\frac{f_{0i}(\rho_1)}{1+\zeta}\alpha\mu_i\dot{m}_{1i}X_i^{\mathrm{T}}\right\}_{\rho_{10}},\end{aligned}$$

其中 $E[I_{\{y_i>0\}}y_i\log y_i]$ 需要通过数值方法求解.

情形 2 对于假设检验问题 (ii), 记 $\theta_2=(\rho_2^{\mathrm{T}},\delta^{\mathrm{T}})^{\mathrm{T}}$, ρ_2 是兴趣参数, δ 是多余参数, 在零假设成立下, 参数 θ_2 的极大似然估计记为 $\widehat{\theta}_2^0=(\rho_{20}^{\mathrm{T}},\widehat{\delta}^{\mathrm{T}})^{\mathrm{T}}$. 根据模型 (3.4.1) 和式 (3.4.8), 可得对数似然函数为

$$l(\theta_2)=\sum_{i=1}^n\Big\{-\log(1+\zeta_i)+I_{\{y_i=0\}}\log(\zeta_i+f(0;\mu_i,\alpha))+I_{\{y_i>0\}}\log f(y_i;\mu_i,\alpha)\Big\}. \tag{3.4.11}$$

为了方便, 记 $\dot{m}_{2i}=\partial m_{2i}/\partial\rho_2$, $\ddot{m}_{2i}=\partial^2 m_{2i}/\partial\rho_2\partial\rho_2^{\mathrm{T}}$, $\dot{m}_2=(\dot{m}_{21},\cdots,\dot{m}_{2n})^{\mathrm{T}}$, $\ddot{m}_2=(\ddot{m}_{2i})$ 是 $n\times q_2\times q_2$ 立体阵, $f_0=(f_{01},\cdots,f_{0n})^{\mathrm{T}}$, $\bar{g}_i=(1+\zeta_i)^{-1}$, $\bar{g}=(\bar{g}_1,\cdots,\bar{g}_n)^{\mathrm{T}}$, $\bar{G}=\mathrm{diag}(\bar{g}_1^2,\ldots,\bar{g}_n^2)$.

定理 3.4.3 对于模型 (3.4.1) 和式 (3.4.8), 假设检验问题 (ii) 的 score 检验统计量为

$$\begin{aligned}\mathrm{SC}_{ii}=&\left\{\psi_2^{\mathrm{T}}\left(\dot{m}_2^{\mathrm{T}}\left(-\zeta^2\bar{G}+\frac{\zeta^2}{1+\zeta}\bar{D}\right)\dot{m}_2\right.\right.\\ &\left.\left.+\left(\zeta\bar{g}^{\mathrm{T}}-\frac{\zeta}{1+\zeta}\mathbf{1}^{\mathrm{T}}\right)\ddot{m}_2-J_{\rho_2\delta}J(\delta)^{-1}J_{\rho_2\delta}^{\mathrm{T}}\right)^{-1}\psi_2\right\}_{\widehat{\theta}_2^0},\end{aligned} \tag{3.4.12}$$

其中 $\psi_2=\sum_{i=1}^n\{-\zeta\bar{g}_i\dot{m}_2+I_{\{y_i=0\}}\zeta\bar{d}_i\dot{m}_2\}_{\rho_2=\rho_{20}}$, $J_{\rho_2\delta}=\Big[\zeta\dot{m}_2^{\mathrm{T}}\bar{D}f_{0\alpha}/(1+\zeta),\zeta\dot{m}_2^{\mathrm{T}}\bar{D}f_{0\beta}/(1+\zeta),\ \dot{m}_2^{\mathrm{T}}(\bar{G}\mathbf{1}-f_0/(1+\zeta))\Big]$, $J(\delta)$ 见式 (3.4.7), 并且 SC_{ii} 渐近服从 $\chi^2(q_2)$ 分布.

证明 由函数 (3.4.11), 可以得到 $l(\theta_2)$ 的二阶偏导:

$$\frac{\partial^2 l(\theta_2)}{\partial\rho_2\partial\rho_2^{\mathrm{T}}}=\sum_{i=1}^{n}\left\{\frac{\zeta^2}{(1+\zeta_i)^2}\frac{\partial m_{2i}}{\partial\rho_2}\frac{\partial m_{2i}}{\partial\rho_2^{\mathrm{T}}}-\frac{\zeta}{1+\zeta_i}\frac{\partial^2 m_{2i}}{\partial\rho_2\partial\rho_2^{\mathrm{T}}}\right.$$

$$\left.-I_{\{y_i=0\}}\frac{\zeta^2}{(\zeta_i+f_{0i})^2}\frac{\partial m_{2i}}{\partial\rho_2}\frac{\partial m_{2i}}{\partial\rho_2^{\mathrm{T}}}+I_{\{y_i=0\}}\frac{\zeta}{\zeta_i+f_{0i}}\frac{\partial^2 m_{2i}}{\partial\rho_2\partial\rho_2^{\mathrm{T}}}\right\},$$

$$\frac{\partial^2 l(\theta_2)}{\partial\rho_2\partial\alpha}=\sum_{i=1}^{n}\left\{-I_{\{y_i=0\}}\frac{\zeta}{(\zeta_i+f_{0i})^2}\frac{\partial m_{2i}}{\partial\rho_2}\frac{\partial f_{0i}}{\partial\alpha}\right\},$$

$$\frac{\partial^2 l(\theta_2)}{\partial\rho_2\partial\beta^{\mathrm{T}}}=\sum_{i=1}^{n}\left\{-I_{\{y_i=0\}}\frac{\zeta}{(\zeta_i+f_{0i})^2}\frac{\partial m_{2i}}{\partial\rho_2}\frac{\partial f_{0i}}{\partial\beta^{\mathrm{T}}}\right\},$$

$$\frac{\partial^2 l(\theta_2)}{\partial\rho_2\partial\zeta}=\sum_{i=1}^{n}\left\{-\frac{1}{(1+\zeta_i)^2}\frac{\partial m_{2i}}{\partial\rho_2}+I_{\{y_i=0\}}\frac{f_{0i}}{\zeta_i+f_{0i}}\frac{\partial m_{2i}}{\partial\rho_2}\right\}.$$

通过计算, 在原假设下可以得到下面的 Fisher 信息阵:

$$J(\theta_2)=E\left[-\frac{\partial^2 l(\theta_2)}{\partial\theta_2\partial\theta_2^{\mathrm{T}}}\right]=\begin{bmatrix}J_{\rho_2\rho_2} & J_{\rho_2\delta}\\ J_{\rho_2\delta}^{\mathrm{T}} & J(\delta)\end{bmatrix},$$

其中

$$J_{\rho_2\rho_2}=\dot{m}_2^{\mathrm{T}}\left(-\zeta^2\bar{G}+\frac{\zeta^2}{1+\zeta}\bar{D}\right)\dot{m}_2+\left(\zeta\bar{g}^{\mathrm{T}}-\frac{\zeta}{1+\zeta}\mathbf{1}^{\mathrm{T}}\right)\ddot{m}_2,$$

且

$$J_{\rho_2\delta}=\begin{bmatrix}\frac{\zeta}{1+\zeta}\dot{m}_2^{\mathrm{T}}\bar{D}f_{0\alpha} & \frac{\zeta}{1+\zeta}\dot{m}_2^{\mathrm{T}}\bar{D}f_{0\beta} & \dot{m}_2^{\mathrm{T}}(\bar{G}\mathbf{1}-\frac{1}{1+\zeta}f_0)\end{bmatrix}.$$

对于假设检验 (ii), score 检验统计量为

$$\mathrm{SC}_{ii}=\left\{\left(\frac{\partial l(\theta_2)}{\partial\rho_2}\right)^{\mathrm{T}}J^{\rho_2\rho_2}\frac{\partial l(\theta_2)}{\partial\rho_2}\right\}_{\widehat{\theta}_2^0},$$

其中 $J^{\rho_2\rho_2}$ 是 Fisher 信息阵 $J(\theta_2)$ 逆阵中相应于参数 ρ_2 的分块阵. 根据函数 (3.4.11), 通过简单计算, 得到检验 H_0 的 score 函数如下:

$$\psi_2=\left.\frac{\partial l(\theta_2)}{\partial\rho_2}\right|_{\widehat{\theta}_2^0}=\sum_{i=1}^{n}\left\{-\frac{\zeta}{1+\zeta_i}\frac{\partial m_{2i}}{\partial\rho_2}+I_{\{y_i=0\}}\frac{\zeta}{\zeta_i+f_{0i}}\frac{\partial m_{2i}}{\partial\rho_2}\right\}_{\widehat{\theta}_2^0},$$

于是, 得结论 (3.4.12) 成立.

情形 3 对于假设检验问题 (iii), 记 $\theta_3=(\rho_1^{\mathrm{T}},\rho_2^{\mathrm{T}},\delta^{\mathrm{T}})^{\mathrm{T}}=(\rho^{\mathrm{T}},\delta^{\mathrm{T}})^{\mathrm{T}}$, $\rho=(\rho_1^{\mathrm{T}},\rho_2^{\mathrm{T}})^{\mathrm{T}}$, 其中 ρ_1 和 ρ_2 是兴趣参数, δ 是多余参数, 在零假设成立下, 参数 θ_3 的极大似然估计记为 $\widehat{\theta}_3^0=(\rho_{10}^{\mathrm{T}},\rho_{20}^{\mathrm{T}},\widehat{\delta}^{\mathrm{T}})^{\mathrm{T}}$. 根据模型 (3.4.1) 和式 (3.4.8), 有下面的对数似然函数

$$l(\theta_3)=\sum_{i=1}^{n}\Big\{-\log(1+\zeta_i)+I_{\{y_i=0\}}\log(\zeta_i+f(0;\mu_i,\alpha_i))+I_{\{y_i>0\}}\log f(y_i;\mu_i,\alpha_i)\Big\},$$

通过计算, 得

$$\frac{\partial^2 l(\theta_3)}{\partial\rho_1\partial\rho_2^{\mathrm{T}}}=\sum_{i=1}^{n}\left\{I_{\{y_i=0\}}\frac{-\zeta}{(\zeta_i+f_{0i}(\rho_1))^2}\frac{\partial f_{0i}(\rho_1)}{\partial\rho_1}\frac{\partial m_{2i}}{\partial\rho_2^T}\right\},$$

则根据情形 1 和情形 2 中相关记号得相应的期望为

$$J_{\rho_1\rho_2}=E\left[-\frac{\partial^2 l(\theta_3)}{\partial\rho_1\partial\rho_2^{\mathrm{T}}}\right]_{(\rho_{10},\rho_{20})}=\left\{\frac{\zeta}{1+\zeta}f_{0\rho_1}^{\mathrm{T}}\bar{D}\dot{m}_2\right\}_{(\rho_{10},\rho_{20})}.$$

结合情形 1 和情形 2, 在原假设下我们有下面的 Fisher 信息阵:

$$J(\theta_3)=E\left[-\frac{\partial^2 l(\theta_3)}{\partial\theta_3\partial\theta_3^{\mathrm{T}}}\right]=\begin{bmatrix}J_{\rho\rho} & J_{\rho\delta}\\ J_{\rho\delta}^{\mathrm{T}} & J(\delta)\end{bmatrix},$$

其中

$$J_{\rho\rho}=\begin{bmatrix}J_{\rho_1\rho_1} & J_{\rho_1\rho_2}\\ J_{\rho_1\rho_2}^{\mathrm{T}} & J_{\rho_2\rho_2}\end{bmatrix},\qquad J_{\rho\delta}=\begin{bmatrix}J_{\rho_1\delta}\\ J_{\rho_2\delta}\end{bmatrix},$$

这里 $J(\delta)$ 见式 (3.4.7), 其余相关元素见情形 1 和情形 2. 另外结合情形 1 和情形 2 得到检验 H_0 的 score 函数

$$\psi_3=\left.\frac{\partial l(\theta_3)}{\partial\rho}\right|_{(\rho_{10},\rho_{20})}=\left(\psi_1^{\mathrm{T}},\psi_2^{\mathrm{T}}\right)_{(\rho_{10},\rho_{20})}^{\mathrm{T}}.$$

于是, 有下面结论成立:

定理 3.4.4 对于模型 (3.4.1) 和式 (3.4.8), 假设检验问题 (iii) 的 score 检验统计量为

$$\mathrm{SC}_{iii}=\left\{\psi_3^{\mathrm{T}}\left(J_{\rho\rho}-J_{\rho\delta}J(\delta)^{-1}J_{\rho\delta}^{\mathrm{T}}\right)^{-1}\psi_3\right\}_{\widehat{\theta}_3^0},\tag{3.4.13}$$

并且 SC_{iii} 渐近服从 $\chi^2(q_1+q_2)$ 分布.

3.5 均值函数的误判检验

本书前几章介绍了零过多数据若干常见模型的参数估计、假设检验、影响诊断等问题. 其中每一个模型的统计分析都是建立在一定的假设条件的基础上. 例如, 对于模型中的 ZI 部分, 常假定 ZI 参数与协变量呈 logit 线性关系; 对于模型中的非退化部分, 常假定均值与协变量呈对数线性等关系; 并假定非退化部分的分布是合理的等. 但是, 在某些情况下, 这些假设是否正确还需要进一步从统计上加以确认, 因为当模型中某些假定不成立时 (如前面的均值与协变量之间在实际中不应呈对数线性关系, 而假定为对数线性关系), 则模型发生误判. 当模型发生误判时, 可能导致统计推断无效、参数估计和协方差阵估计不相合等问题 (White, 1982, 1994). 因此, 有必要对模型的某些假定是否被误判进行检验, 本节将介绍零过多模型有关均值函数的误判检验问题.

目前, 国内外文献中关于模型的误判研究很多, 这些工作中涉及的检验主要有两类：嵌套检验和非嵌套检验. 嵌套检验相对来说比较简单, 它可以利用似然比、Wald 或 score 检验. 但是, 这类检验的困难在于要假定一个模型包含在另一个模型中, 如果没有这一假定, 则 Wald 和 score 检验就不好用 (不过似然比检验还是可行的). 对于非嵌套检验, 其中 Cox 型检验方法 (Cox, 1961, 1962; Royston 和 Thompson, 1995) 不需要嵌套检验中的假定, 但是备择模型的确定比较困难. 为此, 有些学者建议基于累加残差方法构造检验统计量来判断模型是否发生误判, 有关工作可参见 Su 和 Wei (1991), Lin 等 (1993, 2002), Arbogast 和 Lin (2005), Pan 和 Lin (2005), Tian 和 Huang (2007), Zhu 等 (2008), Zhu 等 (2009) 等文献.

本节基于累加残差方法, 研究模型中涉及均值函数有关假定的误判检验问题, 简称为均值函数的误判检验 (参见解锋昌, 2011; Xie et al, 2012d). 其中比较常用的主要有两类具体的检验问题：一类是均值中涉及的协变量函数形式的假定是否正确, 相应检验称为协变量函数形式的误判检验; 另一类是均值中涉及的联系函数形式的假定是否正确, 相应检验称为联系函数的误判检验.

3.5.1 协变量函数形式的误判检验

现在我们考虑协变量函数形式的假定是否成立 (假定模型中其余的假设都是正确的), 以协变量 X 的第 k 个成分 X_k, $k=1,2,\cdots,p_1$ 为例 (对于协变量 W 可以进行类似的研究, 从略), 此问题相当于检验

$$H_0: \ h(X_k)=X_k, \longleftrightarrow H_1: \ h(X_k)\neq X_k, \tag{3.5.1}$$

其中 $h(X_k)$ 为 X_k 在模型中存在的真实函数形式. 下面应用累加残差方法研究假设检验问题 (3.5.1).

假定响应变量 $Y_i, i=1,\cdots,n$ 服从模型 (3.1.1)–(3.1.2), 且 $y_i, i=1,\cdots,n$ 是其一组观测值, X_i, W_i, $i=1,\cdots,n$ 是相应的协变量. 由模型可知 Y_i 的期望 $E(Y_i)=(1-\phi_i)\mu_i$, 记为 m_i, 其中 $\mu_i=g_1^{-1}(X_i^{\mathrm{T}}\beta)$, $\phi_i=g_2^{-1}(W_i^{\mathrm{T}}\gamma)$, $g_1^{-1}(\cdot)$ 和 $g_2^{-1}(\cdot)$ 分别为 $g_1(\cdot)$ 和 $g_2(\cdot)$ 的反函数. 于是, 残差为

$$e_i=y_i-\widehat{y}_i=y_i-\widehat{m}_i,\quad i=1,2,\cdots,n,$$

其中 $\widehat{m}_i=m_i(\widehat{\theta})$, 这里的 $\widehat{\theta}$ 为参数 $\theta=(\alpha,\beta^{\mathrm{T}},\gamma^{\mathrm{T}})^{\mathrm{T}}$ 的估计.

由于残差 e_i 表示观测值 y_i 与拟合值 $\widehat{y}_i$ 之差, 因此 $|e_i|$ 的大小可反映模型与数据拟合的情况. $|e_i|$ 越大, 拟合得越不好. 因此, e_i 可以作为判断模型 (3.1.1)-(3.1.2) 与给定数据拟合好坏的一种指标. 另外, $e_i, i=1,\cdots,n$ 可以近似看作是 $\varepsilon_i=y_i-m_i, i=1,\cdots,n$ 的一组样本值, 因此, 对残差统计性质的分析, 可以判断模型中一些假定是否正确. 而对残差的分析常常借助于残差图 (残差对协变量或 y 的拟合值的散点图) 进行研究. 如果模型正确, 那么残差应该围绕在 0 这个中心附近, 且在残差图上也应该没有系统趋势. 如果残差图显示出系统趋势, 则表明模型中协变量形式可能发生误判, 即 H_0 可能不成立. 但是, 残差图中显示出的某种趋势是反映了模型发生误判还是反映了自然变化, 比较难以判断, 因为这涉及较大的主观性 (Su and Wei, 1991; Lin et al, 2002). 为此, 不少学者提出累加残差方法 (Su and Wei, 1991; Stute, 1997; Lin et al, 1993, 2002; Arbogast and Lin, 2005; Tian and Huang, 2007; Cai and Zheng, 2007; Zhu et al, 2008; Zhu et al, 2009). 把与感兴趣的量有关的残差累加起来 (见 3.6 节), 由此对模型是否发生误判进行检验, 这种方法不仅有一定客观性, 而且还能为检验模型是否误判提供必要的信息 (Su and Wei, 1991; Stute, 1997; Lin et al, 1993, 2002; Arbogast and Lin, 2005; Tian and Huang, 2007; Cai and Zheng, 2007; Zhu et al, 2008; Zhu et al, 2009). 本节基于累加残差方法, 分别探讨协变量函数形式和联系函数形式的误判检验.

对于假设检验问题 (3.5.1), 考虑随机过程

$$I_k(t)=n^{-1/2}\sum_{i=1}^{n}1(X_{ki}\leqslant t)e_i, \tag{3.5.2}$$

其中 $1(\cdot)$ 是示性函数. 可以看出, 这个累加残差和与第 k 个协变量 X_k 密切相关, 并且反映了响应变量的观测值和预测值之间的差异, 若模型正确则累加残差和接近于零. 因此, 如果没有误判, 即若检验 (3.5.1) 中 H_0 成立, 则随着 t 的变化, $I_k(t)$ 将在 0 的周围波动.

为了检验 (3.5.1) 中 H_0 是否成立, 今考虑在零假设下 $I_k(t)$ 的收敛性. 记广义 ZI 泊松回归模型 (3.1.1)~(3.1.2) 中相应的对数似然函数为 $l(\theta)=\sum_{i=1}^{n}l_i(\theta)$.

首先, 将 $I_k(t)$ 在 θ 处 Taylor 展开得

$$\begin{aligned}I_k(t)=&n^{-1/2}\sum_{i=1}^{n}1(X_{ki}\leqslant t)\left(y_i-m_i(\widehat{\theta})\right)\\=&n^{-1/2}\sum_{i=1}^{n}1(X_{ki}\leqslant t)(y_i-m_i(\theta))-n^{-1}\sum_{i=1}^{n}1(X_{ki}\leqslant t)\frac{\partial m_i(\theta)}{\partial\theta^{\mathrm{T}}}n^{1/2}(\widehat{\theta}-\theta)\\&-n^{-1}\sum_{i=1}^{n}1(X_{ki}\leqslant t)\left(\frac{\partial m_i(\tilde{\theta})}{\partial\theta^{\mathrm{T}}}-\frac{\partial m_i(\theta)}{\partial\theta^{\mathrm{T}}}\right)n^{1/2}(\widehat{\theta}-\theta),\end{aligned}$$

其中 $||\tilde{\theta}-\theta||_2\leqslant||\widehat{\theta}-\theta||_2\to 0$.

假定 $g_1^{-1}(\cdot)$ 和 $g_2^{-1}(\cdot)$ 的一阶导数有界, 于是由大数定律知下式

$$n^{-1}\sum_{i=1}^{n}1(X_{ki}\leqslant t)\left(\frac{\partial m_i(\tilde{\theta})}{\partial\theta}-\frac{\partial m_i(\theta)}{\partial\theta}\right)$$

依概率收敛到 0 (van der Vaart and Wellner, 1996). 类似地, 根据大数定律 (Pollard, 1990) 知上述 Taylor 展开式中 $n^{-1}\sum\limits_{i=1}^{n}1(X_{ki}\leqslant t)\partial m_i(\theta)/\partial\theta$ 依概率一致收敛到某个非随机函数 $\Delta_1(t)$. 由于 $n^{1/2}(\widehat{\theta}-\theta)=n^{-1/2}\Omega^{-1}U(\theta)+o_p(1)$, 其中 $U(\theta)=\partial l(\theta)/\partial\theta$, $\Omega=\lim\limits_{n\to\infty}J(\theta)$, $J(\theta)=-n^{-1}\partial^2 l(\theta)/\partial\theta\partial\theta^{\mathrm{T}}$, 同时, $n^{1/2}(\widehat{\theta}-\theta)$ 依分布收敛到正态随机变量 ι_1 ($\iota_1\sim N(0,\Omega^{-1})$), 因此, $I_k(t)$ 展开式中倒数第二项是渐近紧的. 另外, 展开式中的第一项里涉及的 $1(X_{ki}\leqslant t)(y_i-m_i(\theta))$ 是两个单调函数之差, 所以根据函数中心极限定理 (Pollard, 1990, P53) 知其也是紧的. 因此, 在零假设下 $I_k(t)$ 弱收敛到一个零均值的高斯过程.

为了根据 $I_k(t)$ 得到相应的检验方法, 下面建立 $I_k(t)$ 在零假设下的近似分布, 为此, 定义过程

$$\widehat{I}_k(t)=n^{-1/2}\sum_{i=1}^{n}\left\{1(X_{ki}\leqslant t)e_i-\left(\widehat{\Delta}_1(t)\right)^{\mathrm{T}}I^{-1}(\widehat{\theta})U_i(\widehat{\theta})\right\}z_i,\tag{3.5.3}$$

其中 $U_i(\theta)=\partial l_i(\theta)/\partial\theta$, $\widehat{\Delta}_1(t)=n^{-1}\sum\limits_{i=1}^{n}1(X_{ki}\leqslant t)\partial m_i(\widehat{\theta})/\partial\theta$, $z_1,\ z_2,\cdots,z_n$ 是独立的标准正态随机变量, 且与 $(y_i,X_i,W_i)(i=1,\cdots,n)$ 独立. 在给定 $(y_i,X_i,W_i),(i=1,2,\cdots,n)$ 的条件下, $\widehat{I}_k(t)$ 中只有 $z_i(i=1,2,\cdots,n)$ 是随机变量, 于是由前面的展开式可知,

$$n^{-1/2}\sum_{i=1}^{n}\left\{1(X_{ki}\leqslant t)(y_i-m_i(\theta))-\frac{1}{n}\sum_{i=1}^{n}1(X_{ki}\leqslant t)\frac{\partial m_i(\theta)}{\partial\theta^{\mathrm{T}}}I^{-1}(\theta)U_i(\theta)\right\}$$

弱收敛到零均值高斯过程. 同时, 根据条件乘积中心极限定理 (van der Vaart and Wellner, 1996) 可知, $\widehat{I}_k(t)$ 在给定 $(y_i,X_i,W_i),(i=1,2,\cdots,n)$ 的条件下与过程 $I_k(t)$

弱收敛到同样的极限过程 (Su and Wei, 1991; Lin et al, 2002). 因此我们可以用 $\widehat{I}_k(t)$ 来近似 $I_k(t)$.

有了以上结果, 可以有两种方法来检验 (3.5.1) 中 H_0 是否成立. 首先是基于 $\widehat{I}_k(t)$ 和 $I_k(t)$ 的图形检测法. 由 $I_k(t)$ 在 H_0 成立下的收敛性知, $I_k(t)$ 将随机地在 0 的周围波动. 基于此, 先在 $(y_i, X_i, W_i), i=1,\cdots,n$ 给定的条件下, 重复产生一组独立的标准正态随机变量 $\{z_i, i=1,2,\cdots,n\}$ (可重复 20 次), 从而得到 $\widehat{I}_k(t)$ 的相应值 (见式 (3.5.3)); 接着, 根据 $I_k(t)$ 的观测值和一系列 $\widehat{I}_k(t)$ 的值对协变量 X_k 作出图形. 可以发现一系列 $\widehat{I}_k(t)$ 的值将在 0 的周围波动, 此时, 相比 $\widehat{I}_k(t)$ 的图形来说, 如果 $I_k(t)$ 的观测值对应的曲线出现异常, 则说明检验 (3.5.1) 中 H_0 不成立, 即模型中协变量函数形式可能发生误判.

其次, 可以借助于数值方法来检验上述观测过程是否异常, 即检验 (3.5.1) 中 H_0 是否成立. 我们知道, 在零假设下, $I_k(t)$ 将随机地在 0 的周围波动, 因此, 一个比较自然的数值度量是 Kolmogorov 型统计量:

$$K_k = \max_t |I_k(t)|. \tag{3.5.4}$$

若 $K_k = \max_t |I_k(t)|$ 的观测值很大, 则表明假设检验 (3.5.1) 中 H_0 可能不成立. 记 $\widehat{K}_k = \max_t |\widehat{I}_k(t)|$, 由此可近似计算出假设检验问题的 p-值, 具体步骤如下:

(1) 从分布 N(0,1) 中产生独立同分布样本 $\left\{z_i^{(q)} : i=1,2,\cdots,n\right\}, q=1,2,\cdots,Q$;

(2) 计算 $\widehat{I}_k(t)^{(q)} = n^{-1/2}\sum_{i=1}^{n}\left\{1(X_{ki}\leqslant t)e_i - \left(\widehat{\Delta}_1(t)\right)^{\mathrm{T}} I^{-1}(\widehat{\theta})U_i(\widehat{\theta})\right\} z_i^{(q)}$;

(3) 计算检验统计量 $K_k^{(q)} = \max_t \left|\widehat{I}_k(t)^{(q)}\right|$;

(4) 利用 $\left\{K_k^{(q)} : q=1,2,\cdots,Q\right\}$ 计算统计量 K_k 的 p 值.

于是, 根据得到的 p 值即可判别假设检验 (3.5.1) 中 H_0 是否成立.

3.5.2 联系函数的误判检验

另一类和均值函数有关的模型误判问题与联系函数有关. 对于模型 (3.1.1)~(3.1.2), 一般假定非退化部分的 $g_1(\mu)$ 与协变量 X 呈线性关系, 退化部分 $g_2(\phi)$ 与协变量 W 呈线性关系. 这些线性假定是否正确相当于假设检验问题

$$H_0:\ g_1(\mu)\text{与协变量}X\text{呈线性关系}, \longleftrightarrow H_1:\ g_1(\mu)\text{与}X\text{不呈线性关系}, \tag{3.5.5}$$

$$H_0:\ g_2(\phi)\text{与协变量}W\text{呈线性关系}, \longleftrightarrow H_1:\ g_2(\phi)\text{与}W\text{不呈线性关系}. \tag{3.5.6}$$

与 3.5.1 小节的讨论类似 (见式 (3.5.2)), 为了基于累加残差方法导出有关联系函数的上述误判检验, 考虑以下随机过程:

$$I_{g_1}(t)=n^{-1/2}\sum_{i=1}^{n}1(X_i^{\mathrm{T}}\widehat{\beta}\leqslant t)e_i,$$

$$I_{g_2}(t)=n^{-1/2}\sum_{i=1}^{n}1(W_i^{\mathrm{T}}\widehat{\gamma}\leqslant t)e_i.$$

可以看出, 这两个累加残差和都是基于联系函数的线性关系, 在此前提下, 反映了响应变量的观测值和预测值之间的差异, 因此能较好地提供联系函数是否发生误判 (不呈线性关系) 的信息. 若模型正确则累加残差和接近于零. 因此, 如果没有误判, 即 H_0 成立, 则随着 t 的变化, $I_{g_j}(t), j=1,2$ 将在 0 的周围波动.

下面考虑在零假设情形下 $I_{g_j}(t), j=1,2$ 的收敛性质. 设 $B_\varepsilon(\theta)=\{\rho|||\rho-\theta||\leqslant\varepsilon\}$, 对于某个 $\varepsilon>0$, 假定 $1(X_i^{\mathrm{T}}\beta\leqslant t)(y_i-m_i(\theta))$ 和 $1(W_i^{\mathrm{T}}\gamma\leqslant t)(y_i-m_i(\theta))$ 在 $B_\varepsilon(\theta)\times[t_1,t_2]$ 上 L_2 连续. 于是, 当 $\widehat{\theta}\in B_\varepsilon(\theta)$ 时, 则有

$$I_{g_j}(t)=\tilde{I}_{g_j}(t)+o_p(1),\quad j=1,2,$$

其中 $\tilde{I}_{g_1}(t)=n^{-1/2}\sum_{i=1}^{n}1(X_i^{\mathrm{T}}\beta\leqslant t)e_i, \tilde{I}_{g_2}(t)=n^{-1/2}\sum_{i=1}^{n}1(W_i^{\mathrm{T}}\gamma\leqslant t)e_i.$

根据 3.5.1 小节中 $I_k(t)$ 的收敛性的讨论, 类似地可以证明: $\tilde{I}_{g_j}(t)$ 弱收敛到一个零均值的高斯过程, 从而可得零假设下 $I_{g_j}(t), j=1,2$ 的收敛性.

为了得到零假设下 $I_{g_j}(t), j=1,2$ 的近似分布, 定义过程:

$$\widehat{I}_{g_1}(t)=n^{-1/2}\sum_{i=1}^{n}\left\{1(X_i^{\mathrm{T}}\widehat{\beta}\leqslant t)e_i-\left(\widehat{\Delta}_{21}(\widehat{\beta},t)\right)^{\mathrm{T}}I^{-1}(\widehat{\theta})U_i(\widehat{\theta})\right\}z_i,$$

$$\widehat{I}_{g_2}(t)=n^{-1/2}\sum_{i=1}^{n}\left\{1(W_i^{\mathrm{T}}\widehat{\gamma}\leqslant t)e_i-\left(\widehat{\Delta}_{22}(\widehat{\gamma},t)\right)^{\mathrm{T}}I^{-1}(\widehat{\theta})U_i(\widehat{\theta})\right\}z_i,$$

其中

$$\widehat{\Delta}_{21}(\widehat{\beta},t)=n^{-1}\sum_{i=1}^{n}1(X_i^{\mathrm{T}}\widehat{\beta}\leqslant t)\partial m_i(\widehat{\theta})/\partial\theta,$$

$$\widehat{\Delta}_{22}(\widehat{\gamma},t)=n^{-1}\sum_{i=1}^{n}1(W_i^{\mathrm{T}}\widehat{\gamma}\leqslant t)\partial m_i(\widehat{\theta})/\partial\theta; z_i,\ i=1,2,\cdots,n$$

是独立的标准正态随机变量, 且和 $(y_i,X_i,W_i)(i=1,\cdots,n)$ 独立. 与 3.5.1 小节的结果类似, $\widehat{I}_{g_j}(t)$ 在给定 (y_i,X_i,W_i) $(i=1,\cdots,n)$ 条件下与 $I_{g_j}(t)$ 弱收敛到同一极限分布 $(j=1,2)$. 于是, 我们可以用 $\widehat{I}_{g_j}(t)$ 来近似 $I_{g_j}(t), j=1,2$.

类似于 3.5.1 小节的讨论, 基于 $\widehat{I}_{g_j}(t)$ 和 $I_{g_j}(t)$, 我们可以借助于图形方法来检测 (3.5.5)–(3.5.6) 中 H_0 是否成立. 同时, 也可以借助于 Kolmogorov 统计量 $K_{g_j}=\max\limits_t\left|I_{g_j}(t)\right|$, $j=1,2$ (见式 (3.5.4)) 来判断联系函数是否发生误判, 即检验 (3.5.5)-(3.5.6) 中 H_0 是否成立.

需要说明的是，尽管上面建立的过程 $I_{g_j}(t)$ 是用来检验联系函数是否发生误判，实际上它也可以用来检验协变量函数的形式是否发生误判.

3.6 模拟研究

本节通过 Monte Carlo 随机模拟方法结合具体的 ZIGP 模型和 ZIDP 模型来说明前面几节所介绍的统计量的有效性.

3.6.1 影响分析的随机模拟

根据模型 (3.1.1)，考虑 ZIGP 回归模型，其中

$$\log \mu_i = \beta_0 + \beta_1 X_i, \quad \operatorname{logit}(\phi_i) = \gamma_0 + \gamma_1 X_i. \tag{3.6.1}$$

在模型 (3.6.1) 中，设置 $\alpha = 0.2$, $\beta_0 = 0.5$, $\beta_1 = 0.2$, $\gamma_0 = -0.6$, $\gamma_1 = 0.2$. 首先从正态分布 $N(0,1)$ 中产生 200 个随机数作为协变量 X_i 的值，接着根据所给的参数值和 X_i 的值，从相应的 ZIGP 回归模型中产生 200 个随机数 y. 现在，我们将协变量中的 X_{112} 和 X_{169} 分别由原来的 1.5413 和 0.3110 变为 -3 和 -2.5，从而人为地产生两个异常点.

根据 3.2 节给出的诊断统计量 GD_i^1, $WK_i^1(\alpha)$ 和 $WK_i^1(\beta_1)$，经过计算得到相应的数值 (由于 LD_i^1 与 GD_i^1 类似，所以没有给出)，其结果列于图 3.6.1 (a)~(d) 中. 其中图形 (a) 显示的是在原始产生的数据下对应的广义 Cook 距离，从中发现第 126 号点是一个强影响点，另外第 16 和 31 号点也有较大影响. 而图 3.6.1(b)~(d) 分别是在人为地变化后的数据基础上得到的散点图. 从图 3.6.1(b) 中可以看出，除了数据中已有的第 126 号强影响点被检测出来外，第 112 和 169 号两个人造的异常点也被成功检测出来，这说明相关统计量是有效的. 借助于 WK_i^1 统计量，我们发现图 3.6.1(d) 显示人造的两个异常点对回归系数 β_1 的影响较大，而图 3.6.1(c) 却显示原来的第 126 号点对散度参数影响较大.

同样，根据 3.3 节介绍的诊断统计量，我们计算得到加权扰动和协变量同时扰动两种方案下的 $M(0)_i$ 的值和相应的基准点 (bench-mark)，结果列于图 3.6.2 中. 其中，图形 (a) 和 (b) 显示的是数据变化之前对应的加权扰动和协变量同时扰动下的 $M(0)_i$ 和基准点，借助于此时的基准点我们发现第 126 号点是强影响点. 而图形 (c) 和 (d) 给出了数据人为地变化后加权扰动和协变量同时扰动下的 $M(0)_i$ 和相应的基准点. 我们发现，基于不同扰动下的基准点不仅检测出第 126 号点为强影响点，而且成功地检测出第 112 和 169 号两个人造强影响点. 同时我们发现，局部影响分析和数据删除两种影响诊断的结果基本保持一致. 因此，从模拟结果可以看出，3.2 节和 3.3 节中的影响诊断统计量是有效的.

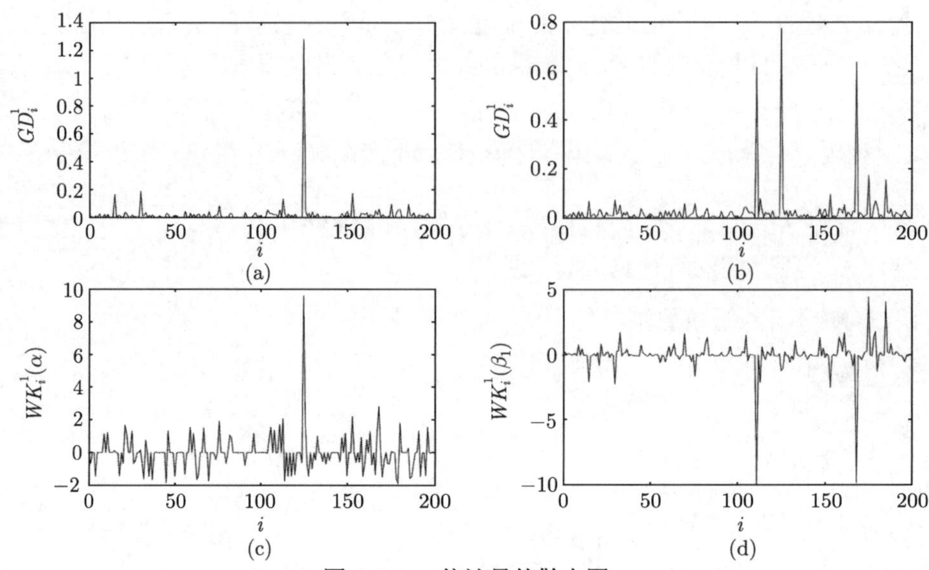

图 3.6.1　统计量的散点图

(a) 原始数据下广义 Cook 距离 GD_i^1; (b) 数据变化后广义 Cook 距离 GD_i^1; (c) 数据变化后的 $WK_i^1(\alpha)$; (d) 数据变化后的 $WK_i^1(\beta_1)$

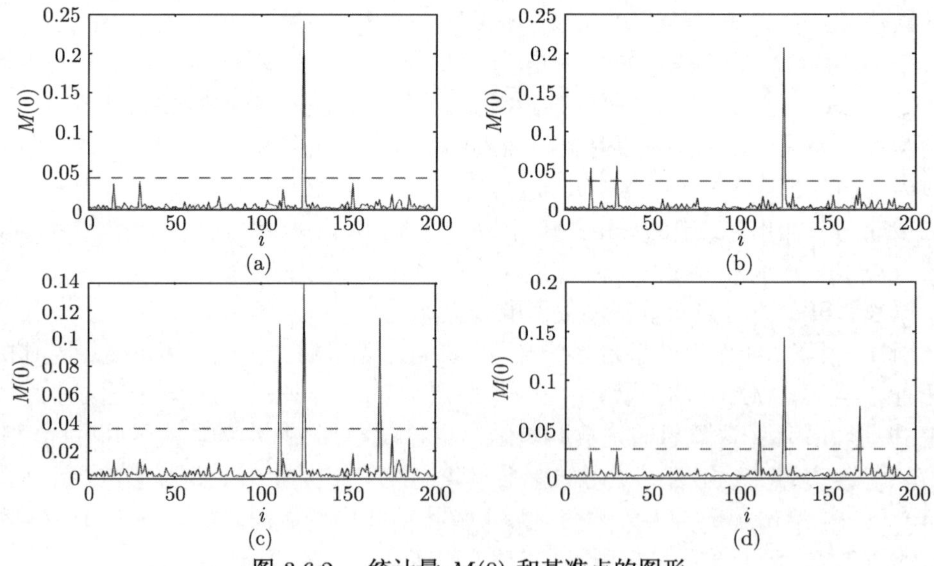

图 3.6.2　统计量 $M(0)$ 和基准点的图形

(a) 原始数据下加权扰动; (b) 原始数据下协变量同时扰动; (c) 数据变化后加权扰动; (d) 数据变化后协变量同时扰动

此外, 基于模型 (3.6.1), 我们也可考虑 ZIDP 回归模型的影响诊断的模拟效果.

在这里取 $\alpha = 1.6, \beta_0 = 2.5, \beta_1 = 0.2, \gamma_0 = 1, \gamma_1 = -0.5$, 且假定 $X_i \sim N(0,1)$. 类似于前面我们产生 200 个样本点, 并将协变量中 X_{33} 和 X_{170} 分别由原始的 0.8156 和 1.5929 变为 -1.5 和 -1.5, 从而人为地产生两个异常点. 经过计算, 基于数据删除的诊断统计量 GD_i^1, $WK_i^1(\alpha)$ 和 $WK_i^1(\beta_1)$ 的结果列于图 3.6.3 中, 其中图形 (a) 显示的是在原始数据下对应的广义 Cook 距离, 从中发现第 83 号点是一个强影响点. 而图形 (b)~(d) 都是在人为地变化之后的数据基础上得到的, 并且从图形 (b)~(d) 中可以看出, 除了数据中已有的第 83 号强影响点被检测出来外, 第 33 号和 170 号两个人造的异常点也被成功检测出来, 这说明相关的诊断统计量是有效的. 基于局部影响的诊断结果列于图 3.6.4 中, 图形 (a), (b) 显示的是数据变化之前对应的加权扰动和协变量同时扰动下的结果, 借助于此时的基准点我们发现第 83 号点是强影响点, 同时协变量扰动下检测出第 63, 153, 181 和 193 号点也有较大影响. 而图形 (c), (d) 给出了数据变化后加权扰动和协变量同时扰动下的结果. 我们发现, 除了检测出已有的第 83 号强影响点外, 还成功地检测出第 33 和 170 号两个人造强影响点. 这些结果也表明, 3.2 节和 3.3 节中的影响诊断统计量是有效的.

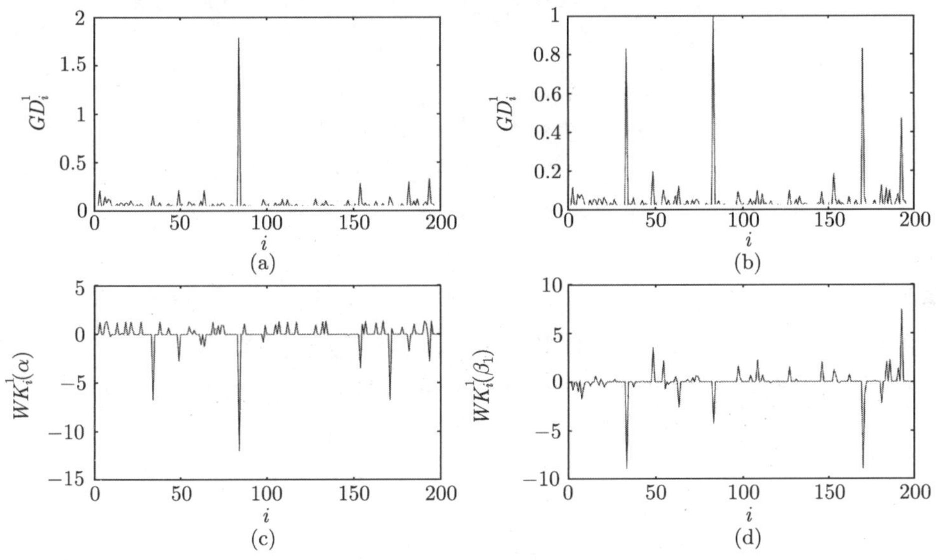

图 3.6.3 统计量的散点图

(a) 原始数据下广义 Cook 距离 GD_i^1; (b) 数据变化后广义 Cook 距离 GD_i^1; (c) 数据变化后的 $WK_i^1(\alpha)$; (d) 数据变化后的 $WK_i^1(\beta_1)$

3.6.2 ZI 参数和散度参数检验功效的随机模拟

现在利用随机模拟方法来研究 3.4 节中 score 检验统计量的功效. 根据模型 (3.4.1) 考虑 ZIGP 以下回归模型

$$\log \mu_i = \beta_0 + \beta_1 X_i. \tag{3.6.2}$$

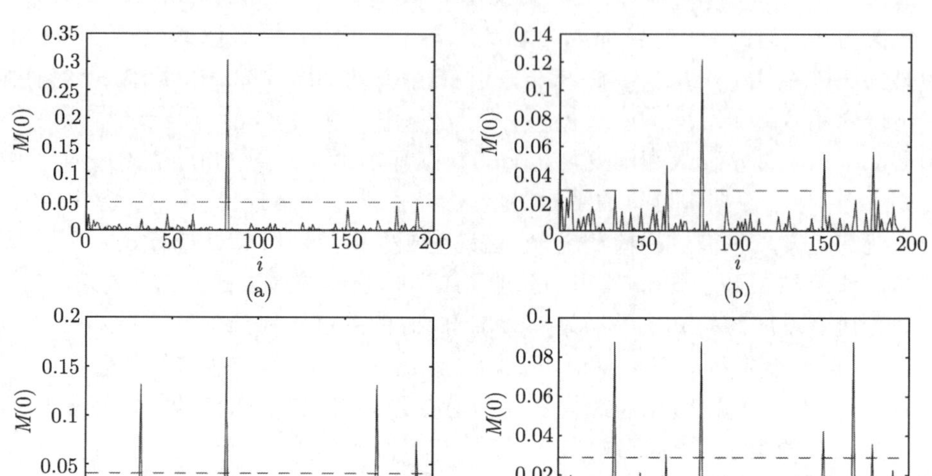

图 3.6.4 统计量 $M(0)$ 和基准点的图形

(a) 原始数据下加权扰动; (b) 原始数据下协变量同时扰动; (c) 数据变化后加权扰动; (d) 数据变化后协变量同时扰动

考虑存在性检验的功效, 分成两种情况讨论: ① ZI 参数检验, ② 散度参数检验. 在情形①中取 $\alpha = 0.1$, $\beta_0 = 1.5$, $\beta_1 = -0.5$; 在情形②中取 $\beta_0 = 0.2$, $\beta_1 = 0.1$, $\zeta = 0.2$.

首先从均匀分布 $U(0,1)$ 中产生 n 个随机数作为协变量 X_i 的值, 其次根据所给的参数值、X_i 的值以及情形①(或情形②) 中相应的 $\zeta(\alpha)$ 值, 从 ZIGP 回归模型中产生相应的 n 个 y_i 的值. 并将此过程重复 5000 次, 从而得到 5000 组数据 $\{y_i, X_i, i = 1, 2, \cdots, n\}$. 根据 3.4 节给出的 score 检验统计量 SC_ζ 和 SC_α, 经过计算得到它们相应的数值, 并与水平 $\alpha = 0.05$ 时的临界值 $\chi^2(1) = 3.841$ 进行比较, 从而得到相应的水平和功效, 其具体结果列于表 3.6.1 和表 3.6.2 中.

表 3.6.1 中给出的是样本量 $n = 60$, 80, 100, 120, 200 时 score 统计量 SC_ζ 在 ζ=0, 0.07, 0.08, 0.10, 0.15, 0.20, 0.25 下的功效, 其中表 3.6.1 中第 1 列对应着 $\zeta = 0$ 时的水平, 经验水平很接近 0.05. 另外, 当样本量 n 或 ζ 增大时, 功效逐渐增大, 并接近于 1, 表明统计量 SC_ζ 是有效的.

表 3.6.2 中给出的是样本量 $n = 60$, 80, 100, 120, 200 时 score 统计量 SC_α 在 $\alpha = 0$, 0.1, 0.2, 0.3, 0.4, 0.5, 0.6, -0.12, -0.13, -0.14, -0.15, -0.16, -0.17 下的功效, 其中括号里的值是对应着 α 取负值时的功效, 表 3.6.2 中第 1 列对应着 $\alpha = 0$ 时的水平. 我们发现当样本量 $n > 80$ 时, 经验水平已经很接近于 0.05. 另外, 当样

本量 n 或 $|\alpha|$ 增大时, 功效逐渐增大, 并接近于 1. 同时, 当样本量增大或 α 沿着负方向减小时, 功效逐渐增大, 但是速度较慢. 并且当样本量为 60 时, $\alpha < 0$ 对应的功效太小, 说明此时的检验比较保守.

表 3.6.1 统计量 SC_ζ 在显著性水平 5%下的模拟功效

$n\backslash\zeta$	0	0.07	0.08	0.1	0.15	0.2	0.25
60	0.0428	0.1832	0.2116	0.2692	0.4064	0.5420	0.6354
80	0.0490	0.2340	0.2744	0.3390	0.5312	0.6648	0.7704
100	0.0502	0.2762	0.3288	0.4346	0.6388	0.7698	0.8722
120	0.0514	0.3378	0.4082	0.5206	0.7444	0.8786	0.9414
200	0.0486	0.4716	0.5600	0.7100	0.8972	0.9742	0.9918

表 3.6.2 统计量 SC_α 在显著性水平 5%下的模拟功效

α	0	0.1 (−0.12)	0.2 (−0.13)	0.3 (−0.14)	0.4 (−0.15)	0.5 (−0.16)	0.6 (−0.17)
n=60	0.0378	0.1158 (0.0490)	0.2560 (0.0610)	0.4188 (0.0680)	0.5492 (0.0740)	0.6492 (0.0908)	0.7188 (0.1126)
n=80	0.0382	0.1466 (0.0894)	0.3518 (0.1014)	0.5392 (0.1234)	0.6746 (0.1328)	0.7780 (0.1790)	0.8410 (0.1800)
n=100	0.0406	0.1744 (0.1234)	0.4190 (0.1582)	0.6246 (0.1702)	0.7732 (0.2040)	0.8510 (0.2488)	0.9068 (0.2640)
n=120	0.0424	0.1980 (0.1678)	0.4882 (0.1950)	0.6930 (0.2392)	0.8330 (0.2758)	0.9084 (0.3252)	0.9474 (0.3770)
n=200	0.0508	0.2816 (0.3454)	0.6456 (0.4090)	0.8832 (0.4934)	0.9590 (0.5620)	0.9878 (0.6274)	0.9990 (0.9306)

此外, 根据模型 (3.4.1) 和模型 (3.6.2) 我们也类似考虑了 ZIDP 回归模型. 在情形①中取 $\alpha = 0.4, \beta_0 = 1.0, \beta_1 = 0.4$, 在情形②中取 $\beta_0 = 2.5, \beta_1 = 0.2, \zeta = 0.8$, 且假定 $X_i \sim U(0,1)$. 产生样本的过程类似于 ZIGP 回归模型, 共重复 1000 次, 则相关计算结果见表 3.6.3 和表 3.6.4. 表 3.6.3 中给出的是统计量 SC_ζ 的结果, 可以看出当 $n > 60$ 时, 第一列的水平接近于 0.05, 且当样本量或 ζ 增大时, 功效也迅速增大. 表 3.6.4 中给出的是统计量 SC_α 的结果, 可以看出第一列的水平接近于 0.05, 且当样本量或 $\alpha(\alpha > 1)$ 增大时, 功效迅速增大; 当对应的 $\alpha(\alpha < 1)$ 减小时; 功效也逐渐增大, 这些表明统计量是有效的.

现在, 我们来继续研究 ZIGP 回归模型中 ZI 参数和散度参数齐性检验的模拟功效, 分成三种情形: ①散度参数齐性检验, ②ZI 参数齐性检验, ③散度参数和 ZI 参数齐性同时检验. 为此, 基于模型 (3.4.1), 利用参数化方法假定散度参数 α 和 ZI 参数 ζ 与 i 有关并记为 α_i 和 ζ_i, 同时进一步假定

表 3.6.3　统计量 SC_ζ 在显著性水平 5%下的模拟功效

$n\backslash\zeta$	0	0.07	0.1	0.15	0.2	0.25
60	0.0590	0.1000	0.1580	0.2910	0.4340	0.5700
80	0.0450	0.1490	0.1930	0.3660	0.5660	0.7130
100	0.0430	0.1560	0.2370	0.4710	0.6950	0.8290
120	0.0460	0.2040	0.2840	0.5300	0.7810	0.8950
200	0.0440	0.2910	0.4980	0.8220	0.9450	0.9960

表 3.6.4　统计量 SC_α 在显著性水平 5%下的模拟功效

α	1	1.2 (0.9)	1.4 (0.8)	1.6 (0.7)	1.8 (0.6)	2.0 (0.5)
n=60	0.0470	0.0990 (0.0700)	0.2170 (0.1530)	0.4080 (0.3000)	0.5530 (0.5390)	0.6530 (0.7790)
n=80	0.0440	0.1490 (0.0840)	0.3110 (0.1840)	0.5060 (0.3900)	0.7270 (0.6640)	0.8500 (0.8850)
n=100	0.0520	0.1680 (0.0910)	0.3650 (0.2420)	0.6330 (0.4820)	0.8200 (0.7390)	0.9340 (0.9190)
n=120	0.0450	0.1990 (0.0980)	0.4440 (0.2850)	0.7580 (0.5440)	0.8870 (0.8360)	0.9740 (0.9660)
n=200	0.0520	0.3190 (0.1470)	0.6970 (0.4080)	0.9430 (0.7410)	0.9880 (0.9570)	1 (0.9980)

$$\alpha_i = \alpha m_{1i},\ \zeta_i = \zeta m_{2i},\quad i = 1, 2, \cdots, n, \tag{3.6.3}$$

其中 $m_{1i} = \exp(\rho_1 x_i), m_{2i} = \exp(\rho_2 x_i)$, 并令 $\log \mu_i = \beta_0 + \beta_1 x_i$.

(i) 取 $\rho_2 = 0$, $\alpha = 0.2$, $\beta_0 = 1$, $\beta_1 = 0.5$, $\zeta = 0.3$ 且取 ρ_1=0, 0.2, 0.4, 0.6, 0.8;

(ii) 取 $\rho_1 = 0$, $\alpha = 0.2$, $\beta_0 = 1$, $\beta_1 = 0.5$, $\zeta = 0.3$ 且取 ρ_2=0, 0.2, 0.4, 0.6, 0.8;

(iii) 取 $\alpha = 0.2$, $\beta_0 = 1$, $\beta_1 = 0.5$, $\zeta = 0.3$ 且取 ρ_1=0, 0.2, 0.4, 0.6, 0.8, ρ_2=0, 0.2, 0.4, 0.6, 0.8.

先从正态分布 $N(0,1)$ 中, 产生 n 个随机数作为协变量 X_i 的值, 接着根据所给的参数值和 X_i 的值, 从 ZIGP 回归模型中产生相应的 n 个 y_i 的值. 并将此过程重复 5000 次, 从而得到 5000 组数据 $\{y_i,\ X_i,\ i = 1, 2, \cdots, n\}$. 根据 3.4 节中统计量 SC_i、SC_{ii} 和 SC_{iii} 经过计算得到相应的值, 并与水平为 $\alpha = 0.05$ 时的临界值 χ^2_α 进行比较, 从而得到相应的水平和功效, 具体结果列于表 3.6.5～ 表 3.6.7 中.

表 3.6.5 给出了关于散度参数齐性检验的统计量 SC_i 的水平和功效, 此时的权函数为指数函数, 样本量分别取 $n = 40$, 60, 80, 100, 200 并且将其重复 5000 次. 表 3.6.5 中第一列显示在 $n \geqslant 40$ 时实际水平已接近 0.05. 另外当 n 或 ρ_1 增加时,

功效也迅速增加.

表 3.6.5 统计量 SC_i 在显著性水平 5%下的模拟功效

$n\backslash \rho_1$	0	0.2	0.4	0.6	0.8
40	0.0434	0.0888	0.2102	0.3650	0.4702
60	0.0496	0.1142	0.3176	0.5644	0.6662
80	0.0494	0.1462	0.4232	0.7210	0.8378
100	0.0496	0.1756	0.5512	0.8584	0.9410
200	0.0496	0.3262	0.8616	0.9896	0.9990

表 3.6.6 给出了关于 ZI 参数齐性检验的统计量 SC_{ii} 的水平和功效, 此时的权函数为指数函数. 表 3.6.6 中第一列显示在 $n \geqslant 40$ 时实际水平已接近 0.05. 另外当 n 或 ρ_2 增加时, 功效也快速增加.

表 3.6.6 统计量 SC_{ii} 在显著性水平 5%下的模拟功效

$n\backslash \rho_2$	0	0.2	0.4	0.6	0.8
40	0.0508	0.1000	0.2586	0.4978	0.6824
60	0.0506	0.1158	0.3710	0.7030	0.8806
80	0.0508	0.1210	0.3810	0.7034	0.8876
100	0.0506	0.1488	0.4894	0.8214	0.9632
200	0.0512	0.2488	0.8014	0.9880	1

表 3.6.7 给出了关于 ZI 参数和散度参数同时齐性检验的统计量 SC_{iii} 的水平和功效, 此时的权函数仍然取为指数函数, 样本量分别取 n=40, 60, 80. 表中相应于检验 $\rho_1 = \rho_2 = 0$ 的那一列结果显示实际水平已接近 0.05. 另外当样本量 n 或参数 ρ_1 或 ρ_2 增加时, 模拟功效也快速增加.

表 3.6.7 统计量 SC_{iii} 在显著性水平 5%下的模拟功效

样本容量 n	$\rho_2\backslash\rho_1$	0	0.2	0.4	0.6	0.8
40	0	0.0474				
	0.2		0.0880	0.1672	0.2656	0.4374
	0.4		0.1494	0.2274	0.3566	0.4636
	0.6		0.2464	0.3260	0.4184	0.5220
	0.8		0.3660	0.4260	0.4906	0.5422
60	0	0.0510				
	0.2		0.1704	0.3596	0.6070	0.8222
	0.4		0.3376	0.5230	0.7280	0.8720
	0.6		0.5756	0.7076	0.8346	0.9152
	0.8		0.7746	0.8372	0.8970	0.9346

续表

样本容量 n	$\rho_2\backslash\rho_1$	0	0.2	0.4	0.6	0.8
	0	0.0474				
	0.2		0.2462	0.5360	0.8144	0.9512
80	0.4		0.5080	0.7320	0.8924	0.9680
	0.6		0.7778	0.8868	0.9564	0.9816
	0.8		0.9168	0.9572	0.9808	0.9910

总之, 从表 3.6.5~ 表 3.6.7 中我们发现, 随着样本量以及参数 ρ_1 和 ρ_2 增加时, 模拟功效都快速增大, 这都表明相应检验统计量是有效的. 因此, 我们可以借助于它们来对广义 ZI 泊松回归模型进行 ZI 参数和散度参数的齐性检验, 从而能选择更合适的统计模型来分析数据.

此外, 基于模型 (3.4.1) 和模型 (3.6.3), 我们也考虑了 ZIDP 回归模型的 ZI 参数和散度参数的齐性检验. 具体过程类似于 ZIGP 回归模型的过程, 我们也分别研究三种情形, 具体如下:

(i) 取 $\rho_2 = 0$, $\alpha = 0.6$, $\beta_0 = 1$, $\beta_1 = 0.5$, $\zeta = 0.3$ 且取 $\rho_1 = 0$, 0.2, 0.3, 0.4, 0.5;

(ii) 取 $\rho_1 = 0$, $\alpha = 0.9$, $\beta_0 = 1$, $\beta_1 = 0.5$, $\zeta = 0.5$ 且取 $\rho_2 = 0$, 0.2, 0.3, 0.4, 0.5;

(iii) 取 $\alpha = 0.5$, $\beta_0 = 2.3$, $\beta_1 = 0.3$, $\gamma = 0.4$ 且取 $\rho_1 = 0$, 0.2, 0.3, 0.4, 0.5, $\rho_2 = 0$, 0.2, 0.3, 0.4, 0.5.

假定协变量 $X_i \sim U(0,4)$. 根据 ZIDP 回归模型, 我们产生样本量为 n 的数据 $\{y_i,\ X_i,\ i = 1, \cdots, n\}$, 并将此过程重复 1000 次. 然后经过计算得到相应统计量的值, 并与水平为 $\alpha = 0.05$ 时的临界值 χ^2_α 进行比较, 从而得到相应的水平和功效, 具体结果列于表 3.6.8~ 表 3.6.10 中. 我们发现, 表 3.6.8~ 表 3.6.10 与 ZIGP 模型对应的结果类似, 说明相应统计量是有效的.

表 3.6.8　统计量 SC_i 在显著性水平 5%下的模拟功效

$n\backslash\ \rho_1$	0	0.2	0.3	0.4	0.5
40	0.0760	0.1990	0.2970	0.4210	0.5490
60	0.0630	0.2010	0.3660	0.5490	0.7100
80	0.0550	0.2510	0.4240	0.6450	0.8270
100	0.0420	0.3130	0.5240	0.7380	0.8810
200	0.0440	0.4660	0.7930	0.9610	0.9910

表 3.6.9 统计量 SC_{ii} 在显著性水平 5%下的模拟功效

$n\backslash \rho_2$	0	0.2	0.3	0.4	0.5
40	0.0480	0.0990	0.1880	0.3140	0.4600
60	0.0570	0.1560	0.2720	0.4650	0.6370
80	0.0540	0.1720	0.2850	0.4740	0.7060
100	0.0500	0.1870	0.3420	0.5530	0.7430
200	0.0540	0.3630	0.6690	0.8960	0.9620

表 3.6.10 统计量 SC_{iii} 在显著性水平 5%下的模拟功效

样本容量 n	$\rho_2\backslash\rho_1$	0	0.2	0.3	0.4	0.5
40	0	0.0650				
	0.2		0.1770	0.2230	0.3320	0.4160
	0.3		0.2060	0.2580	0.3340	0.4500
	0.4		0.2910	0.3090	0.3910	0.4690
	0.5		0.3040	0.3910	0.4360	0.4970
60	0	0.0610				
	0.2		0.2260	0.3490	0.5000	0.6750
	0.3		0.3170	0.4820	0.5800	0.7180
	0.4		0.4470	0.5220	0.6430	0.7660
	0.5		0.5860	0.6630	0.7540	0.8340
80	0	0.0520				
	0.2		0.2710	0.3980	0.5830	0.7640
	0.3		0.3650	0.5020	0.6560	0.7820
	0.4		0.4990	0.6110	0.7270	0.8240
	0.5		0.6450	0.7370	0.8060	0.8990

3.7 实例分析

本节将结合几个实例来说明本章所介绍的方法以及统计量的应用.

3.7.1 影响诊断统计量的应用

例 3.7.1 医院门诊数据(续例 1.2.2 节中例 2).

为了方便起见, 利用字母来表示医院门诊数据中涉及的主要变量, 具体如下: y—— 医院门诊次数 (响应变量), X_1—— 慢性病数, X_2—— 日常生活活动限制情况, X_3—— 年龄, X_4—— 种族, X_5—— 婚姻状况, X_6—— 学校受教育年限, X_7—— 家庭收入, X_8—— 就业情况, 其中 X_3, X_6 和 X_7 是连续变量. 关于数据的详细说明可参见 Deb 和 Trivedi (1997), 本节下面利用 ZIGP 回归模型拟合这组数据 (Xie et al, 2012a), 其中

$$\begin{cases}\log\mu_i=\beta_0+\beta_1X_{1i}+\beta_2X_{2i}+\beta_3X_{3i}+\beta_4X_{4i}+\beta_5X_{5i}+\beta_6X_{6i}+\beta_7X_{7i}+\beta_8X_{8i},\\ \text{logit}(\phi_i)=\gamma_0+\gamma_1X_{1i}+\gamma_2X_{2i}+\gamma_3X_{3i}+\gamma_4X_{4i}+\gamma_5X_{5i}+\gamma_6X_{6i}+\gamma_7X_{7i}+\gamma_8X_{8i},\end{cases} \tag{3.7.1}$$

这里 $i=1,2,\cdots,401$.

根据 3.1 节参数估计的 Gauss-Newton 迭代法, 得到模型中参数 α 的估计为 1.3597, β 和 γ 的估计分别为 (5.6639, 0.2539, −0.3870, −0.8627, 2.9245, 1.0227, −0.0550, −0.0142, −1.3722), (26.3080, −2.2770, 0.4378, −3.5936, 3.7640, 0.8804, −0.1931, 0.0095, −0.3077). 首先考虑 ZI 参数和散度参数的检验, 经过计算可得统计量 $\text{SC}_\zeta=6.9520$ 和 $\text{SC}_\alpha=2000.1$, 其 p 值分别为 0.0084 和 0.0000, 说明 ZI 参数和散度参数显著地存在于模型中, 因此 ZIGP 回归模型比较适合这组数据.

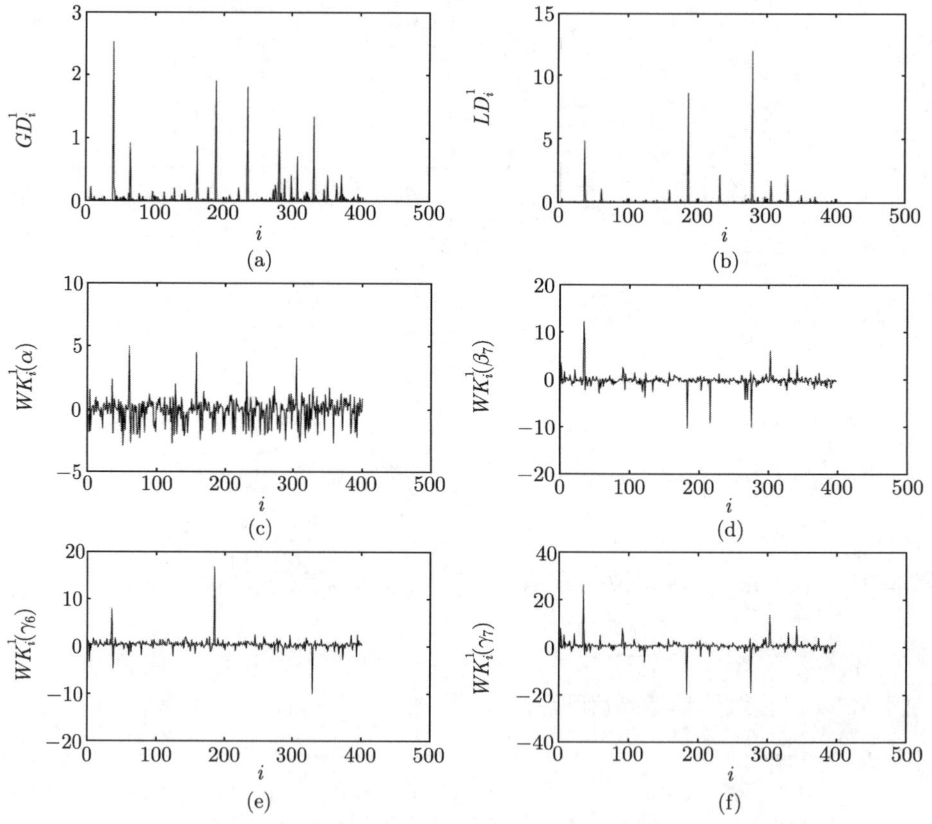

图 3.7.1 诊断统计量的图形

(a) GD_i^1; (b) LD_i^1; (c) $WK_i^1(\alpha)$; (d) $WK_i^1(\beta_7)$; (e) $WK_i^1(\gamma_6)$; (f) $WK_i^1(\gamma_7)$

现在, 利用这组数据来研究 ZIGP 回归模型的影响诊断 (Xie et al, 2012a). 经过计算, 得到了数据删除模型下的诊断统计量, 具体结果列于图 3.7.1 中, 其中关于 W-K 统计量, 这里只给出了散度参数 α 以及与家庭收入、受教育年限两个解释变量对应的几个结果. 从图 3.7.1 (a),(b) 中, 我们看出第 36, 185, 231, 278, 329 号点是强影响点, 同时第 60, 158, 305 号点也有较大影响. 从图 3.7.1 (c)~(f) 中可以看出, 第 60, 158, 231, 305 号点对参数 α 的影响较大, 第 36, 37, 185, 218, 278, 305 号点对参数 β_7 影响较大, 第 36, 38, 185, 329 号点对参数 γ_6 影响较大, 第 36, 185, 278, 305, 344 号点对参数 γ_7 有较大影响, 并且 W-K 统计量中检测出的影响点基本上在广义 Cook 距离和似然距离中也检测出来.

关于局部影响统计量, 其结果列于图 3.7.2 中, 在这里, 我们考虑了数据加权扰动以及退化和非退化部分协变量同时发生扰动两种情形, 且关于协变量扰动情形里也仅仅给出了连续变量 X_3, X_6 和 X_7 对应的结果. 从图 3.7.2 (a)~(c) 中可以看出, 借助于基准点可以检测出第 36, 60, 158, 185, 231, 278, 305, 329 号点有较大影响, 这与图 3.7.1 (a), (b) 的结果保持一致. 另外, 我们也发现第 3, 109, 124, 273, 277, 286 号点对解释变量 X_3 也有较大影响, 第 272 号点对解释变量 X_6 也有较大影响, 说明数据点对解释变量发生扰动比较敏感, 这种现象在很多模型中都有体现 (韦博成等, 2009; Xie et al, 2010). 从图 3.7.2 (d) 中可以看出只有第 36, 185, 278, 286, 305, 329 号点有影响, 而第 60, 158, 231 号点却没有显著影响.

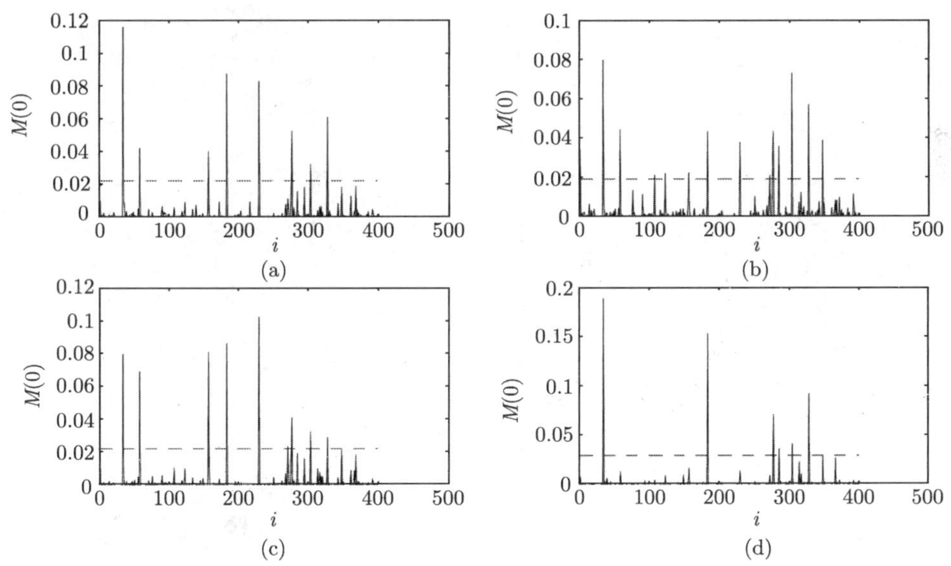

图 3.7.2 诊断统计量 $M(0)$ 和基准点的图形

(a) 数据加权扰动; (b) X_3 发生扰动; (c) X_6 发生扰动; (d) X_7 发生扰动

此外, 我们也基于式 (3.7.1) 考虑利用 ZIDP 回归模型拟合这组数据 (Xie et al,

2012b). 经过计算, 我们发现统计量 $\mathrm{SC}_\zeta = 115.4070$ 和 $\mathrm{SC}_\alpha = 2250$, 其 p 值都显著地小于 0.0001, 表明 ZIDP 回归模型也比较适合用来分析这组数据. 现在利用这组数据来研究 ZIDP 回归模型的影响诊断 (Xie et al, 2012b), 具体结果列于图 3.7.3 和图 3.7.4 中. 图 3.7.3 给出了数据删除下 GD_i^1, LD_i^1, $WK_i^1(\alpha)$, $WK_i^1(\beta_0)$, $WK_i^1(\beta_3)$, $WK_i^1(\gamma_7)$ 的结果, 从图 3.7.3 (a),(b) 中, 我们看出第 60, 231, 318, 369 号点是强影响点, 同时第 109, 158, 269, 349 号点也有较大影响. 从图 3.7.3 (c) 中可以看出, 第 60, 158, 231, 269, 272, 318, 369 号点对参数 α 的影响较大, 且这几个点多数在图 3.7.3(a),(b) 中已经检测出来. 从图 3.7.3 (d)~(f) 中可以看出, 第 60, 231, 349 号点对参数 β_0, β_3 和 γ_7 有较大影响, 同时第 66, 218 号点对参数 γ_7 影响也较大. 图 3.7.4 中给出了数据加权扰动以及退化和非退化部分协变量同时发生扰动两种情形, 且关于协变量扰动情形里也仅仅给出了连续变量 X_3, X_6 和 X_7 对应的结果. 从图 3.7.4(a) 中可以看出, 借助于基准点, 可以检测出第 60, 231, 318, 369 号点是影响点, 这与图 3.7.3(a), (b) 中的强影响点结果保持一致. 另外, 从图 3.7.4(b)~(d) 中可以看出, 第 60, 158, 231, 269, 272, 318 号点有显著影响, 同时还发现第 51, 109, 349 号点在解释变量 X_3 发生扰动时也有较大影响.

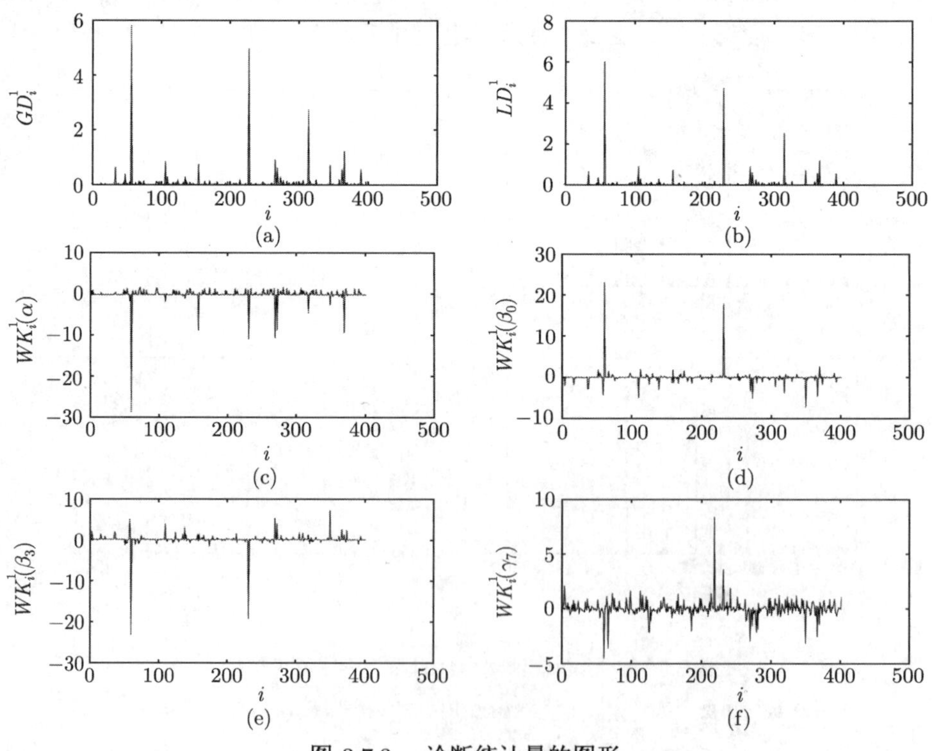

图 3.7.3　诊断统计量的图形

(a) GD_i^1; (b) LD_i^1; (c) $WK_i^1(\alpha)$; (d) $WK_i^1(\beta_0)$; (e) $WK_i^1(\beta_3)$; (f) $WK_i^1(\gamma_7)$

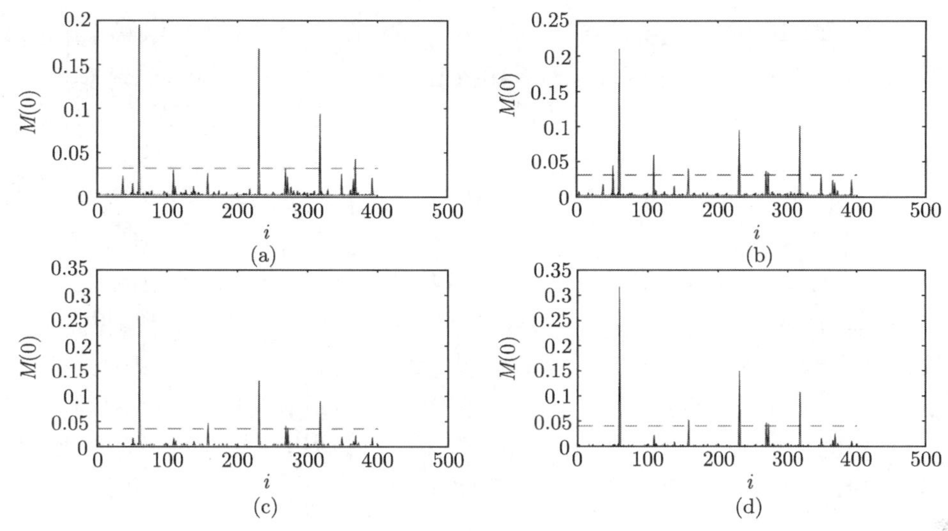

图 3.7.4 诊断统计量 $M(0)$ 和基准点的图形

(a) 数据加权扰动; (b) X_3 发生扰动; (c) X_6 发生扰动; (d) X_7 发生扰动

3.7.2 ZI 参数和散度参数检验统计量的应用

例 3.7.2 犯罪数据.

为了说明 ZI 参数和散度参数等检验统计量的有效性, 本节利用 1997 年希腊的一系列专区里犯过失杀人罪的数据 (Karlis, 2001). 这里假定第 i 专区里犯过失杀人罪的数量 y_i 服从 ZIGP 回归模型, 而且 $\log\mu_i=\beta_0+\beta_1X_{1i}+\beta_2X_{2i}+\beta_3X_{3i}+\beta_4X_{4i}+\beta_5X_{5i}, i=1,\cdots,51$, 其中协变量分别是地区人口数 X_1(百万)(取自然对数), 每一个专区里单位资本的国内生产总值 X_2(欧元), 每一专区的失业率 X_3, 两个哑变量 X_4 和 X_5, 其中 X_4 指示专区是否处在郡的边界, X_5 则指示专区里至少有一个城市居民是否超过 15 万人. 其中 X_1, X_2 和 X_3 是连续变量. Xie 和 Wei (2010) 应用广义泊松回归模型研究了这批数据, 并考察了散度参数的存在性和齐性检验以及相关影响诊断问题. 为了研究散度参数和 ZI 参数检验问题, 我们考虑利用 ZIGP 回归模型拟合这组数据. 经过计算, 得到 ZIGP 回归模型中 ZI 参数和散度参数存在性检验统计量的值为 $\mathrm{SC}_\zeta=0.0354$ 和 $\mathrm{SC}_\alpha=156.3687$, 其 p 值分别为 0.8508 和 0.0000, 说明模型中散度参数显著不为 0, 但是模型中零过多现象不太明显, 这也表明广义泊松回归模型较适合分析这组数据.

另外, 基于 ZIGP 回归模型, 我们再来探讨 ZI 参数和散度参数的齐性检验问题 (Xie et al, 2010). 假定模型中 ZI 参数 ζ 和散度参数 α 都和 i 有关并记为 ζ_i 和 α_i, 且假定

$$\alpha_i=\alpha m_{1i},\quad \zeta_i=\zeta m_{2i},\quad i=1,2,\cdots,51.$$

为了检验参数齐性, 必须选择权函数 m_{1i}, m_{2i}, 如 Chen (1983) 指出的那样, 在参数齐性检验当中, score 检验统计量对权函数的选择不太敏感, 因此, 根据 Cook 和 Weisberg (1983) 的建议, 实际中常采用幂函数和指数函数作为权函数. 因此我们假定 $m_{1i} = m_1(z_i, \rho_1) = \exp(z_i^{\mathrm{T}}\rho_1)$, $m_{2i} = m_2(z_i, \rho_2) = \exp(z_i^{\mathrm{T}}\rho_2)$, 其中 z_i 是由 $\{X_{1i}, \cdots, X_{5i}\}$ 某些变量构成. 当 z_i 是一维时, 则 ρ_1 和 ρ_2 是标量, 否则, 他们就是向量. 很容易看出, 当 $\rho_1 = 0, \rho_2 = 0$ 时, $m_1(z_i, \rho_1) = 1$, $m_2(z_i, \rho_2) = 1$, 且对于所有 i 都有 $\alpha_i = \alpha$, $\zeta_i = \zeta$ 成立. 因此, 散度参数和 ZI 参数齐性检验就变成检验①$H_0 : \rho_1 = 0$, ②$H_0 : \rho_2 = 0$, ③$H_0 : \rho_1 = 0$ 和 $\rho_2 = 0$. 由于前面 ZI 参数的存在性检验中, 数据不存在零过多现象, 所以假设②没有必要. 基于第 3.4 节中 score 检验统计量 SC_i 和 SC_{iii} 的公式, 经过计算我们得到相关统计量的值, 其结果列于表 3.7.1 中. 从表 3.7.1 中可以看出, 我们没有理由拒绝零假设 H_0, 即对于犯罪数据来说, 散度参数和 ZI 参数的齐性假定是合理的.

表 3.7.1 关于犯罪数据的检验统计量 SC_i 和 SC_{iii} 的结果

z_i	SC_i	*df*	p 值	SC_{iii}	*df*	p 值
X_1	0.2452	1	0.6205	0.8212	2	0.6633
X_2	2.4405	1	0.1182	2.9169	2	0.2326
X_3	0.9218	1	0.3370	1.1697	2	0.5572
X_4	0.1763	1	0.6746	2.6025	2	0.2722
X_5	0.8782	1	0.3487	1.6050	2	0.4482
$(X_1, \cdots, X_5)$	5.2241	5	0.3891	9.4697	10	0.4882

同样, 我们也可利用 ZIDP 回归模型来分析犯罪数据 (Xie et al., 2012c). μ_i 的假定与 ZIGP 回归模型相同. 经过计算得 $\mathrm{SC}_\zeta = 0.6421$ 和 $\mathrm{SC}_\alpha = 74.2593$, 其 p 值分别为 0.4230 和 0.0000, 表明散度参数显著不为 0, 而零过多现象不明显, 这与前面用 ZIGP 回归模型拟合的结果一致, 也说明双泊松回归也适合拟合犯罪数据. 此外, 关于散度参数与 ZI 参数的齐性检验问题, 我们选择与 ZIGP 回归模型中相同的权函数, 经计算得到统计量 SC_i 和 SC_{iii} 的值, 结果列于表 3.7.2 中. 从表 3.7.2 中可以看出, 我们没有理由拒绝零假设 H_0, 即对于犯罪数据来说散度参数和 ZI 参数的齐性假定是合理的, 这也与前面 ZIGP 回归模型的结果保持一致.

例 3.7.3 旅游数据(续 1.2 节中例续例 1.2.3).

为了方便, 利用字母来表示旅游数据中涉及的变量, 具体如下: y——1980 年划船到东得克萨斯州 Somerville 湖的旅游次数 (响应变量), X_1—— 简明的个人品质等级, X_2—— 划水的体验应答, X_3—— 收入, X_4—— 消费哑变量, X_5—— 旅游到 Conroe 湖的消费, X_6—— 旅游到 Somerville 湖的消费, X_7—— 旅游到 Houston 湖的消费.

表 3.7.2 关于犯罪数据的检验统计量 SC_i 和 SC_{iii} 的结果

z_i	SC_i	df	p 值	SC_{iii}	df	p 值
X_1	1.7343	1	0.1879	1.7332	2	0.4204
X_2	0.0931	1	0.7603	0.0787	2	0.9614
X_3	0.1097	1	0.7405	0.1019	2	0.9503
X_4	0.2282	1	0.6329	1.6608	2	0.4359
X_5	0.5566	1	0.4556	0.0802	2	0.9607
$(X_1,\cdots,X_5)$	2.8794	5	0.7186	3.0720	10	0.9797

Cameron 和 Trivedi (1998) 曾经应用泊松回归和负二项回归来拟合这批数据, Xie 和 Wei (2008) 曾经应用泊松逆高斯回归模型拟合这组数据. 现在我们应用 ZIGP 回归模型拟合该数据集, 并进行统计诊断. 这时假定

$$\log\mu_i=\beta_0+\beta_1X_{1i}+\beta_2X_{2i}+\beta_3X_{3i}+\beta_4X_{4i}+\beta_5X_{5i}+\beta_6X_{6i}+\beta_7X_{7i},\quad i=1,2,\cdots,659.$$

通过计算, 得到 3.4 节中检验统计量的值为 $\mathrm{SC}_\zeta=16.2874$ 和 $\mathrm{SC}_\alpha=19693$, 其 p 值分别为 0.0001 和 0.0000, 该结果表明利用 ZIGP 回归模型拟合这组数据要明显好于 ZIP 回归和广义泊松回归模型.

进一步, 我们考虑 ZIGP 回归模型中散度参数和 ZI 参数的齐性检验问题 (Xie et al., 2010). 这时假定

$$\alpha_i=\alpha m_{1i},\quad \zeta_i=\zeta m_{2i},\quad i=1,2,\cdots,659.$$

并设 $m_{1i}=m_1(z_i,\rho_1)=\exp(z_i^{\mathrm{T}}\rho_1)$, $m_{2i}=m_2(z_i,\rho_2)=\exp(z_i^{\mathrm{T}}\rho_2)$. 关于散度参数和 ZI 参数的齐性检验就变成检验① $H_0:\rho_1=0$,② $H_0:\rho_2=0$, ③ $H_0:\rho_1=0$ 和 $\rho_2=0$. 表 3.7.3 中给出了相关结果. 我们发现, 当协变量 z_i 中含有变量 X_1 时, 对应的检验统计量 SC_i, SC_{ii} 和 SC_{iii} 很大, 从而有显著证据说明, 散度参数和 ZI 参数是非齐的. 于是, 在具体的建模当中, 我们可以利用含有变量 X_1 的权函数 m_{1i} 和 m_{2i} 来得到合适的模型.

表 3.7.3 关于旅游数据的检验统计量 SC_i, SC_{ii} 和 SC_{iii} 的结果

z_i	SC_i	df	p 值	SC_{ii}	df	p 值	SC_{iii}	df	p 值
X_1	5.0496	1	0.0246	4.0356	1	0.0445	9.3767	2	0.0092
X_2	0.0402	1	0.8411	0.0888	1	0.7657	0.8981	2	0.6382
X_3	0.0019	1	0.9652	0.0450	1	0.8320	1.1904	2	0.5515
X_4	0.1672	1	0.6826	0.0744	1	0.7850	5.8082	2	0.0548
X_5	0.3232	1	0.5697	0.6514	1	0.4196	2.0473	2	0.3593
X_6	0.4933	1	0.4825	0.8502	1	0.3565	3.3647	2	0.1859
X_7	0.1081	1	0.7423	0.1711	1	0.6791	0.8854	2	0.6423

续表

z_i	SC_i	*df*	p 值	SC_{ii}	*df*	p 值	SC_{iii}	*df*	p 值
(X_1, X_2)	5.6665	2	0.0588	4.3998	2	0.1108	10.2970	4	0.0357
(X_1, X_3)	6.5869	2	0.0371	6.5236	2	0.0383	13.9709	4	0.0074
(X_1, X_4)	8.6886	2	0.0130	7.8266	2	0.0200	20.3867	4	0.0004
(X_1, X_5)	8.9904	2	0.0112	9.1676	2	0.0102	16.2226	4	0.0027
(X_1, X_6)	6.9868	2	0.0304	6.5660	2	0.0375	15.5288	4	0.0037
(X_1, X_7)	7.1928	2	0.0274	6.2336	2	0.0443	12.1526	4	0.0163

同样, 我们再应用 ZIDP 回归模型来分析旅游数据 (Xie et al, 2012c). μ_i 的假定与前面的 ZIGP 回归模型相同. 经过计算得 $SC_\zeta = 58.5179$ 和 $SC_\alpha = 11625$, 其 p 值都显著地小于 0.0001, 因此 ZI 参数和散度参数显著不为 0, 这点与 ZIGP 回归模型保持一致, 也说明 ZI 双泊松回归较适合拟合旅游数据. 此外, 可选择与 ZIGP 回归模型中相同的权函数, 来研究散度参数与 ZI 参数的齐性检验问题. 经计算得到统计量的值, 其结果列于表 3.7.4 中. 从表 3.7.4 中可以看出, 当协变量 z_i 中涉及变量 X_1, X_3, X_5, X_6 或 X_7 时, 检验统计量 SC_i 对应的 p 值明显小于 0.05, 表明散度参数与他们有明显关系. 同时, 从统计量 SC_{ii} 的值以及相应 p 值可以看出, ZI 参数明显与变量 X_1 和 X_4 有关, 而统计量 SC_{iii} 的值表明, 变量 X_1, X_4, X_5, X_6 同时对散度参数和 ZI 参数有显著的影响. 因此在具体建立模型当中, 我们可以结合这些有显著影响的变量得到比较合适的模型来拟合这组数据, 这显然比用 ZIGP 回归模型来拟合更复杂.

表 3.7.4 关于旅游数据的检验统计量 SC_i, SC_{ii} 和 SC_{iii} 的结果

z_i	SC_i	*df*	p 值	SC_{ii}	*df*	p 值	SC_{iii}	*df*	p 值
X_1	7.6619	1	0.0056	44.9090	1	0.0000	53.4458	2	0.0000
X_2	3.5316	1	0.0602	1.1084	1	0.2924	4.7208	2	0.0944
X_3	5.7168	1	0.0168	0.0186	1	0.8915	5.7205	2	0.0573
X_4	0.0023	1	0.9617	9.2264	1	0.0024	9.2293	2	0.0099
X_5	7.9157	1	0.0049	0.4729	1	0.4917	8.6740	2	0.0131
X_6	45.6433	1	0.0000	0.0050	1	0.9436	45.9715	2	0.0000
X_7	3.9471	1	0.0470	0.6714	1	0.4126	4.8074	2	0.0904

3.7.3 均值函数误判检验的应用

例 3.7.4 卫生保健利用数据.

为了了解卫生保健利用情况, 美国卫生保健财政管理局于 1986 年进行了为期 4 个月的调查, 具体包括卫生保健使用率、卫生状况、医疗服务满意度等一系列数据. 在本书中, 我们主要考虑来自加利福尼亚州的圣巴巴拉和图拉两个地区的子样本, 共 485 个观测值. 该数据中涉及的指标主要有医生办公室/诊所和保健中心探访次数 (响应变量 y), 家庭中儿童总数 (X_1), 受访者年龄 (X_2), 每年的家庭收入 (X_3), 健康状况中第一主成分 (X_4) 和第二主成分 (X_5), 获得医疗服务 (0 对应着低服务, 100 对应着高服务)(X_6), 种族 (X_7), 上学时间 (X_8), 是否注册 (X_9). 其中与健康状况有关的变量中功能限制、慢性疾病、急性疾病三者高度相关. 因此, 前两个主成分 X_4 和 X_5 用来作为解释变量, 并且第一主成分解释原始三个变量中 68.5%信息量, 同时与三个变量呈正相关. 关于数据的详细说明可参见 Gurmu (1997). 我们发现, 这组数据中零很多, 约占总数 49.7%, 因此是零过多数据. Gurmu (1997) 曾经应用 Hurdle 回归模型研究了这组数据, 本节应用零过多广义泊松回归模型拟合这组数据, 其中

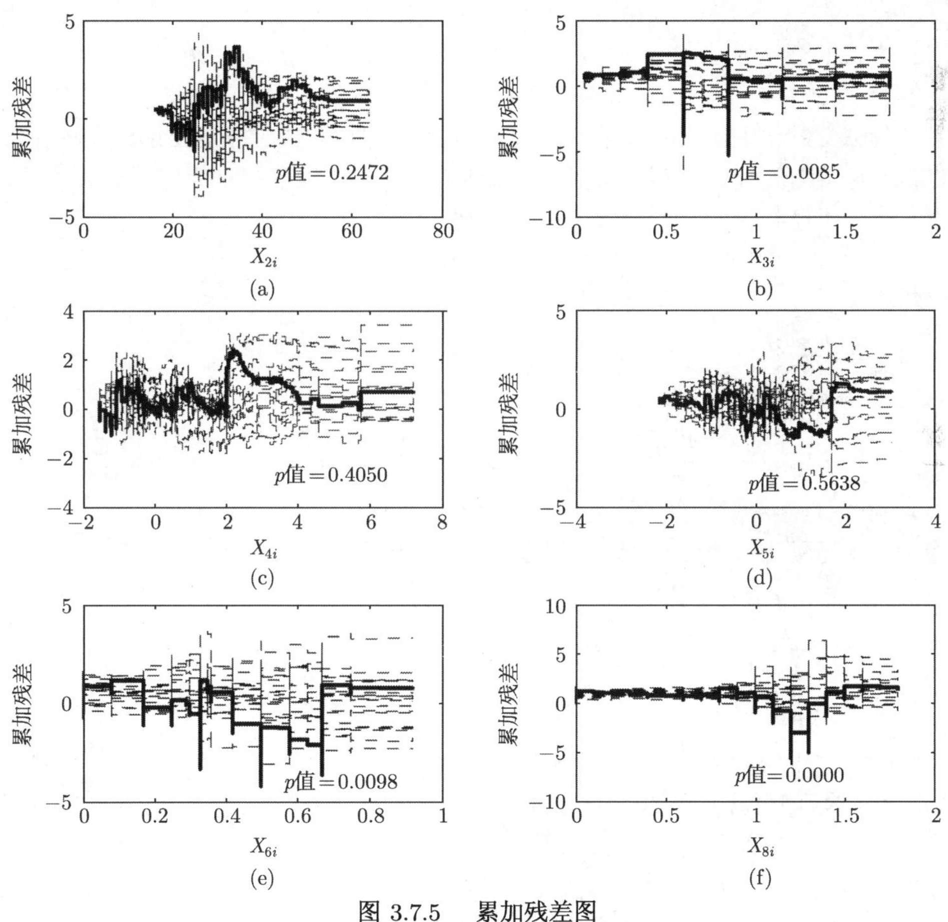

图 3.7.5 累加残差图

(a) X_2 对应的图形; (b) X_3 对应的图形; (c) X_4 对应的图形; (d) X_5 对应的图形; (e) X_6 对应的图形; (f) X_8 对应的图形

$$\begin{cases}\log\mu_i &= \beta_0+\beta_1X_{1i}+\beta_2X_{2i}+\beta_3X_{3i}+\beta_4X_{4i}\\ &\quad+\beta_5X_{5i}+\beta_6X_{6i}+\beta_7X_{7i}+\beta_8X_{8i}+\beta_9X_{9i},\\ \text{logit}\phi_i &= \gamma_0+\gamma_1X_{1i}+\gamma_2X_{2i}+\gamma_3X_{3i}+\gamma_4X_{4i}\\ &\quad+\gamma_5X_{5i}+\gamma_6X_{6i}+\gamma_7X_{7i}+\gamma_8X_{8i}+\gamma_9X_{9i}.\end{cases}$$

并且假定 $X_i=(X_{1i},\cdots,X_{9i})^{\mathrm{T}}$, $i=1,2,\cdots,485$.

现在, 利用本章的检验方法来检查所给模型中协变量函数形式和联系函数是否发生误判 (Xie et al, 2012d). 具体结果列于图 3.7.5、图 3.7.6 (这里只考虑连续解释变量), 其中图形中 $I_k(t)$ 和 $I_{g_j}(j=1,2)$ 的观测值采用黑线表示, 同时还有 20 次重复实现的结果利用虚线表示. 每个检验中的 p 值采用 10000 次重复实现得到, 具体数值也列于图中. 从图 3.7.5 (a)~(f) 中可以发现, 关于变量 X_3, X_6 和 X_8 对应累加残差图显示出异常模式, 且此时它们对应的 p 值分别为 0.0085, 0.0098 和 0.0000, 明显小于 0.05. 因此有理由认为模型中这三个协变量发生误判. 但是没有证据表明其余几个协变量发生误判. 从图 3.7.6(a), (b) 可以看出, 关于非退化部分和退化部分的联系函数的累加残差图没有显示出异常模式, 并且对应的 p 值也明显大于 0.1. 这些证据说明模型中的联系函数未发生误判.

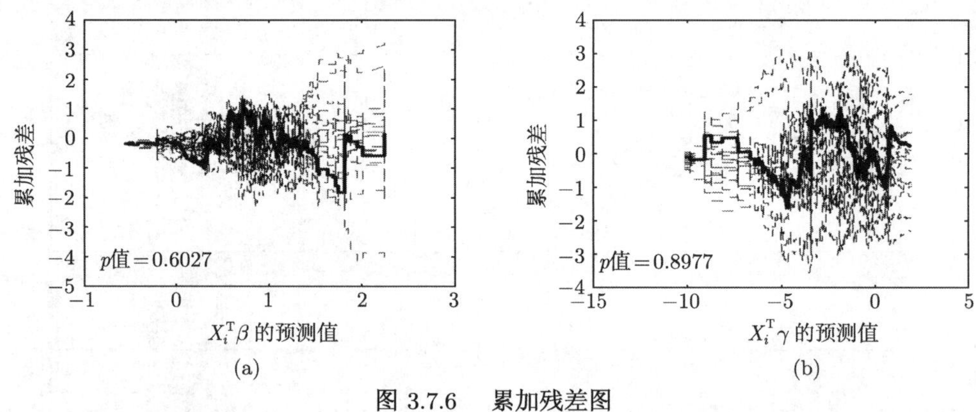

图 3.7.6 累加残差图

(a) 联系函数 $g_1(\mu_i)=X_i^{\mathrm{T}}\beta$ 对应的图形; (b) 联系函数 $g_2(\phi_i)=X_i^{\mathrm{T}}\gamma$ 对应的图形

将可能发生误判的协变量 X_6 变换成 $X_6^*=\exp(5X_6^2)$, 并用 X_6^* 取代变量 X_6 参与建模. 然后, 再次利用本章的检验方法来检查模型中协变量函数形式和联系函数是否发生误判. 结果列于图 3.7.7、图 3.7.8 中. 图 3.7.7 表明, 前面检测出有误判的协变量 X_3, X_6 和 X_8 此时有了显著改善, 它们对应的 p 值分别为 0.0760, 0.3112 和 0.0915, 都大于 0.05. 另外, 其余的协变量和联系函数对应的 p 值都大于原来的数值. 这些证据表明, 此时模型中协变量和联系函数都没有发生误判.

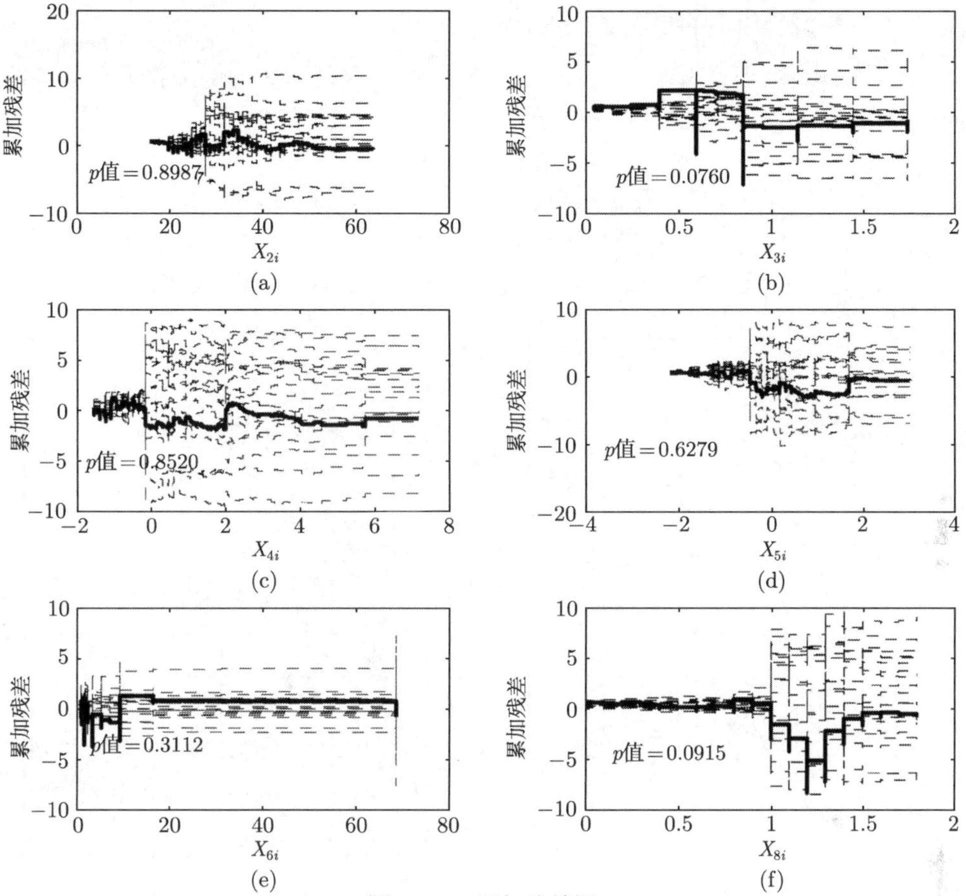

图 3.7.7 累加残差图

(a) x_2 对应的图形; (b) x_3 对应的图形; (c) x_4 对应的图形; (d) x_5 对应的图形; (e) x_6 对应的图形; (f) x_8 对应的图形

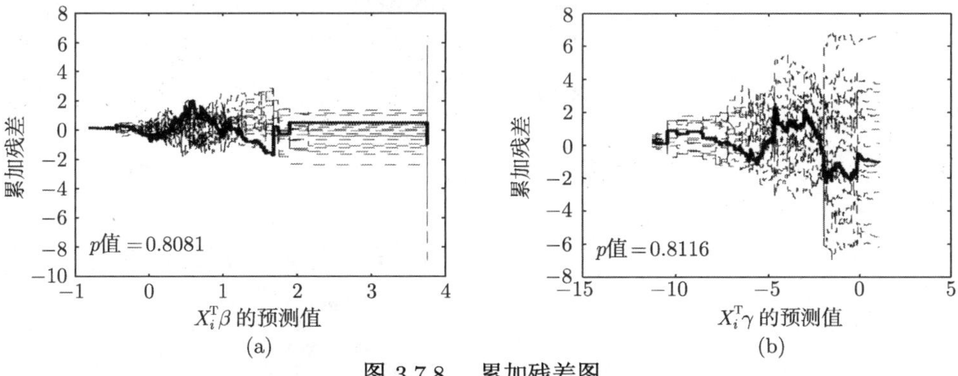

图 3.7.8 累加残差图

(a) 联系函数 $g_1(\mu_i)=X_i^{\mathrm{T}}\beta$ 对应的图形; (b) 联系函数 $g_2(\phi_i)=X_i^{\mathrm{T}}\gamma$ 对应的图形

例 3.7.5 医院门诊数据(续例 3.7.1).

在例 3.7.1 中, 我们基于 ZIGP 回归模型 (3.7.1) 研究了这组数据的影响诊断问题, 现在利用本章的检验方法来检查所给模型中协变量函数形式 (这里考虑非示性变量 X_1, X_3, X_6, X_7) 和联系函数是否发生误判 (Xie et al, 2012d). 记 $X_i=(X_{1i},\cdots,X_{8i})^{\mathrm{T}}$. 经过计算, 具体结果列于图 3.7.9 和图 3.7.10 中, 其中图形中 $I_k(t)$ 和 $I_{g_i}(i=1,2)$ 的观测值采用黑实线表示, 同时还有 20 次重复实现的结果利用虚线表示. 每个检验中的 p 值采用 10000 次重复实现得到, 具体数值也列于图中.

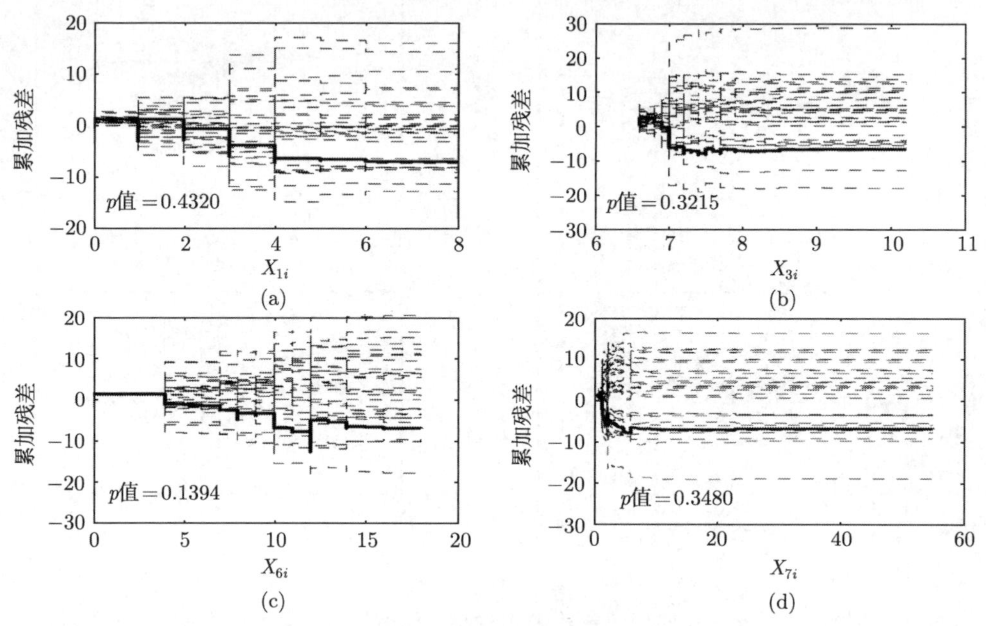

图 3.7.9 累加残差

(a) X_1 对应的图形; (b) X_3 对应的图形; (c) X_6 对应的图形; (d) X_7 对应的图形

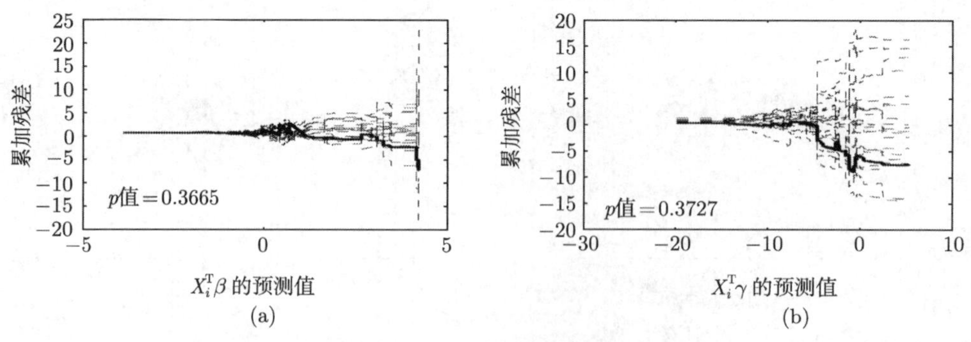

图 3.7.10 累加残差图

(a) 联系函数 $g_1(\mu_i)=X_i^{\mathrm{T}}\beta$ 对应的图形; (b) 联系函数 $g_2(\phi_i)=X_i^{\mathrm{T}}\gamma$ 对应的图形

从图 3.7.9 和图 3.7.10 中可以发现累加残差图未显示出异常模式, 且他们对应的 p 值都明显大于 0.05. 因此有理由认为模型中协变量函数形式和联系函数未发生误判.

3.8 小　结

本章首先介绍了广义 ZI 泊松回归模型的若干统计分析问题, 给出了模型的参数估计及其算法; 介绍了基于数据删除模型和局部影响分析方法的统计诊断; 研究了模型中 ZI 参数和散度参数的存在性检验和齐性检验问题; 并基于累加残差方法探讨了均值函数的误判检验问题. 最后, 通过随机模拟和实际数据说明了本章的方法和相应统计量的有效性及其应用价值. 但是, 关于零过多数据以及相应模型, 还有许多有待进一步研究的问题, 下面列举其中一些供有兴趣的读者参考.

1. 检验统计量的极限分布与检验功效

关于参数的存在性检验和齐性检验统计量的极限分布, 在已有的文献中, 通常都假定相应的似然函数满足一定的正则条件 (Cox and Hinkley, 1974), 因而在样本容量充分大时, 检验的 score 统计量渐近地服从 χ^2 分布. 但是, Hall 和 Preatgard (2001) 认为, 在某些情形下, 检验统计量的极限分布应为混合 χ^2 分布. 关于本章所得的检验统计量, 其渐近分布还有待进一步深入研究.

关于检验统计量的功效, 由于参数的存在性检验和齐性检验的功效函数难以得到, 这方面的研究文献甚少. 目前, 随机模拟是评价相应检验统计量功效的主要方法, 大多数文献都只提供随机模拟的结果, 这也是有待进一步深入研究的问题.

2. 模型的误判检验

本章主要基于累加残差方法研究了模型中均值函数的误判检验问题, 具体包括协变量形式以及联系函数形式的误判检验, 得到了一系列检验统计量, 并研究了它们在零假设下的渐近分布 (解锋昌, 2011). 除了利用累加残差方法研究模型误判检验外, 信息阵方法也得到了许多研究者的重视, White (1982) 曾利用该方法研究了模型的误判检验问题, 其基本思想如下: 记模型中参数 θ 的对数似然函数为 $l(y;\theta)$, 若有关模型的假定未出现误判, 则下面信息阵等式成立 (韦博成, 2006):

$$E\left[\frac{\partial l(y;\theta)}{\partial\theta}\frac{\partial l(y;\theta)}{\partial\theta^{\mathrm{T}}}\right]=E\left[-\frac{\partial^2 l(y;\theta)}{\partial\theta\partial\theta^{\mathrm{T}}}\right].$$

若上述等式不成立, 则说明模型的某些假定可能出现误判. 基于这一点, 很多作者研究了相应模型的误判检验问题 (Chesher, 1983; Lancaster, 1985; Capanu and Presnell, 2008). 如何利用信息阵方法探讨 ZI 模型的误判检验问题还需详细研究.

3. 半参数 ZI 模型的统计分析

Lam et al (2006a, 2006b) 研究了半参数 ZIP 模型, 其混合分布仍然如式 (2.1.1) 所示, 但模型中含有非参数项如下:

$$\begin{cases} \log(\lambda) = X^{\mathrm{T}}\beta + h(t), \\ \operatorname{logit}(\phi) = W^{\mathrm{T}}\gamma, \end{cases}$$

其中 $h(\cdot)$ 是未知的光滑函数, t 是连续的可观测的解释变量. 他们在一定条件下研究了该模型的参数估计方法以及估计量的渐近性质.

Lam 等仅讨论了基本的 ZIP 模型, 对于本章讨论的广义 ZI 泊松模型 (以及其他更复杂的 ZI 数据模型), 亦可考虑半参数回归模型, 其一般形式：假定响应变量 y 服从模型 (3.1.1), 同时假定模型中都含有非参数项, 因而可表示为

$$\begin{cases} g_1(\mu) = X^{\mathrm{T}}\beta + h_1(t), \\ g_2(\phi) = W^{\mathrm{T}}\gamma + h_2(t), \end{cases}$$

其中 $h_1(\cdot)$ 和 $h_2(\cdot)$ 是未知的光滑函数. 关于这类半参数 ZI 模型, 其参数估计、渐近性质、影响诊断以及相应的假设检验等问题都有待进一步深入系统地研究.

4. 多元 ZI 模型的统计分析

本书主要介绍一元 ZI 模型的统计分析, 但是实际问题中, 零过多数据亦可能呈现多元化情形 (Li et al, 1999; Wang et al, 2003; Wang, 2003; Gurmu and Elder, 2008). 其中比较简单的是二元 ZI 模型, 下面简单介绍一下最基本的二元 ZIP 模型 (Wang et al, 2003). 假定二元随机变量 (Y_1, Y_2) 概率函数为

$$P(Y_1 = 0, Y_2 = 0) = \phi + (1-\phi)\exp(-\lambda),$$

$$P(Y_1 = y_1, Y_2 = y_2) = (1-\phi)\sum_{r=0}^{\min(y_1,y_2)} \frac{\lambda_1^{y_1-r}\lambda_2^{y_2-r}\lambda_0^{r}}{(y_1-r)!(y_2-r)!r!}\exp(-\lambda), \quad y_1 \neq 0 \text{ 或 } y_2 \neq 0,$$

其中 ϕ 为 ZI 参数, $\lambda = \lambda_1 + \lambda_2 + \lambda_0$. 类似于一元 ZI 模型, 该模型相应的分布也可以看做二元泊松分布和取值为零的退化分布组成的混合分布. 另外, 类似于一元 ZI 回归模型, 亦可引入协变量, 考虑二元 ZI 回归模型, 这时

$$\log\left(\frac{\phi}{1-\phi}\right) = W^{\mathrm{T}}\gamma,$$

$$\log(\lambda_k) = X_k^{\mathrm{T}}\beta_k, \quad k = 0, 1, 2,$$

其中 W 和 X_k $(k = 0, 1, 2)$ 为协变量, γ 和 β_k $(k = 0, 1, 2)$ 为回归系数, 从而得到相应的回归模型. 对于本章讨论的广义 ZI 泊松模型 (以及其他更复杂的 ZI 数据模型), 亦可考虑二元, 甚至多元 ZI 回归模型及其各种统计分析问题, 这些都有待进一步研究.

第 4 章　广义 ZI 泊松随机效应模型的统计分析

在许多领域的数据 (包括计数数据) 分析中, 来自同一个体在不同时间、空间等条件下的数据近年来受到各方面的广泛关注, 这类数据通常称为重复测量数据 (Davidian and Giltinan, 1995; Diggle et al, 2002). 这时, 组内与组间相比, 组内常是相关的. 为正确评价响应变量与协变量之间关系, 必须考虑组内的相依性, 否则就可能导致错误结论 (Breslow, 1984). 为此, 人们常选择随机效应模型, 主要是因为随机效应可以反映个体之间的差异. 对重复测量的计数数据, 随机效应模型也受到广泛的重视, 例如, Breslow (1984) 研究了随机效应 Poisson 模型; Thall (1992) 利用 Poisson-Gamma 回归模型分析纵向区间计数数据; Siddiqui (1996) 利用泊松随机效应回归模型处理分组计数数据; Hall 和 Wang (2005) 研究了两成分的广义线性混合效应模型的参数估计; Xiang 等 (2005) 研究了两成分泊松随机效应模型的影响诊断问题; 林金官 (2002) 还研究了基于纵向数据的离散型指数族非线性模型的变离差检验问题; 等等.

最近, 为了能够同时拟合含零较多和重复测量的计数数据, 很多作者将随机效应引入零过多模型, 从而构成相应的零过多随机效应模型 (Hall, 2000; Olsen and Schafer, 2001; Yau and Lee, 2001; Wang et al, 2002; Berk and Lachenbruch, 2002; Hur et al, 2002; Yau et al, 2003; Wang, 2004; Xiang et al, 2006, 2007; 韦博成和解锋昌, 2006; Lee et al, 2006; Xie et al, 2008, 2009c). 由于随机效应的存在, 使得模型变得十分复杂, 参数估计难度加大. 目前, 文献中出现的参数估计方法主要有 Laplace 近似法、EM 高斯求积法、EM 约束极大似然法以及 MCEM 法等. 在参数估计的基础上, 一些作者对 ZI 随机效应模型进行了进一步的统计分析, Hall 和 Berenhaut (2002) 利用 Laplace 展开研究了 ZIP 模型和 ZIB 模型中随机效应的显著性检验; Xiang 等 (2006) 研究了 ZIP 随机效应模型中 ZI 参数的检验; Lee 等 (2006) 和 Moghimbeigi 等 (2009) 研究了多层 ZIP 模型中 ZI 参数的检验; Xie 等 (2009c, 2012e, 2012f, 2012g) 分别研究了广义 ZI 泊松随机效应模型中 ZI 参数检验、散度参数检验、回归系数检验以及方差成分检验等问题; Xie 等 (2008) 还基于数据删除模型 (Cook, 1977) 和局部影响分析方法 (Cook, 1986) 研究了广义 ZI 泊松随机效应模型的统计诊断问题.

本章介绍广义 ZI 泊松随机效应模型的若干统计分析问题, 同时结合具体的广义泊松 (GP) 分布和双泊松 (DP) 分布进行讨论 (解锋昌, 2011). 4.1 节基于最佳线性无偏预测型对数似然函数, 介绍模型的参数估计方法; 在此基础上, 4.2 节基于数据删除方法研究模型的影响诊断; 4.3 节基于局部影响分析方法研究模型的影响诊断问题; 4.4 节研究模型中 ZI 参数的显著性检验; 4.5 节基于最佳线性无偏预测型对数似然函数, 研究模型的散度参数和回归系数的 score 检验; 4.6 节研究模型的方差成分检验; 4.7 节基于累加残差方法研究模型中均值函数的误判检验; 4.8 节基于随机模拟方法说明本章所得统计量的有效性; 4.9 节结合实际问题说明本章所介绍的方法与结果的应用价值.

4.1 广义 ZI 泊松随机效应模型及其参数估计

4.1.1 广义 ZI 泊松随机效应模型

假定响应变量 Y_{ij} 具有如下形式的一般广义 ZI 泊松随机效应模型:

$$P(Y_{ij}=y_{ij}|b_i)=\begin{cases}\phi_{ij}+(1-\phi_{ij})f(0;\mu_{ij},\alpha), & y_{ij}=0,\\ (1-\phi_{ij})f(y_{ij};\mu_{ij},\alpha), & y_{ij}=1,2,\cdots,\end{cases}\tag{4.1.1}$$

其中 ϕ_{ij} 和 μ_{ij}(类似于第 2 章) 有以下关系:

$$\begin{cases}g_1(\mu_{ij})=X_{ij}^{\mathrm{T}}\beta+Z_{1,ij}^{\mathrm{T}}b_{1i}, & g_1(\mu)=\log\mu,\\ g_2(\phi_{ij})=W_{ij}^{\mathrm{T}}\gamma+Z_{2,ij}^{\mathrm{T}}b_{2i}, & g_2(\phi)=\mathrm{logit}(\phi),\end{cases}\tag{4.1.2}$$

其中参数 α 为分布 $f(y_{ij};\mu_{ij},\alpha)$ 的散度参数. 类似于第 3 章, 假定存在唯一的 α_0, 当 $\alpha=\alpha_0$ 时, 模型 (4.1.1)~(4.1.2) 退化成普通的 ZI 泊松随机效应模型; 且当 $\alpha>\alpha_0$ 时, 分布 $f(y_{ij};\mu_{ij},\alpha)$ 中存在偏大 (或偏小) 离差; 当 $\alpha<\alpha_0$ 时, 分布 $f(y_{ij};\mu_{ij},\alpha)$ 中存在偏小 (或偏大) 离差. 因此, ZINB, ZIGP, ZIDP 随机效应模型可看作其特例. y_{ij} $(i=1,\cdots,n;j=1,\cdots,n_i)$ 为第 i 个个体第 j 次观测的响应变量 Y_{ij} 的观测值, $b_i=(b_{1i}^{\mathrm{T}},\ b_{2i}^{\mathrm{T}})^{\mathrm{T}}$ 为随机效应. 记 $Y_i=(Y_{i1},\cdots,Y_{in_i})^{\mathrm{T}}$, $y_i=(y_{i1},\cdots,y_{in_i})^{\mathrm{T}}$, 本文假定 $b_1,\cdots,b_n$ 相互独立, $Y_1|b_1,\cdots,Y_n|b_n$ 相互条件独立, $Y_{i1}|b_i,\cdots,Y_{in_i}|b_i$ 相互条件独立, $g_1(\cdot)$ 和 $g_2(\cdot)$ 是已知的二阶可微的联系函数. 本书取 $g_1(\mu)=\log\mu$, $g_2(\phi)=\mathrm{logit}(\phi)$, X_{ij} 和 W_{ij} 分别为 $p_1\times 1$ 和 $p_2\times 1$ 固定效应协变量, $Z_{1,ij}$ 和 $Z_{2,ij}$ 分别为 $p_3\times 1$ 和 $p_4\times 1$ 随机效应协变量, β 和 γ 是定义在紧集上的 $p_1\times 1$ 和 $p_2\times 1$ 未知参数向量. 随机效应 b_i 服从正态分布 $N(0,\Sigma_i)$, 其中 Σ_i 为 $(p_3+p_4)\times(p_3+p_4)$ 阶未知正定矩阵. 在一般情况下, 可允许 b_i 具有不同的协方差阵, 但是模型的参数太多可导致参数估计算法的收敛性较差, 甚至有时不可识别. 因此在实际问题中常常假定 b_i 具有相同的协方差阵, 即对一切 i 有 $\Sigma_i=\Sigma$, 这样可大大减少模型的未知参数个数. 另外, 已见到的研究 ZI 随机效应模型的文献基本上都假定两部分随机效应 b_{1i} 和 b_{2i} 相互独立, 本书也同样采用这个假定. 于是, 我们假定 $\Sigma=\mathrm{diag}(\Sigma_1,\Sigma_2)$, 即 $b_{1i}\sim N(0,\Sigma_1)$, $b_{2i}\sim N(0,\Sigma_2)$, 并且假定 $\Sigma_1=\Sigma_1(\nu_1)$, $\Sigma_2=\Sigma_2(\nu_2)$, 即 Σ_1, Σ_2

分别受未知参数向量 ν_1, ν_2 控制, 这里的 ν_1, ν_2 分别是 $p_5 \times 1$ 和 $p_6 \times 1$ 未知方差成分参数, 且假定 Σ_1, Σ_2 分别关于 ν_1 和 ν_2 二阶可导.

读者可能已经发现, 对于上述随机效应模型, 假设条件相当繁多, 这说明模型本身比较复杂; 但是也说明随机效应模型的研究还不够深入, 人们不得不增设许多附加条件, 以便能够得到相应的结果. 事实上, 随机效应模型的发展还不够成熟, 很多问题有待进一步的探索和研究.

4.1.2 一般参数估计

根据模型 (4.1.1)~(4.1.2), 在给定随机效应条件 b_i 下有

$$P(Y_{ij} = y_{ij}|b_i) = [\phi_{ij} + (1-\phi_{ij})f(0;\mu_{ij},\alpha)]^{I\{y_{ij}=0\}}[(1-\phi_{ij})f(y_{ij};\mu_{ij},\alpha)]^{I\{y_{ij}>0\}},$$

于是可得 Y_i 的边缘概率函数

$$P(Y_i = y_i) = \int \prod_{j=1}^{n_i} P(Y_{ij} = y_{ij}|b_i)\mathrm{d}F(b_i),$$

其中 $F(b_i)$ 是随机效应 b_i 的概率分布函数. 进一步, 可得以下边缘对数似然函数:

$$l(\theta) = \sum_{i=1}^{n} \log P(Y_i = y_i) = \sum_{i=1}^{n} \log \int \prod_{j=1}^{n_i} P(Y_{ij} = y_{ij}|b_i)\mathrm{d}F(b_i),$$

其中 $\theta = (\alpha, \beta^{\mathrm{T}}, \gamma^{\mathrm{T}}, \nu_1^{\mathrm{T}}, \nu_2^{\mathrm{T}})^{\mathrm{T}}$. 但是, 上式涉及复杂的高维积分, 而且一般得不到显式表达式. 因此, 若从此时的边缘对数似然函数 $l(\theta)$ 出发进行参数估计和假设检验等统计推断问题, 则将会很困难且很复杂. 为了避免复杂的高维积分, 下面将利用最佳线性无偏预测 (BLUP) 型对数似然 (Speed, 1991; McGilchrist and Yau, 1995; Kim et al, 2012), 并结合约束极大似然 (REML) 方法 (McGilchrist and Yau, 1995; Lai and Yau, 2009) 来估计参数. 这时, Gauss-Newton 迭代法和 EM 算法仍然是参数估计的基本求解方法.

基于广义线性混合效应模型 (GLMM) 方法 (McGilchrist, 1994), BLUP 型对数似然函数可表示为

$$l(\theta_c) = l_1 + l_2, \tag{4.1.3}$$

其中 $\theta_c = (\alpha, \beta^{\mathrm{T}}, \gamma^{\mathrm{T}}, b_1^{\mathrm{T}}, b_2^{\mathrm{T}})^{\mathrm{T}}$, $b_1 = (b_{11}^{\mathrm{T}}, \cdots, b_{1n}^{\mathrm{T}})^{\mathrm{T}}$, $b_2 = (b_{21}^{\mathrm{T}}, \cdots, b_{2n}^{\mathrm{T}})^{\mathrm{T}}$, 且有

$$l_1 = -\sum_{ij} \log[1+\exp(\xi_{ij})] + \sum_{ij} I_{\{y_{ij}=0\}} \log[\exp(\xi_{ij}) + f_{0ij}] + \sum_{ij} I_{\{y_{ij}>0\}} T_{ij},$$

$$\begin{aligned} l_2 = & -\frac{np_3}{2}\log 2\pi - \frac{n}{2}\log|\Sigma_1| - \frac{1}{2}\sum_{i=1}^{n} b_{1i}^{\mathrm{T}}\Sigma_1^{-1}b_{1i} \\ & -\frac{np_4}{2}\log 2\pi - \frac{n}{2}\log|\Sigma_2| - \frac{1}{2}\sum_{i=1}^{n} b_{2i}^{\mathrm{T}}\Sigma_2^{-1}b_{2i}, \end{aligned}$$

其中 $\xi_{ij}=\text{logit}(\phi_{ij})$, $f_{0ij}=f(0;\mu_{ij},\alpha)$, $T_{ij}=\log f(y_{ij};\mu_{ij},\alpha)$. 此时, 对数似然函数 l 可以在随机效应 $b_i(i=1,\cdots,n)$ 固定情况下将 l_2 看作对 l_1 的惩罚. 给定方差成分 ν_1 和 ν_2 情况下, 通过极大化 BLUP 型对数似然函数 $l(\theta_c)$ 得到参数 θ_c 的估计, 这里, 我们也将随机效应 $b_i=(b_{1i}^{\mathrm{T}},b_{2i}^{\mathrm{T}})^{\mathrm{T}}$ 视为参数, 并给出其估计. 为此, 根据 BLUP 型对数似然函数 (4.1.3) 可以得到下面的关于参数的 score 函数:

$$
\begin{aligned}
U_\alpha&=\sum_{ij}\left\{I_{\{y_{ij}=0\}}d_{1ij}\frac{\partial f_{0ij}}{\partial\alpha}+I_{\{y_{ij}>0\}}\frac{\partial T_{ij}}{\partial\alpha}\right\},\\
U_\beta&=\sum_{ij}\left\{I_{\{y_{ij}=0\}}d_{1ij}\frac{\partial f_{0ij}}{\partial\beta}+I_{\{y_{ij}>0\}}\frac{\partial T_{ij}}{\partial\beta}\right\},\\
U_\gamma&=\sum_{ij}\left\{-\frac{\exp(\xi_{ij})}{1+\exp(\xi_{ij})}W_{ij}+I_{\{y_{ij}=0\}}\frac{\exp(\xi_{ij})}{\exp(\xi_{ij})+f_{0ij}}W_{ij}\right\},\\
U_{b_{1i}}&=\sum_{j}\left\{I_{\{y_{ij}=0\}}d_{1ij}\frac{\partial f_{0ij}}{\partial b_{1i}}+I_{\{y_{ij}>0\}}\frac{\partial T_{ij}}{\partial b_{1i}}\right\}-\Sigma_1^{-1}b_{1i},\\
U_{b_{2i}}&=\sum_{j}\left\{-\frac{\exp(\xi_{ij})}{1+\exp(\xi_{ij})}Z_{2,ij}+I_{\{y_{ij}=0\}}\frac{\exp(\xi_{ij})}{\exp(\xi_{ij})+f_{0ij}}Z_{2,ij}\right\}-\Sigma_2^{-1}b_{2i},
\end{aligned}
$$

其中 $d_{1ij}=1/(\exp(\xi_{ij})+f_{0ij})$, 记 $U(\theta_c)=(U_\alpha,U_\beta^{\mathrm{T}},U_\gamma^{\mathrm{T}},U_{b_1}^{\mathrm{T}},U_{b_2}^{\mathrm{T}})^{\mathrm{T}}$, 这里 $U_{b_1}=(U_{b_{11}}^{\mathrm{T}},\cdots,U_{b_{1n}}^{\mathrm{T}})^{\mathrm{T}}$, $U_{b_2}=(U_{b_{21}}^{\mathrm{T}},\cdots,U_{b_{2n}}^{\mathrm{T}})^{\mathrm{T}}$.

另外, 通过计算, 根据 BLUP 型对数似然函数 (4.1.3) 得到二阶导数

$$
\begin{aligned}
\frac{\partial^2 l}{\partial\alpha^2}&=\sum_{ij}\left\{-I_{\{y_{ij}=0\}}d_{1ij}^2\left(\frac{\partial f_{0ij}}{\partial\alpha}\right)^2+I_{\{y_{ij}=0\}}d_{1ij}\frac{\partial^2 f_{0ij}}{\partial\alpha^2}+I_{\{y_{ij}>0\}}\frac{\partial^2 T_{ij}}{\partial\alpha^2}\right\},\\
\frac{\partial^2 l}{\partial\alpha\partial\beta^{\mathrm{T}}}&=\sum_{ij}\left\{-I_{\{y_{ij}=0\}}d_{1ij}^2\frac{\partial f_{0ij}}{\partial\alpha}\frac{\partial f_{0ij}}{\partial\beta^{\mathrm{T}}}+I_{\{y_{ij}=0\}}d_{1ij}\frac{\partial^2 f_{0ij}}{\partial\alpha\partial\beta^{\mathrm{T}}}+I_{\{y_{ij}>0\}}\frac{\partial^2 T_{ij}}{\partial\alpha\partial\beta^{\mathrm{T}}}\right\},\\
\frac{\partial^2 l}{\partial\alpha\partial\gamma^{\mathrm{T}}}&=\sum_{ij}\left\{-I_{\{y_{ij}=0\}}d_{1ij}^2\exp(\xi_{ij})\frac{\partial f_{0ij}}{\partial\alpha}W_{ij}^{\mathrm{T}}\right\},\\
\frac{\partial^2 l}{\partial\alpha\partial b_{1i}^{\mathrm{T}}}&=\sum_{j}\left\{-I_{\{y_{ij}=0\}}d_{1ij}^2\frac{\partial f_{0ij}}{\partial\alpha}\frac{\partial f_{0ij}}{\partial b_{1i}^{\mathrm{T}}}+I_{\{y_{ij}=0\}}d_{1ij}\frac{\partial^2 f_{0ij}}{\partial\alpha\partial b_{1i}^{\mathrm{T}}}+I_{\{y_{ij}>0\}}\frac{\partial^2 T_{ij}}{\partial\alpha\partial b_{1i}^{\mathrm{T}}}\right\},\\
\frac{\partial^2 l}{\partial\alpha\partial b_{2i}^{\mathrm{T}}}&=\sum_{j}\left\{-I_{\{y_{ij}=0\}}d_{1ij}^2\exp(\xi_{ij})\frac{\partial f_{0ij}}{\partial\alpha}Z_{2,ij}^{\mathrm{T}}\right\},\\
\frac{\partial^2 l}{\partial\beta\partial\beta^{\mathrm{T}}}&=\sum_{ij}\left\{-I_{\{y_{ij}=0\}}d_{1ij}^2\frac{\partial f_{0ij}}{\partial\beta}\frac{\partial f_{0ij}}{\partial\beta^{\mathrm{T}}}+I_{\{y_{ij}=0\}}d_{1ij}\frac{\partial^2 f_{0ij}}{\partial\beta\partial\beta^{\mathrm{T}}}+I_{\{y_{ij}>0\}}\frac{\partial^2 T_{ij}}{\partial\beta\partial\beta^{\mathrm{T}}}\right\},\\
\frac{\partial^2 l}{\partial\beta\partial\gamma^{\mathrm{T}}}&=\sum_{ij}\left\{-I_{\{y_{ij}=0\}}d_{1ij}^2\exp(\xi_{ij})\frac{\partial f_{0ij}}{\partial\beta}W_{ij}^{\mathrm{T}}\right\},
\end{aligned}
$$

$$\frac{\partial^2 l}{\partial\beta\partial b_{1i}^{\mathrm{T}}}=\sum_j\left\{-I_{\{y_{ij}=0\}}d_{1ij}^2\frac{\partial f_{0ij}}{\partial\beta}\frac{\partial f_{0ij}}{\partial b_{1i}^{\mathrm{T}}}+I_{\{y_{ij}=0\}}d_{1ij}\frac{\partial^2 f_{0ij}}{\partial\beta\partial b_{1i}^{\mathrm{T}}}+I_{\{y_{ij}>0\}}\frac{\partial^2 T_{ij}}{\partial\beta\partial b_{1i}^{\mathrm{T}}}\right\},$$

$$\frac{\partial^2 l}{\partial\beta\partial b_{2i}^{\mathrm{T}}}=\sum_j\left\{-I_{\{y_{ij}=0\}}d_{1ij}^2\exp(\xi_{ij})\frac{\partial f_{0ij}}{\partial\beta}Z_{2,ij}^{\mathrm{T}}\right\},$$

$$\frac{\partial^2 l}{\partial\gamma\partial\gamma^{\mathrm{T}}}=\sum_{ij}\left\{-\frac{\exp(\xi_{ij})}{(1+\exp(\xi_{ij}))^2}W_{ij}W_{ij}^{\mathrm{T}}+I_{\{y_{ij}=0\}}d_{1ij}^2\exp(\xi_{ij})f_{0ij}W_{ij}W_{ij}^{\mathrm{T}}\right\},$$

$$\frac{\partial^2 l}{\partial\gamma\partial b_{1i}^{\mathrm{T}}}=\sum_j\left\{-I_{\{y_{ij}=0\}}d_{1ij}^2\exp(\xi_{ij})W_{ij}\frac{\partial f_{0ij}}{\partial b_{1i}^{\mathrm{T}}}\right\},$$

$$\frac{\partial^2 l}{\partial\gamma\partial b_{2i}^{\mathrm{T}}}=\sum_j\left\{-\frac{\exp(\xi_{ij})}{(1+\exp(\xi_{ij}))^2}W_{ij}Z_{2,ij}^{\mathrm{T}}+I_{\{y_{ij}=0\}}d_{1ij}^2\exp(\xi_{ij})f_{0ij}W_{ij}Z_{2,ij}^{\mathrm{T}}\right\},$$

$$\frac{\partial^2 l}{\partial b_{1i}\partial b_{1i}^{\mathrm{T}}}=\sum_j\left\{-I_{\{y_{ij}=0\}}d_{1ij}^2\frac{\partial f_{0ij}}{\partial b_{1i}}\frac{\partial f_{0ij}}{\partial b_{1i}^{\mathrm{T}}}+I_{\{y_{ij}=0\}}d_{1ij}\frac{\partial^2 f_{0ij}}{\partial b_{1i}\partial b_{1i}^{\mathrm{T}}}+I_{\{y_{ij}>0\}}\frac{\partial^2 T_{ij}}{\partial b_{1i}\partial b_{1i}^{\mathrm{T}}}\right\}$$
$$-\Sigma_1^{-1},$$

$$\frac{\partial^2 l}{\partial b_{1i}\partial b_{2i}^{\mathrm{T}}}=\sum_j\left\{-I_{\{y_{ij}=0\}}d_{1ij}^2\exp(\xi_{ij})\frac{\partial f_{0ij}}{\partial b_{1i}}Z_{2,ij}^{\mathrm{T}}\right\},$$

$$\frac{\partial^2 l}{\partial b_{2i}\partial b_{2i}^{\mathrm{T}}}=\sum_j\left\{-\frac{\exp(\xi_{ij})}{(1+\exp(\xi_{ij}))^2}Z_{2,ij}Z_{2,ij}^{\mathrm{T}}+I_{\{y_{ij}=0\}}d_{1ij}^2\exp(\xi_{ij})f_{0ij}Z_{2,ij}Z_{2,ij}^{\mathrm{T}}\right\}-\Sigma_2^{-1},$$

于是, 由上面的二阶导数得到观测信息阵 $I(\theta_c)=-\partial^2 l/\partial\theta_c\partial\theta_c^{\mathrm{T}}$, 则根据 Gauss-Newton 迭代法可得参数 θ_c 的迭代公式

$$\widehat{\theta}_c^{(t+1)}=\widehat{\theta}_c^{(t)}+I^{-1}\left(\widehat{\theta}_c^{(t)}\right)U\left(\widehat{\theta}_c^{(t)}\right), \tag{4.1.4}$$

其中 (t) 表示迭代过程的第 t 步. 在迭代过程中, 假定方差成分 ν_1 和 ν_2 是给定的, 而实际上它们往往是未知的, 需要估计. 根据 REML (McGilchrist and Yau, 1995; Lai and Yau, 2009)

$$l_{\mathrm{REML}}=l(\theta_c)-\frac{1}{2}\log|I(\theta_c)/2\pi|,$$

可以得到估计方程

$$n\mathrm{tr}\left(\Sigma_1^{-1}\dot{\Sigma}_1\right)-\sum_{i=1}^n b_{1i}^{\mathrm{T}}\Sigma_1^{-1}\dot{\Sigma}_1\Sigma_1^{-1}b_{1i}-\mathrm{tr}\left(\Sigma_1^{-1}\dot{\Sigma}_1\Sigma_1^{-1}I^{b_1b_1}\right)=0 \tag{4.1.5}$$

和

$$n\mathrm{tr}\left(\Sigma_2^{-1}\dot{\Sigma}_2\right)-\sum_{i=1}^n b_{2i}^{\mathrm{T}}\Sigma_2^{-1}\dot{\Sigma}_2\Sigma_2^{-1}b_{2i}-\mathrm{tr}\left(\Sigma_2^{-1}\dot{\Sigma}_2\Sigma_2^{-1}I^{b_2b_2}\right)=0, \tag{4.1.6}$$

其中 $I^{b_1b_1}$ 和 $I^{b_2b_2}$ 是观测信息阵 $I(\theta_c)$ 逆阵相应于 b_1 和 b_2 的分块阵, $\Sigma_1=\Sigma_1(\nu_1)$, $\Sigma_2=\Sigma_2(\nu_2)$. 显然, 我们无法得到 ν_1 和 ν_2 参数估计的解析解, 但可以根据 Gauss-Newton 迭代法求解 (解锋昌, 2011; Xie et al, 2009c).

4.1.3 EM 算法

4.1.2 小节中, 基于 BLUP 型对数似然函数和 REML 方法, 给出了广义 ZI 泊松随机效应模型的参数估计, 然而, 此时参数的维数太高, 估计不易收敛且不太稳定, 为此, 下面基于 BLUP 型对数似然函数, 结合 EM 算法给出参数的估计方法 (解锋昌, 2011; Xie et al, 2009c).

首先引入随机变量 u_{ij}, 如果 Y_{ij} 来自于退化的零分布, 令 $u_{ij}=1$, 否则令 $u_{ij}=0$. 于是, 基于完全数据的 BLUP 型对数似然函数为 $l_c=l_\xi+l_\eta$, 其中

$$
\begin{aligned}
l_\eta &= \sum_{ij}(1-u_{ij})T_{ij}-\frac{np_3}{2}\log 2\pi-\frac{n}{2}\log|\Sigma_1|-\frac{1}{2}\sum_{i=1}^{n}b_{1i}^{\mathrm{T}}\Sigma_1^{-1}b_{1i},\\
l_\xi &= \sum_{ij}[u_{ij}\xi_{ij}-\log(1+\exp(\xi_{ij}))]-\frac{np_4}{2}\log 2\pi-\frac{n}{2}\log|\Sigma_2|-\frac{1}{2}\sum_{i=1}^{n}b_{2i}^{\mathrm{T}}\Sigma_2^{-1}b_{2i}.
\end{aligned}
$$

在随机效应给定条件下, 对完全数据似然函数 l_c 求条件期望, 得 $Q_c=Q_\eta+Q_\xi$, 其中

$$
\begin{aligned}
Q_\eta &= Q_\eta\left(\theta_\eta|\widehat{\theta}_c^{(t)}\right)=E\left(l_\eta|y_{ij},X_{ij},W_{ij},b_1,b_2;\widehat{\theta}_c^{(t)}\right),\\
Q_\xi &= Q_\xi\left(\theta_\xi|\widehat{\theta}_c^{(t)}\right)=E\left(l_\xi|y_{ij},X_{ij},W_{ij},b_1,b_2;\widehat{\theta}_c^{(t)}\right),
\end{aligned}
$$

其中 $\theta_\eta=(\alpha,\beta^{\mathrm{T}},b_1^{\mathrm{T}})^{\mathrm{T}}$, $\theta_\xi=(\gamma^{\mathrm{T}},b_2^{\mathrm{T}})^{\mathrm{T}}$. 显然, 当 l_η 和 l_ξ 中 u_{ij} 利用条件期望

$$
E\left(u_{ij}|y_{ij},X_{ij},W_{ij},b_1,b_2;\widehat{\theta}_c^{(t)}\right)=I_{\{y_{ij}=0\}}\left[1+\exp(-\xi_{ij})f_{0ij}\right]^{-1}_{\widehat{\theta}_c^{(t)}}
$$

取代, 即可得到 Q_η 和 Q_ξ 的具体表达式. 记 $E(u_{ij}|y_{ij},X_{ij},W_{ij},b_1,b_2;\widehat{\theta}_c^{(t)})$ 为 $u_{ij}^{(t)}$, 其中 $\widehat{\theta}_c^{(t)}$ 是 EM 算法中第 t 步迭代值. 于是, 参数 α, β, γ 与随机效应 b_1, b_2 可以利用下面的迭代方程得到.

$$
\begin{aligned}
\widehat{\theta}_\eta^{(t+1)} &= \widehat{\theta}_\eta^{(t)}-\left(\frac{\partial^2 Q_\eta}{\partial\theta_\eta\partial\theta_\eta^{\mathrm{T}}}\right)^{-1}_{\widehat{\theta}_c^{(t)}}\left(\frac{\partial Q_\eta}{\partial\theta_\eta}\right)_{\widehat{\theta}_c^{(t)}},\\
\widehat{\theta}_\xi^{(t+1)} &= \widehat{\theta}_\xi^{(t)}-\left(\frac{\partial^2 Q_\eta}{\partial\theta_\xi\partial\theta_\xi^{\mathrm{T}}}\right)^{-1}_{\widehat{\theta}_c^{(t)}}\left(\frac{\partial Q_\xi}{\partial\theta_\xi}\right)_{\widehat{\theta}_c^{(t)}},
\end{aligned}
$$

其中 Q_η 和 Q_ξ 关于参数的导数可以通过 l_η 和 l_ξ 的相应导数结合 $u_{ij}^{(t)}$ 即可得到. 通过计算有

$$
\begin{aligned}
&\frac{\partial Q_\eta}{\partial \alpha}=\sum_{ij}\left(1-u_{ij}^{(t)}\right)\frac{\partial T_{ij}}{\partial \alpha},\frac{\partial Q_\eta}{\partial \beta}=\sum_{ij}\left(1-u_{ij}^{(t)}\right)\frac{\partial T_{ij}}{\partial \beta},\\
&\frac{\partial Q_\eta}{\partial b_{1i}}=\sum_{j}\left(1-u_{ij}^{(t)}\right)\frac{\partial T_{ij}}{\partial b_{1i}}-\Sigma_1^{-1}b_{1i},\\
&\frac{\partial^2 Q_\eta}{\partial \alpha^2}=\sum_{ij}\left(1-u_{ij}^{(t)}\right)\frac{\partial^2 T_{ij}}{\partial \alpha^2},\frac{\partial^2 Q_\eta}{\partial \alpha\partial \beta^{\mathrm{T}}}=\sum_{ij}\left(1-u_{ij}^{(t)}\right)\frac{\partial^2 T_{ij}}{\partial \alpha\partial \beta^{\mathrm{T}}},\\
&\frac{\partial^2 Q_\eta}{\partial \alpha\partial b_{1i}^{\mathrm{T}}}=\sum_{j}\left(1-u_{ij}^{(t)}\right)\frac{\partial^2 T_{ij}}{\partial \alpha\partial b_{1i}^{\mathrm{T}}},\\
&\frac{\partial^2 Q_\eta}{\partial \beta\partial \beta^{\mathrm{T}}}=\sum_{ij}\left(1-u_{ij}^{(t)}\right)\frac{\partial^2 T_{ij}}{\partial \beta\partial \beta^{\mathrm{T}}},\frac{\partial^2 Q_\eta}{\partial \beta\partial b_{1i}^{\mathrm{T}}}=\sum_{j}\left(1-u_{ij}^{(t)}\right)\frac{\partial^2 T_{ij}}{\partial \beta\partial b_{1i}^{\mathrm{T}}},\\
&\frac{\partial^2 Q_\eta}{\partial b_{1i}\partial b_{1i}^{\mathrm{T}}}=\sum_{j}\left(1-u_{ij}^{(t)}\right)\frac{\partial^2 T_{ij}}{\partial b_{1i}\partial b_{1i}^{\mathrm{T}}}-\Sigma_1^{-1},\frac{\partial Q_\xi}{\partial \gamma}=\sum_{ij}\left\{u_{ij}^{(t)}-\frac{\exp(\xi_{ij})}{1+\exp(\xi_{ij})}\right\}W_{ij},\\
&\frac{\partial Q_\xi}{\partial b_{2i}}=\sum_{j}\left\{u_{ij}^{(t)}-\frac{\exp(\xi_{ij})}{1+\exp(\xi_{ij})}\right\}Z_{2,ij}-\Sigma_2^{-1}b_{2i},\\
&\frac{\partial^2 Q_\xi}{\partial \gamma\partial \gamma^{\mathrm{T}}}=-\sum_{ij}\frac{\exp(\xi_{ij})}{(1+\exp(\xi_{ij}))^2}W_{ij}W_{ij}^{\mathrm{T}},\\
&\frac{\partial^2 Q_\xi}{\partial \gamma\partial b_{2i}^{\mathrm{T}}}=-\sum_{j}\frac{\exp(\xi_{ij})}{(1+\exp(\xi_{ij}))^2}W_{ij}Z_{2,ij}^{\mathrm{T}},\\
&\frac{\partial^2 Q_\xi}{\partial b_{2i}\partial b_{2i}^{\mathrm{T}}}=-\sum_{j}\frac{\exp(\xi_{ij})}{(1+\exp(\xi_{ij}))^2}Z_{2,ij}Z_{2,ij}^{\mathrm{T}}-\Sigma_2^{-1},
\end{aligned}
$$

其中 $\partial Q_\eta/\partial b_1$ 与 $\partial Q_\xi/\partial b_2$ 分别是由 $\partial Q_\eta/\partial b_{1i}$ 与 $\partial Q_\xi/\partial b_{2i}$ 组成的向量, $\partial^2 Q_\eta/\partial b_1\partial b_1^{\mathrm{T}}$ 与 $\partial^2 Q_\xi/\partial b_2\partial b_2^{\mathrm{T}}$ 是分块对角阵, 其对角线上元素分别是 $\partial^2 Q_\eta/\partial b_{1i}\partial b_{1i}^{\mathrm{T}}$ 与 $\partial^2 Q_\xi/\partial b_{2i}\partial b_{2i}^{\mathrm{T}}$. 另外, 方差成分 ν_1 和 ν_2 的参数估计仍然可由方程 4.1.5 和方程 4.1.6 得到.

关于具体模型的参数估计, 只要求出 f_{0ij} 与 T_{ij} 关于参数的导数即可.

1. ZIGP 随机效应模型

$$
\begin{aligned}
&\frac{\partial f_{0ij}}{\partial \alpha}=f_{0ij}\frac{\mu_{ij}^2}{(1+\alpha\mu_{ij})^2},\frac{\partial f_{0ij}}{\partial \beta}=-f_{0ij}\frac{\mu_{ij}}{(1+\alpha\mu_{ij})^2}X_{ij},\\
&\frac{\partial f_{0ij}}{\partial b_{1i}}=-f_{0ij}\frac{\mu_{ij}}{(1+\alpha\mu_{ij})^2}Z_{1,ij},
\end{aligned}
$$

$$\frac{\partial^2 f_{0ij}}{\partial\alpha^2}=f_{0ij}\frac{\mu_{ij}^4}{(1+\alpha\mu_{ij})^4}-f_{0ij}\frac{2\mu_{ij}^3}{(1+\alpha\mu_{ij})^3},$$
$$\frac{\partial^2 f_{0ij}}{\partial\alpha\partial\beta^{\mathrm{T}}}=-f_{0ij}\frac{\mu_{ij}^3}{(1+\alpha\mu_{ij})^4}X_{ij}^{\mathrm{T}}+f_{0ij}\frac{2\mu_{ij}^2}{(1+\alpha\mu_{ij})^3}X_{ij}^{\mathrm{T}},$$
$$\frac{\partial^2 f_{0ij}}{\partial\alpha\partial b_{1i}^{\mathrm{T}}}=-f_{0ij}\frac{\mu_{ij}^3}{(1+\alpha\mu_{ij})^4}Z_{1,ij}^{\mathrm{T}}+f_{0ij}\frac{2\mu_{ij}^2}{(1+\alpha\mu_{ij})^3}Z_{1,ij}^{\mathrm{T}},$$
$$\frac{\partial^2 f_{0ij}}{\partial\beta\partial\beta^{\mathrm{T}}}=f_{0ij}\frac{\mu_{ij}^2}{(1+\alpha\mu_{ij})^4}X_{ij}X_{ij}^{\mathrm{T}}+f_{0ij}\frac{-\mu_{ij}+\alpha\mu_{ij}^2}{(1+\alpha\mu_{ij})^3}X_{ij}X_{ij}^{\mathrm{T}},$$
$$\frac{\partial^2 f_{0ij}}{\partial\beta\partial b_{1i}^{\mathrm{T}}}=f_{0ij}\frac{\mu_{ij}^2}{(1+\alpha\mu_{ij})^4}X_{ij}Z_{1,ij}^{\mathrm{T}}+f_{0ij}\frac{-\mu_{ij}+\alpha\mu_{ij}^2}{(1+\alpha\mu_{ij})^3}X_{ij}Z_{1,ij}^{\mathrm{T}},$$
$$\frac{\partial^2 f_{0ij}}{\partial b_{1i}\partial b_{1i}^{\mathrm{T}}}=f_{0ij}\frac{\mu_{ij}^2}{(1+\alpha\mu_{ij})^4}Z_{1,ij}Z_{1,ij}^{\mathrm{T}}+f_{0ij}\frac{-\mu_{ij}+\alpha\mu_{ij}^2}{(1+\alpha\mu_{ij})^3}Z_{1,ij}Z_{1,ij}^{\mathrm{T}}$$

和

$$\frac{\partial T_{ij}}{\partial\alpha}=-\frac{y_{ij}\mu_{ij}}{1+\alpha\mu_{ij}}+\frac{(y_{ij}-1)y_{ij}}{1+\alpha y_{ij}}-\frac{y_{ij}\mu_{ij}-\mu_{ij}^2}{(1+\alpha\mu_{ij})^2},$$
$$\frac{\partial T_{ij}}{\partial\beta}=\frac{y_{ij}-\mu_{ij}}{(1+\alpha\mu_{ij})^2}X_{ij},\ \frac{\partial T_{ij}}{\partial b_{1i}}=\frac{y_{ij}-\mu_{ij}}{(1+\alpha\mu_{ij})^2}Z_{1,ij},$$
$$\frac{\partial^2 T_{ij}}{\partial\alpha^2}=\frac{y_{ij}\mu_{ij}^2}{(1+\alpha\mu_{ij})^2}-\frac{y_{ij}^2(y_{ij}-1)}{(1+\alpha y_{ij})^2}+\frac{2(y_{ij}\mu_{ij}^2-\mu_{ij}^3)}{(1+\alpha\mu_{ij})^3},$$
$$\frac{\partial^2 T_{ij}}{\partial\alpha\partial\beta^{\mathrm{T}}}=-\frac{2y_{ij}\mu_{ij}-2\mu_{ij}^2}{(1+\alpha\mu_{ij})^3}X_{ij}^{\mathrm{T}},\ \frac{\partial^2 T_{ij}}{\partial\alpha\partial b_{1i}^{\mathrm{T}}}=-\frac{2y_{ij}\mu_{ij}-2\mu_{ij}^2}{(1+\alpha\mu_{ij})^3}Z_{1,ij}^{\mathrm{T}},$$
$$\frac{\partial^2 T_{ij}}{\partial\beta\partial\beta^{\mathrm{T}}}=\frac{-\mu_{ij}-2\alpha y_{ij}\mu_{ij}+\alpha\mu_{ij}^2}{(1+\alpha\mu_{ij})^3}X_{ij}X_{ij}^{\mathrm{T}},\ \frac{\partial^2 T_{ij}}{\partial\beta\partial b_{1i}^{\mathrm{T}}}=\frac{-\mu_{ij}-2\alpha y_{ij}\mu_{ij}+\alpha\mu_{ij}^2}{(1+\alpha\mu_{ij})^3}X_{ij}Z_{1,ij}^{\mathrm{T}},$$
$$\frac{\partial^2 T_{ij}}{\partial b_{1i}\partial b_{1i}^{\mathrm{T}}}=\frac{-\mu_{ij}-2\alpha y_{ij}\mu_{ij}+\alpha\mu_{ij}^2}{(1+\alpha\mu_{ij})^3}Z_{1,ij}Z_{1,ij}^{\mathrm{T}}.$$

2. ZIDP 随机效应模型

$$\frac{\partial f_{0ij}}{\partial\alpha}=\left(\frac{1}{2\alpha}-\mu_{ij}\right)f_{0ij},\ \frac{\partial f_{0ij}}{\partial\beta}=-\alpha f_{0ij}\mu_{ij}X_{ij},$$
$$\frac{\partial^2 f_{0ij}}{\partial\alpha^2}=\left(-\frac{1}{4\alpha^2}-\frac{1}{\alpha}\mu_{ij}+\mu_{ij}^2\right)f_{0ij},$$
$$\frac{\partial^2 f_{0ij}}{\partial\alpha\partial\beta^{\mathrm{T}}}=f_{0ij}\mu_{ij}\left(-\frac{3}{2}+\alpha\mu_{ij}\right)X_{ij}^{\mathrm{T}},\ \frac{\partial^2 f_{0ij}}{\partial\beta\partial\beta^{\mathrm{T}}}=f_{0ij}(\alpha^2\mu_{ij}^2-\alpha\mu_{ij})X_{ij}X_{ij}^{\mathrm{T}},$$
$$\frac{\partial f_{0ij}}{\partial b_{1i}}=-\alpha f_{0ij}\mu_{ij}Z_{1,ij},\ \frac{\partial^2 f_{0ij}}{\partial\alpha\partial b_{1i}^{\mathrm{T}}}=f_{0ij}\mu_{ij}\left(-\frac{3}{2}+\alpha\mu_{ij}\right)Z_{1,ij}^{\mathrm{T}},$$
$$\frac{\partial^2 f_{0ij}}{\partial\beta\partial b_{1i}^{\mathrm{T}}}=f_{0ij}(\alpha^2\mu_{ij}^2-\alpha\mu_{ij})X_{ij}Z_{1,ij}^{\mathrm{T}},\ \frac{\partial^2 f_{0ij}}{\partial b_{1i}\partial b_{1i}^{\mathrm{T}}}=f_{0ij}(\alpha^2\mu_{ij}^2-\alpha\mu_{ij})Z_{1,ij}Z_{1,ij}^{\mathrm{T}}$$

和

$$
\begin{aligned}
&\frac{\partial T_{ij}}{\partial\alpha}=\frac{1}{2\alpha}-\mu_{ij}+y_{ij}(1+\log\mu_{ij}-\log y_{ij}),\ \frac{\partial T_{ij}}{\partial\beta}=\alpha(y_{ij}-\mu_{ij})X_{ij},\\
&\frac{\partial^2 T_{ij}}{\partial\alpha^2}=-\frac{1}{2\alpha^2},\ \frac{\partial^2 T_{ij}}{\partial\alpha\partial\beta^{\mathrm{T}}}=(y_{ij}-\mu_{ij})X_{ij}^{\mathrm{T}},\ \frac{\partial^2 T_{ij}}{\partial\beta\partial\beta^{\mathrm{T}}}=-\alpha\mu_{ij}X_{ij}X_{ij}^{\mathrm{T}},\\
&\frac{\partial T_{ij}}{\partial b_{1i}}=\alpha(y_{ij}-\mu_{ij})Z_{1,ij},\ \frac{\partial^2 T_{ij}}{\partial\alpha\partial b_{1i}^{\mathrm{T}}}=(y_{ij}-\mu_{ij})Z_{1,ij}^{\mathrm{T}},\\
&\frac{\partial^2 T_{ij}}{\partial\beta\partial b_{1i}^{\mathrm{T}}}=-\alpha\mu_{ij}X_{ij}Z_{1,ij}^{\mathrm{T}},\ \frac{\partial^2 T_{ij}}{\partial b_{1i}\partial b_{1i}^{\mathrm{T}}}=-\alpha\mu_{ij}Z_{1,ij}Z_{1,ij}^{\mathrm{T}}.
\end{aligned}
$$

4.2 基于数据删除模型的统计诊断

第 3 章讨论了广义 ZI 泊松模型基于数据删除的统计诊断, 本节进一步讨论带有随机效应时, 广义 ZI 泊松模型基于数据删除模型的统计诊断 (解锋昌, 2011; Xie et al, 2009c). 根据随机效应模型重复测量的特点, 本节将分别讨论当模型删除一个数据点和一组数据时的统计诊断问题, 后者在第 3 章没有相应的模型.

4.2.1 删除一个观测数据

对于广义 ZI 泊松随机效应模型, 假定 $\theta=(\alpha,\beta^{\mathrm{T}},\gamma^{\mathrm{T}})^{\mathrm{T}}$ 是有兴趣参数. 为了评价第 i 个个体中第 j 次观测的数据点在随机效应模型中的作用与影响, 可通过比较其删除前后参数估计的变化, 来检测这个点是否为异常点或强影响点. 记删除该点后的 BLUP 型对数似然函数为 $l_{(ij)}$, 而 $\widehat{\theta}_{c(ij)}$ 是参数 θ_c 的 REML 估计. 在实际问题中, 为了减少计算的工作量, 通常借助于下面的一步近似 $\widehat{\theta}^1_{c(ij)}$ (Cook and Weisberg, 1982):

$$
\widehat{\theta}^1_{c(ij)}=\widehat{\theta}_c+I^{-1}(\widehat{\theta}_c)\dot{l}_{(ij)}(\widehat{\theta}_c), \tag{4.2.1}
$$

其中 $I(\theta_c)$ 见 4.1 节, $\dot{l}_{(ij)}(\widehat{\theta}_c)=\partial l_{(ij)}(\widehat{\theta}_c)/\partial\theta_c$ 可以通过下面导数得到:

$$
\begin{aligned}
\frac{\partial l_{(ij)}(\widehat{\theta}_c)}{\partial\alpha}&=-\left\{I_{\{y_{ij}=0\}}d_{1ij}\frac{\partial f_{0ij}}{\partial\alpha}+I_{\{y_{ij}>0\}}\frac{\partial T_{ij}}{\partial\alpha}\right\}_{\widehat{\theta}_c},\\
\frac{\partial l_{(ij)}(\widehat{\theta}_c)}{\partial\beta}&=-\left\{I_{\{y_{ij}=0\}}d_{1ij}\frac{\partial f_{0ij}}{\partial\beta}+I_{\{y_{ij}>0\}}\frac{\partial T_{ij}}{\partial\beta}\right\}_{\widehat{\theta}_c},\\
\frac{\partial l_{(ij)}(\widehat{\theta}_c)}{\partial\gamma}&=-\left\{-\frac{\exp(\xi_{ij})}{1+\exp(\xi_{ij})}W_{ij}+I_{\{y_{ij}=0\}}d_{1ij}\exp(\xi_{ij})W_{ij}\right\}_{\widehat{\theta}_c},\\
\frac{\partial l_{(ij)}(\widehat{\theta}_c)}{\partial b_{1i}}&=-\left\{I_{\{y_{ij}=0\}}d_{1ij}\frac{\partial f_{0ij}}{\partial b_{1i}}+I_{\{y_{ij}>0\}}\frac{\partial T_{ij}}{\partial b_{1i}}-\frac{1}{n_i}\Sigma_1^{-1}b_{1i}\right\}_{\widehat{\theta}_c},\\
\frac{\partial l_{(ij)}(\widehat{\theta}_c)}{\partial b_{2i}}&=-\left\{-\frac{\exp(\xi_{ij})}{1+\exp(\xi_{ij})}Z_{2,ij}+I_{\{y_{ij}=0\}}d_{1ij}\exp(\xi_{ij})Z_{2,ij}-\frac{1}{n_i}\Sigma_2^{-1}b_{2i}\right\}_{\widehat{\theta}_c}.
\end{aligned}
$$

参数估计的一步近似公式 (4.2.1) 为导出诊断统计量奠定了基础, 下面的任务就是定义合适的 "距离", 来度量第 i 个个体中第 j 个观测数据点被删除前后参数估计量之间的差异, 从而得到相应的诊断统计量.

1. 广义 Cook 距离

根据公式 (4.2.1), 可得到 $\widehat{\theta}_c - \widehat{\theta}_{c(ij)}$, 它是第 i 个个体中第 j 个观测数据点影响大小的一种度量. 但是, 这是一个向量, 不便于比较大小. 因此, 有必要选择一个合适的距离, 以便确定其影响大小. 类似于第 2 章, 我们考虑下面的广义 Cook 距离 (Galea et al, 2005; Xie et al, 2008):

$$GD_{ij} = \left(\widehat{\theta}_{c(ij)} - \widehat{\theta}_c\right)^{\mathrm{T}} M \left(\widehat{\theta}_{c(ij)} - \widehat{\theta}_c\right)/c,$$

其中 M 是某正定的权矩阵, $c > 0$ 为尺度因子. M 和 c 可以取各种不同的值, 但是对比较 $\widehat{\theta}$ 与 $\widehat{\theta}_{(i)}$ 之间差异的影响并不太大 (韦博成等, 2009). 一个常用选择方法是取 $M = I(\widehat{\theta}_c)$, $c = 1$. 根据公式 (4.2.1), 广义 Cook 距离的一步近似可表示为

$$GD_{ij}^1 = \dot{l}_{(ij)}(\widehat{\theta}_c)^{\mathrm{T}} I^{-1}(\widehat{\theta}_c)\dot{l}_{(ij)}(\widehat{\theta}_c). \tag{4.2.2}$$

由于我们主要感兴趣的是参数 $\theta = (\alpha, \beta^{\mathrm{T}}, \gamma^{\mathrm{T}})^{\mathrm{T}}$, 因此, 根据式 (4.2.2) 可以得到关于子集参数 θ 以及 α, β, γ 的广义 Cook 距离为

$$GD_{ij}^1(\theta) = \left\{\left(\frac{\partial l_{(ij)}}{\partial \theta}\right)^{\mathrm{T}} I^{\theta\theta}\frac{\partial l_{(ij)}}{\partial \theta}\right\}_{\widehat{\theta}_c}, \quad GD_{ij}^1(\alpha) = \left\{\left(\frac{\partial l_{(ij)}}{\partial \alpha}\right)^2 I^{\alpha\alpha}\right\}_{\widehat{\theta}_c},$$

$$GD_{ij}^1(\beta) = \left\{\left(\frac{\partial l_{(ij)}}{\partial \beta}\right)^{\mathrm{T}} I^{\beta\beta}\frac{\partial l_{(ij)}}{\partial \beta}\right\}_{\widehat{\theta}_c}, \quad GD_{ij}^1(\gamma) = \left\{\left(\frac{\partial l_{(ij)}}{\partial \gamma}\right)^{\mathrm{T}} I^{\gamma\gamma}\frac{\partial l_{(ij)}}{\partial \gamma}\right\}_{\widehat{\theta}_c},$$

其中 $I^{\theta\theta}$, $I^{\alpha\alpha}$, $I^{\beta\beta}$ 和 $I^{\gamma\gamma}$ 分别是 $[I(\theta_c)]^{-1}$ 相应于参数 θ, α, β 和 γ 的子块.

2. 似然距离

对于广义 ZI 泊松随机效应模型, 类似于第 2 章, 定义第 i 个个体第 j 次观测数据关于估计量 $\widehat{\theta}_c$ 的似然距离为

$$LD_{ij}(\theta_c) = 2\left\{l(\widehat{\theta}_c) - l(\widehat{\theta}_{c(ij)})\right\}.$$

根据公式 (4.2.1), 可得似然距离一步近似

$$LD_{ij}^1(\theta_c) = 2\left\{l(\widehat{\theta}_c) - l(\widehat{\theta}_{c(ij)}^1)\right\}.$$

另外, 对 $LD_{ij}(\theta_c)$ 在 $\widehat{\theta}_c$ 处进行 Taylor 展开可得

$$LD_{ij}(\theta_c) \approx 2\left\{\frac{\partial l(\widehat{\theta}_c)}{\partial \theta_c}\left(\widehat{\theta}_c - \widehat{\theta}_{c(ij)}\right) + \frac{1}{2}\left(\widehat{\theta}_c - \widehat{\theta}_{c(ij)}\right)^{\mathrm{T}} I(\widehat{\theta}_c)\left(\widehat{\theta}_c - \widehat{\theta}_{c(ij)}\right)\right\},$$

由于 $\partial l(\widehat{\theta}_c)/\partial\theta_c=0$, 因此, 似然距离 $LD_{ij}(\theta_c)$ 可近似表示为

$$LD_{ij}(\theta_c)\approx\left(\widehat{\theta}_c-\widehat{\theta}_{c(ij)}\right)^{\mathrm{T}}I(\widehat{\theta}_c)\left(\widehat{\theta}_c-\widehat{\theta}_{c(ij)}\right),$$

根据公式 (4.2.1), 知

$$LD_{ij}(\theta_c)\approx\dot{l}_{(ij)}(\widehat{\theta}_c)^{\mathrm{T}}I^{-1}(\widehat{\theta}_c)\dot{l}_{(ij)}(\widehat{\theta}_c)=GD_{ij}^1.$$

上式表明, 尽管似然距离与 Cook 距离的表现形式不同, 但其统计意义是相似的, 这点与其他模型中相应结论是一致的.

3. W-K 统计量

W-K 统计量是从数据拟合观点提出的, 它表示删除第 i 个个体中第 j 次观测点前后拟合值的差异. 为了度量第 i 个个体中第 j 次观测点对参数 θ_c 的估计量的影响, 我们考虑下面的 W-K 统计量:

$$WK_{ij}(\theta_{ck})=\frac{\widehat{\theta}_{ck}-\widehat{\theta}_{ck(ij)}}{\sqrt{Var(\widehat{\theta}_{ck})}},\quad k=1,\cdots,\ \dim(\theta_c),$$

其中 $\dim(\theta_c)$ 是参数 θ_c 的维数, θ_{ck} 是参数 θ_c 的第 k 个分量, $\widehat{\theta}_{ck(ij)}$ 是删除第 i 个个体中第 j 次观测数据点后参数的估计量, $\mathrm{Var}(\widehat{\theta}_{ck})$ 是估计量 $\widehat{\theta}_c$ 第 k 个分量的方差, 它可以通过观测信息阵 $I(\widehat{\theta}_c)$ 近似获得. 根据公式 (4.2.1), 有下面的 W-K 统计量的一步近似形式:

$$WK_{ij}^1(\theta_{ck})=-\frac{h_k^{\mathrm{T}}I^{-1}(\widehat{\theta}_c)\dot{l}_{(ij)}(\widehat{\theta}_c)}{\sqrt{\mathrm{Var}(\widehat{\theta}_{ck})}},\quad k=1,\cdots,\ \dim(\theta_c),$$

其中 $h_k=(0,\cdots,0,1,0,\cdots,0)^{\mathrm{T}}$ 是第 k 个分量为 1 其余为 0 的向量.

4.2.2 删除一组观测数据

当第 i 组数据删除后, 同样有类似的一步近似

$$\widehat{\theta}_{c(i)}^1=\widehat{\theta}_c+I^{-1}(\widehat{\theta}_c)\dot{l}_{(i)}(\widehat{\theta}_c),$$

其中 $l_{(i)}(\theta_c)$ 是第 i 组数据删除后的 BLUP 型对数似然函数, $\dot{l}_{(i)}(\theta_c)=\partial l_{(i)}(\theta_c)/\partial\theta_c$. 通过计算有

$$\frac{\partial l_{(i)}(\widehat{\theta}_c)}{\partial\theta_c}=\sum_{j=1}^{n_i}\frac{\partial l_{(ij)}(\widehat{\theta}_c)}{\partial\theta_c}.$$

类似于 3.2 节和 4.2.1 小节的讨论, 由此即可得到广义 Cook 距离、似然距离以及 W-K 统计量的一步近似 GD_i^1, LD_i^1 和 WK_i^1, 具体过程不再详述.

4.3 基于局部影响分析的统计诊断

本书 2.4.2 小节以及 3.3 节已经对局部影响分析方法的基本思想作了介绍, 下面将其应用于广义 ZI 泊松随机效应模型 (解锋昌, 2011; Xie et al, 2009c). 主要是基于 BLUP 型对数似然函数 (4.1.3) 求出矩阵 $\Delta = \partial^2 l(\theta|\omega)/\partial\theta\partial\omega^{\mathrm{T}}$, 从而应用公式 (2.4.7) 得到影响矩阵 $-2\ddot{F}$. 下面分别考虑几种常见的扰动模型, 导出矩阵 Δ 和 $-\ddot{F}$ 的计算公式.

4.3.1 数据加权扰动

本节主要考虑在组内加权扰动和组间加权扰动两种方案下的局部影响问题. 首先, BLUP 型对数似然函数可以写成 $l = \sum_{ij} l_{ij} = \sum_{ij}(l_{1ij} + l_{2ij})$(常数略去), 其中

$$\begin{aligned}
l_{1ij} &= -\log\left[1+\exp(\xi_{ij})\right] + I_{\{y_{ij}=0\}}\log\left[\exp(\xi_{ij}) + f_{0ij}\right] + I_{\{y_{ij}>0\}}T_{ij},\\
l_{2ij} &= -\frac{1}{2n_i}\left[\log|\Sigma_1| + b_{1i}^{\mathrm{T}}\Sigma_1^{-1}b_{1i} + \log|\Sigma_2| + b_{2i}^{\mathrm{T}}\Sigma_2^{-1}b_{2i}\right].
\end{aligned}$$

1. 组内加权扰动

现考虑加权扰动模型, 设 $\omega = (\omega_{11}, \cdots, \omega_{1n_1}, \cdots, \omega_{nn_n})^{\mathrm{T}}$ 为加权扰动向量, $\omega^0 = (1, 1, \cdots, 1)^{\mathrm{T}}$ 对应于无扰动情形. 则加权扰动模型的对数似然函数为

$$l(\theta|\omega) = \sum_{ij} \omega_{ij} l_{ij}. \tag{4.3.1}$$

基于函数 (4.3.1) 通过计算可得二阶导数

$$\begin{aligned}
\frac{\partial^2 l(\widehat{\theta}_c|\omega^0)}{\partial\alpha\partial\omega_{ij}} &= \left\{I_{\{y_{ij}=0\}}d_{1ij}\frac{\partial f_{0ij}}{\partial\alpha} + I_{\{y_{ij}>0\}}\frac{\partial T_{ij}}{\partial\alpha}\right\}_{\widehat{\theta}_c,\omega^0},\\
\frac{\partial^2 l(\widehat{\theta}_c|\omega^0)}{\partial\beta\partial\omega_{ij}} &= \left\{I_{\{y_{ij}=0\}}d_{1ij}\frac{\partial f_{0ij}}{\partial\beta} + I_{\{y_{ij}>0\}}\frac{\partial T_{ij}}{\partial\beta}\right\}_{\widehat{\theta}_c,\omega^0},\\
\frac{\partial^2 l(\widehat{\theta}_c|\omega^0)}{\partial\gamma\partial\omega_{ij}} &= \left\{-d_{2ij}\exp(\xi_{ij})W_{ij} + I_{\{y_{ij}=0\}}d_{1ij}\exp(\xi_{ij})W_{ij}\right\}_{\widehat{\theta}_c,\omega^0},\\
\frac{\partial^2 l(\widehat{\theta}_c|\omega^0)}{\partial b_{1i}\partial\omega_{ij}} &= \left\{I_{\{y_{ij}=0\}}d_{1ij}\frac{\partial f_{0ij}}{\partial b_{1i}} + I_{\{y_{ij}>0\}}\frac{\partial T_{ij}}{\partial b_{1i}} - \frac{1}{n_i}\Sigma_1^{-1}b_{1i}\right\}_{\widehat{\theta}_c,\omega^0},\\
\frac{\partial^2 l(\widehat{\theta}_c|\omega^0)}{\partial b_{2i}\partial\omega_{ij}} &= \left\{-d_{2ij}\exp(\xi_{ij})Z_{2,ij} + I_{\{y_{ij}=0\}}d_{1ij}\exp(\xi_{ij})Z_{2,ij} - \frac{1}{n_i}\Sigma_2^{-1}b_{2i}\right\}_{\widehat{\theta}_c,\omega^0},
\end{aligned}$$

其中 $d_{2ij} = 1/(1+\exp(\xi_{ij}))$. 记 $l_{b_{ki}} = (\partial l_{i1}/\partial b_{ki}, \cdots, \partial l_{in_i}/\partial b_{ki}), k = 1, 2; i = 1, \cdots, n$, 则 $\partial^2 l(\widehat{\theta}_c|\omega^0)/\partial b_k\partial\omega^{\mathrm{T}} = \mathrm{diag}(l_{b_{k1}}, \cdots, l_{b_{kn}})$, $k = 1, 2$. 于是结合观测信息阵 $I(\theta_c)$ 和 $\Delta_1 = \partial^2 l(\widehat{\theta}_c|\omega^0)/\partial\theta_c\partial\omega^{\mathrm{T}}$, 即可得到影响矩阵 $-\ddot{F} = \Delta_1^{\mathrm{T}} I^{-1}(\widehat{\theta}_c)\Delta_1$.

2. 组间加权扰动

设 $\omega=(\omega_1,\cdots,\omega_n)^{\mathrm{T}}$ 为加权扰动向量, $\omega^0=(1,1,\cdots,1)^{\mathrm{T}}$ 对应于无扰动情形. 则加权扰动模型的对数似然函数为

$$l(\theta|\omega)=\sum_{ij}\omega_i l_{ij}. \tag{4.3.2}$$

基于函数 (4.3.2) 和组内加权扰动中的导数通过计算可得二阶导数

$$\frac{\partial^2 l(\theta_c|\omega)}{\partial\theta_c\partial\omega_i}=\sum_{j=1}^{n_i}\frac{\partial^2 l(\theta_c|\omega)}{\partial\theta_c\partial\omega_{ij}},$$

于是得 $\varDelta_2=\partial^2 l(\widehat{\theta}_c|\omega^0)/\partial\theta_c\partial\omega^{\mathrm{T}}$ 和相应的影响矩阵 $-\ddot{F}$.

4.3.2 解释变量扰动

本节主要考虑组内和组间解释变量发生扰动时的局部影响问题, 且为了方便, 仅考虑单个解释变量的扰动情形.

1. 组内解释变量扰动

考虑三种情形下单个解释变量发生扰动: ① 退化部分, ② 非退化部分, ③ 退化部分和非退化部分. 其中情形③里为了方便假定两部分解释变量相同, 即 $X_{ij}=W_{ij}$. 设 $\omega=(\omega_{11},\cdots,\omega_{1n_1},\cdots,\omega_{nn_n})^{\mathrm{T}}$ 为扰动向量, $\omega^0=(0,0,\cdots,0)^{\mathrm{T}}$ 对应于无扰动情形.

1) 退化部分

在 ω 扰动下, 协变量 W_{ij} 中第 k_1 个分量 W_{k_1ij} 变为 $W_{k_1ij}(\omega)=W_{k_1ij}+\delta_1\omega_{ij}$, 其中 δ_1 是尺度因子, 于是 W_{ij} 可写成 $W_{ij}(\omega)=W_{ij}+\delta_1E_1\omega_{ij}$, 其中 $E_1=(0,\cdots,0,1,0,\cdots,0)^{\mathrm{T}}$ 是 $p_2\times 1$ 向量, 其第 k_1(若存在截距, 则 $k_1\geqslant 2$) 个成分为 1, 其余为 0. 于是模型扰动后的对数似然函数为

$$l(\theta_c|\omega)=\sum_{ij}\left\{-\log\left[1+\exp(\xi_{ij}(\omega))\right]+I_{\{y_{ij}=0\}}\log\left[\exp(\xi_{ij}(\omega))+f_{0ij}\right]\right\}+C_1, \tag{4.3.3}$$

其中 C_1 是与 ω 无关的量, $\xi_{ij}(\omega)=W_{ij}^{\mathrm{T}}(\omega)\gamma+Z_{2,ij}^{\mathrm{T}}b_{2i}+\delta_1E_1^{\mathrm{T}}\omega_{ij}\gamma$. 基于函数 (4.3.3) 可得下面的二阶导数:

$$\frac{\partial^2 l(\widehat{\theta}_c|\omega^0)}{\partial\alpha\partial\omega_{ij}}=\left\{-I_{\{y_{ij}=0\}}d_{1ij}^2\exp(\xi_{ij})\delta_1E_1^{\mathrm{T}}\gamma\frac{\partial f_{0ij}}{\partial\alpha}\right\}_{\widehat{\theta}_c,\omega^0},$$

$$\frac{\partial^2 l(\widehat{\theta}_c|\omega^0)}{\partial\beta\partial\omega_{ij}}=\left\{-I_{\{y_{ij}=0\}}d_{1ij}^2\exp(\xi_{ij})\delta_1E_1^{\mathrm{T}}\gamma\frac{\partial f_{0ij}}{\partial\beta}\right\}_{\widehat{\theta}_c,\omega^0},$$

$$\frac{\partial^2 l(\widehat{\theta}_c|\omega^0)}{\partial\gamma\partial\omega_{ij}}=\Big\{-d_{2ij}\exp(\xi_{ij})[d_{2ij}\delta_1E_1^{\mathrm{T}}\gamma W_{ij}+\delta_1E_1]$$

$$
\begin{aligned}
&\quad +I_{\{y_{ij}=0\}}d_{1ij}\exp(\xi_{ij})[d_{1ij}f_{0ij}\delta_1E_1^{\mathrm{T}}\gamma W_{ij}+\delta_1E_1]\Big\}_{\widehat{\theta}_c,\omega^0},\\
&\frac{\partial^2 l(\widehat{\theta}_c|\omega^0)}{\partial b_{1i}\partial\omega_{ij}}=\left\{-I_{\{y_{ij}=0\}}d_{1ij}^2\exp(\xi_{ij})\delta_1E_1^{\mathrm{T}}\gamma\frac{\partial f_{0ij}}{\partial b_{1i}}\right\}_{\widehat{\theta}_c,\omega^0},\\
&\frac{\partial^2 l(\widehat{\theta}_c|\omega^0)}{\partial b_{2i}\partial\omega_{ij}}=\{[-d_{2ij}^2+I_{\{y_{ij}=0\}}d_{1ij}^2f_{0ij}]\exp(\xi_{ij})Z_{2,ij}\delta_1E_1^{\mathrm{T}}\gamma\}_{\widehat{\theta}_c,\omega^0},
\end{aligned}
$$

于是结合观测信息阵 $I(\theta_c)$ 和 $\varDelta_{31}=\partial^2 l(\widehat{\theta}_c|\omega^0)/\partial\theta_c\partial\omega^{\mathrm{T}}$, 可以得到影响矩阵 $-\ddot{F}$.

2) 非退化部分

在 ω 扰动下, 协变量 X_{ij} 中第 k_2 个分量 X_{k_2ij} 变为 $X_{k_2ij}(\omega)=X_{k_2ij}+\delta_2\omega_{ij}$, 其中 δ_2 是尺度因子, 于是 X_{ij} 可写成 $X_{ij}(\omega)=X_{ij}+\delta_2E_2\omega_{ij}$, 其中 $E_2=(0,\cdots,0,1,0,\cdots,0)^{\mathrm{T}}$ 是 $p_1\times 1$ 向量, 其第 k_2(若存在截距, 则 $k_2\geqslant 2$) 个成分为 1, 其余为 0. 于是模型扰动后的对数似然函数为

$$
l(\theta_c|\omega)=\sum_{ij}\{I_{\{y_{ij}=0\}}\log[\exp(\xi_{ij})+f_{0ij}(\omega)]+I_{\{y_{ij}>0\}}T_{ij}(\omega)\}+C_2, \tag{4.3.4}
$$

其中 C_2 是与 ω 无关的量, $f_{0ij}(\omega)=f(0;\mu_{ij}(\omega),\alpha)$, $T_{ij}(\omega)=\log f(y_{ij};\mu_{ij}(\omega),\alpha)$, $\mu_{ij}(\omega)=\exp(X_{ij}^{\mathrm{T}}\beta+Z_{1,ij}^{\mathrm{T}}b_{1i}+\delta_2E_2^{\mathrm{T}}\beta\omega_{ij})$. 则基于函数 (4.3.4) 可得下面的二阶导数:

$$
\begin{aligned}
\frac{\partial^2 l(\widehat{\theta}_c|\omega^0)}{\partial\alpha\partial\omega_{ij}}&=\left\{I_{\{y_{ij}=0\}}d_{1ij}\left[-d_{1ij}\frac{\partial f_{0ij}(\omega)}{\partial\alpha}\frac{\partial f_{0ij}(\omega)}{\partial\omega_{ij}}+\frac{\partial^2 f_{0ij}(\omega)}{\partial\alpha\partial\omega_{ij}}\right]\right.\\
&\quad\left.+I_{\{y_{ij}>0\}}\frac{\partial^2 T_{ij}(\omega)}{\partial\alpha\partial\omega_{ij}}\right\}_{\widehat{\theta}_c,\omega^0},\\
\frac{\partial^2 l(\widehat{\theta}_c|\omega^0)}{\partial\beta\partial\omega_{ij}}&=\left\{I_{\{y_{ij}=0\}}d_{1ij}\left[-d_{1ij}\frac{\partial f_{0ij}(\omega)}{\partial\beta}\frac{\partial f_{0ij}(\omega)}{\partial\omega_{ij}}+\frac{\partial^2 f_{0ij}(\omega)}{\partial\beta\partial\omega_{ij}}\right]\right.\\
&\quad\left.+I_{\{y_{ij}>0\}}\frac{\partial^2 T_{ij}(\omega)}{\partial\beta\partial\omega_{ij}}\right\}_{\widehat{\theta}_c,\omega^0},\\
\frac{\partial^2 l(\widehat{\theta}_c|\omega^0)}{\partial\gamma\partial\omega_{ij}}&=\left\{-I_{\{y_{ij}=0\}}d_{1ij}^2\exp(\xi_{ij})W_{ij}\frac{\partial f_{0ij}(\omega)}{\partial\omega_{ij}}\right\}_{\widehat{\theta}_c,\omega^0},\\
\frac{\partial^2 l(\widehat{\theta}_c|\omega^0)}{\partial b_{1i}\partial\omega_{ij}}&=\left\{I_{\{y_{ij}=0\}}d_{1ij}\left[-d_{1ij}\frac{\partial f_{0ij}(\omega)}{\partial b_{1i}}\frac{\partial f_{0ij}(\omega)}{\partial\omega_{ij}}+\frac{\partial^2 f_{0ij}(\omega)}{\partial b_{1i}\partial\omega_{ij}}\right]\right.\\
&\quad\left.+I_{\{y_{ij}>0\}}\frac{\partial^2 T_{ij}(\omega)}{\partial b_{1i}\partial\omega_{ij}}\right\}_{\widehat{\theta}_c,\omega^0},\\
\frac{\partial^2 l(\widehat{\theta}_c|\omega^0)}{\partial b_{2i}\partial\omega_{ij}}&=\left\{-I_{\{y_{ij}=0\}}d_{1ij}^2\exp(\xi_{ij})Z_{2,ij}\frac{\partial f_{0ij}(\omega)}{\partial\omega_{ij}}\right\}_{\widehat{\theta}_c,\omega^0}.
\end{aligned}
$$

于是结合观测信息阵 $I(\theta_c)$ 和 $\varDelta_{32}=\partial^2 l(\widehat{\theta}_c|\omega^0)/\partial\theta_c\partial\omega^{\mathrm{T}}$, 可以得到影响矩阵 $-\ddot{F}$.

下面分别计算在 ZIGP 和 ZIDP 模型中 $f_{0ij}(\omega)$ 与 $T_{ij}(\omega)$ 关于 ω_{ij} 的相关导数, 而其余导数在 ω^0 下可以类似于第 3 章相应公式得到.

(1) ZIGP 模型

$$
\begin{aligned}
\frac{\partial f_{0ij}(\omega)}{\partial \omega_{ij}} &= -f_{0ij}(\omega)\frac{\mu_{ij}(\omega)}{(1+\alpha\mu_{ij}(\omega))^2}\delta_2(E_2^{\mathrm{T}}\beta),\\
\frac{\partial^2 f_{0ij}(\omega)}{\partial \alpha\partial \omega_{ij}} &= f_{0ij}(\omega)\left[-\frac{\mu_{ij}(\omega)^3}{(1+\alpha\mu_{ij}(\omega))^4}+\frac{2\mu_{ij}(\omega)^2}{(1+\alpha\mu_{ij}(\omega))^3}\right]\delta_2(E_2^{\mathrm{T}}\beta),\\
\frac{\partial^2 f_{0ij}(\omega)}{\partial \beta\partial \omega_{ij}} &= f_{0ij}(\omega)\left[\frac{\mu_{ij}(\omega)^2}{(1+\alpha\mu_{ij}(\omega))^4}+\frac{\alpha\mu_{ij}(\omega)^2-\mu_{ij}(\omega)}{(1+\alpha\mu_{ij}(\omega))^3}\right]\delta_2(E_2^{\mathrm{T}}\beta)X_{ij}(\omega)\\
&\quad -f_{0ij}(\omega)\frac{\mu_{ij}(\omega)}{(1+\alpha\mu_{ij}(\omega))^2}\delta_2 E_2,\\
\frac{\partial^2 f_{0ij}(\omega)}{\partial b_{1i}\partial \omega_{ij}} &= f_{0ij}(\omega)\left[\frac{\mu_{ij}(\omega)^2}{(1+\alpha\mu_{ij}(\omega))^4}+\frac{\alpha\mu_{ij}(\omega)^2-\mu_{ij}(\omega)}{(1+\alpha\mu_{ij}(\omega))^3}\right]\delta_2(E_2^{\mathrm{T}}\beta)Z_{1,ij}(\omega)\\
\frac{\partial^2 T_{ij}(\omega)}{\partial \alpha\partial \omega_{ij}} &= -\frac{2y_{ij}\mu_{ij}(\omega)-2\mu_{ij}(\omega)^2}{(1+\alpha\mu_{ij}(\omega))^3}\delta_2(E_2^{\mathrm{T}}\beta),\\
\frac{\partial^2 T_{ij}(\omega)}{\partial \beta\partial \omega_{ij}} &= \frac{-\mu_{ij}(\omega)+\alpha\mu_{ij}(\omega)^2-2\alpha y_{ij}\mu_{ij}(\omega)}{(1+\alpha\mu_{ij}(\omega))^3}\delta_2(E_2^{\mathrm{T}}\beta)X_{ij}(\omega)+\frac{y_{ij}-\mu_{ij}(\omega)}{(1+\alpha\mu_{ij}(\omega))^2}\delta_2 E_2,\\
\frac{\partial^2 T_{ij}(\omega)}{\partial b_{1i}\partial \omega_{ij}} &= \frac{-\mu_{ij}(\omega)+\alpha\mu_{ij}(\omega)^2-2\alpha y_{ij}\mu_{ij}(\omega)}{(1+\alpha\mu_{ij}(\omega))^3}\delta_2(E_2^{\mathrm{T}}\beta)Z_{1,ij}.
\end{aligned}
$$

(2) ZIDP 模型

$$
\begin{aligned}
\frac{\partial f_{0ij}(\omega)}{\partial \omega_{ij}} &= -\alpha f_{0ij}(\omega)\mu_{ij}(\omega)\delta_2(E_2^{\mathrm{T}}\beta),\\
\frac{\partial^2 f_{0ij}(\omega)}{\partial \alpha\partial \omega_{ij}} &= f_{0ij}(\omega)\mu_{ij}(\omega)\left(-\frac{3}{2}+\alpha\mu_{ij}(\omega)\right)\delta_2(E_2^{\mathrm{T}}\beta),\\
\frac{\partial^2 f_{0ij}(\omega)}{\partial \beta\partial \omega_{ij}} &= f_{0ij}(\omega)(\alpha^2\mu_{ij}(\omega)^2-\alpha\mu_{ij}(\omega))\delta_2(E_2^{\mathrm{T}}\beta)X_{ij}(\omega)-\alpha f_{0ij}(\omega)\mu_{ij}(\omega)\delta_2 E_2,\\
\frac{\partial^2 f_{0ij}(\omega)}{\partial b_{1i}\partial \omega_{ij}} &= f_{0ij}(\omega)(\alpha^2\mu_{ij}(\omega)^2-\alpha\mu_{ij}(\omega))\delta_2(E_2^{\mathrm{T}}\beta)Z_{1,ij},\\
\frac{\partial^2 T_{ij}(\omega)}{\partial \alpha\partial \omega_{ij}} &= (y_{ij}-\mu_{ij}(\omega))\delta_2(E_2^{\mathrm{T}}\beta),\\
\frac{\partial^2 T_{ij}(\omega)}{\partial \beta\partial \omega_{ij}} &= -\alpha\mu_{ij}(\omega)\delta_2(E_2^{\mathrm{T}}\beta)X_{ij}(\omega)+\alpha(y_{ij}-\mu_{ij}(\omega))\delta_2 E_2,\\
\frac{\partial^2 T_{ij}(\omega)}{\partial b_{1i}\partial \omega_{ij}} &= -\alpha\mu_{ij}(\omega)\delta_2(E_2^{\mathrm{T}}\beta)Z_{1,ij}.
\end{aligned}
$$

3) 退化部分和非退化部分协变量同时扰动

为了方便, 假定 $X_{ij}=W_{ij}$, 且类似于前面, 这里只考虑一个协变量发生扰动情形. 在 ω 扰动下, 协变量 X_{ij} 中第 k_3 个成分变为 $X_{k_3ij}(\omega)=X_{k_3ij}+\delta_3\omega_{ij}$, 其中

δ_3 是尺度因子. 于是 X_{ij} 可写成 $X_{ij}(\omega) = X_{ij} + \delta_3 E_3 \omega_{ij}$, 其中 $E_3 = (0, \cdots, 0, 1, 0, \cdots, 0)^{\mathrm{T}}$ 是 $p_1 \times 1$ 向量, 其第 k_3(若存在截距, 则 $k_3 \geqslant 2$) 个成分为 1, 其余为 0. 于是类似于前面, 扰动模型的对数似然函数为

$$
\begin{aligned}
l(\theta_c|\omega) = &-\sum_{ij} \log\left[1 + \exp(\xi_{ij}(\omega))\right] \\
&+ \sum_{ij} \left\{ I_{\{y_{ij}=0\}} \log[\exp(\xi_{ij}(\omega)) + f_{0ij}(\omega)] + I_{\{y_{ij}>0\}} T_{ij}(\omega) \right\},
\end{aligned} \tag{4.3.5}
$$

其中 $\xi_{ij}(\omega) = X_{ij}(\omega)^{\mathrm{T}}\gamma + Z_{2,ij}^{\mathrm{T}} b_{2i} = X_{ij}^{\mathrm{T}}\gamma + \delta_3 E_3^{\mathrm{T}}\gamma\omega_{ij} + Z_{2,ij}^{\mathrm{T}} b_{2i}$, $\mu_{ij}(\omega) = \exp(X_{ij}(\omega)^{\mathrm{T}} \beta + Z_{1,ij}^{\mathrm{T}} b_{1i}) = \exp(X_{ij}^{\mathrm{T}}\beta + \delta_3 E_3^{\mathrm{T}}\beta\omega_{ij} + Z_{1,ij}^{\mathrm{T}} b_{1i})$. 则通过计算可得函数 (4.3.5) 关于参数 θ_c 和 ω 的有关二阶混合导数如下:

$$
\begin{aligned}
\frac{\partial^2 l(\widehat{\theta}_c|\omega^0)}{\partial\alpha\partial\omega_{ij}} = &\Bigg\{ -I_{\{y_{ij}=0\}} d_{1ij}^2 \frac{\partial f_{0ij}(\omega)}{\partial\alpha} \left[\frac{\partial f_{0ij}(\omega)}{\partial\omega_{ij}} + \exp(\xi_{ij})\delta_3 E_3^{\mathrm{T}}\gamma \right] \\
&+ I_{\{y_{ij}=0\}} d_{1ij} \frac{\partial^2 f_{0ij}(\omega)}{\partial\alpha\partial\omega_{ij}} + I_{\{y_{ij}>0\}} \frac{\partial^2 T_{ij}(\omega)}{\partial\alpha\partial\omega_{ij}} \Bigg\}_{\widehat{\theta}_c, \omega^0}, \\
\frac{\partial^2 l(\widehat{\theta}_c|\omega^0)}{\partial\beta\partial\omega_{ij}} = &\Bigg\{ -I_{\{y_{ij}=0\}} d_{1ij}^2 \frac{\partial f_{0ij}(\omega)}{\partial\beta} \left[\frac{\partial f_{0ij}(\omega)}{\partial\omega_{ij}} + \exp(\xi_{ij})\delta_3 E_3^{\mathrm{T}}\gamma \right] \\
&+ I_{\{y_{ij}=0\}} d_{1ij} \frac{\partial^2 f_{0ij}(\omega)}{\partial\beta\partial\omega_{ij}} + I_{\{y_{ij}>0\}} \frac{\partial^2 T_{ij}(\omega)}{\partial\beta\partial\omega_{ij}} \Bigg\}_{\widehat{\theta}_c, \omega^0}, \\
\frac{\partial^2 l(\widehat{\theta}|\omega^0)}{\partial\gamma\partial\omega_{ij}} = &\Bigg\{ -d_{2ij} \exp(\xi_{ij}) [d_{2ij}\delta_3(E_3^{\mathrm{T}}\gamma) X_{ij} + \delta_3 E_3] \\
&+ I_{\{y_{ij}=0\}} d_{1ij} \exp(\xi_{ij}) \left[\delta_3 E_3 + d_{1ij} \left(f_{0ij}\delta_3 E_3^{\mathrm{T}}\gamma - \frac{\partial f_{0ij}(\omega)}{\partial\omega_{ij}} \right) X_{ij} \right] \Bigg\}_{\widehat{\theta}_c, \omega^0}, \\
\frac{\partial^2 l(\widehat{\theta}_c|\omega^0)}{\partial b_{1i}\partial\omega_{ij}} = &\Bigg\{ -I_{\{y_{ij}=0\}} d_{1ij}^2 \frac{\partial f_{0ij}(\omega)}{\partial b_{1i}} \left[\frac{\partial f_{0ij}(\omega)}{\partial\omega_{ij}} + \exp(\xi_{ij})\delta_3 E_3^{\mathrm{T}}\gamma \right] \\
&+ I_{\{y_{ij}=0\}} d_{1ij} \frac{\partial^2 f_{0ij}(\omega)}{\partial b_{1i}\partial\omega_{ij}} + I_{\{y_{ij}>0\}} \frac{\partial^2 T_{ij}(\omega)}{\partial b_{1i}\partial\omega_{ij}} \Bigg\}_{\widehat{\theta}_c, \omega^0}, \\
\frac{\partial^2 l(\widehat{\theta}|\omega^0)}{\partial b_{2i}\partial\omega_{ij}} = &\Bigg\{ -d_{2ij}^2 \exp(\xi_{ij})\delta_3(E_3^{\mathrm{T}}\gamma) Z_{2,ij} \\
&+ I_{\{y_{ij}=0\}} d_{1ij}^2 \exp(\xi_{ij}) \left(f_{0ij}\delta_3 E_3^{\mathrm{T}}\gamma - \frac{\partial f_{0ij}(\omega)}{\partial\omega_{ij}} \right) Z_{2,ij} \Bigg\}_{\widehat{\theta}_c, \omega^0}.
\end{aligned}
$$

于是可得 $\varDelta_{33}$ 和相应的影响矩阵. 另外, 在具体模型中, 情形①, ② 和③里涉及 f_{0ij} 和 T_{ij} 的导数除了情形②给出的, 其余的可类似于第 3 章得到.

2. 组间解释变量扰动

类似于组内解释变量扰动, 我们同样可以考虑三种情形下单个解释变量发生扰动, 但是三种情况的推导过程类似, 因此, 这里只给出退化部分和非退化部分同时发生解释变量扰动情形. 为了方便, 假定 $X_{ij} = W_{ij}$, 设 $\omega = (\omega_1, \cdots, \omega_n)^{\mathrm{T}}$ 为扰动向量, $\omega^0 = (0, 0, \cdots, 0)^{\mathrm{T}}$ 对应于无扰动情形. 在 ω 扰动下, X_{ij} 变为 $X_{ij}(\omega) = X_{ij} + \delta_4 E_4 \omega_i$. 于是有

$$\xi_{ij}(\omega) = X_{ij}^{\mathrm{T}}\gamma + Z_{2,ij}^{\mathrm{T}} b_{2i} + \delta_4 E_4^{\mathrm{T}} \gamma \omega_i, \quad \mu_{ij}(\omega) = \exp\left(X_{ij}^{\mathrm{T}}\beta + Z_{1,ij}^{\mathrm{T}} b_{1i} + \delta_4 E_4^{\mathrm{T}} \beta \omega_i\right),$$

其中 δ_4 是尺度因子, $E_4 = (0, \cdots, 0, 1, 0, \cdots, 0)^{\mathrm{T}}$ 是 $p_1 \times 1$ 向量. 基于组内解释变量扰动中情形③里的导数, 我们有

$$\frac{\partial^2 l(\theta_c|\omega)}{\partial\theta_c \partial\omega_i} = \sum_{j=1}^{n_i} \frac{\partial^2 l(\theta_c|\omega)}{\partial\theta_c \partial\omega_{ij}},$$

从而可以得到 Δ_4 和相应的影响矩阵.

4.4 ZI 参数的 score 检验

类似于第 2 和第 3 章的讨论, 对于重复测量的计数数据, 同样会面临着零过多现象是否存在这一基本问题. 为此, Xiang 等 (2006) 基于 BLUP 型对数似然函数研究了 ZI 泊松随机效应模型中零过多现象, Lee 等 (2006) 和 Moghimbeigi 等 (2009) 基于 BLUP 型对数似然函数研究了多层 ZIP 模型中零过多现象. 类似地, 基于广义 ZI 泊松随机效应模型, 本节考虑零过多现象的 score 检验问题 (Xie et al, 2012e).

类似于模型 (4.1.1)~(4.1.2), 假定 $y_{ij}, i = 1, \cdots, n, j = 1, \cdots, n_i$ 来自于下面的广义 ZI 泊松随机效应模型

$$P(Y_{ij} = y_{ij}) = \begin{cases} \phi + (1-\phi) f(0; \mu_{ij}, \alpha), & y_{ij} = 0, \\ (1-\phi) f(y_{ij}; \mu_{ij}, \alpha), & y_{ij} = 1, 2, \cdots, \end{cases} \tag{4.4.1}$$

且 $g_1(\mu_{ij}) = \log \mu_{ij} = X_{ij}^{\mathrm{T}}\beta + Z_{1,ij}^{\mathrm{T}} b_{1i}$. 令 $\zeta = \phi/(1-\phi)$, 于是得 BLUP 型对数似然函数 $l(\delta) = l_1 + l_2$, 其中 $\delta = (\zeta, \alpha, \beta^{\mathrm{T}}, b_1^{\mathrm{T}})^{\mathrm{T}}$, 且

$$l_1 = \sum_{ij} \left\{ -\log(1+\zeta) + I_{\{y_{ij}=0\}} \log(\zeta + f_{0ij}) + I_{\{y_{ij}>0\}} T_{ij} \right\},$$

$$l_2 = -\frac{np_3}{2} \log 2\pi - \frac{n}{2} \log|\Sigma_1| - \frac{1}{2} \sum_{i=1}^{n} b_{1i}^{\mathrm{T}} \Sigma_1^{-1} b_{1i}.$$

于是, 零过多现象的存在性检验, 即模型中 ZI 参数是否存在的问题, 就等价于检验

$$H_0:\ \ \zeta=0 \longleftrightarrow H_1:\ \ \zeta\neq 0. \tag{4.4.2}$$

此时, 记参数 δ 在 H_0 下的 REML 估计为 $\widehat{\delta}^0=(0,\widehat{\alpha},\widehat{\beta}^{\mathrm{T}},\widehat{b}_1^{\mathrm{T}})^{\mathrm{T}}$. 关于此时的假设检验问题, ζ 是兴趣参数, 其余的是多余参数.

我们仍然致力于推导 score 检验统计量. 根据 BLUP 型对数似然函数 $l(\delta)$, 可得检验 $\zeta=0$ 的 score 函数为

$$\varPsi=\frac{\partial l(\delta)}{\partial\zeta}\bigg|_{\zeta=0}=\sum_{ij}\left\{-\frac{1}{1+\zeta}+I_{\{y_{ij}=0\}}\frac{1}{\zeta+f_{0ij}}\right\}\bigg|_{\zeta=0}=\sum_{ij}\left\{\frac{I_{\{y_{ij}=0\}}}{f_{0ij}}-1\right\}. \tag{4.4.3}$$

另外, 根据 BLUP 型对数似然函数 $l(\delta)$, 通过计算可得其关于参数的二阶导数

$$\begin{aligned}
\frac{\partial^2 l(\delta)}{\partial\zeta^2}&=\sum_{ij}\left\{\frac{1}{(1+\zeta)^2}+I_{\{y_{ij}=0\}}\frac{-1}{(\zeta+f_{0ij})^2}\right\},\\
\frac{\partial^2 l(\delta)}{\partial\zeta\partial\alpha}&=\sum_{ij}\left\{I_{\{y_{ij}=0\}}\frac{-1}{(\zeta+f_{0ij})^2}\frac{\partial f_{0ij}}{\partial\alpha}\right\},\\
\frac{\partial^2 l(\delta)}{\partial\zeta\partial\beta^{\mathrm{T}}}&=\sum_{ij}\left\{I_{\{y_{ij}=0\}}\frac{-1}{(\zeta+f_{0ij})^2}\frac{\partial f_{0ij}}{\partial\beta^{\mathrm{T}}}\right\},\\
\frac{\partial^2 l(\delta)}{\partial\zeta\partial b_{1i}^{\mathrm{T}}}&=\sum_{j}\left\{I_{\{y_{ij}=0\}}\frac{-1}{(\zeta+f_{0ij})^2}\frac{\partial f_{0ij}}{\partial b_{1i}^{\mathrm{T}}}\right\},\\
\frac{\partial^2 l(\delta)}{\partial\alpha^2}&=\sum_{ij}\left\{I_{\{y_{ij}=0\}}\frac{-1}{(\zeta+f_{0ij})^2}\left(\frac{\partial f_{0ij}}{\partial\alpha}\right)^2\right.\\
&\qquad\left.+I_{\{y_{ij}=0\}}\frac{1}{\zeta+f_{0ij}}\frac{\partial^2 f_{0ij}}{\partial\alpha^2}+I_{\{y_{ij}>0\}}\frac{\partial^2 T_{ij}}{\partial\alpha^2}\right\},\\
\frac{\partial^2 l(\delta)}{\partial\alpha\partial\beta^{\mathrm{T}}}&=\sum_{ij}\left\{I_{\{y_{ij}=0\}}\frac{-1}{(\zeta+f_{0ij})^2}\frac{\partial f_{0ij}}{\partial\alpha}\frac{\partial f_{0ij}}{\partial\beta^{\mathrm{T}}}\right.\\
&\qquad\left.+I_{\{y_{ij}=0\}}\frac{1}{\zeta+f_{0ij}}\frac{\partial^2 f_{0ij}}{\partial\alpha\partial\beta^{\mathrm{T}}}+I_{\{y_{ij}>0\}}\frac{\partial^2 T_{ij}}{\partial\alpha\partial\beta^{\mathrm{T}}}\right\},\\
\frac{\partial^2 l(\delta)}{\partial\alpha\partial b_{1i}^{\mathrm{T}}}&=\sum_{j}\left\{I_{\{y_{ij}=0\}}\frac{-1}{(\zeta+f_{0ij})^2}\frac{\partial f_{0ij}}{\partial\alpha}\frac{\partial f_{0ij}}{\partial b_{1i}^{\mathrm{T}}}\right.\\
&\qquad\left.+I_{\{y_{ij}=0\}}\frac{1}{\zeta+f_{0ij}}\frac{\partial^2 f_{0ij}}{\partial\alpha\partial b_{1i}^{\mathrm{T}}}+I_{\{y_{ij}>0\}}\frac{\partial^2 T_{ij}}{\partial\alpha\partial b_{1i}^{\mathrm{T}}}\right\},
\end{aligned}$$

$$\frac{\partial^2 l(\delta)}{\partial\beta\partial\beta^{\mathrm{T}}}=\sum_{ij}\left\{I_{\{y_{ij}=0\}}\frac{-1}{(\zeta+f_{0ij})^2}\frac{\partial f_{0ij}}{\partial\beta}\frac{\partial f_{0ij}}{\partial\beta^{\mathrm{T}}}\right.$$

$$\left.+I_{\{y_{ij}=0\}}\frac{1}{\zeta+f_{0ij}}\frac{\partial^2 f_{0ij}}{\partial\beta\partial\beta^{\mathrm{T}}}+I_{\{y_{ij}>0\}}\frac{\partial^2 T_{ij}}{\partial\beta\partial\beta^{\mathrm{T}}}\right\},$$

$$\frac{\partial^2 l(\delta)}{\partial\beta\partial b_{1i}^{\mathrm{T}}}=\sum_{j}\left\{I_{\{y_{ij}=0\}}\frac{-1}{(\zeta+f_{0ij})^2}\frac{\partial f_{0ij}}{\partial\beta}\frac{\partial f_{0ij}}{\partial b_{1i}^{\mathrm{T}}}\right.$$

$$\left.+I_{\{y_{ij}=0\}}\frac{1}{\zeta+f_{0ij}}\frac{\partial^2 f_{0ij}}{\partial\beta\partial b_{1i}^{\mathrm{T}}}+I_{\{y_{ij}>0\}}\frac{\partial^2 T_{ij}}{\partial\beta\partial b_{1i}^{\mathrm{T}}}\right\},$$

$$\frac{\partial^2 l(\delta)}{\partial b_{1i}\partial b_{1i}^{\mathrm{T}}}=\sum_{j}\left\{I_{\{y_{ij}=0\}}\frac{-1}{(\zeta+f_{0ij})^2}\frac{\partial f_{0ij}}{\partial b_{1i}}\frac{\partial f_{0ij}}{\partial b_{1i}^{\mathrm{T}}}\right.$$

$$\left.+I_{\{y_{ij}=0\}}\frac{1}{\zeta+f_{0ij}}\frac{\partial^2 f_{0ij}}{\partial b_{1i}\partial b_{1i}^{\mathrm{T}}}+I_{\{y_{ij}>0\}}\frac{\partial^2 T_{ij}}{\partial b_{1i}\partial b_{1i}^{\mathrm{T}}}\right\}.$$

经过计算, 可得前面二阶导数负值的期望, 即相应 Fisher 阵的子块为

$$J_{\zeta\zeta}=\sum_{ij}\left\{\frac{-1}{(1+\zeta)^2}+\frac{1}{(1+\zeta)(\zeta+f_{0ij})}\right\},$$

$$J_{\zeta\alpha}=\sum_{ij}\left\{\frac{1}{(1+\zeta)(\zeta+f_{0ij})}\frac{\partial f_{0ij}}{\partial\alpha}\right\},$$

$$J_{\zeta\beta}=\sum_{ij}\left\{\frac{1}{(1+\zeta)(\zeta+f_{0ij})}\frac{\partial f_{0ij}}{\partial\beta^{\mathrm{T}}}\right\},$$

$$J_{\zeta b_{1i}}=\sum_{j}\left\{\frac{1}{(1+\zeta)(\zeta+f_{0ij})}\frac{\partial f_{0ij}}{\partial b_{1i}^{\mathrm{T}}}\right\},$$

$$J_{\alpha\alpha}=\sum_{ij}\left\{\frac{1}{(1+\zeta)(\zeta+f_{0ij})}\left(\frac{\partial f_{0ij}}{\partial\alpha}\right)^2\right.$$

$$\left.-\frac{1}{1+\zeta}\frac{\partial^2 f_{0ij}}{\partial\alpha^2}+E\left[-I_{\{y_{ij}>0\}}\frac{\partial^2 T_{ij}}{\partial\alpha^2}\right]\right\},$$

$$J_{\alpha\beta}=\sum_{ij}\left\{\frac{1}{(1+\zeta)(\zeta+f_{0ij})}\frac{\partial f_{0ij}}{\partial\alpha}\frac{\partial f_{0ij}}{\partial\beta^{\mathrm{T}}}\right.$$

$$\left.-\frac{1}{1+\zeta}\frac{\partial^2 f_{0ij}}{\partial\alpha\partial\beta^{\mathrm{T}}}+E\left[-I_{\{y_{ij}>0\}}\frac{\partial^2 T_{ij}}{\partial\alpha\partial\beta^{\mathrm{T}}}\right]\right\},$$

$$J_{\alpha b_{1i}} = \sum_j \left\{ \frac{1}{(1+\zeta)(\zeta+f_{0ij})} \frac{\partial f_{0ij}}{\partial \alpha} \frac{\partial f_{0ij}}{\partial b_{1i}^{\mathrm{T}}} - \frac{1}{1+\zeta} \frac{\partial^2 f_{0ij}}{\partial \alpha \partial b_{1i}^{\mathrm{T}}} + E\left[-I_{\{y_{ij}>0\}} \frac{\partial^2 T_{ij}}{\partial \alpha \partial b_{1i}^{\mathrm{T}}} \right] \right\},$$

$$J_{\beta\beta} = \sum_{ij} \left\{ \frac{1}{(1+\zeta)(\zeta+f_{0ij})} \frac{\partial f_{0ij}}{\partial \beta} \frac{\partial f_{0ij}}{\partial \beta^{\mathrm{T}}} - \frac{1}{1+\zeta} \frac{\partial^2 f_{0ij}}{\partial \beta \partial \beta^{\mathrm{T}}} + E\left[-I_{\{y_{ij}>0\}} \frac{\partial^2 T_{ij}}{\partial \beta \partial \beta^{\mathrm{T}}} \right] \right\},$$

$$J_{\beta b_{1i}} = \sum_j \left\{ \frac{1}{(1+\zeta)(\zeta+f_{0ij})} \frac{\partial f_{0ij}}{\partial \beta} \frac{\partial f_{0ij}}{\partial b_{1i}^{\mathrm{T}}} - \frac{1}{1+\zeta} \frac{\partial^2 f_{0ij}}{\partial \beta \partial b_{1i}^{\mathrm{T}}} + E\left[-I_{\{y_{ij}>0\}} \frac{\partial^2 T_{ij}}{\partial \beta \partial b_{1i}^{\mathrm{T}}} \right] \right\},$$

$$J_{b_{1i} b_{1i}} = \sum_j \left\{ \frac{1}{(1+\zeta)(\zeta+f_{0ij})} \frac{\partial f_{0ij}}{\partial b_{1i}} \frac{\partial f_{0ij}}{\partial b_{1i}^{\mathrm{T}}} - \frac{1}{1+\zeta} \frac{\partial^2 f_{0ij}}{\partial b_{1i} \partial b_{1i}^{\mathrm{T}}} + E\left[-I_{\{y_{ij}>0\}} \frac{\partial^2 T_{ij}}{\partial b_{1i} \partial b_{1i}^{\mathrm{T}}} \right] \right\}.$$

对于具体的模型, 如 ZIGP 随机效应模型和 ZIDP 随机效应模型, 只要求出 T_{ij} 关于参数的二阶导数的期望即可, 而其他导数可以参见 4.1 节, 具体如下:

(1) ZIGP 随机效应模型

$$E\left[-I_{\{y_{ij}>0\}} \frac{\partial^2 T_{ij}}{\partial \alpha^2} \right] = \frac{1}{1+\zeta} \left\{ -\frac{\mu_{ij}^3}{(1+\alpha\mu_{ij})^2} + \frac{(\mu_{ij}+2+2\alpha\mu_{ij})\mu_{ij}^2}{(1+\alpha\mu_{ij})^2(1+2\alpha)} - \frac{2 f_{0ij}\mu_{ij}^3}{(1+\alpha\mu_{ij})^3} \right\},$$

$$E\left[-I_{\{y_{ij}>0\}} \frac{\partial^2 T_{ij}}{\partial \alpha \partial \beta^{\mathrm{T}}} \right] = h_{1ij} X_{ij}^{\mathrm{T}}, \quad E\left[-I_{\{y_{ij}>0\}} \frac{\partial^2 T_{ij}}{\partial \alpha \partial b_{1i}^{\mathrm{T}}} \right] = h_{1ij} Z_{1,ij}^{\mathrm{T}},$$

$$E\left[-I_{\{y_{ij}>0\}} \frac{\partial^2 T_{ij}}{\partial \beta \partial \beta^{\mathrm{T}}} \right] = h_{2ij} X_{ij} X_{ij}^{\mathrm{T}}, \quad E\left[-I_{\{y_{ij}>0\}} \frac{\partial^2 T_{ij}}{\partial \beta \partial b_{1i}^{\mathrm{T}}} \right] = h_{2ij} X_{ij} Z_{1,ij}^{\mathrm{T}},$$

$$E\left[-I_{\{y_{ij}>0\}} \frac{\partial^2 T_{ij}}{\partial b_{1i} \partial b_{1i}^{\mathrm{T}}} \right] = h_{2ij} Z_{1,ij} Z_{1,ij}^{\mathrm{T}},$$

其中

$$h_{1ij} = \frac{2\mu_{ij}^2 f_{0ij}}{(1+\zeta)(1+\alpha\mu_{ij})^3}, \quad h_{2ij} = \frac{1}{1+\zeta} \left\{ (1-f_{0ij}) \frac{\mu_{ij}-\alpha\mu_{ij}^2}{(1+\alpha\mu_{ij})^3} + \frac{2\alpha\mu_{ij}^2}{(1+\alpha\mu_{ij})^3} \right\}.$$

(2) ZIDP 随机效应模型

$$E\left[-I_{\{y_{ij}>0\}}\frac{\partial^2 T_{ij}}{\partial\alpha^2}\right]=\frac{1}{2\alpha^2}\frac{(1-f_{0ij})}{1+\zeta},\quad E\left[-I_{\{y_{ij}>0\}}\frac{\partial^2 T_{ij}}{\partial\alpha\partial\beta^{\mathrm{T}}}\right]=h_{3ij}X_{ij}^{\mathrm{T}},$$

$$E\left[-I_{\{y_{ij}>0\}}\frac{\partial^2 T_{ij}}{\partial\alpha\partial b_{1i}^{\mathrm{T}}}\right]=h_{3ij}Z_{1,ij}^{\mathrm{T}},\quad E\left[-I_{\{y_{ij}>0\}}\frac{\partial^2 T_{ij}}{\partial\beta\partial\beta^{\mathrm{T}}}\right]=h_{4ij}X_{ij}X_{ij}^{\mathrm{T}},$$

$$E\left[-I_{\{y_{ij}>0\}}\frac{\partial^2 T_{ij}}{\partial\beta\partial b_{1i}^{\mathrm{T}}}\right]=h_{4ij}X_{ij}Z_{1,ij}^{\mathrm{T}},\quad E\left[-I_{\{y_{ij}>0\}}\frac{\partial^2 T_{ij}}{\partial b_{1i}\partial b_{1i}^{\mathrm{T}}}\right]=h_{4ij}Z_{1,ij}Z_{1,ij}^{\mathrm{T}},$$

其中 $h_{3ij}=-\mu_{ij}f_{0ij}/(1+\zeta)$, $h_{4ij}=(1-f_{0ij})\alpha\mu_{ij}/(1+\zeta)$.

于是, 根据上面的期望, 得到关于参数 δ 的 Fisher 信息阵

$$J(\delta)=\begin{bmatrix} J_{\zeta\zeta} & J_{\zeta\alpha} & J_{\zeta\beta} & J_{\zeta b_1} \\ J_{\zeta\alpha}^{\mathrm{T}} & J_{\alpha\alpha} & J_{\alpha\beta} & J_{\alpha b_1} \\ J_{\zeta\beta}^{\mathrm{T}} & J_{\alpha\beta}^{\mathrm{T}} & J_{\beta\beta} & J_{\beta b_1} \\ J_{\zeta b_1}^{\mathrm{T}} & J_{\alpha b_1}^{\mathrm{T}} & J_{\beta b_1}^{\mathrm{T}} & J_{b_1 b_1} \end{bmatrix}, \tag{4.4.4}$$

其中 $J_{\zeta b_1}=(J_{\zeta b_{11}},\cdots,J_{\zeta b_{1n}})$, $J_{\alpha b_1}=(J_{\alpha b_{11}},\cdots,J_{\alpha b_{1n}})$, $J_{\beta b_1}=(J_{\beta b_{11}},\cdots,J_{\beta b_{1n}})$, $J_{b_1 b_1}=\mathrm{diag}(J_{b_{11}b_{11}},\cdots,J_{b_{1n}b_{1n}})$. 由此可得定理 4.4.1.

定理 4.4.1 对于模型 (4.4.1), 假设检验问题 (4.4.2) 的 score 检验统计量为

$$\mathrm{SC}_\zeta=\left\{\Psi^2 J^{\zeta\zeta}\right\}_{\widehat{\delta}^0}$$

其中 score 函数 Ψ 如式 (4.4.3) 所示, $J^{\zeta\zeta}$ 是 Fisher 信息阵 $J(\delta)$ (见式 (4.4.4)) 的逆阵中相应于参数 ζ 的子块. 在零假设成立时 SC_ζ 渐近服从自由度为 1 的 χ^2 分布.

4.5 散度参数和回归系数的 score 检验

广义 ZI 泊松随机效应模型 (4.1.1)~(4.1.2), 当散度参数 $\alpha=\alpha_0$ 时, 就退化为 ZI 泊松随机效应模型 (对于 GP 模型, $\alpha_0=0$; 对于 DP 模型, $\alpha_0=1$). 因此, 正如第 2 和第 3 章中指出的那样, 在分析实际问题时, 有必要研究模型中散度参数的相应检验问题 (参见 3.4 节). 例如, Xiang 等 (2007) 基于 BLUP 型对数似然函数研究了 ZINB 随机效应模型中散度参数存在性检验问题, Xie 等 (2009c, 2012f) 研究了广义 ZI 泊松随机效应模型中散度参数的检验和回归系数的检验问题. 基于已有的工作, 本节将研究广义 ZI 泊松随机效应模型中散度参数的存在性检验问题, 同时, 基于常用的参数化方法重点研究模型中变散度的假设检验问题 (Smyth, 1989; Woldie et al, 2001; Jansakul and Hinde, 2002; Lin et al, 2004; Xie et al, 2012f). 另外, 我们还利用 score 检验统计量研究模型 (4.1.1)~(4.1.2) 中回归系数的显著性检验, 若回归系数显著存在, 则说明 μ 和 ZI 参数 ϕ 与协变量有关. 而关于 ϕ 部分回归系数的检验类似于第 3 章中关于 ZI 参数的齐性检验问题.

4.5.1 散度参数的 score 检验

以下分别讨论散度参数的存在性检验和齐性检验.

1. 散度参数的存在性检验

根据前面的讨论, 我们研究下面的假设检验问题:

$$H_0: \ \alpha = \alpha_0 \longleftrightarrow H_1: \ \alpha \neq \alpha_0. \tag{4.5.1}$$

此时, α 是有兴趣参数, 其他为多余参数. 如果假设被否定, 说明 $\alpha \neq \alpha_0$, 因而存在散度参数. 今记 $\widehat{\theta}_c^0 = (\alpha_0, \widehat{\beta}^{\mathrm{T}}, \widehat{\gamma}^{\mathrm{T}}, \widehat{b}_1^{\mathrm{T}}, \widehat{b}_2^{\mathrm{T}})^{\mathrm{T}}$ 为在 H_0 下的 REML 估计.

为了得到检验假设 (4.5.1) 的 score 统计量, 我们需要对数似然函数 $l(\theta_c)$ 关于参数 θ_c 二阶导数负值的期望, 基于 4.1.1 小节的导数, 通过计算可得

$$J_{\alpha\alpha} = \sum_{ij} \left\{ d_{2ij} d_{1ij} \left(\frac{\partial f_{0ij}}{\partial \alpha} \right)^2 - d_{2ij} \frac{\partial^2 f_{0ij}}{\partial \alpha^2} + E\left[- I_{\{y_{ij}>0\}} \frac{\partial^2 T_{ij}}{\partial \alpha^2} \right] \right\},$$

$$J_{\alpha\beta} = \sum_{ij} \left\{ d_{2ij} d_{1ij} \frac{\partial f_{0ij}}{\partial \alpha} \frac{\partial f_{0ij}}{\partial \beta^{\mathrm{T}}} - d_{2ij} \frac{\partial^2 f_{0ij}}{\partial \alpha \partial \beta^{\mathrm{T}}} + E\left[- I_{\{y_{ij}>0\}} \frac{\partial^2 T_{ij}}{\partial \alpha \partial \beta^{\mathrm{T}}} \right] \right\},$$

$$J_{\alpha\gamma} = \sum_{ij} d_{2ij} d_{1ij} \exp(\xi_{ij}) \frac{\partial f_{0ij}}{\partial \alpha} W_{ij}^{\mathrm{T}},$$

$$J_{\alpha b_{1i}} = \sum_{j} \left\{ d_{2ij} d_{1ij} \frac{\partial f_{0ij}}{\partial \alpha} \frac{\partial f_{0ij}}{\partial b_{1i}^{\mathrm{T}}} - d_{2ij} \frac{\partial^2 f_{0ij}}{\partial \alpha \partial b_{1i}^{\mathrm{T}}} + E\left[- I_{\{y_{ij}>0\}} \frac{\partial^2 T_{ij}}{\partial \alpha \partial b_{1i}^{\mathrm{T}}} \right] \right\},$$

$$J_{\alpha b_{2i}} = \sum_{j} d_{2ij} d_{1ij} \exp(\xi_{ij}) \frac{\partial f_{0ij}}{\partial \alpha} Z_{2,ij}^{\mathrm{T}}, \quad J_{\alpha b_k} = (J_{\alpha b_{k1}}, \cdots, J_{\alpha b_{kn}}), k = 1, 2,$$

$$J_{\beta\beta} = \sum_{ij} \left\{ d_{2ij} d_{1ij} \frac{\partial f_{0ij}}{\partial \beta} \frac{\partial f_{0ij}}{\partial \beta^{\mathrm{T}}} - d_{2ij} \frac{\partial^2 f_{0ij}}{\partial \beta \partial \beta^{\mathrm{T}}} + E\left[- I_{\{y_{ij}>0\}} \frac{\partial^2 T_{ij}}{\partial \beta \partial \beta^{\mathrm{T}}} \right] \right\},$$

$$J_{\beta\gamma} = \sum_{ij} d_{2ij} d_{1ij} \exp(\xi_{ij}) \frac{\partial f_{0ij}}{\partial \beta} W_{ij}^{\mathrm{T}},$$

$$J_{\beta b_{1i}} = \sum_{j} \left\{ d_{2ij} d_{1ij} \frac{\partial f_{0ij}}{\partial \beta} \frac{\partial f_{0ij}}{\partial b_{1i}^{\mathrm{T}}} - d_{2ij} \frac{\partial^2 f_{0ij}}{\partial \beta \partial b_{1i}^{\mathrm{T}}} + E\left[- I_{\{y_{ij}>0\}} \frac{\partial^2 T_{ij}}{\partial \beta \partial b_{1i}^{\mathrm{T}}} \right] \right\},$$

$$J_{\beta b_{2i}} = \sum_{j} d_{2ij} d_{1ij} \exp(\xi_{ij}) \frac{\partial f_{0ij}}{\partial \beta} Z_{2,ij}^{\mathrm{T}}, \quad J_{\beta b_k} = (J_{\beta b_{k1}}, \cdots, J_{\beta b_{kn}}), k = 1, 2,$$

$$J_{\gamma\gamma} = \sum_{ij} \{ d_{2ij}^2 \exp(\xi_{ij}) - d_{2ij} d_{1ij} f_{0ij} \exp(\xi_{ij}) \} W_{ij} W_{ij}^{\mathrm{T}},$$

$$J_{\gamma b_{2i}} = \sum_{j} \{ d_{2ij}^2 \exp(\xi_{ij}) - d_{2ij} d_{1ij} f_{0ij} \exp(\xi_{ij}) \} W_{ij} Z_{2,ij}^{\mathrm{T}},$$

$$
\begin{aligned}
J_{\gamma b_{1i}} &= \sum_j \left\{ d_{2ij} d_{1ij} \exp(\xi_{ij}) W_{ij} \frac{\partial f_{0ij}}{\partial b_{1i}^{\mathrm{T}}} \right\}, J_{\gamma b_k} = (J_{\gamma b_{k1}}, \cdots, J_{\gamma b_{kn}}), k=1,2,\\
J_{b_{1i}b_{1i}} &= \sum_j \left\{ d_{2ij} d_{1ij} \frac{\partial f_{0ij}}{\partial b_{1i}} \frac{\partial f_{0ij}}{\partial b_{1i}^{\mathrm{T}}} - d_{2ij} \frac{\partial^2 f_{0ij}}{\partial b_{1i} \partial b_{1i}^{\mathrm{T}}} + \mathrm{E}\left[-I_{\{y_{ij}>0\}} \frac{\partial^2 T_{ij}}{\partial b_{1i} \partial b_{1i}^{\mathrm{T}}} \right] \right\} + \Sigma_1^{-1},\\
J_{b_{1i}b_{2i}} &= \sum_j d_{2ij} d_{1ij} \exp(\xi_{ij}) \frac{\partial f_{0ij}}{\partial b_{1i}} Z_{2,ij}^{\mathrm{T}},\\
J_{b_{2i}b_{2i}} &= \sum_j \left\{ d_{2ij}^2 \exp(\xi_{ij}) - d_{2ij} d_{1ij} f_{0ij} \exp(\xi_{ij}) \right\} Z_{2,ij} Z_{2,ij}^{\mathrm{T}} + \Sigma_2^{-1},\\
J_{b_k b_k} &= \mathrm{diag}(J_{b_{k1}b_{k1}}, \cdots, J_{b_{kn}b_{kn}}), k=1,2, \quad J_{b_1 b_2} = \mathrm{diag}(J_{b_{11}b_{21}}, \cdots, J_{b_{1n}b_{2n}}),
\end{aligned}
$$

这里 $d_{2ij} = 1/(1+\exp(\xi_{ij}))$.

对于具体的模型, 只要求出 T_{ij} 关于参数的二阶导数的期望即可, 特别有以下公式.

(1) ZIGP 随机效应模型

$$
\begin{aligned}
E\left[-I_{\{y_{ij}>0\}} \frac{\partial^2 T_{ij}}{\partial \alpha^2} \right] &= -\frac{d_{2ij}\mu_{ij}^3}{(1+\alpha\mu_{ij})^2} + \frac{d_{2ij}(\mu_{ij}+2+2\alpha\mu_{ij})\mu_{ij}^2}{(1+\alpha\mu_{ij})^2(1+2\alpha)} - \frac{2d_{2ij} f_{0ij}\mu_{ij}^3}{(1+\alpha\mu_{ij})^3},\\
E\left[-I_{\{y_{ij}>0\}} \frac{\partial^2 T_{ij}}{\partial \alpha \partial \beta^{\mathrm{T}}} \right] &= h_{1ij} X_{ij}^{\mathrm{T}}, \quad E\left[-I_{\{y_{ij}>0\}} \frac{\partial^2 T_{ij}}{\partial \alpha \partial b_{1i}^{\mathrm{T}}} \right] = h_{1ij} Z_{1,ij}^{\mathrm{T}},\\
E\left[-I_{\{y_{ij}>0\}} \frac{\partial^2 T_{ij}}{\partial \beta \partial \beta^{\mathrm{T}}} \right] &= h_{2ij} X_{ij} X_{ij}^{\mathrm{T}}, \quad E\left[-I_{\{y_{ij}>0\}} \frac{\partial^2 T_{ij}}{\partial \beta \partial b_{1i}^{\mathrm{T}}} \right] = h_{2ij} X_{ij} Z_{1,ij}^{\mathrm{T}},\\
E\left[-I_{\{y_{ij}>0\}} \frac{\partial^2 T_{ij}}{\partial b_{1i} \partial b_{1i}^{\mathrm{T}}} \right] &= h_{2ij} Z_{1,ij} Z_{1,ij}^{\mathrm{T}},
\end{aligned}
$$

其中

$$
h_{1ij} = \frac{2d_{2ij}\mu_{ij}^2 f_{0ij}}{(1+\alpha\mu_{ij})^3}, \quad h_{2ij} = d_{2ij}(1-f_{0ij}) \frac{\mu_{ij}-\alpha\mu_{ij}^2}{(1+\alpha\mu_{ij})^3} + d_{2ij} \frac{2\alpha\mu_{ij}^2}{(1+\alpha\mu_{ij})^3}.
$$

(2) ZIDP 随机效应模型

$$
\begin{aligned}
E\left[-I_{\{y_{ij}>0\}} \frac{\partial^2 T_{ij}}{\partial \alpha^2} \right] &= \frac{1}{2\alpha^2} d_{2ij}(1-f_{0ij}), \quad E\left[-I_{\{y_{ij}>0\}} \frac{\partial^2 T_{ij}}{\partial \alpha \partial \beta^{\mathrm{T}}} \right] = h_{3ij} X_{ij}^{\mathrm{T}},\\
E\left[-I_{\{y_{ij}>0\}} \frac{\partial^2 T_{ij}}{\partial \alpha \partial b_{1i}^{\mathrm{T}}} \right] &= h_{3ij} Z_{1,ij}^{\mathrm{T}}, \quad E\left[-I_{\{y_{ij}>0\}} \frac{\partial^2 T_{ij}}{\partial \beta \partial \beta^{\mathrm{T}}} \right] = h_{4ij} X_{ij} X_{ij}^{\mathrm{T}},\\
E\left[-I_{\{y_{ij}>0\}} \frac{\partial^2 T_{ij}}{\partial \beta \partial b_{1i}^{\mathrm{T}}} \right] &= h_{4ij} X_{ij} Z_{1,ij}^{\mathrm{T}}, \quad E\left[-I_{\{y_{ij}>0\}} \frac{\partial^2 T_{ij}}{\partial b_{1i} \partial b_{1i}^{\mathrm{T}}} \right] = h_{4ij} Z_{1,ij} Z_{1,ij}^{\mathrm{T}},
\end{aligned}
$$

其中 $h_{3ij} = -d_{2ij}\mu_{ij} f_{0ij}$, $h_{4ij} = d_{2ij}(1-f_{0ij})\alpha\mu_{ij}$.

因此根据上面的期望表达式, 参数 θ_c 的 Fisher 信息阵可表示为

$$J(\theta_c) = \begin{bmatrix} J_{\alpha\alpha} & J_{\alpha\beta} & J_{\alpha\gamma} & J_{\alpha b_1} & J_{\alpha b_2} \\ J_{\beta\alpha} & J_{\beta\beta} & J_{\beta\gamma} & J_{\beta b_1} & J_{\beta b_2} \\ J_{\gamma\alpha} & J_{\gamma\beta} & J_{\gamma\gamma} & J_{\gamma b_1} & J_{\gamma b_2} \\ J_{b_1\alpha} & J_{b_1\beta} & J_{b_1\gamma} & J_{b_1 b_1} & J_{b_1 b_2} \\ J_{b_2\alpha} & J_{b_2\beta} & J_{b_2\gamma} & J_{b_2 b_1} & J_{b_2 b_2} \end{bmatrix}. \tag{4.5.2}$$

则由此可得定理 4.5.1.

定理 4.5.1 对于模型 (4.1.1)~(4.1.2), 假设检验问题 (4.5.1) 的 score 检验统计量可表示为

$$\mathrm{SC}_\alpha = \left\{U_\alpha^2 J^{\alpha\alpha}\right\}_{\widehat{\theta}_c^0}, \tag{4.5.3}$$

其中 U_α 可参见 4.1.1 小节, $J^{\alpha\alpha}$ 是 Fisher 信息阵 $J(\theta_c)$ 的逆阵中相应于参数 α 的子块. 同时, 在零假设成立时, SC_α 渐近服从自由度为 1 的 χ^2 分布.

2. 散度参数的齐性检验

当模型 (4.1.1)~(4.1.2) 中散度参数 α 显著存在时, 我们常会考虑它们是否与观察值有关, 这就是参数的齐性问题. 对 α 重新参数化, 假定

$$\alpha_{ij} = \alpha m_{ij} = \alpha m(z_{ij}, \tau), \tag{4.5.4}$$

其中 α 是未知参数, τ 是 $q\times 1$ 未知向量, z_{ij} 是某些协变量, m 是已知的二阶可微权函数. 我们假定存在唯一的值 τ_0 使得对于任意的 i,j 都有 $m(z_{ij},\tau_0)=1$. 显然, 如果 $\tau=\tau_0$, 则 $\alpha_{ij}=\alpha$ 且所有 Y_{ij} 都有固定的散度参数. 因此, 散度参数的齐性检验就等价于检验

$$H_0:\ \ \tau=\tau_0 \longleftrightarrow H_1:\ \ \tau\neq\tau_0. \tag{4.5.5}$$

此时, τ 是有兴趣参数, θ_c 是多余参数, 记 $(\tau_0^{\mathrm{T}}, \widehat{\theta}_c^{\mathrm{T}})^{\mathrm{T}}$ 为零假设 H_0 下的 REML 估计. 则基于模型 (4.1.1)~(4.1.2) 和式 (4.5.4), BLUP 型对数似然可以表示为

$$\begin{aligned} l(\tau,\theta_c) = &-\sum_{ij}\log[1+\exp(\xi_{ij})]+\sum_{ij} I_{\{y_{ij}=0\}}\log[\exp(\xi_{ij})+f_{0ij}(\tau)]+\sum_{ij} I_{\{y_{ij}>0\}}T_{ij}(\tau) \\ &-\frac{n}{2}\log|\Sigma_1| - \frac{1}{2}\sum_{i=1}^n b_{1i}^{\mathrm{T}}\Sigma_1^{-1}b_{1i} - \frac{n}{2}\log|\Sigma_2| - \frac{1}{2}\sum_{i=1}^n b_{2i}^{\mathrm{T}}\Sigma_2^{-1}b_{2i}, \end{aligned} \tag{4.5.6}$$

其中常数略去, 这里的 $f_{0ij}(\tau) = f(0;\mu_{ij},\alpha_{ij})$, $T_{ij}(\tau) = \log f(y_{ij};\mu_{ij},\alpha_{ij})$.

为了方便, 记

$$t_{ij}=\frac{1}{\exp(\xi_{ij})+f_{0ij}(\tau)},\quad h_{ij}=d_{2ij}t_{ij},\quad v_{ij}=h_{ij}\exp(\xi_{ij}),\quad H_i=\mathrm{diag}(h_{i1},\cdots,h_{in_i}),$$

$$H=\mathrm{diag}(H_1,\cdots,H_n),\quad u_i=(d_{2i1},\cdots,d_{2in_i})^{\mathrm{T}},\quad u=(u_1^{\mathrm{T}},\cdots,u_n^{\mathrm{T}})^{\mathrm{T}},$$

$$v_i=\mathrm{diag}(v_{i1},\cdots,v_{in_i}),\quad V=\mathrm{diag}(v_1,\cdots,v_n),\quad f_{i\tau}=\left(\frac{\partial f_{0i1}}{\partial\tau},\cdots,\frac{\partial f_{0in_i}}{\partial\tau}\right)^{\mathrm{T}},$$

$$f_{ib}=\left(\frac{\partial f_{0i1}}{\partial b_{1i}},\cdots,\frac{\partial f_{0in_i}}{\partial b_{1i}}\right)^{\mathrm{T}},\quad f_\tau=(f_{1\tau}^{\mathrm{T}},\cdots,f_{n\tau}^{\mathrm{T}})^{\mathrm{T}},$$

$$f_\alpha=\left(\frac{\partial f_{0i1}(\tau)}{\partial\alpha},\cdots,\frac{\partial f_{0nn_n}(\tau)}{\partial\alpha}\right)^{\mathrm{T}},$$

$$f_\beta=\left(\frac{\partial f_{0i1}(\tau)}{\partial\beta},\cdots,\frac{\partial f_{0nn_n}(\tau)}{\partial\beta}\right)^{\mathrm{T}},\quad [f_{\tau\tau}]=\left[\frac{\partial^2 f_{0ij}(\tau)}{\partial\tau\partial\tau^{\mathrm{T}}}\right]\text{是 } nn_n\times q\times q\text{立体阵},$$

$$f_{\tau\alpha}=\left(\frac{\partial^2 f_{011}(\tau)}{\partial\tau\partial\alpha},\cdots,\frac{\partial^2 f_{0nn_n}(\tau)}{\partial\tau\partial\alpha}\right),\quad [f_{\tau\beta}]=\left[\frac{\partial^2 f_{0ij}(\tau)}{\partial\tau\partial\beta^{\mathrm{T}}}\right]\text{是 } nn_n\times q\times p_1\text{立体阵},$$

$$[f_{i\tau b}]=\left[\frac{\partial^2 f_{0ij}(\tau)}{\partial\tau\partial b_{1i}^{\mathrm{T}}}\right]\text{是 } n_i\times q\times p_3\text{立体阵},\quad W=(W_{11},\cdots,W_{nn_n})^{\mathrm{T}},$$

$$Z_{2i}=(Z_{2,i1},\cdots,Z_{2,in_i})^{\mathrm{T}},\quad \Psi_1=\sum_{ij}E\left[-I_{\{y_{ij}>0\}}\frac{\partial^2 T_{ij}(\tau)}{\partial\tau\partial\tau^{\mathrm{T}}}\right],$$

$$\Psi_2=\sum_{ij}E\left[-I_{\{y_{ij}>0\}}\frac{\partial^2 T_{ij}(\tau)}{\partial\tau\partial\alpha}\right],\quad \Psi_3=\sum_{ij}E\left[-I_{\{y_{ij}>0\}}\frac{\partial^2 T_{ij}(\tau)}{\partial\tau\partial\beta^{\mathrm{T}}}\right],$$

$$\Psi_{4i}=\sum_{j}E\left[-I_{\{y_{ij}>0\}}\frac{\partial^2 T_{ij}(\tau)}{\partial\tau\partial b_{1i}^{\mathrm{T}}}\right],\quad i=1,\cdots,n.$$

定理 4.5.2 对于模型 (4.1.1)~(4.1.2) 和式 (4.5.4), 假设检验问题 (4.5.5) 的 score 检验统计量为

$$\mathrm{SC}_\tau=\left\{U_\tau^{\mathrm{T}}(f_\tau^{\mathrm{T}}Hf_\tau-u^{\mathrm{T}}[f_{\tau\tau}]+\Psi_1-J_{\tau\theta_c}J^{-1}(\theta_c)J_{\tau\theta_c}^{\mathrm{T}})^{-1}U_\tau\right\}_{(\tau_0,\widehat{\theta}_c)},\tag{4.5.7}$$

其中 $U_\tau=\sum_{ij}\left\{I_{\{y_{ij}=0\}}t_{ij}\partial f_{0ij}(\tau)/\partial\tau+I_{\{y_{ij}>0\}}\partial T_{ij}(\tau)/\partial\tau\right\}$, $J_{\tau\theta_c}=\Big[f_\tau^{\mathrm{T}}Hf_\alpha-u^{\mathrm{T}}f_{\tau\alpha}+\Psi_2, f_\tau^{\mathrm{T}}Hf_\beta-u^{\mathrm{T}}[f_{\tau\beta}]+\Psi_3, f_\tau^{\mathrm{T}}VW, J_{\tau b_1}, J_{\tau b_2}\Big]$, $J_{\tau b_1}=\Big[f_{1\tau}^{\mathrm{T}}H_1f_{1b}-u_1^{\mathrm{T}}[f_{1\tau b}]+\Psi_{41},\cdots, f_{n\tau}^{\mathrm{T}}H_nf_{nb}-u_n^{\mathrm{T}}[f_{n\tau b}]+\Psi_{4n}\Big]$, $J_{\tau b_2}=\Big[f_{1\tau}^{\mathrm{T}}v_1Z_{21},\cdots,f_{n\tau}^{\mathrm{T}}v_nZ_{2n}\Big]$. 并且, 在零假设成立时, SC_τ 渐近服从 $\chi^2(q)$ 分布.

证明 根据式 (4.5.6), 可以得到 $l(\tau,\theta_c)$ 的二阶偏导数如下:

$$\frac{\partial^2 l}{\partial\tau\partial\tau^{\mathrm{T}}}=\sum_{ij}\left\{I_{\{y_{ij}=0\}}\frac{-1}{(\exp(\xi_{ij})+f_{0ij}(\tau))^2}\frac{\partial f_{0ij}(\tau)}{\partial\tau}\frac{\partial f_{0ij}(\tau)}{\partial\tau^{\mathrm{T}}}\right.$$
$$\left.+I_{\{y_{ij}=0\}}\frac{1}{\exp(\xi_{ij})+f_{0ij}(\tau)}\frac{\partial^2 f_{0ij}(\tau)}{\partial\tau\partial\tau^{\mathrm{T}}}+I_{\{y_{ij}>0\}}\frac{\partial^2 T_{ij}(\tau)}{\partial\tau\partial\tau^{\mathrm{T}}}\right\},$$

$$\frac{\partial^2 l}{\partial\tau\partial\alpha}=\sum_{ij}\left\{I_{\{y_{ij}=0\}}\frac{-1}{(\exp(\xi_{ij})+f_{0ij}(\tau))^2}\frac{\partial f_{0ij}(\tau)}{\partial\tau}\frac{\partial f_{0ij}(\tau)}{\partial\alpha}\right.$$
$$\left.+I_{\{y_{ij}=0\}}\frac{1}{\exp(\xi_{ij})+f_{0ij}(\tau)}\frac{\partial^2 f_{0ij}(\tau)}{\partial\tau\partial\alpha}+I_{\{y_{ij}>0\}}\frac{\partial^2 T_{ij}(\tau)}{\partial\tau\partial\alpha}\right\},$$

$$\frac{\partial^2 l}{\partial\tau\partial\beta^{\mathrm{T}}}=\sum_{ij}\left\{I_{\{y_{ij}=0\}}\frac{-1}{(\exp(\xi_{ij})+f_{0ij}(\tau))^2}\frac{\partial f_{0ij}(\tau)}{\partial\tau}\frac{\partial f_{0ij}(\tau)}{\partial\beta^{\mathrm{T}}}\right.$$
$$\left.+I_{\{y_{ij}=0\}}\frac{1}{\exp(\xi_{ij})+f_{0ij}(\tau)}\frac{\partial^2 f_{0ij}(\tau)}{\partial\tau\partial\beta^{\mathrm{T}}}+I_{\{y_{ij}>0\}}\frac{\partial^2 T_{ij}(\tau)}{\partial\tau\partial\beta^{\mathrm{T}}}\right\},$$

$$\frac{\partial^2 l}{\partial\tau\partial\gamma^{\mathrm{T}}}=\sum_{ij}\left\{I_{\{y_{ij}=0\}}\frac{-\exp(\xi_{ij})}{(\exp(\xi_{ij})+f_{0ij}(\tau))^2}\frac{\partial f_{0ij}(\tau)}{\partial\tau}W_{ij}^{\mathrm{T}}\right\},$$

$$\frac{\partial^2 l}{\partial\tau\partial b_{1i}^{\mathrm{T}}}=\sum_{j}\left\{I_{\{y_{ij}=0\}}\frac{-1}{(\exp(\xi_{ij})+f_{0ij}(\tau))^2}\frac{\partial f_{0ij}(\tau)}{\partial\tau}\frac{\partial f_{0ij}(\tau)}{\partial b_{1i}^{\mathrm{T}}}\right.$$
$$\left.+I_{\{y_{ij}=0\}}\frac{1}{\exp(\xi_{ij})+f_{0ij}(\tau)}\frac{\partial^2 f_{0ij}(\tau)}{\partial\tau\partial b_{1i}^{\mathrm{T}}}+I_{\{y_{ij}>0\}}\frac{\partial^2 T_{ij}(\tau)}{\partial\tau\partial b_{1i}^{\mathrm{T}}}\right\},$$

$$\frac{\partial^2 l}{\partial\tau\partial b_{2i}^{\mathrm{T}}}=\sum_{j}\left\{I_{\{y_{ij}=0\}}\frac{-\exp(\xi_{ij})}{(\exp(\xi_{ij})+f_{0ij}(\tau))^2}\frac{\partial f_{0ij}(\tau)}{\partial\tau}Z_{2,ij}^{\mathrm{T}}\right\}.$$

通过计算, 结合上面的记号得到二阶导数负值的期望为

$$J_{\tau\tau}=f_\tau^{\mathrm{T}}Hf_\tau-u^{\mathrm{T}}[f_{\tau\tau}]+\Psi_1,\qquad J_{\tau\alpha}=f_\tau^{\mathrm{T}}Hf_\alpha-u^{\mathrm{T}}f_{\tau\alpha}+\Psi_2,$$
$$J_{\tau\beta}=f_\tau^{\mathrm{T}}Hf_\beta-u^{\mathrm{T}}[f_{\tau\beta}]+\Psi_3,\qquad J_{\tau\gamma}=f_\tau^{\mathrm{T}}VW,$$
$$J_{\tau b_{1i}}=f_{i\tau}^{\mathrm{T}}H_if_{ib}-u_i^{\mathrm{T}}[f_{i\tau b}]+\Psi_{4i},\quad J_{\tau b_{2i}}=f_{i\tau}^{\mathrm{T}}v_iZ_{2i},$$

于是利用式 (4.5.2) 得到下面的 Fisher 信息阵:

$$J(\tau,\theta_c)=\begin{bmatrix} J_{\tau\tau} & J_{\tau\theta_c}\\ J_{\tau\theta_c}^T & J(\theta_c)\end{bmatrix},$$

其中 $J_{\tau\theta_c}=[J_{\tau\alpha},J_{\tau\beta},J_{\tau\gamma},J_{\tau b_1},J_{\tau b_2}]$, 这里 $J_{\tau b_1}=(J_{\tau b_{11}},\cdots,J_{\tau b_{1n}})$, $J_{\tau b_2}=(J_{\tau b_{21}},\cdots,J_{\tau b_{2n}})$.

对于假设检验 (4.5.5), 其 score 检验统计量可以表示为

$$\mathrm{SC}_\tau=\left\{\left(\frac{\partial l}{\partial\tau}\right)^{\mathrm T}J^{\tau\tau}\frac{\partial l}{\partial\tau}\right\}_{(\tau_0,\widehat{\theta}_c)},$$

其中 $J^{\tau\tau}$ 是 Fisher 信息阵 $J(\tau,\theta_c)$ 逆阵中相应于参数 τ 的子块. 根据分块矩阵的逆阵公式可得

$$J^{\tau\tau}=\left(J_{\tau\tau}-J_{\tau\theta_c}J(\theta_c)^{-1}J_{\tau\theta_c}^{\mathrm T}\right)^{-1}.$$

根据式 (4.5.6), 通过简单计算可得检验 H_0 的 score 函数为

$$U_\tau=\frac{\partial l}{\partial\tau}=\sum_{ij}\left\{I_{\{y_{ij}=0\}}\frac{1}{\exp(\xi_{ij})+f_{0ij}(\tau)}\frac{\partial f_{0ij}(\tau)}{\partial\tau}+I_{\{y_{ij}>0\}}\frac{\partial T_{ij}(\tau)}{\partial\tau}\right\}.$$

于是由以上结果即可导出式 (4.5.7).

下面考虑具体模型中的假设检验问题. 实际上, 根据定理 4.5.2, 只要求出具体的期望 $\varPsi_1,\varPsi_2,\varPsi_3,\varPsi_{4i}$, 以及关于 $f_{0ij}(\tau)$ 的导数即可.

(1) ZIGP 模型

$$\frac{\partial f_{0ij}(\tau)}{\partial\tau}=\frac{f_{0ij}(\tau)\alpha\mu_{ij}^2}{(1+\alpha_{ij}\mu_{ij})^2}\dot m_{ij},$$

$$\frac{\partial^2 f_{0ij}(\tau)}{\partial\tau\partial\tau^{\mathrm T}}=f_{0ij}(\tau)\left[\frac{\alpha^2\mu_{ij}^4}{(1+\alpha_{ij}\mu_{ij})^4}-\frac{2\alpha^2\mu_{ij}^3}{(1+\alpha_{ij}\mu_{ij})^3}\right]\dot m_{ij}\dot m_{ij}^{\mathrm T}+f_{0ij}(\tau)\frac{\alpha\mu_{ij}^2}{(1+\alpha_{ij}\mu_{ij})^2}\ddot m_{ij},$$

$$\frac{\partial^2 f_{0ij}(\tau)}{\partial\tau\partial\alpha}=f_{0ij}(\tau)\left[\frac{\alpha\mu_{ij}^4}{(1+\alpha_{ij}\mu_{ij})^4}+\frac{\mu_{ij}^2-\alpha_{ij}\mu_{ij}^3}{(1+\alpha_{ij}\mu_{ij})^3}\right]\dot m_{ij},$$

$$\frac{\partial^2 f_{0ij}(\tau)}{\partial\tau\partial\beta^{\mathrm T}}=f_{0ij}(\tau)\left[-\frac{\alpha\mu_{ij}^3}{(1+\alpha_i\mu_i)^4}+\frac{2\alpha\mu_{ij}^2}{(1+\alpha_i\mu_i)^3}\right]\dot m_{ij}X_{ij}^{\mathrm T},$$

$$\frac{\partial^2 f_{0ij}(\tau)}{\partial\tau\partial b_{1i}^{\mathrm T}}=f_{0ij}(\tau)\left[-\frac{\alpha\mu_{ij}^3}{(1+\alpha_i\mu_i)^4}+\frac{2\alpha\mu_{ij}^2}{(1+\alpha_i\mu_i)^3}\right]\dot m_{ij}Z_{1,ij}^{\mathrm T},$$

其中 $\dot m_{ij}=\partial m_{ij}/\partial\tau$, $\ddot m_{ij}=\partial^2 m_{ij}/\partial\tau\partial\tau^{\mathrm T}$. 同时, 基于 $T_{ij}(\tau)$ 的二阶导数, 可以得到下面的期望:

$$\varPsi_1=\sum_{ij}\left\{d_{2ij}f_{0ij}(\tau)\frac{\alpha\mu_{ij}^2}{(1+\alpha_{ij}\mu_{ij})^2}\ddot m_{ij}+\frac{2d_{2ij}\alpha^2\mu_{ij}^2}{(1+\alpha_{ij}\mu_{ij})^2}\left[\frac{1}{1+2\alpha_{ij}}-\frac{f_{0ij}(\tau)\mu_{ij}}{1+\alpha_{ij}\mu_{ij}}\right]\dot m_{ij}\dot m_{ij}^{\mathrm T}\right\},$$

$$\varPsi_2=\sum_{ij}\left\{d_{2ij}\frac{2\alpha\mu_{ij}^2}{(1+\alpha_{ij}\mu_{ij})^2(1+2\alpha_{ij})}\dot m_{ij}+d_{2ij}f_{0ij}(\tau)\frac{(1-\alpha\mu_{ij})\mu_{ij}^2}{(1+\alpha_{ij}\mu_{ij})^3}\dot m_{ij}\right\},$$

$$\varPsi_3=\sum_{ij}\left\{d_{2ij}f_{0ij}(\tau)\frac{2\alpha\mu_{ij}^2}{(1+\alpha_{ij}\mu_{ij})^3}\dot m_{ij}X_{ij}^{\mathrm T}\right\},$$

$$\Psi_{4i}=\sum_{j}\left\{d_{2ij}f_{0ij}(\tau)\frac{2\alpha\mu_{ij}^{2}}{(1+\alpha_{ij}\mu_{ij})^{3}}\dot{m}_{ij}Z_{1,ij}^{\mathrm{T}}\right\}.$$

(2) ZIDP 模型

$$\frac{\partial f_{0ij}(\tau)}{\partial\tau}=\left(\frac{1}{2}m_{ij}^{-1}-\alpha\mu_{ij}\right)f_{0ij}(\tau)\dot{m}_{ij},$$

$$\frac{\partial^{2}f_{0ij}(\tau)}{\partial\tau\partial\tau^{\mathrm{T}}}=\left[-\frac{1}{2}m_{ij}^{-2}+\left(\frac{1}{2}m_{ij}^{-1}-\alpha\mu_{ij}\right)^{2}\right]f_{0ij}(\tau)\dot{m}_{ij}\dot{m}_{ij}^{\mathrm{T}}+\left(\frac{1}{2}m_{ij}^{-1}-\alpha\mu_{ij}\right)f_{0ij}(\tau)\ddot{m}_{ij},$$

$$\frac{\partial^{2}f_{0ij}(\tau)}{\partial\tau\partial\alpha}=-\mu_{ij}f_{0ij}(\tau)\dot{m}_{ij}+\left(\frac{1}{2}m_{ij}^{-1}-\alpha\mu_{ij}\right)\frac{\partial f_{0ij}(\tau)}{\partial\alpha}\dot{m}_{ij},$$

$$\frac{\partial^{2}f_{0ij}(\tau)}{\partial\tau\partial\beta^{\mathrm{T}}}=-\alpha\mu_{ij}f_{0ij}(\tau)\dot{m}_{ij}X_{ij}^{\mathrm{T}}+\left(\frac{1}{2}m_{ij}^{-1}-\alpha\mu_{ij}\right)\dot{m}_{ij}\frac{\partial f_{0ij}(\tau)}{\partial\beta^{\mathrm{T}}},$$

$$\frac{\partial^{2}f_{0ij}(\tau)}{\partial\tau\partial b_{1i}^{\mathrm{T}}}=-\alpha\mu_{ij}f_{0ij}(\tau)\dot{m}_{ij}Z_{1,ij}^{\mathrm{T}}+\left(\frac{1}{2}m_{ij}^{-1}-\alpha\mu_{ij}\right)\dot{m}_{ij}\frac{\partial f_{0ij}(\tau)}{\partial b_{1i}^{\mathrm{T}}}.$$

基于 $T_i(\tau)$ 的二阶导数, 可以得到下面的近似期望:

$$\begin{aligned}\Psi_{1}\approx&\sum_{ij}\{d_{2ij}(1-f_{0ij}(\tau))\left(\frac{1}{2m_{ij}^{2}}\dot{m}_{ij}\dot{m}_{ij}^{\mathrm{T}}-\frac{1}{2m_{ij}}\ddot{m}_{ij}+\alpha\mu_{ij}\ddot{m}_{ij}\right)\\&-\alpha d_{2ij}\mu_{ij}(1+\log\mu_{ij})\ddot{m}_{ij}+E[I_{\{y_{ij}>0\}}\alpha y_{ij}\log y_{ij}]\ddot{m}_{ij}\},\\\Psi_{2}\approx&\sum_{ij}\{-d_{2ij}(f_{0ij}(\tau)+\log\mu_{ij})\mu_{ij}\dot{m}_{ij}+E[I_{\{y_{ij}>0\}}y_{ij}\log y_{ij}]\ddot{m}_{ij}\},\\\Psi_{3}\approx&\sum_{ij}\{-d_{2ij}f_{0ij}(\tau)\alpha\mu_{ij}\dot{m}_{ij}X_{ij}^{\mathrm{T}},\\\Psi_{4i}\approx&\sum_{j}\{-d_{2ij}f_{0ij}(\tau)\alpha\mu_{ij}\dot{m}_{ij}Z_{1,ij}^{\mathrm{T}},\end{aligned}$$

其中 $E[I_{\{y_{ij}>0\}}y_{ij}\log y_{ij}]$ 需要通过数值方法求解.

4.5.2 回归系数的 score 检验

为了研究协变量对退化部分和非退化部分的效应, 我们考虑下面的假设检验.

(1) $H_0:\ \gamma^*=0$, 其中 γ^* 是 γ 中不带截距 γ_0 的部分;

(2) $H_0:\ \beta^*=0$, 其中 β^* 是 β 中不带截距 β_0 的部分;

(3) $H_0:\ \gamma^*=0,\ \beta^*=0$.

假定 Fisher 信息阵 $J(\theta_c)$ 的逆阵按参数 α, β, γ, b_1 和 b_2 进行分块, 其中 $J^{\beta\beta}$ 和 $J^{\gamma\gamma}$ 是相应于参数 β 和 γ 的分块阵.

情形 1 令 $\widehat{\theta}_{c1}=\left(\widehat{\alpha},\widehat{\beta}^{\mathrm{T}},\widehat{\gamma}_0,0^{\mathrm{T}},\widehat{b}_1,\widehat{b}_2^{\mathrm{T}}\right)^{\mathrm{T}}$ 是参数 θ_c 在 H_0 下的 REML 估计. 此时, 协变量 W_{ij} 相应于参数 γ_0 和 γ^* 分块为 $W_{ij}=\left(1,(W_{ij}^*)^{\mathrm{T}}\right)^{\mathrm{T}}$.

基于 BLUP 型对数似然函数 $l(\theta_c)$ (见式 (4.1.3)), 可以得到关于 γ^* 的 score 函数

$$U_{\gamma^*} = \sum_{ij} \left\{ -d_{2ij} \exp(\xi_{ij}) W_{ij}^* + I_{\{y_{ij}=0\}} d_{1ij} \exp(\xi_{ij}) W_{ij}^* \right\}.$$

将矩阵 $J^{\gamma\gamma}$ 按 γ_0 和 γ^* 分块如下:

$$J^{\gamma\gamma} = \begin{bmatrix} J^{\gamma_0\gamma_0} & J^{\gamma_0\gamma^*} \\ J^{\gamma^*\gamma_0} & J^{\gamma^*\gamma^*} \end{bmatrix},$$

其中 $J^{\gamma^*\gamma^*}$ 是相应于参数 γ^* 的分块阵. 于是检验 $H_0:\ \gamma^* = 0$ 的 score 统计量可以表示为

$$\mathrm{SC}_1 = \left\{ U_{\gamma^*}^{\mathrm{T}} J^{\gamma^*\gamma^*} U_{\gamma^*} \right\}_{\widehat{\theta}_{c1}}, \tag{4.5.8}$$

且渐近服从自由度为 $p_2 - 1$ 的 χ^2 分布.

情形 2 令 $\widehat{\theta}_{c2} = \left(\widehat{\alpha}, \widehat{\beta}_0, 0^{\mathrm{T}}, \widehat{\gamma}^{\mathrm{T}}, \widehat{b}_1, \widehat{b}_2^{\mathrm{T}}\right)^{\mathrm{T}}$ 是参数 θ_c 在 $H_0:\ \beta^* = 0$ 下的 REML 估计. 此时, 将协变量 X_{ij} 按参数 β_0 和 β^* 分块为 $X_{ij} = \left(1, (X_{ij}^*)^{\mathrm{T}}\right)^{\mathrm{T}}$.

则基于 BLUP 型对数似然函数 $l(\theta_c)$(见式 (4.1.3)), 可以得到关于 β^* 的 score 函数

$$U_{\beta^*} = \sum_{ij} \left\{ I_{\{y_{ij}=0\}} d_{1ij} \frac{\partial f_{0ij}}{\partial \beta^*} + I_{\{y_{ij}>0\}} \frac{\partial T_{ij}}{\partial \beta^*} \right\},$$

其中 $\partial f_{0ij}/\partial\beta^*$ 与 $\partial T_{ij}/\partial\beta^*$ 可由相应的导数 $\partial f_{0ij}/\partial\beta$ 与 $\partial T_{ij}/\partial\beta$ 得到.

现将矩阵 $J^{\beta\beta}$ 按 β_0 和 β^* 分块如下:

$$J^{\beta\beta} = \begin{bmatrix} J^{\beta_0\beta_0} & J^{\beta_0\beta^*} \\ J^{\beta^*\beta_0} & J^{\beta^*\beta^*} \end{bmatrix},$$

其中 $J^{\beta^*\beta^*}$ 是相应于参数 β^* 的分块阵. 于是检验 $H_0:\ \beta^* = 0$ 的 score 统计量为

$$\mathrm{SC}_2 = \left\{ U_{\beta^*}^{\mathrm{T}} J^{\beta^*\beta^*} U_{\beta^*} \right\}_{\widehat{\theta}_{c2}}, \tag{4.5.9}$$

且渐近服从自由度为 $p_1 - 1$ 的 χ^2 分布.

情形 3 令 $\widehat{\theta}_{c3} = \left(\widehat{\alpha}, \widehat{\beta}_0, 0^{\mathrm{T}}, \widehat{\gamma}_0, 0^{\mathrm{T}}, \widehat{b}_1, \widehat{b}_2^{\mathrm{T}}\right)^{\mathrm{T}}$ 是参数 θ_c 在 $H_0:\ \gamma^* = 0, \beta^* = 0$ 下的 REML 估计. 令

$$\bar{\varPhi} = \begin{bmatrix} J^{\beta^*\beta^*} & J^{\beta^*\gamma^*} \\ J^{\gamma^*\beta^*} & J^{\gamma^*\gamma^*} \end{bmatrix},$$

是 $J^{-1}(\theta_c)$ 中相应于参数 β^* 和 γ^* 的分块阵.

于是得检验 H_0： γ^*, $\beta^*=0$ 的 score 统计量为

$$\mathrm{SC}_3=\left\{U_{\beta^*}^{\mathrm{T}}J^{\beta^*\beta^*}U_{\beta^*}+U_{\gamma^*}^{\mathrm{T}}J^{\gamma^*\beta^*}U_{\beta^*}+U_{\beta^*}^{\mathrm{T}}J^{\beta^*\gamma^*}U_{\gamma^*}+U_{\gamma^*}^{\mathrm{T}}J^{\gamma^*\gamma^*}U_{\gamma^*}\right\}_{\widehat{\theta}_{c3}}, \quad (4.5.10)$$

且渐近服从自由度为 p_1+p_2-2 的 χ^2 分布.

4.6 方差成分检验

对于重复测量数据, 常利用随机效应模型来刻画. 而很多情况下, 我们感兴趣的是检验模型是否需要带有随机效应, 此问题等价于检验那些与随机效应有关的方差成分是否为 0. 然而, 这类问题中的零假设有时涉及方差成分处于参数空间的边缘, 因此, 常用的检验方法如似然比检验、Wald 检验和 score 检验不再有传统的 χ^2 分布. 关于这类方差成分检验问题的研究有很多 (Lin, 1997; Hall and Praestgaard, 2001; Verbeke and Molenberghs, 2003; Zhu and Fung, 2004, Zhang and Lin, 2007). 其中, Lin (1997) 基于 Laplace 近似方法讨论了广义线性随机效应模型中方差成分的单边 score 检验, 并且也考虑了简单的双边检验; Zhang 和 Lin (2007) 基于广义线性随机效应模型在各种情况下研究了似然比检验和 score 检验, 并且得出结论：当零假设下方差成分处于参数空间边缘时, 单边 score 检验与似然比检验类似, 也服从混合 χ^2 分布, 不过一般情况下其权重不容易计算. 而双边 score 检验假定 score 统计量服从常规的 χ^2 分布, 因此其 p 值很容易得到 (Zhang and Lin, 2007). 他们还通过随机模拟的方法给出单边 score 检验和双边 score 检验的比较, 得到双边 score 检验在 H_0 下仍然有正确的水平, 但其功效可能低于单边 score 检验和似然比检验.

对于零过多随机效应模型, 同样会遇到前面的随机效应的方差成分检验问题, 然而这方面的工作相当少. Hall 和 Berenhaut (2002) 基于 Lin (1997) 的方法, 研究了带有随机效应的零过多泊松模型和零过多二项模型的 score 检验. 在那里, 他们假定模型中非退化部分带有随机效应, 并且他们发现, 在零假设情况下, 若参数处于参数空间的边缘时, score 检验仍然有渐近 χ^2 分布. 本节将基于 Laplace 近似的方法考虑广义 ZI 泊松模型在两部分都带有随机效应的情况下的方差成分检验, 即检验模型是否需要带有随机效应. 类似于 Lin (1997) 和 Hall and Berenhaut (2002) 中的方法, 我们也可以利用 score 检验方法对方差成分进行检验. 然而, 在推导 score 检验统计量时, 涉及 Fisher 信息阵的计算, 这点在本文研究的模型以及其他一些复杂的模型中不容易得到. 为了解决此问题, 通常可利用观测信息阵代替 Fisher 信息阵, 并且在一般情况下, 效果与用 Fisher 信息阵所得统计量的检验效果基本一致. 但是, 在有些模型中, 如零过多模型, 当利用观测信息阵代替 Fisher 信息阵时常会出现 score 检验统计量为负的现象 (Morgan et al, 2007). 最近, Terrell (2002) 给出

了一种新的假设检验方法 —— 梯度检验 (gradient test), 该统计量和似然比, Wald, score 三种经典的检验统计量有着类似的渐近性质, 并且 Rao (2005) 认为 "Terrell 建议的检验方法由于其计算简单而具有吸引力". 该统计量不像 Wald 和 score 检验统计量那样, 它不需要 Fisher 信息阵也不需要观测信息阵. 因此, 为了避免统计量为负的现象以及 Fisher 信息阵计算困难这两个问题, 本节利用 Terrell (2002) 建议的梯度检验方法来研究广义 ZI 泊松随机效应模型中的方差成分检验 (Xie et al, 2012g).

根据模型 (4.1.1)~(4.1.2) 的相关假定, 随机效应 b_i 的协方差阵为 $\Sigma=\Sigma(\nu)$, 其中 ν 是其方差成分. 我们假定存在唯一的 ν_0, 当 $\nu=\nu_0$ 时, $\Sigma(\nu)=0$. 于是, 对随机效应的检验就等价于检验

$$H_0:\ \ \nu=\nu_0 \longleftrightarrow H_1:\ \ \nu\neq\nu_0. \tag{4.6.1}$$

对于模型 (4.1.1)~(4.1.2), 其边缘对数似然函数可以表示为

$$\begin{aligned}
l(\theta)&=\sum_{i=1}^{n}\log\int\prod_{j=1}^{n_i}P(Y_{ij}=y_{ij}|b_i)\mathrm{d}F(b_i)\\
&=\sum_{i=1}^{n}\log\int\exp\left\{\sum_{j=1}^{n_i}\log P(Y_{ij}=y_{ij}|b_i)\right\}\mathrm{d}F(b_i)\\
&=\sum_{i=1}^{n}\log\int\exp\left\{\sum_{j=1}^{n_i}l_{ij}(\theta|b_i)\right\}\mathrm{d}F(b_i),
\end{aligned}$$

其中 $\theta=\left(\alpha,\beta^{\mathrm{T}},\gamma^{\mathrm{T}},\nu_1^{\mathrm{T}},\nu_2^{\mathrm{T}}\right)^{\mathrm{T}}$, 且

$$\begin{aligned}
l_{ij}(\theta|b_i)&=\log P(Y_{ij}=y_{ij}|b_i)=I_{\{y_{ij}=0\}}\log[\phi_{ij}+(1-\phi_{ij})f_{0ij}]\\
&\quad+I_{\{y_{ij}>0\}}\log(1-\phi_{ij})+I_{\{y_{ij}>0\}}T_{ij}.
\end{aligned}$$

由于上面积分一般难以得到显式表示, 类似于 Lin (1997), Hall and Praestgaard (2001) 和林金官 (2002) 的方法, 我们对其进行 Laplace 近似. 将 $\exp\left\{\sum_{j=1}^{n_i}l_{ij}(\theta|b_i)\right\}$ 在随机效应的均值 $(b=0)$ 处进行 Taylor 展开得

$$\begin{aligned}
\exp\left\{\sum_{j=1}^{n_i}l_{ij}(\theta|b_i)\right\}&=\exp\left\{\sum_{j=1}^{n_i}l_{ij}(\theta|0)\right\}\left(1+\sum_{j=1}^{n_i}\frac{\partial l_{ij}(\theta|0)}{\partial b_i^{\mathrm{T}}}b_i\right.\\
&\quad\left.+\frac{1}{2}b_i^{\mathrm{T}}\left[\sum_{j=1}^{n_i}\frac{\partial^2 l_{ij}(\theta|0)}{\partial b_i\partial b_i^{\mathrm{T}}}+\sum_{j=1}^{n_i}\frac{\partial l_{ij}(\theta|0)}{\partial b_i}\sum_{j=1}^{n_i}\frac{\partial l_{ij}(\theta|0)}{\partial b_i^{\mathrm{T}}}\right]b_i+\varepsilon\right),
\end{aligned}$$

其中余项 ε 涉及随机效应 b_i 的三阶和高阶项. 当将上面的展开式代入边缘似然函数的积分中时, 涉及 b_i 的一阶矩和二阶矩. 现在进一步假定随机效应 b_i 的三阶矩和更高阶矩为 $o(||\nu||)$. 而这个条件与 Lin (1997), Hall and Praestgaard (2001), Zhu and Fung (2004) 以及 Hall and Berenhaut (2002) 中的条件保持一致. 因此在这些假定的基础上即可得到边缘对数似然函数的 Laplace 近似如下:

$$\begin{aligned}l_{\text{lap}}(\theta)=\sum_{ij}l_{ij}(\theta|0)+\sum_{i=1}^{n}\log\Bigg(1+\frac{1}{2}\text{tr}\Bigg[\Bigg\{\sum_{j=1}^{n_i}\frac{\partial^2 l_{ij}(\theta|0)}{\partial b_i\partial b_i^{\mathrm{T}}}\\+\sum_{j=1}^{n_i}\frac{\partial l_{ij}(\theta|0)}{\partial b_i}\sum_{j=1}^{n_i}\frac{\partial l_{ij}(\theta|0)}{\partial b_i^{\mathrm{T}}}\Bigg\}\Sigma(\nu)\Bigg]\Bigg).\end{aligned}\tag{4.6.2}$$

记

$$A_i=\sum_{j=1}^{n_i}\frac{\partial^2 l_{ij}(\theta|0)}{\partial b_i\partial b_i^{\mathrm{T}}}=\begin{bmatrix}A_{11i} & A_{12i}\\ A_{21i} & A_{22i}\end{bmatrix},$$

以及

$$B_i=\sum_{j=1}^{n_i}\frac{\partial l_{ij}(\theta|0)}{\partial b_i}\sum_{j=1}^{n_i}\frac{\partial l_{ij}(\theta|0)}{\partial b_i^{\mathrm{T}}}=\begin{bmatrix}B_{1i}B_{1i}^{\mathrm{T}} & B_{1i}B_{2i}^{\mathrm{T}}\\ B_{2i}B_{1i}^{\mathrm{T}} & B_{2i}B_{2i}^{\mathrm{T}}\end{bmatrix},$$

其中

$$A_{kli}=\sum_{j=1}^{n_i}\frac{\partial^2 l_{ij}(\theta|0)}{\partial b_{ki}\partial b_{li}^{\mathrm{T}}},\quad B_{ki}=\sum_{j=1}^{n_i}\frac{\partial l_{ij}(\theta|0)}{\partial b_{ki}},\quad k=1,2,\ l=1,2,\ i=1,\cdots,n.$$

于是基于这些记号, 式 (4.6.2) 可表示为

$$l_{\text{lap}}(\theta)=\sum_{ij}l_{ij}(\theta|0)+\sum_{i=1}^{n}\log\left(1+\frac{1}{2}\text{tr}[(A_i+B_i)\Sigma(\nu)]\right).\tag{4.6.3}$$

在 $b_i=0$ 条件下, 通过计算, 根据 $l_{ij}(\theta|b_i)$ 可得

$$\begin{aligned}B_{1i}=&\sum_{j=1}^{n_i}\left\{I_{\{y_{ij}=0\}}\frac{1-\phi_{ij}}{\phi_{ij}+(1-\phi_{ij})f_{0ij}}\frac{\partial f_{0ij}}{\partial b_{1i}}+I_{\{y_{ij}>0\}}\frac{\partial T_{ij}}{\partial b_{1i}}\right\},\\B_{2i}=&\sum_{j=1}^{n_i}\left\{I_{\{y_{ij}=0\}}\frac{1-f_{0ij}}{\phi_{ij}+(1-\phi_{ij})f_{0ij}}\phi_{ij}(1-\phi_{ij})Z_{2,ij}-I_{\{y_{ij}>0\}}\phi_{ij}Z_{2,ij}\right\},\\A_{11i}=&\sum_{j=1}^{n_i}\Bigg\{I_{\{y_{ij}=0\}}\frac{1-\phi_{ij}}{\phi_{ij}+(1-\phi_{ij})f_{0ij}}\left[\frac{-(1-\phi_{ij})}{\phi_{ij}+(1-\phi_{ij})f_{0ij}}\frac{\partial f_{0ij}}{\partial b_{1i}}\frac{\partial f_{0ij}}{\partial b_{1i}^{\mathrm{T}}}+\frac{\partial^2 f_{0ij}}{\partial b_{1i}\partial b_{1i}^{\mathrm{T}}}\right]\\&+I_{\{y_{ij}>0\}}\frac{\partial^2 T_{ij}}{\partial b_{1i}\partial b_{1i}^{\mathrm{T}}}\Bigg\},\end{aligned}$$

$$A_{12i}=\sum_{j=1}^{n_i}\left\{I_{\{y_{ij}=0\}}\frac{-\phi_{ij}(1-\phi_{ij})}{(\phi_{ij}+(1-\phi_{ij})f_{0ij})^2}\frac{\partial f_{0ij}}{\partial b_{1i}}Z_{2,ij}^{\mathrm{T}}\right\},$$

$$A_{22i}=\sum_{j=1}^{n_i}\left\{I_{\{y_{ij}=0\}}\frac{1-f_{0ij}}{\phi_{ij}+(1-\phi_{ij})f_{0ij}}\left[\frac{-(1-f_{0ij})}{\phi_{ij}+(1-\phi_{ij})f_{0ij}}\phi_{ij}(1-\phi_{ij})+(1-2\phi_{ij})\right]\right.$$

$$\left.\phi_{ij}(1-\phi_{ij})Z_{2,ij}Z_{2,ij}^{\mathrm{T}}-I_{\{y_{ij}>0\}}(\phi_{ij}-\phi_{ij}^2)Z_{2,ij}Z_{2,ij}^{\mathrm{T}}\right\},$$

其中 $i=1,\cdots,n$.

基于似然函数 (4.6.3), 还是难以得到 Fisher 信息阵. 因此下面利用 Terrell (2002) 建议的梯度检验方法来研究方差成分检验. 首先简单介绍一下梯度检验.

考虑参数模型 $f(\cdot;\kappa)$, 记其对数似然函数为 $l(\kappa)$. 假定 κ 是有兴趣参数, 其维数为 q. 我们检验假设 $H_0: \kappa=\kappa_0$, $H_1: \kappa\neq\kappa_0$. 令 U_κ 是 score 函数, 假定 $\widehat{\kappa}$ 是 H_1 下的参数估计, 则检验 $H_0: \kappa=\kappa_0$ 的梯度统计量定义为

$$G=U_\kappa(\kappa_0)^{\mathrm{T}}(\widehat{\kappa}-\kappa_0).$$

Terrell (2002) 在其定理 1 中证明, 在一定正则条件下, 梯度统计量 G 渐近服从自由度为 q 的 χ^2 分布.

下面基于 Terrell 建议的梯度检验方法, 给出广义 ZI 泊松随机效应模型中方差成分的检验统计量.

根据似然函数 (4.6.3), 可以得到关于方差成分 ν 的 score 函数为

$$U_{\nu_{1t_1}}=\sum_{i=1}^{n}\frac{\frac{1}{2}\mathrm{tr}\left[(A_{11i}+B_{1i}B_{1i}^{\mathrm{T}})\frac{\partial\Sigma_1(\nu_1)}{\partial\nu_{1t_1}}\right]}{1+\frac{1}{2}\mathrm{tr}[(A_i+B_i)\Sigma(\nu)]},\quad t_1=1,\cdots,p_5,$$

$$U_{\nu_{2t_2}}=\sum_{i=1}^{n}\frac{\frac{1}{2}\mathrm{tr}\left[(A_{22i}+B_{2i}B_{2i}^{\mathrm{T}})\frac{\partial\Sigma_2(\nu_2)}{\partial\nu_{2t_2}}\right]}{1+\frac{1}{2}\mathrm{tr}[(A_i+B_i)\Sigma(\nu)]},\quad t_2=1,\cdots,p_6.$$

记

$$U_{\nu_1}=\left(U_{\nu_{11}},\cdots,U_{\nu_{1p_5}}\right)^{\mathrm{T}},\quad U_{\nu_2}=\left(U_{\nu_{21}},\cdots,U_{\nu_{2p_6}}\right)^{\mathrm{T}},\quad U_\nu=\left(U_{\nu_1}^{\mathrm{T}},U_{\nu_2}^{\mathrm{T}}\right)^{\mathrm{T}}.$$

为了方便, 记 $\theta=(\theta_1^{\mathrm{T}},\nu^{\mathrm{T}})^{\mathrm{T}}$, 其中 $\theta_1=(\alpha,\beta^{\mathrm{T}},\gamma^{\mathrm{T}})^{\mathrm{T}}$. 对于假设检验 (4.6.1), 令 $\tilde{\theta}_\nu=(\tilde{\theta}_1^{\mathrm{T}},\nu_0^{\mathrm{T}})^{\mathrm{T}}$ 和 $\widehat{\theta}_\nu=(\widehat{\theta}_1^{\mathrm{T}},\widehat{\nu}^{\mathrm{T}})^{\mathrm{T}}$ 分别表示零假设和备择假设下的参数估计, 则检验假设 (4.6.1) 的梯度统计量为

$$G_\nu=U_\nu^{\mathrm{T}}(\tilde{\theta}_\nu)\left(\widehat{\nu}-\nu_0\right). \tag{4.6.4}$$

根据 Lin (1997) 和 Terrell (2002), 检验统计量 G_ν 在 $H_0: \nu = \nu_0$ 假设下的渐近分布为自由度为 $p_5 + p_6$ 的 χ^2 分布.

需要说明的是, 在零假设下, 若方差成分处于参数空间的边缘, 则上面所得的梯度统计量与其他三种经典的检验统计量一样, 将不再服从标准的 χ^2 分布, 因而难以得到检验的 $p-$值. 这时, 类似于 Zhang 和 Lin (2007), 我们将采用双边梯度检验, 并假定相应的梯度统计量服从常规的 χ^2 分布. 从后面的随机模拟结果可以看出, 这种情况下的双边梯度检验在 H_0 下仍然有正确的水平, 并且在零假设下, 通过模拟可以发现, 梯度统计量的经验分布和相应的 χ^2 分布非常接近. 这些都表明, 相应的梯度检验统计量在实用上是有效的.

4.7 均值函数的误判检验

3.5 节曾经研究了广义 ZI 泊松回归模型中均值函数的误判检验问题, 并给出了图形检验法和数值检验法. 对于广义 ZI 泊松随机效应模型, 涉及均值函数的有关假定同样会产生误判. 最近, Pan 和 Lin (2005) 基于累加残差方法研究了广义线性随机效应模型中协变量函数形式和联系函数形式的误判问题. 以下类似于 3.5 节的讨论, 也基于累加残差方法, 研究带有随机效应的广义 ZI 泊松模型中均值函数的误判检验问题, 有关细节可参见 3.5 节以及文献解锋昌 (2011) 和 Xie 等 (2012h).

假定响应变量 $Y_{ij}, i = 1, \cdots, n, j = 1, \cdots, n_i$ 服从模型 (4.1.1)~(4.1.2), 且 $y_{ij}, i = 1, \cdots, n, j = 1, \cdots, n_i$ 是其一组观测值, X_{ij} 和 W_{ij} 是相应固定效应部分的协变量. 由模型可得 Y_{ij} 的条件期望为

$$E(Y_{ij}|b_i) = (1 - \phi_{ij})\mu_{ij} = \left[1 - g_2^{-1}\left(W_{ij}^{\mathrm{T}}\gamma + Z_{2,ij}b_{2i}\right)\right] g_1^{-1}\left(X_{ij}^{\mathrm{T}}\beta + Z_{1,ij}^{\mathrm{T}}b_{1i}\right),$$

则 Y_{ij} 的期望为

$$\begin{aligned} m_{ij} &= E(Y_{ij}) = E\left[E(Y_{ij}|b_i)\right] \\ &= \int \left[1 - g_2^{-1}\left(W_{ij}^{\mathrm{T}}\gamma + Z_{2,ij}b_{2i}\right)\right] \mathrm{d}F_{b_2}(b_{2i}) \int g_1^{-1}\left(X_{ij}^{\mathrm{T}}\beta + Z_{1,ij}^{\mathrm{T}}b_1\right) \mathrm{d}F_{b_1}(b_{1i}), \end{aligned}$$

其中 $F_{b_1}(b_{1i})$ 和 $F_{b_2}(b_{2i})$ 分别为随机效应 b_{1i} 和 b_{2i} 的分布函数. 于是残差为 $e_{ij} = y_{ij} - \widehat{m}_{ij}, i = 1, 2, \cdots, n, j = 1, 2, \cdots, n_i$, 其中 $\widehat{m}_{ij} = m_{ij}(\widehat{\theta})$ 是期望 m_{ij} 的拟合值, 可以利用数值方法获得, 这里的 $\widehat{\theta}$ 为参数 $\theta = (\alpha, \beta^{\mathrm{T}}, \gamma^{\mathrm{T}}, \nu_1^{\mathrm{T}}, \nu_2^{\mathrm{T}})^{\mathrm{T}}$ 的估计.

另外, 关于参数 θ 的对数似然函数为

$$l(\theta) = \sum_{i=1}^{n} l_i(\theta) = \sum_{i=1}^{n} \log \int \prod_{j=1}^{n_i} P(Y_{ij} = y_{ij}|b_i) f_b(b_i) \mathrm{d}b_i,$$

其中 $f_b(b_i)$ 为随机效应 b_i 的密度函数. 则关于参数的 score 函数为 $U(\theta)=\partial l(\theta)/\partial\theta=\sum_{i=1}^{n}U_i(\theta)$. 在一定条件下, 有

$$n^{1/2}(\widehat{\theta}-\theta)=n^{-1/2}\Omega^{-1}U(\theta)+o_p(1),$$

其中 $\Omega=\lim_{n\to\infty}I(\theta)$, $I(\theta)=-n^{-1}\partial^2 l(\theta)/\partial\theta\partial\theta^{\mathrm{T}}$, 且 $n^{1/2}(\widehat{\theta}-\theta)\to N(0,\Omega^{-1})$ (Pan and Lin, 2005; Zhu et al, 2009).

4.7.1 协变量函数形式的误判检验

假设随机效应模型 (4.1.1)~(4.1.2) 中随机效应、非退化分布、联系函数是正确的, 类似于 3.5 节, 协变量 X 的第 k 个成分 X_k $(k=1,2,\cdots,p_1)$ 的函数形式也可能发生误判 (类似可考虑协变量 W 的成分), 此问题等价于检验

$$H_0:\ h(X_k)=X_k,\longleftrightarrow H_1:\ h(X_k)\neq X_k, \tag{4.7.1}$$

其中 $h(X_k)$ 为 X_k 在模型中存在的函数形式. 下面利用累加残差方法研究假设检验问题 (4.7.1). 这与假设检验问题 (3.5.1) 类似, 因此考虑随机过程 (Pan and Lin, 2005)

$$I_k^b(t)=n^{-1/2}\sum_{i=1}^{n}\sum_{j=1}^{n_i}1(X_{kij}\leqslant t)e_{ij}.$$

当零假设成立时, $I_k^b(t)$ 随着 t 的变化在 0 周围波动, 它能较好地提供协变量函数形式是否发生误判的信息.

在一定条件下可以证明, 当检验 (4.7.1) 中 H_0 成立时, 过程 $I_k^b(t)$ 弱收敛到零均值高斯过程, 其详细推导与 3.5.1 小节类似, 故从略.

另外, 为了得到零假设下 $I_k^b(t)$ 的近似分布, 定义过程

$$\widehat{I}_k^b(t)=n^{-1/2}\sum_{i=1}^{n}\left\{\sum_{j=1}^{n_i}1(X_{kij}\leqslant t)e_{ij}-\left(\widehat{\Delta}_1^b(t)\right)^{\mathrm{T}}I^{-1}(\widehat{\theta})U_i(\widehat{\theta})\right\}u_i,$$

其中 $u_1,\cdots,u_n$ 是独立的标准正态随机变量, 并与 $(y_{ij},X_{ij},W_{ij},Z_{1,ij},Z_{2,ij})$ $(i=1,\cdots,n,\ j=1,\cdots,n_i)$ 独立, 且

$$\widehat{\Delta}_1^b(t)=\frac{1}{n}\sum_{i=1}^{n}\sum_{j=1}^{n_i}1(X_{kij}\leqslant t)\frac{\partial m_{ij}(\widehat{\theta})}{\partial\theta}.$$

在给定 $(y_{ij},X_{ij},W_{ij},Z_{1,ij},Z_{2,ij})$ $(i=1,2,\cdots,n,\ \ j=1,2,\cdots,n_i)$ 的条件下, $\widehat{I}_k^b(t)$ 中只有 u_i $(i=1,2,\cdots,n)$ 是随机变量, 根据条件乘积中心极限定理 (van der Vaart and Wellner, 1996, Th2.9.6) 可知, 在给定 $(y_{ij}, X_{ij}, W_{ij}, Z_{1,ij}, Z_{2,ij})$ $(i = 1, 2, \cdots, n,\ j = 1, 2, \cdots, n_i)$ 的条件下, $\widehat{I}_k^b(t)$ 与 $I_k^b(t)$ 弱收敛到同样的极限分布.

于是, 为了判断 $I_k^b(t)$ 是否异常, 即假设检验 (4.7.1) 中 H_0 是否成立, 类似于 3.5.1 小节的方法, 可以根据图形检验法以及基于 Kolmogorov 统计量 $K_k^b = \max\limits_t \left|I_k^b(t)\right|$ 的方法进行检验.

4.7.2　联系函数的误判检验

对于模型 (4.1.1)~(4.1.2), 一般假定非退化部分的 $g_1(\mu)$ 与协变量 X 呈线性关系, 退化部分 $g_2(\phi)$ 与协变量 W 呈线性关系, 而这些线性假定是否正确? 该问题等价于检验

$$H_0:\ g_1(\mu)\text{与协变量}X\text{呈线性关系,} \longleftrightarrow H_1:\ g_1(\mu)\text{与}X\text{不呈线性关系,} \tag{4.7.2}$$

$$H_0:\ g_2(\phi)\text{与协变量}W\text{呈线性关系,} \longleftrightarrow H_1:\ g_2(\phi)\text{与}W\text{不呈线性关系.} \tag{4.7.3}$$

需要说明的是假定模型 (4.1.1)~(4.1.2) 中随机效应、非退化分布、协变量函数形式的假设是正确的.

为了应用累加残差方法研究以上假设检验问题, 与 3.5.2 小节类似, 考虑随机过程

$$I_{g_1}^b(t) = n^{-1/2}\sum_{i=1}^{n}\sum_{j=1}^{n_i} 1(X_{ij}^{\mathrm{T}}\widehat{\beta} \leqslant t)e_{ij},$$

$$I_{g_2}^b(t) = n^{-1/2}\sum_{i=1}^{n}\sum_{j=1}^{n_i} 1(W_{ij}^{\mathrm{T}}\widehat{\gamma} \leqslant t)e_{ij}.$$

于是, 类似于 3.5.2 小节, 在一定条件下, 可以证明, 当零假设成立时 $I_{g_k}^b(t)$ 弱收敛到零均值高斯过程 $(k = 1, 2)$.

另外, 为了得到零假设下 $I_{g_k}^b(t)$ 的近似分布, 定义过程

$$\widehat{I}_{g_1}^b(t) = n^{-1/2}\sum_{i=1}^{n}\left\{\sum_{j=1}^{n_i} 1(X_{ij}^{\mathrm{T}}\widehat{\beta} \leqslant t)e_{ij} - \left(\widehat{\varDelta}_{21}^b(\widehat{\beta}, t)\right)^{\mathrm{T}} I^{-1}(\widehat{\theta})U_i(\widehat{\theta})\right\}u_i,$$

$$\widehat{I}_{g_2}^b(t) = n^{-1/2}\sum_{i=1}^{n}\left\{\sum_{j=1}^{n_i} 1(W_{ij}^{\mathrm{T}}\widehat{\gamma} \leqslant t)e_{ij} - \left(\widehat{\varDelta}_{22}^b(\widehat{\gamma}, t)\right)^{\mathrm{T}} I^{-1}(\widehat{\theta})U_i(\widehat{\theta})\right\}u_i,$$

其中

$$\widehat{\varDelta}_{21}^b(\widehat{\beta}, t)) = n^{-1}\sum_{i=1}^{n}\sum_{j=1}^{n_i} 1(X_{ij}^{\mathrm{T}}\widehat{\beta} \leqslant t)\frac{\partial m_{ij}(\widehat{\theta})}{\partial\theta},$$

$$\widehat{\varDelta}_{22}^b(\widehat{\gamma}, t)) = n^{-1}\sum_{i=1}^{n}\sum_{j=1}^{n_i} 1(W_{ij}^{\mathrm{T}}\widehat{\gamma} \leqslant t)\frac{\partial m_{ij}(\widehat{\theta})}{\partial\theta},$$

$u_i,\ i=1,2,\cdots,n$ 是独立的标准正态随机变量, 且与 $(y_{ij},X_{ij},W_{ij},Z_{1,ij},Z_{2,ij})$ $(i=1,\cdots,n,\ j=1,\cdots,n_i)$ 独立. 类似地可以证明, 在给定 $(y_{ij},X_{ij},W_{ij},Z_{1,ij},Z_{2,ij})$ $(i=1,\cdots,n,\ j=1,\cdots,n_i)$ 的条件下, $\widehat{I}^b_{g_k}(t)$ 与 $I^b_{g_k}(t)$ 弱收敛到同一极限分布 $(k=1,2)$.

同样, 我们可以根据图形检验法以及基于 Kolmogorov 统计量 $K^b_{g_k}=\max\limits_t|I^b_{g_k}(t)|$, $k=1,2$ 的方法来检验联系函数是否发生误判, 即检验 (4.7.2), (4.7.3) 中 H_0 是否成立, 具体步骤类似于 3.5.1 小节中的叙述.

注意, 尽管上面建立的过程 $I^b_{g_k}(t)$ 是用来检验联系函数是否发生误判, 实际上它也可以检验协变量函数形式是否发生误判.

4.8 模拟研究

本节将基于 ZIGP 随机效应模型通过 Monte Carlo 随机模拟方法来说明前面几节所得统计量的有效性. 类似于第 3 章, 我们也可以考虑 ZIDP 随机效应模型的模拟研究, 但由于其模拟效果类似, 因此不再重复.

4.8.1 影响分析的随机模拟

下面利用随机产生的数据来研究单个数据点对模型的影响, 关于一组数据 (即个体) 对模型的影响可以类似讨论, 这里省略. 根据模型 (4.1.1)-(4.1.2), 考虑 ZIGP 随机效应模型, 其中

$$\begin{cases} \log\mu_{ij}=\beta_0+\beta_1x_{ij}+b_{1i}, \\ \log\left(\dfrac{\phi_{ij}}{1-\phi_{ij}}\right)=\gamma_0+\gamma_1x_{ij}+b_{2i}, \\ b_{1i}\sim N(0,\sigma_1^2),\quad b_{2i}\sim N(0,\sigma_2^2),\quad i=1,\cdots,n,\ j=1,\cdots,n_i. \end{cases} \tag{4.8.1}$$

在这里, 取 $\sigma_1=0.3,\ \sigma_2=0.4,\ \alpha=0.2,\ \beta_0=0.5,\ \beta_1=0.2,\ \gamma_0=-0.6,\ \gamma_1=0.2$. 首先, 从正态分布 $N(0,1)$ 中产生 $n=40,\ n_i=10$ 共 400 个随机数作为协变量 $X_{ij},\ i=1,\cdots,n,\ j=1,\cdots,n_i$ 的值, 接着根据所给的参数值和 X_{ij} 的值, 从相应的 ZIGP 随机效应模型中产生相应的 $y_{ij},\ i=1,\cdots,40,\ j=1,\cdots,10$. 其中响应变量中最大值为 15. 现在, 我们将协变量中 $X_{5,5}$ 和响应变量中 $y_{17,5}$ 即第 45 和 165 号点中值分别由原始的 -0.8051 和 4 变为 -2.8 和 9, 从而人为产生 2 个异常点.

根据 4.2 节中统计量 GD^1_{ij}, WK^1_{ij} (似然距离 LD^1_{ij} 与 GD^1_{ij} 类似, 故省略), 经过计算得到相应的数值, 结果列于图 4.8.1 中, 其中图 (a) 显示的是在原始产生的数据下对应的广义 Cook 距离, 从中发现第 286 和 358 号点是强影响点, 图 (b) 是关于广义 Cook 距离的散点图, 图 (c)~(e) 是 W-K 统计量分别相对于参数 α, β_1 和

γ_1 的散点图, 并且图 (b)~(e) 都是在变化之后的数据基础上得到的. 从图 4.8.1(b) 中可以看出, 除了数据中已有的影响点被检测出来外, 第 45 和 165 号两个人造的异常点也被成功检测出来, 这也说明相关统计量是有效的. 借助于图 4.8.1(c), 我们发现第 286, 358 号点和第 165 号人造异常点对散度参数 α 的影响较大, 而另一人造异常点对其却没有什么影响. 同时, 图 4.8.1(d) 显示第 45 号人造异常点对回归系数 β_1 的影响很大, 图 4.8.1(e) 中却显示人造的 45 号点和原来的第 286 号点对参数 γ_1 有较弱影响.

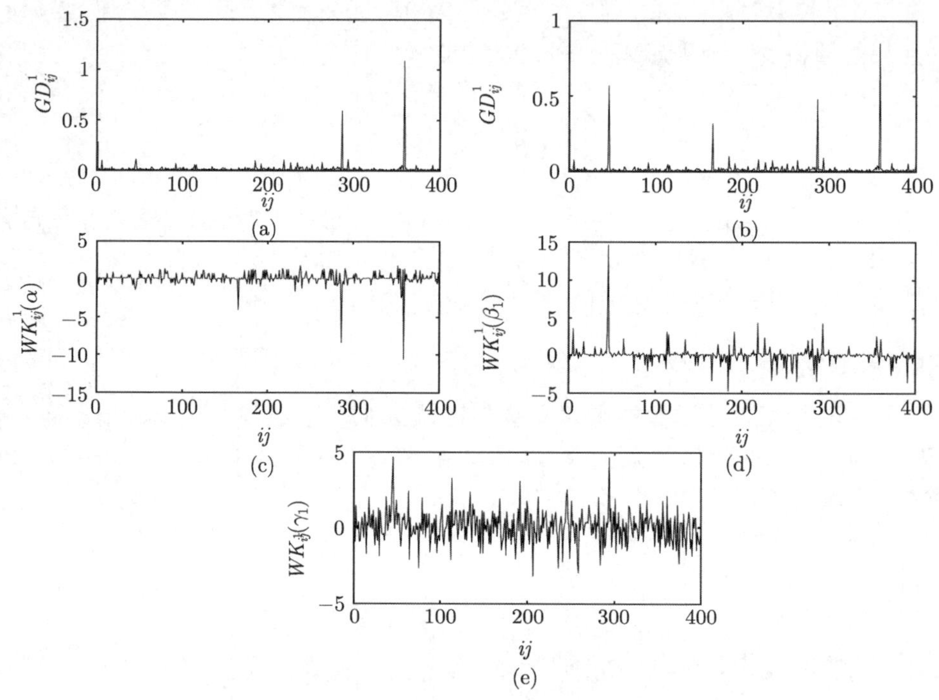

图 4.8.1 统计量的散点图

(a) 原始数据下广义 Cook 距离 GD^1_{ij}; (b) 数据变化后广义 Cook 距离 GD^1_{ij}; (c)~(e) 数据变化后关于参数 α, β_1, γ_1 的 WK 统计量

关于局部影响分析, 根据 4.3 节中统计量进行计算, 可以得到加权扰动和协变量同时扰动两种方案下的 $M(0)_{ij}$ 值和相应的基准点 (bench-mark), 其结果列于图 4.8.2 中. 其中, 图 4.8.2 (a), (b) 显示的是数据变化之前对应的加权扰动和协变量同时扰动下的 $M(0)_{ij}$ 和基准点, 借助于此时的基准点我们发现第 286 和 358 号点是强影响点. 而图 4.8.2 (c), (d) 给出了数据变化后加权扰动和协变量同时扰动下的 $M(0)_{ij}$ 和相应的基准点. 我们发现, 基于不同扰动下的基准点不仅检测出第 286 和 358 号点为强影响点, 而且成功地检测出第 45 和 165 号两个人造影响点. 另外, 我

们发现局部影响分析和数据删除两种影响诊断的结果基本保持一致. 因此, 从模拟结果可以看出, 4.2 节和 4.3 节中的影响诊断统计量是有效的.

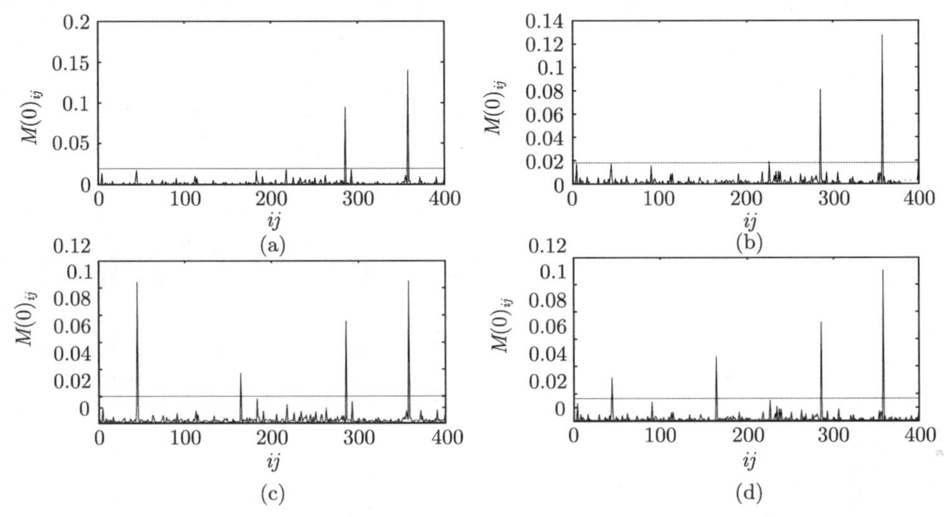

图 4.8.2 统计量 $M(0)$ 和基准点的图形

(a) 原始数据下加权扰动; (b) 原始数据下协变量同时扰动; (c) 数据变化后加权扰动; (d) 数据变化后协变量同时扰动

4.8.2 ZI 参数检验功效的随机模拟

本小节借助于随机模拟方法来研究 4.4 节中 ZI 参数 score 检验统计量的功效. 根据模型 (4.4.1), 取 $\alpha = 0.4$, $\sigma_1 = 0.2$, $\beta_0 = 2.5$, $\beta_1 = -1$.

首先从均匀分布 $U(0,3)$ 中产生一组随机数作为协变量 X_{ij}, $i = 1, \cdots, n$, $j = 1, \cdots, n_i$ 的值, 接着根据所给的参数值、X_{ij} 的值以及相应的 α 值, 从 ZIGP 随机效应模型 (4.4.1) 中产生相应的 y_{ij}, $i = 1, \cdots, n$, $j = 1, \cdots, n_i$ 的值, 并将此过程重复 1000 次. 根据 4.4 节中统计量 SC_ζ, 经过计算得到相应的值, 并与水平 $\alpha = 0.05$ 时的临界值 $\chi^2(1) = 3.841$ 进行比较, 从而得到相应的水平和功效, 具体结果列于表 4.8.1 中. 该表中给出的是样本量 $n = 10, 20, 30, 40$ 和 $n_i = 10, 20, 30, 40$ 时 score 统计量 SC_ζ 的功效, 其中表中第 3 列对应着 $\zeta = 0$ 时的水平, 我们发现经验水平与 0.05 比较接近. 另外, 当样本量 n 或 n_i 或 ζ 增大时, 功效逐渐增大, 并接近于 1, 表明统计量 SC_ζ 是有效的.

此外, 我们通过随机模拟方法来研究统计量 SC_ζ 的渐近分布. 对于 $n = 10$, $n_i = 10$ 和 $n = 30$, $n_i = 10$ 两种情况, 统计量的经验分布和 χ^2 的理论分布结果列于图形 4.8.3 中, 该图显示, 随着样本量增大二者越来越接近, 从而进一步验证了统计量的渐近 χ^2 性.

表 4.8.1 统计量 SC_ζ 在显著性水平 5%下模拟功效

n	n_i	ζ=0	ζ=0.05	ζ=0.1	ζ=0.15	ζ=0.2	ζ=0.25
10	10	0.0440	0.0870	0.1050	0.1560	0.2130	0.2450
	20	0.0500	0.0980	0.1580	0.3050	0.3880	0.4950
	30	0.0550	0.1040	0.2090	0.3990	0.5580	0.6500
	40	0.0450	0.1460	0.3110	0.5250	0.6900	0.7860
20	10	0.0490	0.0990	0.1940	0.2920	0.4020	0.4800
	20	0.0520	0.1570	0.3700	0.5340	0.6950	0.8060
	30	0.0470	0.2250	0.4670	0.7150	0.8620	0.9440
	40	0.0490	0.2710	0.6260	0.8200	0.9420	0.9720
30	10	0.0490	0.1540	0.2600	0.4560	0.5210	0.6780
	20	0.0540	0.2260	0.5090	0.7380	0.8400	0.9030
	30	0.0460	0.3010	0.5950	0.8690	0.9210	0.9710
	40	0.0500	0.3450	0.7460	0.9190	0.9820	0.9940
40	10	0.0530	0.1650	0.4330	0.4810	0.7040	0.8090
	20	0.0470	0.2770	0.5390	0.7570	0.9100	0.9710
	30	0.0530	0.3220	0.7530	0.9350	0.9730	0.9920
	40	0.0460	0.4280	0.8460	0.9770	0.9950	1

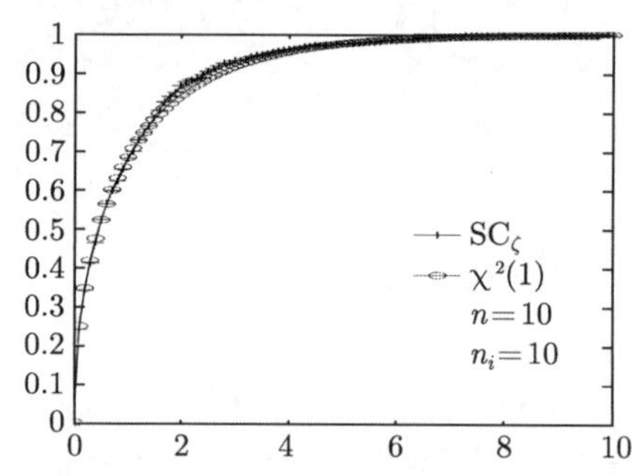

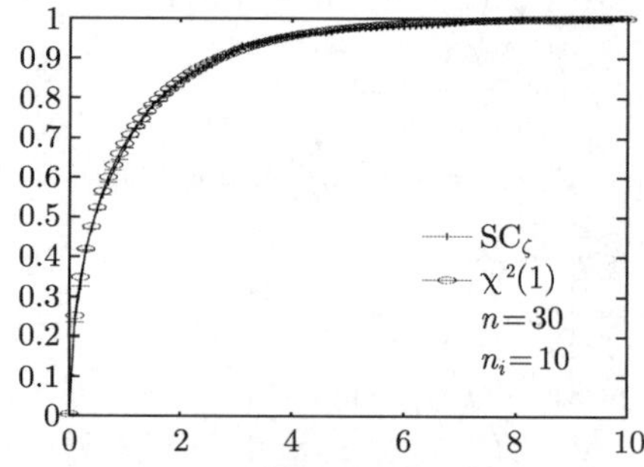

图 4.8.3 SC_ζ 的经验分布和 χ^2 分布的模拟比较

4.8.3 散度参数和回归系数检验功效的随机模拟

本小节将借助于随机模拟方法来研究 4.5 节中 score 检验统计量的功效, 我们主要考虑两类模拟: ① 散度参数的存在性和齐性检验的随机模拟; ② 回归系数的存在性检验的模拟研究.

1. 散度参数检验的随机模拟

先研究散度参数的存在性检验功效的模拟. 根据模型 (4.1.1)~(4.1.2) 和模型 (4.8.1), 取 $\sigma_1 = 0.1,\ \sigma_2 = 0.2,\ \beta_0 = 1.0,\ \beta_1 = -0.2,\ \gamma_0 = -0.3,\ \gamma_1 = 0.2.$

首先从均匀分布 $U(0,1)$ 中产生一组随机数作为协变量 X_{ij}, $i=1,\cdots,n$, $j=1,\cdots,n_i$ 的值, 接着根据所给的参数值、X_{ij} 的值以及相应的 α 值, 从 ZIGP 随机效应模型中产生相应的 y_{ij}, $i=1,\cdots,n$, $j=1,\cdots,n_i$ 的值. 并将此过程重复 1000 次, 从而得到 1000 组数据 $\{y_{ij}, X_{ij}, i=1,\cdots,n, j=1,\cdots,n_i\}$. 根据 4.5 节中统计量 SC_α 经过计算得到相应的值, 并与水平 $\alpha=0.05$ 时的临界值 $\chi^2(1)=3.841$ 进行比较, 从而得到相应的水平和功效, 具体结果列于表 4.8.2 中.

该表中给出的是样本量 $n=10$, 20, 30, 40 和 $n_i=10$, 20, 30, 40 时 score 统计量 SC_α 在 α=0, 0.01, 0.02, 0.03, 0.04, 0.05 下的功效, 其中表中第 3 列对应着 $\alpha=0$ 时的水平, 我们发现经验水平与 0.05 比较接近. 另外, 当样本量 n 或 n_i 或 α 增大时, 功效逐渐增大, 并接近于 1, 表明统计量 SC_α 是有效的.

另外, 通过随机模拟方法来研究统计量 SC_α 的渐近分布. 对于 $n=10$, $n_i=10$ 和 $n=30$, $n_i=10$ 两种情况, 统计量的经验分布和 χ^2 的理论分布结果列于图 4.8.4 中, 该图显示, 随着样本量增大二者越来越接近, 从而进一步验证了统计量的渐近 χ^2 性.

表 4.8.2 统计量 SC_α 在显著性水平 5%下模拟功效

n	n_i	α=0	α=0.01	α=0.02	α=0.03	α=0.04	α=0.05
10	10	0.0420	0.0370	0.0720	0.1410	0.2230	0.3280
	20	0.0400	0.0570	0.1850	0.3870	0.5840	0.7520
	30	0.0450	0.1000	0.3510	0.6450	0.8450	0.9400
	40	0.0590	0.1190	0.4480	0.7790	0.9490	0.9920
20	10	0.0580	0.0510	0.0890	0.1920	0.3310	0.4830
	20	0.0480	0.0660	0.2920	0.6210	0.8660	0.9580
	30	0.0550	0.1340	0.5310	0.8660	0.9780	0.9970
	40	0.0540	0.1660	0.6400	0.9340	0.9940	0.9990
30	10	0.0590	0.0560	0.1200	0.2750	0.4900	0.6750
	20	0.0550	0.0710	0.3110	0.6720	0.8920	0.9740
	30	0.0510	0.1590	0.6550	0.9330	0.9950	1
	40	0.0480	0.1950	0.7370	0.9770	1	1
40	10	0.0640	0.0580	0.1320	0.3310	0.5850	0.7620
	20	0.0570	0.0990	0.4560	0.8560	0.9840	0.9990
	30	0.0570	0.1700	0.7270	0.9690	1	1
	40	0.0460	0.2560	0.8960	0.9950	1	1

其次, 我们来研究模型中散度参数齐性检验的模拟功效. 为此, 基于模型(4.1.1)~(4.1.2) 和模型 (4.8.1), 利用参数化方法假定散度参数 α 与 i,j 有关并记为 α_{ij}, 同时进一步假定

$$\alpha_{ij}=\alpha m_{ij},\quad i=1,2,\cdots,n,\ j=1,\cdots,n_i, \tag{4.8.2}$$

其中 $m_{ij} = \exp(\tau x_{ij})$. 这里取 $\sigma_1 = 0.1$, $\sigma_2 = 0.2$, $\alpha = 0.2$, $\beta_0 = 1.0$, $\beta_1 = 0.5$, $\gamma_0 = 0.5$, $\gamma_1 = 0.1$, 且取 $\tau = 0, 0.2, 0.4, 0.6, 0.8$.

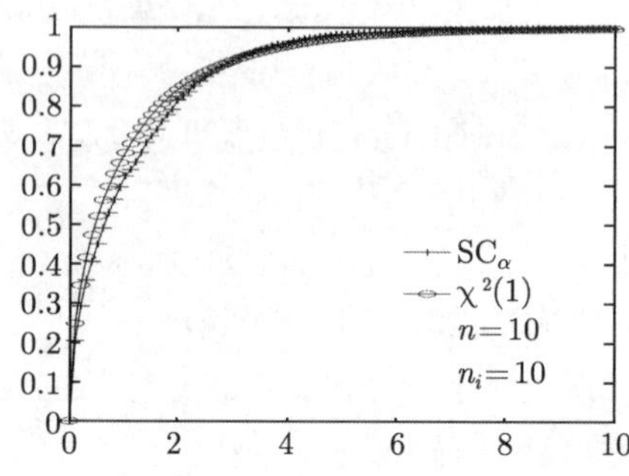

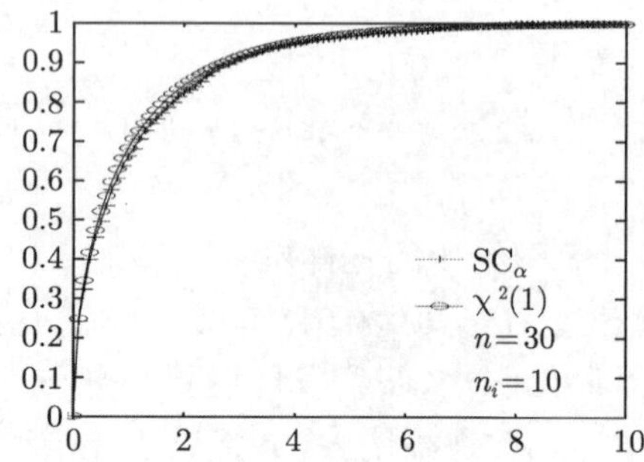

图 4.8.4　SC$_\alpha$ 的经验分布和 χ^2 分布的模拟比较

首先从正态分布 $N(0,1)$ 中产生一组随机数作为协变量 X_{ij} 的值, 接着根据所给的参数值和 X_{ij} 的值, 从 ZIGP 随机效应模型中产生相应的 y_{ij} 的值. 并将此过程重复 1000 次, 从而得到 1000 组数据 $\{y_{ij}, X_{ij}, i = 1, 2, \cdots, n, j = 1, \cdots, n_i\}$. 根据 4.5 节中统计量 SC$_\tau$ 经过计算得到相应的值, 并与水平为 $\alpha = 0.05$ 时的临界值 χ^2_α 进行比较, 从而得到相应的水平和功效. 下面表 4.8.3 中给出了不同样本量下的功效, 从表中第 3 列可以看出水平很接近于 0.05, 并且, 当个体 n 或重复测量次数 n_i 或 τ 增大时, 功效也迅速增大, 这些表明齐性检验统计量是有效的.

表 4.8.3　统计量 SC$_\tau$ 在显著性水平 5%下模拟功效

n	n_i	τ=0	τ=0.2	τ=0.4	τ=0.6	τ=0.8
10	10	0.0430	0.0420	0.0810	0.0930	0.1060
	20	0.0430	0.0790	0.1320	0.1470	0.2250
	30	0.0450	0.1140	0.2060	0.2780	0.3430
	40	0.0440	0.1460	0.3150	0.3410	0.3990
20	10	0.0470	0.0580	0.1230	0.1470	0.1890
	20	0.0500	0.1370	0.2010	0.2660	0.3580
	30	0.0490	0.1540	0.3790	0.5570	0.5910
	40	0.0480	0.1610	0.4180	0.5720	0.7010
30	10	0.0460	0.1210	0.1760	0.2280	0.2420
	20	0.0420	0.1550	0.3830	0.5200	0.6240
	30	0.0450	0.1720	0.4560	0.6150	0.7390
	40	0.0480	0.2950	0.6910	0.8630	0.9010

另外, 类似于前面, 我们也通过随机模拟方法来研究统计量 SC$_\tau$ 的渐近分布. 对于 $n = 10$, $n_i = 10$ 和 $n = 30$, $n_i = 10$ 两种情况, SC$_\tau$ 的经验分布和 χ^2 的理论分布结果列于图 4.8.5 中, 该图显示二者随着 n 的增大而越来越接近, 从而验证了

统计量的渐近 χ^2 性.

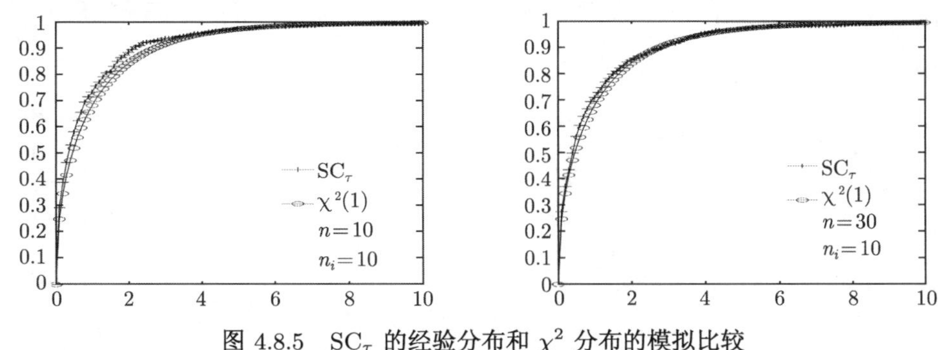

图 4.8.5 SC$_\tau$ 的经验分布和 χ^2 分布的模拟比较

2. 回归系数检验功效的随机模拟

根据模型 (4.1.1)~(4.1.2) 和模型 (4.8.1), 考虑 ZIGP 随机效应模型中回归系数检验功效的随机模拟, 分为三种情形: ① 检验退化部分的回归系数, ② 检验非退化部分的回归系数, ③ 同时检验两部分的回归系数. 在情形① 中取 $\alpha = 0.4$, $\beta_0 = 2.5$, $\beta_1 = -1$, $\gamma_0 = 0.1$, 在情形②中取 $\alpha = 0.4$, $\beta_0 = 1.0$, $\gamma_0 = -1$, $\gamma_1 = 0.1$, 在情形③中取 $\alpha = 0.4$, $\beta_0 = 2.5$, $\gamma_0 = 0.1$.

首先从均匀分布 $U(0,3)$ 中产生一组随机数作为协变量 X_{ij}, $i = 1, \cdots, n$, $j = 1, \cdots, n_i$ 的值, 接着根据所给的参数值、X_{ij} 的值以及相应的情形①中 γ_1, 情形②中 β_1 或情形③中 γ_1, β_1 的值, 从 ZIGP 随机效应模型中产生相应的 y_{ij}, $i = 1, \cdots, n$, $j = 1, \cdots, n_i$ 的值. 并将此过程重复 1000 次, 从而得到 1000 组数据 $\{y_{ij}, X_{ij}, i = 1, \cdots, n, j = 1, \cdots, n_i\}$. 根据 4.5 节中统计量 SC$_i$, $i = 1, 2, 3$ 经过计算得到相应的值, 并与水平 $\alpha = 0.05$ 时的临界值 χ^2_α 进行比较, 从而得到相应的水平和功效, 具体结果列于表 4.8.4~ 表 4.8.6 中. 从表 4.8.4 中可以看出, 对于较小的 n, n_i(如 $n = 10$, $n_i = 10$) 和较小的 γ_1 (如 $\gamma_1 = 0.1$), 检验统计量 SC$_1$ 的功效增加较慢. 但是, 对于较大的 n, n_i 和 γ_1, SC$_1$ 的功效增加较快. 同时, 从 $\gamma_1 = 0$ 对应的一列中可以发现除了 $n = 10$, $n_i = 10$ 外, 其余的水平都很接近于 0.05. 从表 4.8.5 中可以看出, 当回归系数 β_1 或 n 或 n_i 增加时, SC$_2$ 的功效增加很快, 并快速接近 1, 同时 $\beta_1 = 0$ 所在列的数值显示除了 $n = 10$, $n_i = 10$ 外, 其余的水平也都很接近于 0.05. 表 4.8.6 中给出了不同样本量下统计量 SC$_3$ 的功效, 我们发现, 当 n, n_i, γ_1 和 β_1 较小时, 功效增加较慢, 当 n, n_i, γ_1 和 β_1 较大时, 功效增加很快. 另外, $\gamma_1 = 0$, $\beta_1 = 0$ 对应的数值表明当 n, n_i 较小时 (如 $n = 10$, $n_i = 10, 20$) 水平较小, 而当 n, n_i 较大时, 水平已接近 0.05. 总之, 表 4.8.4~ 表 4.8.6 中的结果显示检验统计量 SC$_i$, $i = 1, 2, 3$ 是有效的.

表 4.8.4 统计量 SC_1 在显著性水平 5%下模拟功效

n	n_i	$\gamma_1=0$	$\gamma_1=0.1$	$\gamma_1=0.2$	$\gamma_1=0.3$	$\gamma_1=0.4$	$\gamma_1=0.5$
10	10	0.0360	0.0490	0.0660	0.0770	0.1490	0.1740
	20	0.0400	0.0590	0.0960	0.1490	0.2250	0.3380
	30	0.0480	0.0710	0.1480	0.2410	0.3980	0.5440
	40	0.0540	0.0810	0.1820	0.3560	0.5390	0.7180
20	10	0.0490	0.0650	0.0810	0.1720	0.2590	0.3300
	20	0.0470	0.0790	0.1760	0.3190	0.5130	0.6710
	30	0.0480	0.0860	0.2410	0.4570	0.6640	0.8510
	40	0.0520	0.1110	0.3210	0.5990	0.8160	0.9380
30	10	0.0560	0.0700	0.1160	0.2180	0.3580	0.5230
	20	0.0460	0.0980	0.2250	0.4560	0.6650	0.7980
	30	0.0480	0.1400	0.3790	0.6700	0.8710	0.9550
	40	0.0550	0.1460	0.4160	0.7670	0.9350	0.9880
40	10	0.0480	0.0880	0.1480	0.2930	0.4640	0.6420
	20	0.0480	0.1190	0.3070	0.5490	0.7810	0.9170
	30	0.0530	0.1540	0.4630	0.7500	0.9290	0.9900
	40	0.0470	0.1750	0.5200	0.8590	0.9850	1

表 4.8.5 统计量 SC_2 在显著性水平 5%下模拟功效

n	n_i	$\beta_1=0$	$\beta_1=0.1$	$\beta_1=0.2$	$\beta_1=0.3$	$\beta_1=0.4$	$\beta_1=0.5$
10	10	0.0370	0.0670	0.1250	0.2520	0.3450	0.4350
	20	0.0400	0.1020	0.2560	0.4830	0.6810	0.8300
	30	0.0430	0.1280	0.3660	0.6450	0.8330	0.9380
	40	0.0500	0.1920	0.5150	0.8170	0.9540	0.9900
20	10	0.0530	0.0980	0.2570	0.4770	0.6820	0.8290
	20	0.0500	0.1460	0.4860	0.8140	0.9640	0.9990
	30	0.0460	0.1910	0.6590	0.9420	0.9960	1
	40	0.0530	0.2460	0.7740	0.9840	1	1
30	10	0.0450	0.1090	0.3410	0.6070	0.8600	0.9490
	20	0.0540	0.2060	0.6800	0.9410	0.9930	1
	30	0.0550	0.2800	0.8110	0.9890	1	1
	40	0.0530	0.4340	0.9330	1	1	1
40	10	0.0450	0.1240	0.4190	0.7680	0.9370	0.9880
	20	0.0560	0.2460	0.7700	0.9770	0.9990	1
	30	0.0550	0.4490	0.9330	0.9990	1	1
	40	0.0470	0.5290	0.9830	1	1	1

为了说明统计量的渐近性, 下面通过随机模拟方法来研究统计量 SC_i, $i = 1,2,3$ 的渐近分布. 对于 $n = 10$, $n_i = 10$ 和 $n = 20$, $n_i = 10$ 两种情况, SC_i, $i = 1,2,3$ 的经验分布和 χ^2 的理论分布结果列于图 4.8.6~ 图 4.8.8 中, 所有图形显示, 二者随着 n 增大而越来越接近, 从而验证了统计量的渐近 χ^2 性.

表 4.8.6 统计量 SC_3 在显著性水平 5%下模拟功效

n	n_i	γ_1	β_1=0	β_1=−0.05	β_1=−0.15	β_1=−0.25	β_1=−0.35
		0	0.0330				
		0.1		0.0480	0.0540	0.0800	0.1300
10	10	0.2		0.0750	0.0830	0.1050	0.1570
		0.3		0.1190	0.1620	0.1650	0.2190
		0.4		0.1840	0.1910	0.2270	0.3120
		0	0.0350				
		0.1		0.0560	0.0960	0.1280	0.3040
10	20	0.2		0.1110	0.1450	0.2180	0.3660
		0.3		0.2360	0.2500	0.3040	0.4910
		0.4		0.3320	0.3830	0.4900	0.5790
		0	0.0400				
		0.1		0.0910	0.1690	0.3620	0.6860
10	40	0.2		0.2690	0.3590	0.5040	0.7970
		0.3		0.5200	0.5930	0.7190	0.8880
		0.4		0.7500	0.8160	0.8910	0.9470
		0	0.0410				
		0.1		0.0650	0.1030	0.1960	0.3770
20	10	0.2		0.1370	0.1770	0.2900	0.4890
		0.3		0.2590	0.3370	0.4080	0.5770
		0.4		0.4540	0.4480	0.5260	0.7010
		0	0.0400				
		0.1		0.0930	0.1760	0.3730	0.6980
20	20	0.2		0.2800	0.3320	0.5140	0.7530
		0.3		0.4940	0.5710	0.7170	0.8700
		0.4		0.7480	0.7800	0.8560	0.9400
		0	0.0430				
		0.1		0.1780	0.3950	0.7320	0.9670
20	40	0.2		0.4880	0.6830	0.8810	0.9840
		0.3		0.8480	0.9350	0.9740	0.9990
		0.4		0.9760	0.9850	0.9970	1

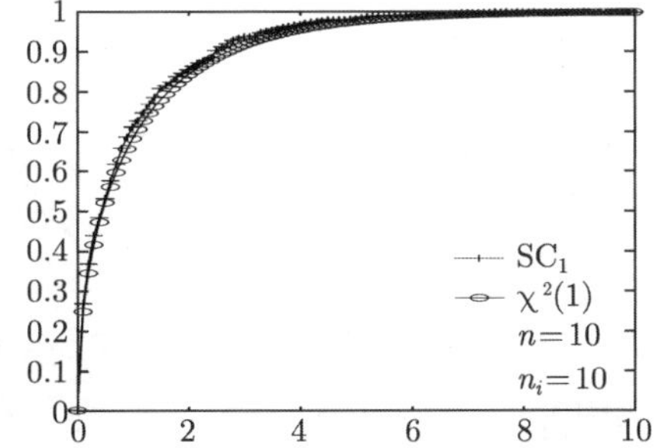

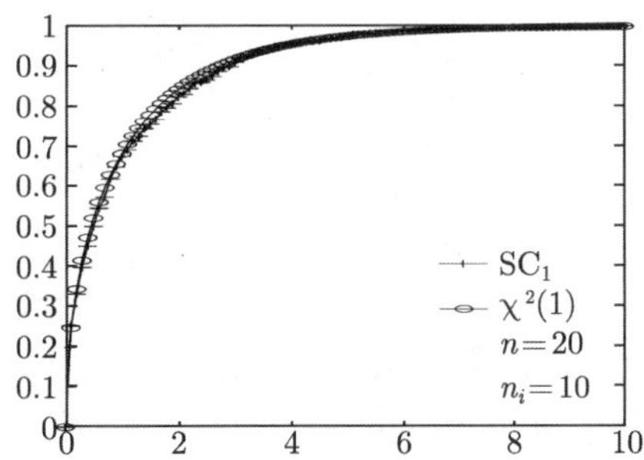

图 4.8.6 SC_1 的经验分布和 χ^2 分布的模拟比较

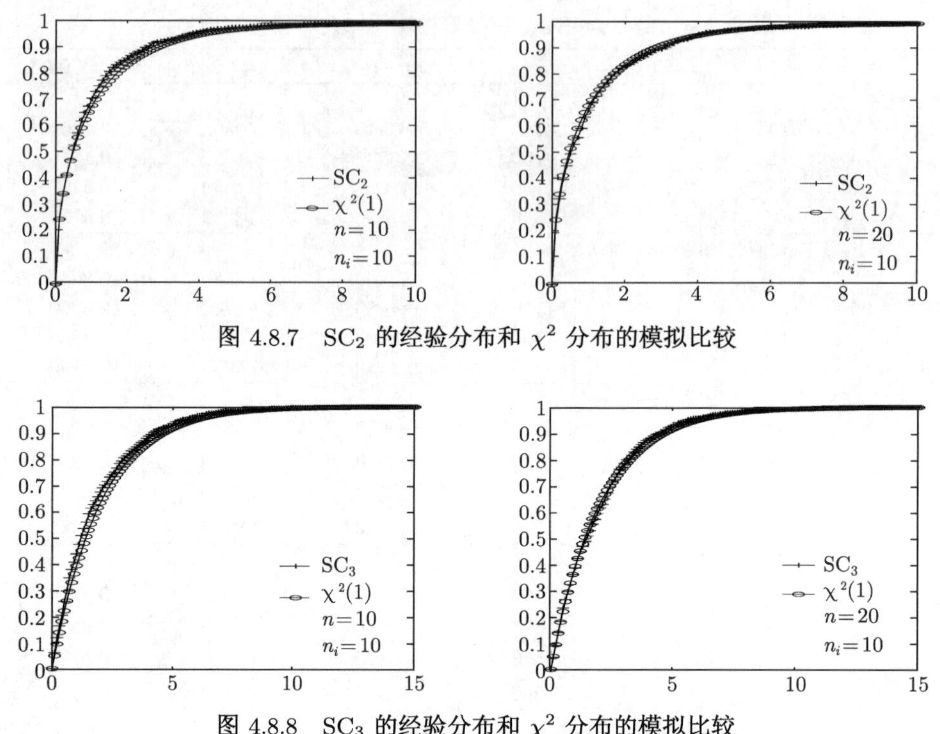

图 4.8.7 SC_2 的经验分布和 χ^2 分布的模拟比较

图 4.8.8 SC_3 的经验分布和 χ^2 分布的模拟比较

4.8.4 方差成分检验功效的随机模拟

下面利用随机模拟方法研究 4.6 节中方差成分的梯度检验统计量的功效. 根据模型 (4.1.1)~(4.1.2) 和 (4.8.1), 取 $\alpha = 0.2$, $\beta_0 = 1.5$, $\beta_1 = 0.7$, $\gamma_0 = 0.1$, $\gamma_1 = 0.5$, 同时, 取 $\sigma_1 = 0.0,\ 0.3,\ 0.4,\ 0.5,\ 0.6$, 以及 $\sigma_2 = 0.0,\ 0.3,\ 0.4,\ 0.5,\ 0.6$.

从均匀分布 $N(0,1)$ 中产生一组随机数作为协变量 $X_{ij},\ i = 1,\cdots,n,\ j = 1,\cdots,10$ 的值, 接着根据所给的参数值、X_{ij} 的值以及相应的 σ_1, σ_2 的值, 从 ZIGP 随机效应模型中产生相应的 $y_{ij},\ i=1,\cdots,n,\ j=1,\cdots,10$ 的值. 并将此过程重复 1000 次, 从而得到 1000 组数据 $\{y_{ij},\ X_{ij},\ i=1,\cdots,n,\ j=1,\cdots,10\}$. 根据 4.6 节中统计量 G_ν 经过计算得到相应的值, 并与水平 $\alpha = 0.05$ 时的临界值 χ^2_α 进行比较, 从而得到相应的水平和功效, 具体结果列于表 4.8.7 中. 可以看出, 当 n, σ_1 和 σ_2 较小时, 功效增加较慢, 当 n, σ_1 和 σ_2 较大时, 功效增加很快并接近 1. 另外, $\sigma_1 = 0$, $\sigma_2 = 0$ 对应的数值显示水平已接近 0.05. 因此检验统计量 G_ν 是有效的.

为了说明统计量的渐近性, 下面通过随机模拟方法来研究统计量 G_ν 的渐近分布. 对于 $n = 20,\ 40,\ 70,\ 100$ 几种情况, G_ν 的经验分布和 χ^2 的理论分布结果列于图 4.8.9 中, 图形显示二者非常接近, 从而验证了梯度检验统计量 G_ν 的渐近 χ^2 性.

表 4.8.7 统计量 G_ν 在显著性水平 5%下模拟功效

n	σ_1^2	$\sigma_2^2=0$	$\sigma_2^2=0.3^2$	$\sigma_2^2=0.4^2$	$\sigma_2^2=0.5^2$	$\sigma_2^2=0.6^2$
	0	0.0550				
	0.3^2		0.1730	0.2440	0.3050	0.3920
20	0.4^2		0.3270	0.3610	0.3720	0.4430
	0.5^2		0.4450	0.4560	0.4710	0.5010
	0.6^2		0.5680	0.5820	0.6160	0.6490
	0	0.0510				
	0.3^2		0.3540	0.5320	0.6100	0.6740
40	0.4^2		0.5610	0.6780	0.7340	0.8030
	0.5^2		0.7460	0.8660	0.8790	0.8880
	0.6^2		0.8850	0.9090	0.9140	0.9310
	0	0.0530				
	0.3^2		0.4560	0.5680	0.7470	0.8650
70	0.4^2		0.8110	0.8330	0.9190	0.9460
	0.5^2		0.9230	0.9740	0.9820	0.9950
	0.6^2		0.9820	0.9910	0.9980	1
	0	0.0560				
	0.3^2		0.6950	0.7880	0.9130	0.9340
100	0.4^2		0.9270	0.9540	0.9670	0.9960
	0.5^2		0.9750	0.9920	1	1
	0.6^2		1	1	1	1

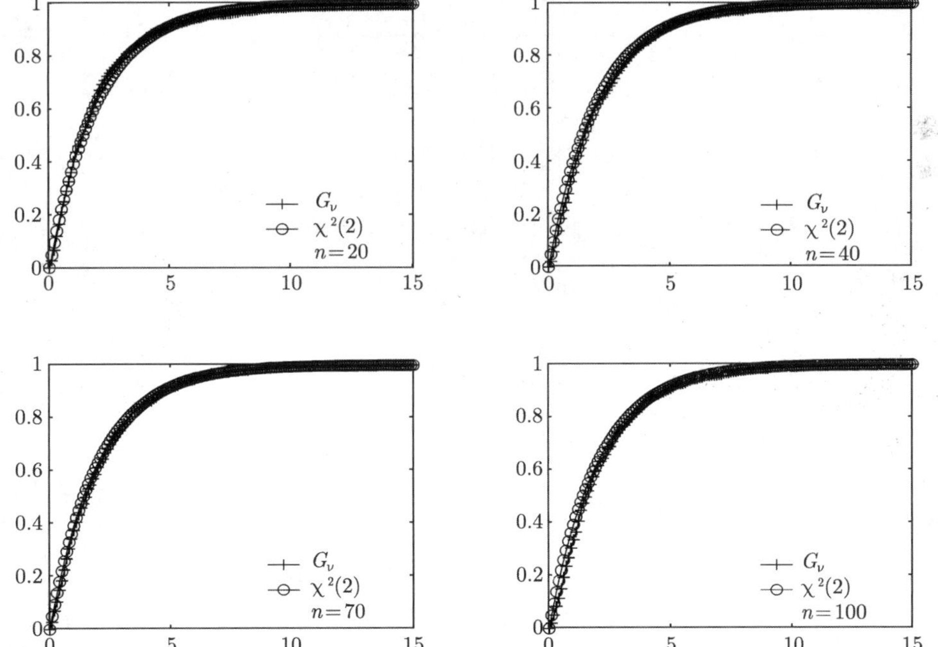

图 4.8.9 G_ν 的经验分布和 $\chi^2(2)$ 分布的模拟比较

4.9 实例分析

本节将结合几个实例来说明本章所介绍的模型和方法以及统计量的应用.

4.9.1 检验统计量的应用

例 4.9.1 制药数据(续 1.2 节实例 6).

下面结合 1.2 节实例 6 制药数据 (Min and Agresti, 2005) 来说明本章得到的检验统计量的有效性. 为了对该数据有较详细了解, 我们将其中副作用次数的分布情况列于表 4.9.1, 从中可以看出, 方案 B 下的副作用次数明显高于方案 A, 而且, 出现 3 次以上副作用的患者绝大多数接受了方案 B 的治疗.

表 4.9.1 副作用次数的分布情况

副作用次数	TRT1 中频数	TRT2 中频数
0	312	278
1	30	39
2	11	20
3	0	6
4	1	7
5	0	2
6	0	2

为了分析这组数据, 假定副作用次数 y_{ij} 服从 ZIGP 随机效应模型, 其中

$$\log\mu_{ij}=\beta_0+\beta_1\mathrm{TRT2}+\beta_2\log(\mathrm{Time})+b_i, \tag{4.9.1}$$

$$\mathrm{logit}\phi_{ij}=\gamma_0+\gamma_1\mathrm{TRT2}+\gamma_2\log(\mathrm{Time})+c_i, \tag{4.9.2}$$

这里假定 $b_i\sim N(0,\sigma_b^2)$, $c_i\sim N(0,\sigma_c^2)$.

Min 和 Agresti (2005) 曾经利用不同模型来拟合这组数据, 并指出泊松 Hurdle 随机效应模型比其他所研究模型的负对数似然值要小, 该模型较适合这组数据. 为了比较拟合情况, 我们计算了 ZIGP 随机效应模型和 Min 和 Agresti (2005) 建议的泊松 Hurdle 随机效应模型的 AIC 值, 它们分别为 835.9 和 836.3, 说明二者拟合效果很相似 (Xie et al, 2008). 另外, 我们计算了 4.4 节 ~4.6 节中检验统计量的值, 其中与 $\mathrm{SC}_\zeta=5.4515$ 相对应的 p 值为 0.0196, 表明数据中存在零过多现象. 另外, $\mathrm{SC}_1=1.9933$, $\mathrm{SC}_2=10.3939$, $\mathrm{SC}_3=14.1738$, 其相应的 p 值分别为 0.3691, 0.0055, 0.0068, 说明没有理由拒绝退化部分回归系数为 0 的假设; 但是却有证据表明非退化部分的回归系数显著不为 0. 根据 $\mathrm{SC}_\nu=78.7415$, 其相应的 p 值近似为 0, 说明模型应该包含随机效应. 因此, 在模型 4.9.2 中, $\mathrm{logit}\phi_{ij}$ 部分可能不应该包含协变量

TRT2 和 Time, 但是, 在这里为了说明协变量 TRT2 和 Time 对退化部分的影响, 类似于 Min 和 Agresti (2005) 建议的模型, 我们仍然将其放到模型中. 利用 4.1 节介绍的参数估计方法, 得到基于模型 (4.9.1)~(4.9.2) 的 ZIGP 随机效应模型中的参数估计为 $\widehat{\alpha}$=−0.1230, ($\widehat{\beta}_0$, $\widehat{\beta}_1$, $\widehat{\beta}_2$)=(−1.5942, 0.7437, 0.4240), ($\widehat{\gamma}_0$, $\widehat{\gamma}_1$, $\widehat{\gamma}_2$)=(0.6265, −0.2463, 0.3080), $\widehat{\sigma}_c^2$=1.6065, $\widehat{\sigma}_b^2$=0.3202. 从参数估计的结果可以看出, $\widehat{\gamma}_1$ 小于 0 与治疗方案 B 下发生 0 次副作用较少保持一致, 而 $\widehat{\gamma}_2 = 0.3083$ 表明协变量 Time 对产生 0 次副作用的概率有较大影响. 从随机效应的方差估计值来看, 也说明模型中存在随机效应, 这与 SC_ν 的结果保持一致.

最后, 我们基于 ZIGP 随机效应模型来探讨散度参数 α 的齐性检验问题 (Xie et al, 2012f). 假定 $\alpha_{ij} = \alpha m_{ij} = \alpha m(z_{ij}, \tau) = \alpha \exp(z_{ij}^{\mathrm{T}}\tau)$, 其中 z_{ij} 是由某些协变量构成. 很容易看出, 当 $\tau = 0$ 时, $m(z_{ij}, \tau) = 1$ 且对于所有 i, j 都有 $\alpha_{ij} = \alpha$ 成立. 因此散度参数齐性检验就变成检验 $H_0 : \tau = 0$. 基于 4.5 节中 score 检验统计量 SC_τ, 经过计算, 得到相关统计量的值, 结果列于表 4.9.2 中. 可以看出, 我们没有理由拒绝零假设 H_0, 即对于制药数据来说散度参数的齐性假定是合理的.

表 4.9.2 关于制药数据的检验统计量 SC_τ 的结果

z_{ij}	SC_τ	df	p 值
TRT	1.4635	1	0.2264
log(Time)	0.4919	1	0.4831
TRT2,log(Time)	3.4908	2	0.1746

例 4.9.2 粉虱数据(续 1.2 节实例 5).

以下结合 1.2 节实例 5 粉虱数据 (Hall and Zhang, 2004) 来说明检验统计量的有效性. 关于该数据的详细讨论可以参见 van Iersel 等 (2000), 关于存活昆虫数的观测频数分布情况参见 1.2 节. 另外, Hall (2000) 假定在不同株一品红上具有随机效应, 利用 ZIP 和 ZIB 随机效应模型拟合它, Wang (2004) 利用混合广义线性随机效应模型研究了这组数据, 这里将利用 ZIGP 混合效应模型对该数据进行拟合, 其结果也很不错.

设 y_{ijkl} 为第 k $(k = 1, 2, \cdots, 54)$ 株一品红上昆虫在第 i $(i = 1, \cdots, 6)$ 个试验条件 (treatment) 下, 第 j $(j = 1, 2, 3)$ 个区组 (block), 第 l $(l = 1, \cdots, 12)$ 周 (week) 观测中存活数. 进一步, 设 β_{1i} 和 γ_{1i} 是第 i 个试验效应, β_{2j} 和 γ_{2j} 是第 j 个区组效应, β_{3l} 和 γ_{3l} 是第 l 周效应, b_k 和 c_k 是第 k 株植物的一维随机效应, 服从正态分布. 为了简单, 只考虑模型包含主效应 (b_k 和 c_k). 于是具有主效应的 ZIGP 随机效应模型中 μ_{ijkl} 和 ϕ_{ijkl} 可分别表示为

$$\log(\mu_{ijkl}) = \beta_0 + \beta_{1i}trt_i + \beta_{2j}block_j + \beta_{3l}week_l + \beta_4 \log(adult) + b_k,$$

$$\mathrm{logit}(\phi_{ijkl}) = \gamma_0 + \gamma_{1i}trt_i + \gamma_{2j}block_j + \gamma_{3l}week_l + \gamma_4 \log(adult) + c_k,$$

其中协变量 log(adult) 表示在测量 y_{ijkl} 前叶子上成年昆虫数量的对数, $b_k \sim N(0, \sigma_b^2)$, $c_k \sim N(0, \sigma_c^2)$.

利用 4.1 节介绍的方法可以得到参数的约束极大似然估计, 其结果列于表 4.9.3.

表 4.9.3　粉虱数据的参数估计

参数	估计	参数	估计	参数	估计
β_0	1.1845	β_{38}	0.3663	γ_{33}	−0.5103
β_{11}	−0.8832	β_{39}	0.2951	γ_{34}	−0.4330
β_{12}	−0.9846	$\beta_{3,10}$	0.5728	γ_{35}	−1.3501
β_{13}	−1.3386	$\beta_{3,11}$	0.7311	γ_{36}	−0.6641
β_{14}	−1.1430	β_4	0.2699	γ_{37}	−3.3338
β_{15}	0.9511	γ_0	3.5109	γ_{38}	−5.2784
β_{21}	0.0617	γ_{11}	0.7254	γ_{39}	−3.8691
β_{22}	0.2065	γ_{12}	1.4283	$\gamma_{3,10}$	−5.2300
β_{31}	0.4366	γ_{13}	2.4878	$\gamma_{3,11}$	−1.7811
β_{32}	0.1994	γ_{14}	2.1233	γ_4	−1.3699
β_{33}	0.0961	γ_{15}	−4.5326	σ_b^2	0.0682
β_{34}	−0.2572	γ_{21}	0.1906	σ_c^2	0.2439
β_{35}	0.2098	γ_{22}	0.6812	α	0.0608
β_{36}	0.5006	γ_{31}	1.0324		
β_{37}	0.6310	γ_{32}	1.3967		

为了检验模型中散度参数 α 和回归系数的存在性, 利用 4.5 节所得统计量进行计算得 $\mathrm{SC}_\alpha = 700.9018$, $\mathrm{SC}_1 = 223.4867$, $\mathrm{SC}_2 = 907.7035$ 和 $\mathrm{SC}_3 = 984.1451$, 并且它们相应的 p 值都显著小于 0.001, 因此有理由拒绝相应的零假设 (Xie et al, 2009c). 同样, 利用 4.6 节统计量 SC_ν 检验随机效应 b_k 和 c_k 是否要存在于模型中, 经过计算得 $\mathrm{SC}_\nu = 17.1076$, 其 p 值小于 0.001, 表明随机效应应存在于模型中. 因此, 经过检验, 我们发现 ZIGP 随机效应模型是适合这组数据的.

现在, 基于 ZIGP 随机效应模型, 我们来探讨散度参数 α 的齐性检验问题 (Xie et al, 2012f). 假定模型中散度参数 α 都和 i, j 有关并记为 α_{ij}, 且假定 $\alpha_{ij} = \alpha m_{ij}$. 为了检验参数齐性, 必须选择权函数 m_{ij}. 为了方便, 假定 $m_{ij} = m(z_{ij}, \tau) = \exp(z_{ij}^{\mathrm{T}}\tau)$, 其中 z_{ij} 是由某些协变量构成. 当 z_{ij} 是一维时, 则 τ 是标量, 否则, 他们就是向量. 很容易看出, 当 $\tau = 0$ 时, $m(z_{ij}, \tau) = 1$ 且对于所有 i, j 都有 $\alpha_{ij} = \alpha$ 成立. 因此散度参数齐性检验就变成检验 $H_0: \tau = 0$. 基于 4.5 节中 score 检验统计量 SC_τ, 经过计算, 得到相关统计量的值, 结果列于表 4.9.4 中. 由该表可以看出, 散度参数 α 明显和 trt_1, trt_3, trt_5 以及 week_{10} 有关, 因此我们有理由拒绝零假设 H_0, 即对于粉虱数据来说散度参数的齐性假定可能是不合理的. 于是, 我们可以借助于散度参数与这几个变量的关系建立更合理的模型.

表 4.9.4 关于粉虱数据的检验统计量 SC_τ 的结果

z_{ij}	SC_τ	df	p 值	z_{ij}	SC_τ	df	p 值
trt_1	5.3483	1	0.0207	$week_4$	0.3220	1	0.5704
trt_2	3.3132	1	0.0687	$week_5$	1.6325	1	0.2014
trt_3	9.1239	1	0.0025	$week_6$	1.0563	1	0.3041
trt_4	0.00005	1	0.9941	$week_7$	0.0136	1	0.9072
trt_5	8.9950	1	0.0027	$week_8$	1.3510	1	0.2451
$block_1$	1.3119	1	0.2521	$week_9$	1.1278	1	0.2882
$block_2$	0.3280	1	0.5668	$week_{10}$	12.3844	1	0.0004
$week_1$	1.3669	1	0.2423	$week_{11}$	0.0138	1	0.9065
$week_2$	0.0140	1	0.9058	log(adult)	0.3120	1	0.5765
$week_3$	3.4435	1	0.0635				

4.9.2 影响诊断统计量的应用

例 4.9.3 制药数据(续例 4.9.1).

根据例 4.9.1 的结果, 下面基于模型 (4.9.1)~(4.9.2) 的 ZIGP 随机效应模型来研究该数据的影响诊断问题 (Xie et al, 2008), 并且取感兴趣的参数为 α, β 和 γ. 通过计算, 得到基于数据删除模型的诊断统计量 (4.2 节), 由于似然距离与广义 Cook 距离类似, 故省略. 其结果列于图 4.9.1 (a), (b) 和图 4.9.2 (a)~(f) 中, 其中图 4.9.1 是关于 GD_i^1 和 GD_{ij}^1 的散点图, 图 4.9.2 是关于 WK_i^1 和 WK_{ij}^1 分别相应于参数 α, β_2 和 γ_2 的散点图.

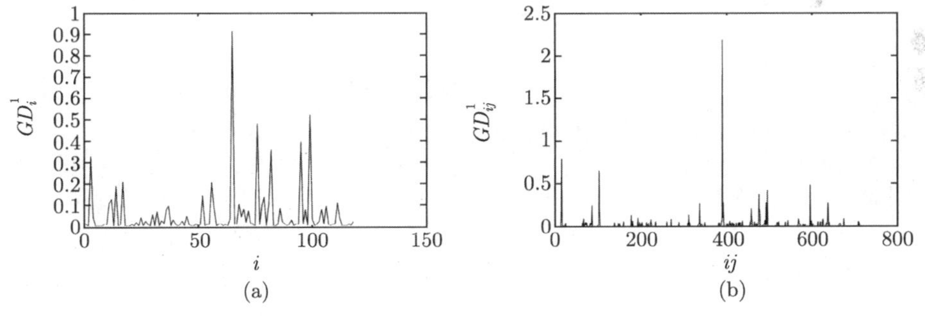

图 4.9.1 诊断统计量的图形

(a) GD_i^1; (b) GD_{ij}^1

从图 4.9.1 (a) 可以看出, 第 3, 65, 76, 82, 95, 99 号患者是强影响点. 这个结果与数据本身一致, 在数据中, 处于治疗方案 A 下的第 3 号患者和处于治疗方案 B 下的第 65 和 99 号患者都有较高的副作用. 从图 4.9.1 (b) 可以看出, 第 14, 388 和 594 号点是强影响点, 同时第 101, 472, 492 号点也有较大影响. 这是合理的, 从数据本身知道, 第 65 号患者的第 4 次随访和第 99 号患者的第 6 次随访都有最高的

6 次副作用, 同时, 处于治疗方案 A 下的第 3 号患者在第 2 次随访时就出现了最高的 4 次副作用.

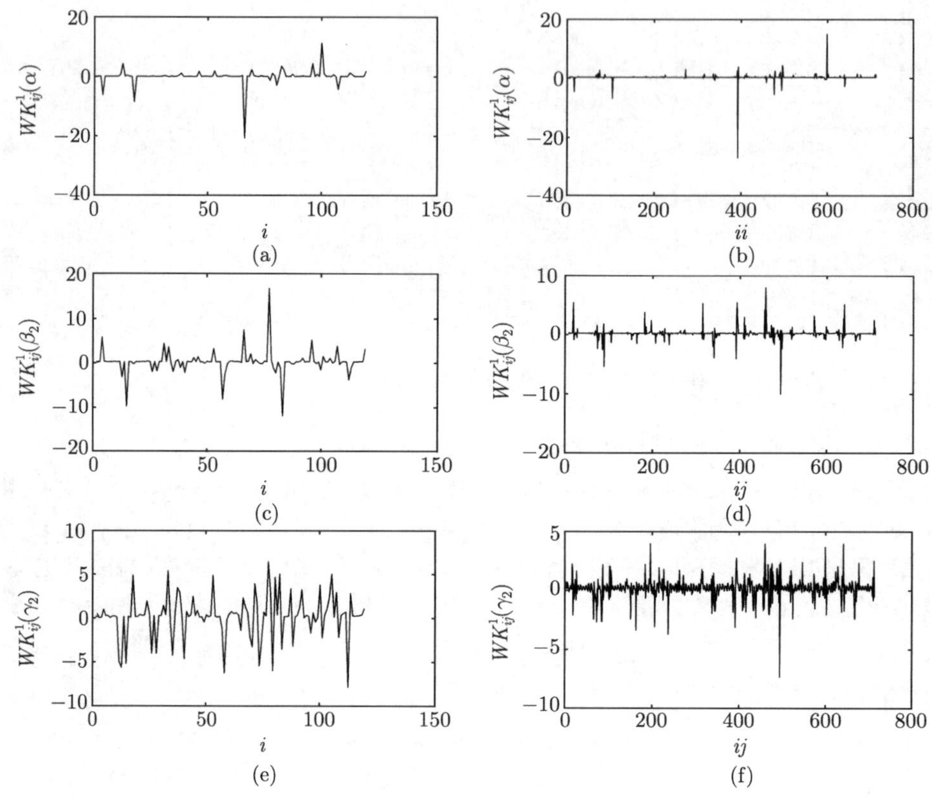

图 4.9.2　W-K 统计量的图形

(a) $WK_i^1(\alpha)$; (b) $WK_{ij}^1(\alpha)$; (c) $WK_i^1(\beta_2)$; (d) $WK_{ij}^1(\beta_2)$; (e) $WK_i^1(\gamma_2)$; (f) $WK_{ij}^1(\gamma_2)$

对于 W-K 统计量, 图 4.9.2 (a) 中显示第 3, 17, 65, 99 号患者对参数 α 的影响较大, 图 4.9.2 (b) 中显示第 14, 101, 388, 472, 594 号点对参数 α 的影响较大, 且图 4.9.2 (a), (b) 中的检测出的结果在广义 Cook 距离中基本上都检测出来了. 图 4.9.2 (c) 中除了检测出第 3, 65, 76, 82 号患者对参数 β_2 影响较大外, 还检测出第 14, 56 号两个个体影响也较大. 图 4.9.2 (d) 形状与前面有点不同, 它除了检测出第 14, 388 号两个影响点外, 还检测出第 84, 309, 454, 489 号点对参数 β_2 有影响, 且在这里我们发现第 489 号点影响最大, 而在前面图形中检测出第 388 号点影响最大. 图 4.9.2 (f) 也检测出第 489 号点影响最大, 但图 4.9.2 (e) 中未检测出哪个影响较大.

关于局部影响分析的诊断统计量, 其结果列于图 4.9.3 (a)~(d), 这时感兴趣的参数仍然是 α, β 和 γ, 并且只考虑数据加权扰动以及退化和非退化部分协变量同时发生扰动两种情形, 同时关于协变量扰动情形里也仅给出了连续变量 Time 对应的结果. 从图 4.9.3 (a), (b) 可以看出, 借助于基准点检测出的影响点与广义 Cook 距离的结果一致. 图 4.9.3 (c) 除了检测出第 3, 65, 82, 95, 99 号点影响较大外, 还检测出第 52, 56, 86 号点也有影响. 图 4.9.3 (d) 不仅检测出对应于广义 Cook 距离中的强影响点, 还检测出第 335, 389, 390, 455, 473, 635, 636 号点有影响. 从图 4.9.3 (c), (d) 的检测结果可以看出, 数据对协变量 Time 的扰动比较敏感.

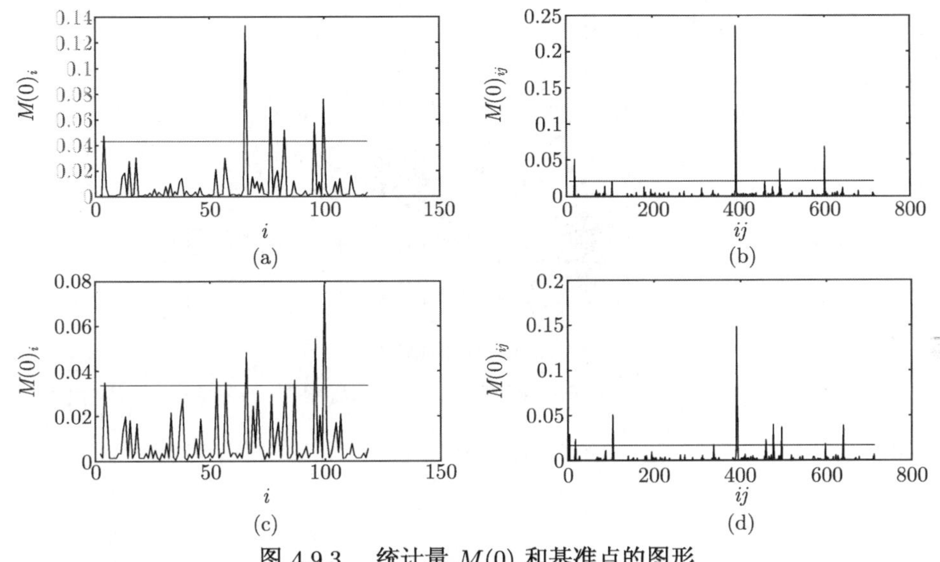

图 4.9.3 统计量 $M(0)$ 和基准点的图形

(a) 组间数据加权扰动; (b) 组内数据加权扰动; (c) 组间 log(Time) 发生扰动; (d) 组内 log(Time) 发生扰动

4.9.3 均值函数误判检验的应用

例 4.9.4 制药数据(续例 4.9.1).

在例 4.9.1 和例 4.9.3 中, 我们基于 ZIGP 随机效应模型 (4.9.1)~(4.9.2) 研究了这组数据的影响诊断以及若干假设检验问题. 现在利用本章的检验方法来检查所给模型中协变量函数形式和联系函数是否发生误判 (Xie et al, 2012h). 经过计算, 具体结果列于图 4.9.4 (a)~(c), 其中图 (a) 是关于协变量 Time 函数形式误判检验的结果 (协变量 TRT2 是指示变量, 这里未作研究); 图 (b) 是关于非退化部分联系函数误判检验的结果; 图 (c) 是关于退化部分联系函数误判检验的结果. 另外, 图形中 $I_k^b(t)$ 和 $I_{g_\xi}^b(\xi=1,2)$ 的观测值采用黑线表示, 同时还有 20 次重复实现的结果利用虚线表示. 每个检验中的 p 值采用 5000 次重复实现得到, 具体数值也列于图中. 从图 4.9.4 (a)~(c) 中可以发现, 累加残差图未显示出异常模式, 且它们对应的 p 值分别为 0.4826, 0.4350 和 0.3894, 它们都显著大于 0.05. 因此有理由认为模型中协变量函数形式和联系函数都未发生误判.

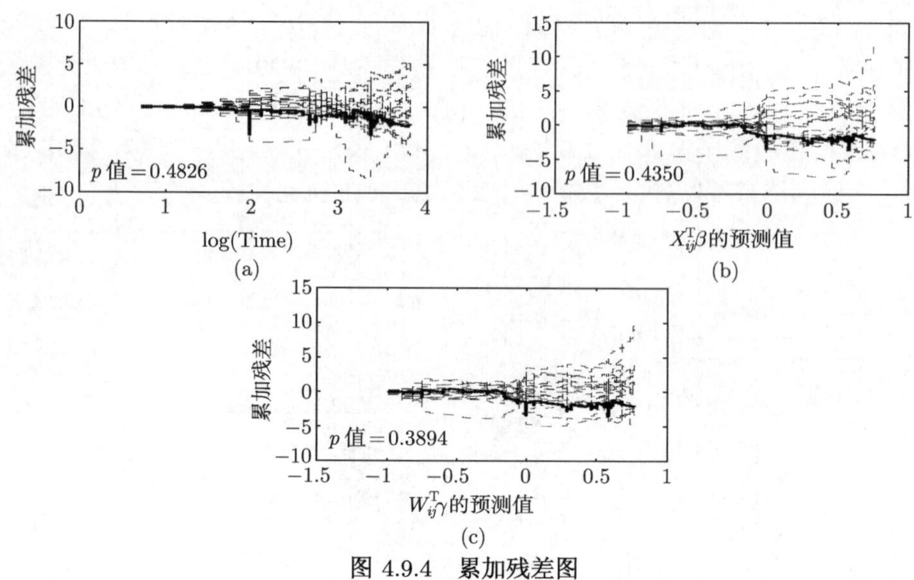

图 4.9.4 累加残差图

(a) Time 对应的图形; (b) 非退化部分联系函数对应的图形; (c) 退化部分联系函数对应的图形

4.10 小 结

正如本章开始所述, 对于广义 ZI 泊松随机效应模型, 为了能够得到相应的结果, 不得不增设许多附加条件, 这说明该模型的研究还不够深入. 事实上, 随机效应模型的发展还不够成熟, 很多问题有待进一步的探索和研究, 现在列举一些供有兴趣的读者参考.

1. 检验统计量的渐近性

3.8 节曾指出, 在某些情形下, 检验统计量的极限分布可能为混合 χ^2 分布, 本章同样存在这样的问题. 例如, 4.6 节研究了随机效应的方差成分检验, 得到了梯度检验统计量, 解锋昌 (2011) 在一定条件下证明其渐近服从 χ^2 分布. 然而, 在零假设下, 当方差成分处于参数空间的边缘时, 则梯度统计量与似然比、Wald, score 三种经典的检验统计量一样, 将不再服从标准的 χ^2 分布 (Lin, 1997; Zhu et al, 2004; Zhang et al, 2007). 因此, 对于这类方差成分检验统计量以及本章其他检验统计量, 其渐近性质还有待进一步深入研究.

2. 模型的误判检验

误判检验除了累加残差方法外, 信息阵方法也是目前比较流行的方法, 其基本思想可参见 3.8 节. 因此, 后续工作可以考虑利用信息阵方法探讨与均值函数有关的协变量形式以及联系函数形式的误判检验问题. 另外, 对于带有随机效应的广义 ZI 泊松模型来说, 随机效应也会出现误判问题, 不过迄今为止, 这方面的研究还没有见到相关报道. 然而对于非 ZI 模型, 相关的研究工作已有很多, 例如, Verbeke 和 Lesaffre (1997) 研究了线性混合效应模型中随机效应误判时的影响; Litiere 等 (2007, 2008) 探讨了广义线性混合效应模型中随机效应发生误判时对参数估计以及均值结构检验的影响; Litiere 和 Molenberghs (2008) 根据 White (1982) 的信息阵检验方法, 给出了三明治 (Sandwich) 估计检验法, 研究随机效应的误判问题; Alonso 等 (2008) 也基于信息阵方法, 提出了行列式检验法, 用以研究广义线性混合效应模型中随机效应的误判问题; Huang (2009) 研究了二值响应广义线性混合效应模型中随机效应的误判检验问题; 等等. 基于这些工作, 同样可以考虑 ZI 数据情形下, 模型中随机效应的误判检验问题, 这也有待进一步研究.

3. 半参数 ZI 随机效应模型的统计分析

类似于 3.8 节的讨论, 半参数广义 ZI 泊松随机效应模型的形式可表示如下. 假定响应变量 y_{ij} 服从模型 (4.1.1), 并且模型中含有非参数项如下:

$$\begin{cases} g_1(\mu_{ij}) = X_{ij}^{\mathrm{T}}\beta + h_1(t_{ij}) + Z_{1,ij}^{\mathrm{T}}b_{1i} \\ g_2(\phi_{ij}) = W_{ij}^{\mathrm{T}}\gamma + h_2(t_{ij}) + Z_{2,ij}^{\mathrm{T}}b_{2i} \end{cases},$$

其中 $h_1(\cdot)$ 和 $h_2(\cdot)$ 是未知的光滑函数, 为非参数部分; b_{1i} 和 b_{2i} 是随机效应; X_{ij}, W_{ij}, $Z_{1,ij}$ 和 $Z_{2,ij}$ 为协变量; β 和 γ 为回归系数. Feng 和 Zhu (2011) 研究了上述模型的特例 —— 半参数 ZIP 随机效应模型的参数估计和渐近性质. 类似地, 对于广义 ZI 泊松以及更复杂的 ZI 随机效应模型, 也有相应的统计分析问题, 如参数估计、渐近性质、影响诊断以及相关的假设检验问题等, 这些都有待进一步的深入研究.

第5章　广义 ZI 泊松模型的 Bayes 统计分析

近年来, Bayes 统计, 特别是 Bayes 统计计算是统计学发展最快的分支之一, Bayes 方法已深入到统计理论和应用的各个领域. 在 Bayes 统计中, 一般假定参数为随机变量且服从某先验分布, 然后利用参数和样本的联合分布得到参数的后验分布. 由于后验分布综合了参数的先验分布以及样本分布所提供的关于参数的全部信息, 故基于后验分布进行 Bayes 统计推断一般都能得到较好的效果 (Ansari et al, 2002; Ghosh et al, 2006; 韦博成, 2006; 唐年胜, 韦博成, 2007).

对于常见的模型, Bayes 统计分析已有大量文献, 但是对于零过多模型的 Bayes 统计分析相对较少. 最近, Angers 和 Biswas (2003) 在无协变量情况下, 探讨了 ZIGP 模型的 Bayes 分析; Osuna (2004) 研究了半参数的计数数据模型的 Bayes 分析, 并分别探讨了 ZIP, ZINB 和 ZIPIG (ZI 泊松逆高斯模型) 等零过多模型的 Bayes 估计; Dagne (2004) 基于 ZIP 模型利用 Bayes 方法探讨了带有重复测量的零过多数据; Ghosh 等 (2006) 利用 Bayes 方法研究了零过多幂级数模型 (ZI power series models) 的参数估计并给出了相应的 WinBUGS 程序; Fahrmeir 和 Echavarria (2006) 探讨了基于负二项分布的零过多结构可加回归模型的 Bayes 分析; Gschlobl 和 Czado (2007) 利用 Bayes 方法研究了带有偏大离差和空间效应的零过多模型, 并分别给出了 ZINB 和基于 GPII 分布 (1.3.14) 的 ZIGP 回归模型的参数估计; 另外, Rodrigues (2006) 还利用 Bayes 方法研究了 ZIP 模型中 ZI 参数的显著性检验问题. 本章将在这些工作的基础上, 进一步把 Bayes 方法应用于广义 ZI 泊松回归模型和相应的随机效应模型的参数估计和统计诊断.

关于统计诊断的 Bayes 方法, Johnson 和 Geisser (1983) 首先应用 Kullback-Leibler (K-L) 距离来度量某些数据点删除前后对于预测分布的影响, 此后, 许多作者都以 K-L 距离作为度量, 研究 Bayes 估计的影响分析 (Weiss and Cook, 1992; Peng and Dey, 1995; Weiss, 1996; Christensen, 1997; Weiss and Cho, 1998; Cho et al, 2009). 本章也基于 K-L 距离研究广义 ZI 泊松模型的统计诊断问题.

本章在已有工作基础上研究了广义 ZI 泊松回归模型和相应随机效应模型的 Bayes 统计分析, 主要包括先验分布的选取和 Bayes 估计及其算法, 以及基于数据删除模型的 Bayes 影响分析 (解锋昌, 2011; Xie et al, 2012i, 2012j). 具体安排如下: 5.1 节研究广义 ZI 泊松回归模型的 Bayes 估计, 并着重介绍相应估计的 MCMC 算法; 5.2 节研究广义 ZI 泊松回归模型基于数据删除模型的 Bayes 影响分析; 5.3 节研究广义 ZI 泊松随机效应模型的 Bayes 估计及其 MCMC 算法; 5.4 节研究广义

ZI 泊松随机效应模型的 Bayes 影响分析; 5.5 节则通过随机模拟和实际数据说明本章方法的有效性和实际应用.

5.1 广义 ZI 泊松回归模型的 Bayes 估计及其 MCMC 算法

假定响应变量 $Y_1,\cdots,Y_n$ 服从模型 (3.1.1)~(3.1.2), 且 $Y_1,\cdots,Y_n$ 相互独立, $y_1,\cdots,y_n$ 是其一组观测值, X_i, W_i, $i=1,\cdots,n$ 是模型中相应的协变量. 记 $y=(y_1,\cdots,y_n)^{\mathrm{T}}$, $x=(X_1,\cdots,X_n)^{\mathrm{T}}$, $w=(W_1,\cdots,W_n)^{\mathrm{T}}$, $\theta=(\alpha,\beta^{\mathrm{T}},\gamma^{\mathrm{T}})^{\mathrm{T}}$. 则广义 ZI 泊松回归模型的联合概率函数为

$$\begin{aligned} p(y|\theta,x,w) &= \prod_{i=1}^{n} p(y_i|\theta,X_i,W_i) \\ &= \prod_{i=1}^{n}\Big[\phi_i+(1-\phi_i)f(0;\mu_i,\alpha)\Big]^{I_{\{y_i=0\}}}\Big[(1-\phi_i)f(y_i;\mu_i,\alpha)\Big]^{I_{\{y_i>0\}}}. \end{aligned} \tag{5.1.1}$$

现在假定模型中参数 θ 的先验分布为 $p(\theta)$. 于是, 根据 Bayes 公式可以得到参数 θ 的后验概率密度为

$$\begin{aligned} p(\theta|x,w,y) &= \frac{p(y|\theta,x,w)p(\theta)}{\displaystyle\int p(y|\theta,x,w)p(\theta)\mathrm{d}\theta} \propto p(y|\theta,x,w)p(\theta) \\ &= \left\{\prod_{i=1}^{n}\Big[\phi_i+(1-\phi_i)f(0;\mu_i,\alpha)\Big]^{I_{\{y_i=0\}}}\Big[(1-\phi_i)f(y_i;\mu_i,\alpha)\Big]^{I_{\{y_i>0\}}}\right\}p(\theta). \end{aligned} \tag{5.1.2}$$

式 (5.1.2) 是 Bayes 统计推断的基础, 我们将基于该式研究模型中参数 θ 的 Bayes 估计, 以及关于 Bayes 估计的影响分析.

5.1.1 先验分布

从式 (5.1.2) 可以发现, 为了得到 Bayes 分析中参数 θ 的后验分布, 必须先具体确定参数 θ 的先验分布. 我们知道, 先验分布是 Bayes 统计中重点研究问题之一, 也是 Bayes 统计推断的出发点, 其主要包括无信息先验、有信息先验、共轭先验和 Jefferys 先验等 (韦博成, 2006). 在参数 $\theta=(\alpha,\beta^{\mathrm{T}},\gamma^{\mathrm{T}})^{\mathrm{T}}$ 中, α 是零过多模型中非退化部分的散度参数, β 和 γ 分别是模型中非退化和退化部分的回归系数, 因此, 我们常假定它们相互独立 (Osuna, 2004; Ghosh et al, 2006; Fahrmeir and Osuna, 2006; 唐年胜, 韦博成, 2007), 于是参数 θ 的先验分布可写成

$$p(\theta)=p(\alpha,\beta,\gamma)=p(\alpha)p(\beta)p(\gamma), \tag{5.1.3}$$

其中 $p(\alpha)$, $p(\beta)$ 和 $p(\gamma)$ 分别为参数 α, β 和 γ 的先验分布.

现在结合参数的特点分别给出各自的具体先验分布. 首先, 由于散度参数 α 在不同的具体模型中取值范围不同, 如在 ZIGP 回归模型中, α 可以为正也可以为负, 当 $\alpha<0$ 时, 常要求其满足 $1+\alpha\mu>0$ 和 $1+\alpha y>0$, 进而使得式 (1.3.11) 非负. 而在 ZIDP 回归模型中则要求参数 $\alpha>0$. 为此, 根据韦博成 (2006) 关于先验分布的讨论, 通常假定参数 α 的先验分布为无信息先验, 即

$$p(\alpha)\propto 1. \tag{5.1.4}$$

实际上表明我们对参数 α 的先验情况知之甚少, 没有什么先验信息可以利用. 该假定就是同等无知原则, 即认为 α 的取值机会均等, 各向同性, 它是 Bayes 首先提出的, 因此也称为 Bayes 假设. 其次, 对于回归系数 β 和 γ, 通常假定先验分布为多元正态分布 (Dagne, 2004; Osuna, 2004; Ghosh et al., 2006; Fahrmeir and Osuna, 2006; 唐年胜, 韦博成, 2007), 即参数 β 和 γ 的先验分布密度函数分别为

$$p(\beta)\propto|\Sigma_\beta|^{-1/2}\exp\left\{-\frac{1}{2}(\beta-\beta_0)^{\mathrm T}\Sigma_\beta^{-1}(\beta-\beta_0)\right\}, \tag{5.1.5}$$

$$p(\gamma)\propto|\Sigma_\gamma|^{-1/2}\exp\left\{-\frac{1}{2}(\gamma-\gamma_0)^{\mathrm T}\Sigma_\gamma^{-1}(\gamma-\gamma_0)\right\}, \tag{5.1.6}$$

其中超参数 β_0, Σ_β, γ_0, Σ_γ 假定为已知, 且它们取不同值将反映出不同的先验信息, 如取 $\Sigma_\beta=10^3I_{p_1}$, $\Sigma_\gamma=10^3I_{p_2}$, 其中 I_{p_1} 和 I_{p_2} 分别为 $p_1\times p_1$ 和 $p_2\times p_2$ 单位阵, 则此时缺乏关于参数 β 和 γ 的先验信息.

5.1.2　Bayes 估计及其 MCMC 算法

根据式 (5.1.2)~ 式 (5.1.6), 可以得到参数 $\theta=(\alpha,\beta^{\mathrm T},\gamma^{\mathrm T})^{\mathrm T}$ 的联合后验分布为

$$\begin{aligned}p(\alpha,\beta,\gamma|x,w,y)\propto&\left\{\prod_{i=1}^n\Big[\phi_i+(1-\phi_i)f(0;\mu_i,\alpha)\Big]^{I_{\{y_i=0\}}}\Big[(1-\phi_i)f(y_i;\mu_i,\alpha)\Big]^{I_{\{y_i>0\}}}\right\}\\&\times|\Sigma_\beta|^{-1/2}\exp\left\{-\frac{1}{2}(\beta-\beta_0)^{\mathrm T}\Sigma_\beta^{-1}(\beta-\beta_0)\right\}\\&\times|\Sigma_\gamma|^{-1/2}\exp\left\{-\frac{1}{2}(\gamma-\gamma_0)^{\mathrm T}\Sigma_\gamma^{-1}(\gamma-\gamma_0)\right\}.\end{aligned} \tag{5.1.7}$$

基于式 (5.1.7), 参数 $\theta=(\alpha,\beta^{\mathrm T},\gamma^{\mathrm T})^{\mathrm T}$ 后验期望估计为

$$\widehat{\theta}=E(\theta|x,w,y)=\int\theta p(\alpha,\beta,\gamma|x,w,y)\mathrm d\theta,$$

上式涉及比较复杂的高维积分, 一般得不到解析解, 因此直接求出参数的 Bayes 估计通常都很困难. 为此, 实用上主要采用广泛流行的马尔可夫链蒙特卡罗 (Markov chain Monte Carlo, MCMC) 方法 (茆诗松等, 2006; 唐年胜, 韦博成, 2007), 该方法的基本思想是通过建立一个平稳分布为 $\pi(\varrho)$ 的 Markov 链 $\{\varrho^{(0)}, \varrho^{(1)}, \cdots, \varrho^{(t-1)}\}$ 来得到 $\pi(\varrho)$ 的样本, 所谓平稳分布, 即不论初始状态 $\varrho^{(0)}$ 取什么值, $\varrho^{(t)}$ 的分布收敛到同一个分布 $\pi(\varrho)$ (茆诗松等, 2006). 在 MCMC 方法中, 应用最为广泛的是 Gibbs 抽样 (Geman and Geman, 1984), 它是一种迭代程序, 通过从各个参数的满条件 (即在迭代过程中所有变量都出现) 后验分布的迭代抽样, 可以获得各个参数来自后验分布 $p(\alpha,\beta,\gamma|x,w,y)$ 的随机样本序列 (茆诗松等, 2006; Gelman and Rubin, 1992; Gelman et al, 1995; Gilks et al, 1996; Gamerman, 1997; Liu, 2001), 根据这些随机样本序列即可进行各种统计推断. 以下介绍如何应用 Gibbs 抽样和 MH 算法得到参数后验分布的随机样本序列.

根据式 (5.1.7), 我们可以得到 Gibbs 抽样中涉及参数 α, β 和 γ 的满条件后验分布, 它们可表示为

$$p(\alpha|x,w,y,\beta,\gamma) \propto \prod_{i=1}^{n}\Big[\phi_i + (1-\phi_i)f(0;\mu_i,\alpha)\Big]^{I_{\{y_i=0\}}}\Big[f(y_i;\mu_i,\alpha)\Big]^{I_{\{y_i>0\}}}, \quad (5.1.8)$$

$$\begin{aligned} p(\beta|x,w,y,\alpha,\gamma) \propto & \left\{\prod_{i=1}^{n}\Big[\phi_i + (1-\phi_i)f(0;\mu_i,\alpha)\Big]^{I_{\{y_i=0\}}}\Big[f(y_i;\mu_i,\alpha)\Big]^{I_{\{y_i>0\}}}\right\} \\ & \times \Big|\Sigma_\beta\Big|^{-1/2}\exp\left\{-\frac{1}{2}(\beta-\beta_0)^{\mathrm{T}}\Sigma_\beta^{-1}(\beta-\beta_0)\right\}, \end{aligned} \quad (5.1.9)$$

$$\begin{aligned} p(\gamma|x,w,y,\alpha,\beta) \propto & \left\{\prod_{i=1}^{n}\Big[\phi_i + (1-\phi_i)f(0;\mu_i,\alpha)\Big]^{I_{\{y_i=0\}}}\Big(1-\phi_i\Big)^{I_{\{y_i>0\}}}\right\} \\ & \times \Big|\Sigma_\gamma\Big|^{-1/2}\exp\left\{-\frac{1}{2}(\gamma-\gamma_0)^{\mathrm{T}}\Sigma_\gamma^{-1}(\gamma-\gamma_0)\right\}. \end{aligned} \quad (5.1.10)$$

由式 (5.1.8)~ 式 (5.1.10) 可以发现, 条件分布 $p(\alpha|x,w,y,\beta,\gamma)$, $p(\beta|x,w,y,\alpha,\gamma)$ 和 $p(\gamma|x,w,y,\alpha,\beta)$ 一般都是非标准分布且非常复杂, 因此我们无法直接从它们中抽取随机样本. 为此, 通常采用 Metropolis-Hastings (MH) 算法 (茆诗松等, 2006; 唐年胜, 韦博成, 2007) 解决此类问题, 下面简要介绍其基本思想.

假定我们的目标分布为 $\pi(\varrho)$. 现在任意选择一个不可约转移概率 $q(\cdot,\cdot)$, 以及一个函数 $\varpi(\cdot,\cdot)$, $0<\varpi(\cdot,\cdot)\leqslant 1$, 对任一组合 $(\varrho,\varrho^*)(\varrho\neq\varrho^*)$, 定义

$$p(\varrho,\varrho^*) = q(\varrho,\varrho^*)\varpi(\varrho,\varrho^*), \quad \varrho\neq\varrho^*,$$

则 $p(\varrho,\varrho^*)$ 形成一个转移核. 于是, 如果 Markov 链在时刻 j 处于状态 ϱ, 即 $\varrho^{(j)}=\varrho$, 则首先由 $q(\varrho,\varrho^*)$ 产生一个潜在的转移 $\varrho\to\varrho^*$, 然后根据概率 $\varpi(\varrho,\varrho^*)$ 决定是否

转移. 也就是说, 在潜在转移点 ϱ^* 得到后, 以概率 $\varpi(\varrho,\varrho^*)$ 接受 ϱ^* 作为链在下一时刻的状态值, 而以概率 $1-\varpi(\varrho,\varrho^*)$ 拒绝转移到 ϱ^*, 从而在下一时刻仍处于状态 ϱ. 因此, 在有了 ϱ^* 后, 我们可以从 $[0,1]$ 上的均匀分布中抽取一个随机数 φ, 若 $\varphi\leqslant\varpi(\varrho,\varrho^*)$, 则下一时刻接受 ϱ^*, 否则接受 ϱ. 在这里, 一般称 $q(\varrho,\varrho^*)$ 为建议分布. 我们假定 $\pi(\varrho)$ 是平稳分布, 因此, 在有了 $q(\cdot,\cdot)$ 后, 应选择一个 $\varpi(\cdot,\cdot)$ 使相应的 $p(\varrho,\varrho^*)$ 以 $\pi(\varrho)$ 为其平稳分布. 一个最常用的选择是

$$\varpi(\varrho,\varrho^*)=\min\left\{1,\frac{\pi(\varrho^*)q(\varrho^*,\varrho)}{\pi(\varrho)q(\varrho,\varrho^*)}\right\}.$$

此时, $p(\varrho,\varrho^*)$ 为

$$p(\varrho,\varrho^*)=\begin{cases} q(\varrho,\varrho^*), & \pi(\varrho^*)q(\varrho^*,\varrho)\geqslant\pi(\varrho)q(\varrho,\varrho^*),\\ q(\varrho^*,\varrho)\dfrac{\pi(\varrho^*)}{\pi(\varrho)}, & \pi(\varrho^*)q(\varrho^*,\varrho)<\pi(\varrho)q(\varrho,\varrho^*).\end{cases}$$

另外, 建议分布的选择也很重要, 常见的选择有对称建议分布、独立抽样等情形, 具体可参见茆诗松等 (2006).

总结上述过程, 可得如下具体算法:

(1) 给出初值 $\varrho^{(0)}$, 且令 $j=0$;

(2) 令 $j=j+1$;

(3) 从建议分布 $q(\varrho^{(j)},\varrho^*)$ 抽取样本 ϱ^*;

(4) 从均匀分布 $U[0,1]$ 中抽取观测值 φ;

(5) 若 $\varphi\leqslant\varpi(\varrho^{(j)},\varrho^*)$, 则令 $\varrho^{(j+1)}=\varrho^*$, 否则令 $\varrho^{(j+1)}=\varrho^{(j)}$.

于是利用上述算法抽取得到随机样本序列 $\varrho^{(0)},\varrho^{(1)},\cdots,\varrho^{(j)},\cdots$, 其平稳分布即为 $\pi(\varrho)$.

下面将 MH 算法应用到条件分布 (5.1.8)~(5.1.10).

对于条件分布 $p(\alpha|x,w,y,\beta,\gamma)$, 我们取建议分布 q 为 $N(0,\sigma_\alpha^2\Omega_\alpha)$ (Roberts, 1996; 唐年胜, 韦博成, 2007), 其中 σ_α^2 的选取以使抽样的平均接受率近似为 0.234 (Roberts and Rosenthal, 2001), 同时取

$$\Omega_\alpha^{-1}=-\frac{\partial^2 l(\theta)}{\partial\alpha^2}=-I_{\alpha\alpha},$$

其中 $l(\theta)$ 见式 (3.1.4), $I_{\alpha\alpha}$ 见 3.1.2 小节. 类似于唐年胜和韦博成 (2007) 以及上述 MH 算法, 此时 MH 算法的具体过程如下: 给定参数 α 的第 j 步迭代值 $\alpha^{(j)}$, 从 $N(\alpha^{(j)},\sigma_\alpha^2\Omega_\alpha)$ 抽样得到 α^*, 并从均匀分布 $U[0,1]$ 中抽取随机数 φ, 类似于上述 MH 算法的第 5 步, 若 $\varphi\leqslant\min\{1,p(\alpha^*|x,w,y,\beta,\gamma)/p(\alpha^{(j)}|x,w,y,\beta,\gamma)\}$, 则令 $\alpha^{(j+1)}=\alpha^*$, 否则令 $\alpha^{(j+1)}=\alpha^{(j)}$.

类似地, 对于条件分布 $p(\beta|x,w,y,\alpha,\gamma)$, 取建议分布 q 为 $N(0,\sigma_\beta^2\Omega_\beta)$, 其中

$$\Omega_\beta^{-1}=\Sigma_\beta^{-1}-\left\{\frac{\partial^2 l(\theta)}{\partial\beta\partial\beta^{\mathrm{T}}}\right\}_{\beta=0}=\Sigma_\beta^{-1}-\{I_{\beta\beta}\}_{\beta=0},$$

这里的 $I_{\beta\beta}$ 见 3.1.2 小节. 给定参数 β 的第 j 步迭代值 $\beta^{(j)}$, 从 $N(\beta^{(j)},\sigma_\beta^2\Omega_\beta)$ 抽样得到 β^*, 并从均匀分布 $U[0,1]$ 中抽取随机数 φ, 若 $\varphi\leqslant\min\{1,p(\beta^*|x,w,y,\alpha,\gamma)/p(\beta^{(j)}|x,w,y,\alpha,\gamma)\}$, 则令 $\beta^{(j+1)}=\beta^*$, 否则令 $\beta^{(j+1)}=\beta^{(j)}$.

对于条件分布 $p(\gamma|x,w,y,\alpha,\beta)$, 取建议分布 q 为 $N(0,\sigma_\gamma^2\Omega_\gamma)$, 其中

$$\Omega_\gamma^{-1}=\Sigma_\gamma^{-1}-\left\{\frac{\partial^2 l(\theta)}{\partial\gamma\partial\gamma^{\mathrm{T}}}\right\}_{\gamma=0}=\Sigma_\gamma^{-1}-\{I_{\gamma\gamma}\}_{\gamma=0},$$

这里的 $I_{\gamma\gamma}$ 见 3.1.2 小节. 给定参数 γ 的第 j 步迭代值 $\gamma^{(j)}$, 从 $N(\gamma^{(j)},\sigma_\gamma^2\Omega_\gamma)$ 抽样得到 γ^*, 并从均匀分布 $U[0,1]$ 中抽取随机数 φ, 若 $\varphi\leqslant\min\{1,p(\gamma^*|x,w,y,\alpha,\beta)/p(\gamma^{(j)}|x,w,y,\alpha,\beta)\}$, 则令 $\gamma^{(j+1)}=\gamma^*$, 否则令 $\gamma^{(j+1)}=\gamma^{(j)}$.

基于上述三个条件分布 (5.1.8)~(5.1.10) 和它们相应的 MH 算法, 我们有下面的 Gibbs 抽样算法:

(1) 给出参数初值 $(\alpha^{(0)},\beta^{(0)},\gamma^{(0)})$, 且令 $j=0$;

(2) 给定 $\beta^{(j)}$, $\gamma^{(j)}$, 利用 MH 算法从条件分布 $p(\alpha|x,w,y,\beta^{(j)},\gamma^{(j)})$ 中抽样得 $\alpha^{(j+1)}$;

(3) 给定 $\alpha^{(j+1)}$, $\gamma^{(j)}$, 利用 MH 算法从条件分布 $p(\beta|x,w,y,\alpha^{(j+1)},\gamma^{(j)})$ 中抽样得 $\beta^{(j+1)}$;

(4) 给定 $\alpha^{(j+1)}$, $\beta^{(j+1)}$, 利用 MH 算法从条件分布 $p(\gamma|x,w,y,\alpha^{(j+1)},\beta^{(j+1)})$ 中抽样得 $\gamma^{(j+1)}$;

(5) 重复 (2)~(4) 步得到参数 α, β 和 γ 的随机样本序列 $(\alpha^{(j)},\beta^{(j)},\gamma^{(j)})$, $j=1,\cdots,K$.

在一定条件下, 当 K 充分大时, 例如, $K>K_0$ 时, $\theta^{(j)}=(\alpha^{(j)},\beta^{(j)},\gamma^{(j)})$ $(j=K_0+1,\cdots,K)$ 可以看成参数 $\theta=(\alpha,\beta,\gamma)$ 来自后验分布 $p(\theta|x,w,y)$ 的随机样本序列 (Geman and Geman, 1984), 根据这些随机样本序列即可对 θ 进行参数估计、假设检验等统计推断. 以下为参数 θ 基于其后验分布样本的 Bayes 估计.

假设上述 Gibbs 抽样算法在第 K_0 次时已经收敛, 则基于后验分布样本序列 $(\alpha^{(j)},\beta^{(j)},\gamma^{(j)})$ $(j=K_0+1,\cdots,K)$ 可以得到参数 α, β 和 γ 的 Bayes 估计分别为

$$\widehat{\alpha}=\frac{1}{K-K_0}\sum_{j=K_0+1}^{K}\alpha^{(j)},\quad \widehat{\beta}=\frac{1}{K-K_0}\sum_{j=K_0+1}^{K}\beta^{(j)},\quad \widehat{\gamma}=\frac{1}{K-K_0}\sum_{j=K_0+1}^{K}\gamma^{(j)},$$

且参数 $\theta=(\alpha,\beta^{\mathrm{T}},\gamma^{\mathrm{T}})^{\mathrm{T}}$ 的后验协方差阵的估计为

$$\widehat{\mathrm{Var}}(\theta|x,w,y)=\frac{1}{K-K_0-1}\sum_{j=K_0+1}^{K}(\theta^{(j)}-\widehat{\theta})(\theta^{(j)}-\widehat{\theta})^{\mathrm{T}},$$

其中 $\theta^{(j)}=(\alpha^{(j)},\beta^{(j)\mathrm{T}},\gamma^{(j)\mathrm{T}})^{\mathrm{T}}$, $\widehat{\theta}=(\widehat{\alpha},\widehat{\beta}^{\mathrm{T}},\widehat{\gamma}^{\mathrm{T}})^{\mathrm{T}}$. 于是参数 $\theta=(\alpha,\beta^{\mathrm{T}},\gamma^{\mathrm{T}})^{\mathrm{T}}$ 的标准误差可以利用 $\widehat{\mathrm{Var}}(\theta|x,w,y)$ 的主对角线上元素的平方根进行估计, Bayes 估计的具体计算可参见 5.5 节.

关于上述 Gibbs 抽样算法的收敛性, 有多种判别方法, 比较常用的为 Gelman (1996) 提出的 PSR (potential scale reduction) 方法. 其基本思想如下: 假定利用 Gibbs 算法从参数 θ 的任一分量 ϱ 的 m 个不同初值出发, 从而得到 m 条平行的马尔可夫链, 令 t 为每条链的迭代次数, 则链间方差为

$$B_1=\frac{t}{m-1}\sum_{i=1}^{m}(\bar{\varrho}_i-\bar{\varrho})^2,$$

其中 $\bar{\varrho}_i=\sum_{j=1}^{t}\varrho_i^{(j)}/t$, $\bar{\varrho}=\sum_{i=1}^{m}\bar{\varrho}_i/m$, $\varrho_i^{(j)}$ 为参数 ϱ 的第 i 条链在第 j 次的迭代值. 另外, 链内方差为

$$B_2=\frac{1}{m(t-1)}\sum_{i=1}^{m}\sum_{j=1}^{t}(\varrho_i^{(j)}-\bar{\varrho}_i)^2.$$

于是参数 ϱ 的 PSR 值为

$$\mathrm{PSR}=\sqrt{\frac{t-1}{t}+\frac{B_1}{tB_2}}.$$

根据 Gelman (1996), 若参数 θ 所有分量的 PSR 值都小于 1.2, 则 Gibbs 抽样收敛.

5.2 广义 ZI 泊松回归模型基于数据删除模型的 Bayes 影响分析

第 3 章基于广义 Cook 距离讨论了广义 ZI 泊松回归模型的影响度量, 其出发点是基于似然函数研究某数据点删除前后对于参数估计的影响, 并定义某种形式的距离加以度量. 为了研究数据点对于参数的 Bayes 估计的影响, 可以比较删除某数据点前后所得参数的后验分布之间的差异, 这种差异可以利用 kullback-Leibler (K-L) 距离加以度量 (韦博成等, 1991), 由此即可了解该数据点对于 Bayes 估计的影响. 下面研究广义 ZI 泊松回归模型中 Bayes 估计基于数据删除模型的影响度量.

令 D 表示所有数据, $D_{(i)}=\{x_{(i)},w_{(i)},y_{(i)}\}$ 表示第 i 个数据点删除后的数据. 同时令 $L(\theta|D)$ 表示基于所有数据的似然函数, $L(\theta|D_{(i)})$ 表示基于第 i 个数据点删

除后的似然函数. 于是根据 5.1 节, 第 i 个数据点删除前后参数 $\theta=(\alpha,\beta^{\mathrm{T}},\gamma^{\mathrm{T}})^{\mathrm{T}}$ 的后验分布可表示为

$$p(\theta|D)\propto L(\theta|D)p(\theta), \tag{5.2.1}$$

$$p(\theta|D_{(i)})\propto L(\theta|D_{(i)})p(\theta), \tag{5.2.2}$$

其中式 (5.2.1) 的具体表达式可参见式 (5.1.7).

为了方便, 第 i 个点删除前后参数 θ 的后验分布 $p(\theta|D)$ 和 $p(\theta|D_{(i)})$ 分别记为 P 和 $P_{(i)}$. 令 $K(P,P_{(i)})$ 表示 P 和 $P_{(i)}$ 之间的 K-L 距离, 则

$$K(P,P_{(i)})=\int p(\theta|D)\log\left\{\frac{p(\theta|D)}{p(\theta|D_{(i)})}\right\}\mathrm{d}\theta, \tag{5.2.3}$$

于是 $K(P,P_{(i)})$ 可以度量第 i 个数据点删除前后参数 θ 的后验分布之间的差异, 这种差异反映了第 i 个数据点对参数的 Bayes 估计的影响.

根据 Cho 等 (2009), $K(P,P_{(i)})$ 可以进一步表示为

$$K(P,P_{(i)})=\log E_\theta\left\{\frac{L(\theta|D_{(i)})}{L(\theta|D)}\Big|D\right\}+E_\theta\left\{\log\left[\frac{L(\theta|D)}{L(\theta|D_{(i)})}\right]\Big|D\right\}, \tag{5.2.4}$$

其中 $E_\theta\{\cdot|D\}$ 表示关于参数 θ 的联合后验分布的期望. 根据式 (5.1.1) 可以得到

$$\frac{L(\theta|D)}{L(\theta|D_{(i)})}=p(y_i|\theta,X_i,W_i).$$

于是

$$K(P,P_{(i)})=\log E_\theta\{[p(y_i|\theta,X_i,W_i)]^{-1}|D\}+E_\theta\{\log[p(y_i|\theta,X_i,W_i)]|D\}. \tag{5.2.5}$$

根据 5.1.2 小节介绍的 Gibbs 抽样方法, 从参数 θ 的后验分布中抽取的随机样本序列为 $\{\theta^{(j)}:j=K_0+1,\cdots,K\}$, 由此可以得到式 (5.2.5) 的估计为

$$\begin{aligned}\widehat{K}(P,P_{(i)})=&\log\left\{\frac{1}{K-K_0}\sum_{j=K_0+1}^{K}\frac{1}{p(y_i|\theta^{(j)},X_i,W_i)}\right\}\\&+\frac{1}{K-K_0}\sum_{j=K_0+1}^{K}\log\left[p(y_i|\theta^{(j)},X_i,W_i)\right],\quad i=1,\cdots,n.\end{aligned} \tag{5.2.6}$$

由此即可度量第 i 个数据点 $(i=1,\cdots,n)$ 对参数 θ 的 Bayes 估计的影响, 详见 5.5 节的实例分析.

令 $\theta=(\theta_1,\theta_2)$, 则类似于前面的分析, 我们可以研究第 i 个数据点对子集参数 θ_1 的 Bayes 估计的影响. 假设第 i 个点删除前后参数 θ_1 的边缘后验分布为 $p(\theta_1|D)$

和 $p(\theta_1|D_{(i)})$, 并分别简记为 P_1 和 $P_{1(i)}$, 则 P_1 和 $P_{1(i)}$ 之间的 K-L 距离为

$$K(P_1, P_{1(i)}) = \int p(\theta_1|D) \log\left\{\frac{p(\theta_1|D)}{p(\theta_1|D_{(i)})}\right\} \mathrm{d}\theta_1. \tag{5.2.7}$$

于是 $K(P_1, P_{1(i)})$ 可以度量第 i 个数据点对参数 θ_1 的边缘后验分布的的影响. 类似于式 (5.2.4)~ 式 (5.2.5), 有

$$\begin{aligned} K(P_1, P_{1(i)}) = &\log E_\theta\left\{\left[p(y_i|\theta, X_i, W_i)\right]^{-1}\Big|D\right\} \\ &- E_{\theta_1}\left\{\log\int\left[p(y_i|\theta, X_i, W_i)\right]^{-1} p(\theta_2|\theta_1, D)\mathrm{d}\theta_2\Big|D\right\}. \end{aligned} \tag{5.2.8}$$

其中 $p(\theta_2|\theta_1, D) = p(\theta_1, \theta_2|D)/\int p(\theta_1, \theta_2|D)\mathrm{d}\theta_2$. 为了利用 MCMC 样本估计 (5.2.8), 我们采用 Cho 等 (2009) 的方法, 具体过程如下: 首先, 利用 Gibbs 方法从参数 θ 的后验分布 $p(\theta|D)$ 中抽取样本 $\theta^{(j)} = (\theta_1^{(j)}, \theta_2^{(j)}), j = 1, \cdots, K$, 假设抽样算法在第 K_0 次时已经收敛, 则将 $(\theta_1^{(K_0+1)}, \cdots, \theta_1^{(K)})$ 作为从参数 θ_1 的边缘后验分布 $p(\theta_1|D)$ 中抽取的样本. 其次, 利用 Gibbs 方法从参数 θ 的后验分布 $p(\theta|D)$ 中抽取样本 $\theta^{(r)} = (\theta_1^{(r)}, \theta_2^{(r)}), r = 1, \cdots, R$, 假设抽样算法在第 R_0 次时已经收敛, 则将 $(\theta_2^{(R_0+1)}, \cdots, \theta_2^{(R)})$ 作为从参数 θ_2 的边缘后验分布 $p(\theta_2|\theta_1, D)$ 中抽取的样本. 最后, 对于每个 $\theta_1^{(j)} (j = K_0+1, \cdots, K)$, 将 $\theta_2^{(r)} (r = R_0+1, \cdots, R)$ 作为从 $p(\theta_2|\theta_1^{(j)}, D)$ 抽取的样本. 于是, 我们可以得到式 (5.2.8) 的 MCMC 近似形式为

$$\begin{aligned} \widehat{K}(P_1, P_{1(i)}) = &\log\left\{\frac{1}{K-K_0}\sum_{j=K_0+1}^{K}\frac{1}{p\left(y_i\Big|\theta_1^{(j)}, \theta_2^{(j)}, X_i, W_i\right)}\right\} \\ &- \frac{1}{K-K_0}\sum_{j=K_0+1}^{K}\log\left[\frac{1}{R-R_0}\sum_{r=R_0+1}^{R} p\left(y_i\Big|\theta_1^{(j)}, \theta_2^{(r)}, X_i, W_i\right)^{-1}\right], \end{aligned} \tag{5.2.9}$$

其中 $i = 1, \cdots, n$. 于是, 基于式 (5.2.9) 可以得到参数 α, β 和 γ 的相应 Bayes 估计的 K-L 距离, 由此即可度量第 i 个数据点 $(i = 1, \cdots, n)$ 对它们的 Bayes 估计的影响, 详见 5.5 节.

5.3 广义 ZI 泊松随机效应模型的 Bayes 估计及其 MCMC 算法

关于广义 ZI 泊松随机效应模型, 第 4 章已有比较详细的介绍, 具体模型参见模型 (4.1.1)~(4.1.2). 根据 4.1 节, 记 $y = (y_1, \cdots, y_n)^{\mathrm{T}}$, θ 为 α, β, γ 以及 Σ 中的

不同元素组成的向量. 则广义 ZI 泊松随机效应模型中关于参数 θ 的后验分布为

$$p(\theta|y) \propto p(y|\theta)p(\theta) = \left\{\prod_{i=1}^{n} p(y_i|\theta)\right\} p(\theta), \tag{5.3.1}$$

其中 $p(\theta)$ 是参数 θ 的先验分布密度函数. 由 4.1 节知 $p(y_i|\theta)$ 中涉及高维积分, 且一般没有显示表达式. 因此, 从式 (5.3.1) 出发研究参数 θ 的 Bayes 估计将很困难. 为此, 类似于第 4 章, 我们同时给出模型中参数 θ 和随机效应 $b=(b_1^{\mathrm{T}},\cdots,b_n^{\mathrm{T}})^{\mathrm{T}}$ 的 Bayes 估计. 该方法就是将随机效应 $b_i, i=1,\cdots,n$ 看成缺失数据, 然后基于完全数据 $\{y,b\}$ 进行 Bayes 统计推断.

5.3.1 先验分布

根据 Tanner 和 Wong (1987), Dagne (2004) 以及唐年胜和韦博成 (2007) 等文中的数据扩充方法, 基于完全数据 $\{y,b\}$, 考虑参数 θ 的后验分布

$$\begin{aligned} p(\theta|y,b) \propto & p(y,b|\theta)p(\theta) = \left\{\prod_{i=1}^{n} p(y_i,b_i|\theta)\right\} p(\theta) \\ & \propto \prod_{i=1}^{n}\left\{\prod_{j=1}^{n_i}\Big[\phi_{ij}+(1-\phi_{ij})f(0;\mu_{ij},\alpha)\Big]^{I_{\{y_{ij}=0\}}}\Big[(1-\phi_{ij})f(y_{ij};\mu_{ij},\alpha)\Big]^{I_{\{y_{ij}>0\}}}\right\} \\ & \quad \times \Big|\Sigma\Big|^{-1/2}\exp\left\{-\frac{1}{2}b_i^T\Sigma^{-1}b_i\right\} p(\theta). \end{aligned} \tag{5.3.2}$$

由式 (5.3.2) 可知, 为了得到 Bayes 分析中参数 θ 的后验分布, 必须先具体确定参数 θ 的先验分布. 在参数 θ 中, α 是零过多模型中非退化部分的散度参数, β 和 γ 是模型中固定效应部分的回归系数, Σ 是随机效应部分的协方差阵, 因此, 我们常假定他们相互独立. 于是参数 θ 的先验分布可写成

$$p(\theta) = p(\alpha)p(\beta)p(\gamma)p(\Sigma), \tag{5.3.3}$$

其中 $p(\alpha)$, $p(\beta)$, $p(\gamma)$ 和 $p(\Sigma)$ 分别为参数 α, β, γ 和 Σ 的先验分布, 并且 α, β 和 γ 的先验分布仍然具有式 (5.1.4)$\sim$ 式 (5.1.6) 所示的形式.

对于参数 Σ, 一般假定其先验分布为逆 Wishart 分布 $IW(R_0,k)$, 记 $p_0=p_3+p_4$, 则 R_0 为 $p_0\times p_0$ 正定阵, $k>p_0-1$ 是自由度, 且 R_0,k 假定已知. 于是 Σ 的先验分布密度函数为

$$p(\Sigma) \propto |\Sigma|^{-(k+p_0+1)/2}\exp\left\{-\frac{1}{2}\mathrm{tr}(R_0\Sigma^{-1})\right\}. \tag{5.3.4}$$

特别, 当随机效应 b_{1i} 和 b_{2i} 都是一维时, 则根据第 4 章的假定可知, 此时参数 $\Sigma=\mathrm{diag}(\sigma_1^2,\sigma_2^2)$. 于是, 可以假定参数 σ_1^2 和 σ_2^2 分别具有逆 Gamma 先验分布 $IG(\vartheta_1,\delta_1)$ 和 $IG(\vartheta_2,\delta_2)$, 其中参数 ϑ_1, ϑ_2, δ_1, δ_2 假定已知.

5.3.2 Bayes 估计及其 MCMC 算法

由式 (5.3.2) 和式 (5.3.3) 可知, 直接由此求解参数的 Bayes 估计仍然很困难, 为此, 我们仍然应用 Gibbs 抽样方法, 从 θ 和随机效应 b 的联合后验分布 $p(\theta, b|y)$ 中抽取 θ, b 的随机样本, 然后对参数进行 Bayes 统计分析.

根据式 (5.3.2) 和式 (5.3.4) 以及式 (5.1.4)~ 式 (5.1.6), 可以得到参数 α, β, γ, Σ 和随机效应 b 的联合后验分布为

$$
\begin{aligned}
&p(\alpha, \beta, \gamma, \Sigma, b|y) \\
\propto&\prod_{i=1}^{n}\left\{\prod_{j=1}^{n_i}\left[\phi_{ij}+(1-\phi_{ij})f(0;\mu_{ij},\alpha)\right]^{I_{\{y_{ij}=0\}}}\left[(1-\phi_{ij})f(y_{ij};\mu_{ij},\alpha)\right]^{I_{\{y_{ij}>0\}}}\right\} \\
&\times\left|\Sigma\right|^{-1/2}\exp\left\{-\frac{1}{2}b_i^{\mathrm{T}}\Sigma^{-1}b_i\right\} \\
&\times\left|\Sigma_\beta\right|^{-1/2}\exp\left\{-\frac{1}{2}(\beta-\beta_0)^{\mathrm{T}}\Sigma_\beta^{-1}(\beta-\beta_0)\right\} \\
&\times\left|\Sigma_\gamma\right|^{-1/2}\exp\left\{-\frac{1}{2}(\gamma-\gamma_0)^{\mathrm{T}}\Sigma_\gamma^{-1}(\gamma-\gamma_0)\right\} \\
&\times\left|\Sigma\right|^{-(k+p_0+1)/2}\exp\left\{-\frac{1}{2}\mathrm{tr}(R_0\Sigma^{-1})\right\}. \qquad (5.3.5)
\end{aligned}
$$

类似于 5.1.2 小节, 基于式 (5.3.5), 我们采用 MCMC 方法中应用最为广泛的 Gibbs 抽样来求解参数的 Bayes 估计. 为此, 根据式 (5.3.5) 可以得到 Gibbs 抽样中涉及参数 α, β, γ, Σ 以及随机效应 b 的条件后验分布分别为

$$
p(b|y,\theta)=\prod_{i=1}^{n}p(b_i|y_i,\theta)\propto\prod_{i=1}^{n}p(y_i|b_i,\theta)p(b_i|\theta), \qquad (5.3.6)
$$

$$
\begin{aligned}
p(b_i|y_i,\theta)\propto&\prod_{j=1}^{n_i}p(y_{ij}|b_i,\theta)p(b_i|\theta) \\
\propto&\prod_{j=1}^{n_i}\left[\phi_{ij}+(1-\phi_{ij})f(0;\mu_{ij},\alpha)\right]^{I_{\{y_{ij}=0\}}}\left[(1-\phi_{ij})f(y_{ij};\mu_{ij},\alpha)\right]^{I_{\{y_{ij}>0\}}} \\
&\times\exp\left\{-\frac{1}{2}b_i^{\mathrm{T}}\Sigma^{-1}b_i\right\}, \qquad (5.3.7)
\end{aligned}
$$

$$
\begin{aligned}
&p(\Sigma|y,b,\alpha,\beta,\gamma) \\
=&p(\Sigma|b)\propto p(b|\Sigma)p(\Sigma)=\left\{\prod_{i=1}^{n}p(b_i|\Sigma)\right\}p(\Sigma)
\end{aligned}
$$

$$\propto\left\{\prod_{i=1}^{n}\left|\Sigma\right|^{-1/2}\exp\left(-\frac{1}{2}b_i^{\mathrm{T}}\Sigma^{-1}b_i\right)\right\}\left|\Sigma\right|^{-(k+p_0+1)/2}\exp\left\{-\frac{1}{2}\mathrm{tr}\left(R_0\Sigma^{-1}\right)\right\}$$

$$=\left|\Sigma\right|^{-(k+p_0+n+1)/2}\exp\left\{-\frac{1}{2}\mathrm{tr}\left[\Sigma^{-1}\left(\sum_{i=1}^{n}b_ib_i^{\mathrm{T}}+R_0\right)\right]\right\}. \tag{5.3.8}$$

由此可得 $p(\Sigma|y,b,\alpha,\beta,\gamma)\sim IW\left(R_0+\sum_{i=1}^{n}b_ib_i^{\mathrm{T}},k+n\right)$.

$$p(\alpha|y,b,\beta,\gamma)\propto\prod_{i=1}^{n}\prod_{j=1}^{n_i}\left[\phi_{ij}+(1-\phi_{ij})f(0;\mu_{ij},\alpha)\right]^{I_{\{y_{ij}=0\}}}\left[f(y_{ij};\mu_{ij},\alpha)\right]^{I_{\{y_{ij}>0\}}}, \tag{5.3.9}$$

$$p(\beta|y,b,\alpha,\gamma)\propto\left\{\prod_{i=1}^{n}\prod_{j=1}^{n_i}\left[\phi_{ij}+(1-\phi_{ij})f(0;\mu_{ij},\alpha)\right]^{I_{\{y_{ij}=0\}}}\left[f(y_{ij};\mu_{ij},\alpha)\right]^{I_{\{y_{ij}>0\}}}\right\}$$
$$\times|\Sigma_\beta|^{-1/2}\exp\left\{-\frac{1}{2}(\beta-\beta_0)^{\mathrm{T}}\Sigma_\beta^{-1}(\beta-\beta_0)\right\}, \tag{5.3.10}$$

$$p(\gamma|y,b,\alpha,\beta)\propto\left\{\prod_{i=1}^{n}\prod_{j=1}^{n_i}\left[\phi_{ij}+(1-\phi_{ij})f(0;\mu_{ij},\alpha)\right]^{I_{\{y_{ij}=0\}}}\left(1-\phi_{ij}\right)^{I_{\{y_{ij}>0\}}}\right\}$$
$$\times\left|\Sigma_\gamma\right|^{-1/2}\exp\left\{-\frac{1}{2}(\gamma-\gamma_0)^{\mathrm{T}}\Sigma_\gamma^{-1}(\gamma-\gamma_0)\right\}. \tag{5.3.11}$$

特别, 当随机效应 b_{1i} 和 b_{2i} 都是一维时, 参数 $\Sigma=\mathrm{diag}(\sigma_1^2,\sigma_2^2)$, 于是参数 σ_1^2 和 σ_2^2 服从逆 Gamma 先验分布 $IG(\vartheta_1,\delta_1)$ 和 $IG(\vartheta_2,\delta_2)$, 由此可以得到他们的条件分布为

$$\begin{aligned}p(\sigma_1^2|y,b,\alpha,\beta,\gamma,\sigma_2^2)&=p(\sigma_1^2|y,b)\propto p(y,b|\sigma_1^2)p(\sigma_1^2)\\&\propto p(b|\sigma_1^2)p(\sigma_1^2)\propto\left[\prod_{i=1}^{n}p(b_{1i}|\sigma_1^2)\right]p(\sigma_1^2)\\&\propto\left[\prod_{i=1}^{n}\frac{1}{\sigma_1}\exp\left\{-\frac{b_{1i}^2}{2\sigma_1^2}\right\}\right]\left(\frac{1}{\sigma_1^2}\right)^{\vartheta_1+1}\exp\left(-\frac{\delta_1}{\sigma_1^2}\right)\\&=\left(\frac{1}{\sigma_1^2}\right)^{\frac{n}{2}+\vartheta_1+1}\exp\left\{-\frac{1}{\sigma_1^2}\left(\frac{\sum_{i=1}^{n}b_{1i}^2}{2}+\delta_1\right)\right\},\end{aligned}$$

因此 $p(\sigma_1^2|y,b,\alpha,\beta,\gamma,\sigma_2^2)\sim IG\left(\frac{n}{2}+\vartheta_1,\frac{\sum_{i=1}^{n}b_{1i}^2}{2}+\delta_1\right)$. 同理可得$p(\sigma_2^2|y,b,\alpha,\beta,\gamma,\sigma_1^2)\sim$

$$IG\left(\frac{n}{2}+\vartheta_2, \frac{\sum\limits_{i=1}^{n} b_{2i}^2}{2}+\delta_2\right).$$

由式 (5.3.7) 和式 (5.3.9)～ 式 (5.3.11) 可知, 条件分布 $p(b_i|y_i,\theta)$, $p(\alpha|y,b,\beta,\gamma)$, $p(\beta|y,b,\alpha,\gamma)$ 和 $p(\gamma|y,b,\alpha,\beta)$ 都是非标准分布且非常复杂, 因此无法直接从中抽取随机样本. 为此, 我们仍然采用 Metropolis-Hastings (MH) 算法解决此问题, 参见 5.1.2 小节.

对于条件分布 $p(\alpha|y,b,\beta,\gamma)$, 取建议分布为 $N(0,\sigma_\alpha^2\Omega_\alpha)$, 其中

$$\Omega_\alpha^{-1}=-\frac{\partial^2 l}{\partial\alpha^2},$$

该导数见 4.1.2 小节. 类似于唐年胜和韦博成 (2007) 以及 5.1.2 小节中的 MH 算法, 此时 MH 算法的具体过程如下: 给定参数 α 的第 t 步迭代值 $\alpha^{(t)}$, 从 $N(\alpha^{(t)},\sigma_\alpha^2\Omega_\alpha)$ 抽样得到 α^*, 并从均匀分布 $U[0,1]$ 中抽取随机数 φ, 若 $\varphi\leqslant\min\{1,p(\alpha^*|y,b,\beta,\gamma)/p(\alpha^{(t)}|y,b,\beta,\gamma)\}$, 则令 $\alpha^{(t+1)}=\alpha^*$, 否则令 $\alpha^{(t+1)}=\alpha^{(t)}$.

对于条件分布 $p(\beta|y,b,\alpha,\gamma)$, 取建议分布为 $N(0,\sigma_\beta^2\Omega_\beta)$, 其中

$$\Omega_\beta^{-1}=\Sigma_\beta^{-1}-\left\{\frac{\partial^2 l}{\partial\beta\partial\beta^{\mathrm{T}}}\right\}_{\beta=0},$$

这里的导数见 4.1.2 小节. 根据 MH 算法, 给定参数 β 的第 t 步迭代值 $\beta^{(t)}$, 从 $N(\beta^{(t)},\sigma_\beta^2\Omega_\beta)$ 抽样得到 β^*, 并从均匀分布 $U[0,1]$ 中抽取随机数 φ, 若 $\varphi\leqslant\min\{1,p(\beta^*|y,b,\alpha,\gamma)\,/p(\beta^{(t)}|y,b,\alpha,\gamma)\}$, 则令 $\beta^{(t+1)}=\beta^*$, 否则令 $\beta^{(t+1)}=\beta^{(t)}$.

对于条件分布 $p(\gamma|y,b,\alpha,\beta)$, 取建议分布为 $N(0,\sigma_\gamma^2\Omega_\gamma)$, 其中

$$\Omega_\gamma^{-1}=\Sigma_\gamma^{-1}-\left\{\frac{\partial^2 l}{\partial\gamma\partial\gamma^{\mathrm{T}}}\right\}_{\gamma=0},$$

这里的导数见 4.1.2 小节. 根据 MH 算法, 给定参数 γ 的第 t 步迭代值 $\gamma^{(t)}$, 从 $N(\gamma^{(t)},\sigma_\gamma^2\Omega_\gamma)$ 抽样得到 γ^*, 并从均匀分布 $U[0,1]$ 中抽取随机数 φ, 若 $\varphi\leqslant\min\{1,p(\gamma^*|y,b,\alpha,\beta)\,/p(\gamma^{(t)}|y,b,\alpha,\beta)\}$, 则令 $\gamma^{(t+1)}=\gamma^*$, 否则令 $\gamma^{(t+1)}=\gamma^{(t)}$.

对于条件分布 $p(b_i|y_i,\theta)$, 取建议分布为 $N(0,\sigma_b^2\Omega_b)$, 其中

$$\Omega_b^{-1}=-\left\{\frac{\partial^2 l}{\partial b_i\partial b_i^{\mathrm{T}}}\right\}_{b_i=0},$$

这里的导数见 4.1.2 小节. 根据 MH 算法, 给定 b_i 的第 t 步迭代值 $b_i^{(t)}$, 从 $N(b_i^{(t)},\sigma_b^2\Omega_b)$ 抽样得到 b_i^*, 并从均匀分布 $U[0,1]$ 中抽取随机数 φ, 若 $\varphi\leqslant\min\{1,p(b_i^*|y_i,\theta)/p(b_i^{(t)}\,|y_i,\theta)\}$, 则令 $b_i^{(t+1)}=b_i^*$, 否则令 $b_i^{(t+1)}=b_i^{(t)}$.

基于上述四个条件分布的 MH 算法以及式 (5.3.7)~ 式 (5.3.11), 有下面的 Gibbs 抽样算法:

(1) 给出参数初值 $\theta^{(0)}=\{\alpha^{(0)},\beta^{(0)},\gamma^{(0)},\Sigma^{(0)}\}$ 以及 $b^{(0)}=\{b_i^{(0)},i=1,\cdots,n\}$, 且令 $t=0$;

(2) 给定 $\theta^{(t)}$, 利用 MH 算法从条件分布 $p(b_i|y_i,\theta^{(t)})$ 中抽样得 $b_i^{(t+1)},i=1,\cdots,n$;

(3) 给定 $b^{(t+1)}=(b_1^{(t+1)},\cdots,b_n^{(t+1)})$, $\beta^{(t)}$, $\gamma^{(t)}$, 利用 MH 算法从条件分布 $p(\alpha|y,b^{(t+1)},\beta^{(t)},\gamma^{(t)})$ 中抽样得 $\alpha^{(t+1)}$;

(4) 给定 $b^{(t+1)}$, $\alpha^{(t+1)}$, $\gamma^{(t)}$, 利用 MH 算法从条件分布 $p(\beta|y,b^{(t+1)},\alpha^{(t+1)},\gamma^{(t)})$ 中抽样得 $\beta^{(t+1)}$;

(5) 给定 $b^{(t+1)}$, $\alpha^{(t+1)}$, $\beta^{(t+1)}$, 利用 MH 算法从条件分布 $p(\gamma|y,b^{(t+1)},\alpha^{(t+1)},\beta^{(t+1)})$ 中抽样得 $\gamma^{(t+1)}$;

(6) 给定 $b^{(t+1)}$, 从条件分布 $IW\left(R_0+\sum_{i=1}^{n}b_i^{(t+1)}(b_i^{(t+1)})^{\mathrm{T}},k+n\right)$ 中抽样得 $\Sigma^{(t+1)}$;

(7) 重复 (2)~(6) 步得到序列 $\{\alpha^{(t)},\beta^{(t)},\gamma^{(t)},\Sigma^{(t)},b^{(t)}:t=1,2,\cdots,K\}$.

在一定条件下, 当 K 充分大时, 如 $K>K_0$, $\{\alpha^{(t)},\beta^{(t)},\gamma^{(t)},\Sigma^{(t)},b^{(t)}:t=K_0+1,\cdots,K\}$ 可以看成来自于联合后验分布 $p(\theta,b|y)$ 的随机样本序列 (Geman and Geman, 1984), $\{\alpha^{(t)},\beta^{(t)},\gamma^{(t)},\Sigma^{(t)}:t=K_0+1,\cdots,K\}$ 为来自于后验分布 $p(\theta|y)$ 的样本序列. 类似于 5.1.2 小节, 利用 PSR 方法 (Gelman, 1996) 对上述 Gibbs 抽样算法的收敛性进行判断, 若所有参数的 PSR 值都小于 1.2, 则 Gibbs 抽样算法收敛.

假设上述 Gibbs 抽样算法在第 K_0 次时已经收敛, 则基于序列 $\{\alpha^{(t)},\beta^{(t)},\gamma^{(t)},\Sigma^{(t)},b^{(t)}:t=K_0+1,\cdots,K\}$ 可以得到参数 θ 和 b 的 Bayes 估计为

$$\widehat{\theta}=\frac{1}{K-K_0}\sum_{t=K_0+1}^{K}\theta^{(t)},\quad \widehat{b}=\frac{1}{K-K_0}\sum_{t=K_0+1}^{K}b^{(t)},$$

且参数 θ 和 b 的后验协方差阵的估计为

$$\widehat{\mathrm{Var}}(\theta|y)=\frac{1}{K-K_0-1}\sum_{t=K_0+1}^{K}(\theta^{(t)}-\widehat{\theta})(\theta^{(t)}-\widehat{\theta})^{\mathrm{T}},$$

$$\widehat{\mathrm{Var}}(b|y)=\frac{1}{K-K_0-1}\sum_{t=K_0+1}^{K}(b^{(t)}-\widehat{b})(b^{(t)}-\widehat{b})^{\mathrm{T}},$$

于是参数 θ 的标准误差可以利用 $\widehat{\mathrm{Var}}(\theta|x,w,y)$ 的主对角线上元素的平方根进行估计, 具体计算可参见 5.5 节.

5.4 广义 ZI 泊松随机效应模型基于数据删除模型的 Bayes 影响分析

第 4 章基于广义 Cook 距离讨论了广义 ZI 泊松随机效应模型的影响度量, 其出发点在于利用 BLUP 型似然函数研究某数据点删除前后对于参数估计的影响. 类似于 5.2 节, 在已有工作, 特别是 Cho 等 (2009) 和韦博成等 (1991) 文献的基础上, 我们基于 K-L 距离, 研究广义 ZI 泊松随机效应模型中 Bayes 估计基于数据删除模型的影响度量.

令 D 表示所有数据, $D_{(ij)}=\{x_{(ij)},w_{(ij)},y_{(ij)}\}$ 表示第 i 个个体第 j 次观测的数据点删除以后的数据. 这时类似于第 4 章, 我们将随机效应 b 看作有待估计的参数, 并记 $\tilde{\theta}$ 为由 θ 和 b 形成的向量. 令 $L(\tilde{\theta}|D)$ 表示基于所有数据的似然函数, $L(\tilde{\theta}|D_{(ij)})$ 表示第 i 个个体第 j 次观测的数据点删除以后的似然函数, 于是根据 5.3 节, 第 i 个个体第 j 次观测的数据点删除前后参数 θ 和随机效应 b 的联合后验分布分别表示为

$$p(\tilde{\theta}|D)\propto L(\tilde{\theta}|D)p(\tilde{\theta}), \tag{5.4.1}$$

$$p(\tilde{\theta}|D_{(ij)})\propto L(\tilde{\theta}|D_{(ij)})p(\tilde{\theta}), \tag{5.4.2}$$

其中式 (5.4.1) 的具体表达式可参见式 (5.3.5).

为了方便, 第 i 个个体第 j 次观测的数据点删除前后联合后验分布 $p(\tilde{\theta}|D)$ 和 $p(\tilde{\theta}|D_{(ij)})$ 分别记为 P 和 $P_{(ij)}$. 令 $K(P,P_{(ij)})$ 表示 P 和 $P_{(ij)}$ 之间的 K-L 距离, 则

$$K(P,P_{(ij)})=\int p(\tilde{\theta}|D)\log\left\{\frac{p(\tilde{\theta}|D)}{p(\tilde{\theta}|D_{(ij)})}\right\}\mathrm{d}\tilde{\theta}, \tag{5.4.3}$$

于是 $K(P,P_{(ij)})$ 可以度量第 i 个个体第 j 次观测的数据点删除前后参数 θ 和随机效应 b 的联合后验分布的差别, 从而说明第 i 个个体第 j 次观测的数据点对参数 Bayes 估计的影响.

根据 Cho 等 (2009), $K(P,P_{(ij)})$ 可以表示为

$$K(P,P_{(ij)})=\log E_{\tilde{\theta}}\left\{\frac{L(\tilde{\theta}|D_{(ij)})}{L(\tilde{\theta}|D)}\Big|D\right\}+E_{\tilde{\theta}}\left\{\log\left[\frac{L(\tilde{\theta}|D)}{L(\tilde{\theta}|D_{(ij)})}\right]\Big|D\right\}, \tag{5.4.4}$$

其中 $E_{\tilde{\theta}}\{\cdot|D\}$ 表示关于 $\tilde{\theta}$ 的联合后验分布的期望. 由于

$$\begin{aligned}\frac{L(\tilde{\theta}|D)}{L(\tilde{\theta}|D_{(ij)})}&=p(y_{ij}|\tilde{\theta},X_{ij},W_{ij})\\&=[\phi_{ij}+(1-\phi_{ij})f(0;\mu_{ij},\alpha)]^{I_{\{y_{ij}=0\}}}[(1-\phi_{ij})f(y_{ij};\mu_{ij},\alpha)]^{I_{\{y_{ij}>0\}}},\end{aligned} \tag{5.4.5}$$

因此有

$$K(P,P_{(ij)})=\log E_{\tilde{\theta}}\{[p(y_{ij}|\tilde{\theta},X_{ij},W_{ij})]^{-1}|D\}+E_{\tilde{\theta}}\{\log[p(y_{ij}|\tilde{\theta},X_{ij},W_{ij})]|D\}. \tag{5.4.6}$$

根据 5.3.2 小节介绍的 Gibbs 抽样方法, 从 $\tilde{\theta}$ 的联合后验分布中抽取的随机样本序列记为 $\{\tilde{\theta}^{(t)}:t=K_0+1,\cdots,K\}$, 由此可以得到式 (5.4.6) 的估计为

$$\begin{aligned}\widehat{K}(P,P_{(ij)})=&\log\left\{\frac{1}{K-K_0}\sum_{t=K_0+1}^{K}\frac{1}{p\left(y_{ij}\left|\tilde{\theta}^{(t)},X_{ij},W_{ij}\right.\right)}\right\}\\&+\frac{1}{K-K_0}\sum_{t=K_0+1}^{K}\log\left[p\left(y_{ij}\left|\tilde{\theta}^{(t)},X_{ij},W_{ij}\right.\right)\right],\quad i=1,\cdots,n,j=1,\cdots,n_i.\end{aligned} \tag{5.4.7}$$

由此即可度量第 i 个个体第 j 次观测的数据点 $(i=1,\cdots,n;\ j=1,\cdots,n_i)$ 对参数 θ 的 Bayes 估计的影响, 详见 5.5 节的实例分析.

令 $\tilde{\theta}=(\tilde{\theta}_1,\tilde{\theta}_2)$, 则类似于 5.2 节, 我们可以考虑研究第 i 个个体第 j 次观测的数据点对 $\tilde{\theta}_1$ 的影响. 记第 i 个个体第 j 次观测的数据点删除前后参数 $\tilde{\theta}_1$ 的边缘后验分布 $p(\tilde{\theta}_1|D)$ 和 $p(\tilde{\theta}_1|D_{(ij)})$ 分别为 P_1 和 $P_{1(ij)}$, 则 P_1 和 $P_{1(ij)}$ 之间的 K-L 距离为

$$K(P_1,P_{1(ij)})=\int p(\tilde{\theta}_1|D)\log\left\{\frac{p(\tilde{\theta}_1|D)}{p(\tilde{\theta}_1|D_{(ij)})}\right\}\mathrm{d}\tilde{\theta}_1, \tag{5.4.8}$$

于是 $K(P_1,P_{1(ij)})$ 可以度量第 i 个个体第 j 次观测的数据点对 $\tilde{\theta}_1$ 的边缘后验分布的影响. 类似地, 有

$$\begin{aligned}K(P_1,P_{1(ij)})=&\log E_{\tilde{\theta}}\left\{\left[p(y_{ij}|\tilde{\theta},X_{ij},W_{ij})\right]^{-1}\Big|D\right\}\\&-E_{\tilde{\theta}_1}\left\{\log\int\left[p(y_{ij}|\tilde{\theta},X_{ij},W_{ij})\right]^{-1}p(\tilde{\theta}_2|\tilde{\theta}_1,D)\mathrm{d}\tilde{\theta}_2\Big|D\right\},\end{aligned} \tag{5.4.9}$$

其中 $p(\tilde{\theta}_2|\tilde{\theta}_1,D)=p(\tilde{\theta}_1,\tilde{\theta}_2|D)/\int p(\tilde{\theta}_1,\tilde{\theta}_2|D)\mathrm{d}\tilde{\theta}_2$. 为了利用 MCMC 样本估计式 (5.4.9), 类似于 Cho 等 (2009), 我们首先利用 Gibbs 方法从 $\tilde{\theta}$ 的联合后验分布 $p(\tilde{\theta}|D)$ 中抽取样本 $\tilde{\theta}^{(t)}=(\tilde{\theta}_1^{(t)},\tilde{\theta}_2^{(t)}),t=1,\cdots,K$, 假设抽样算法在第 K_0 次已经收敛, 则将 $(\tilde{\theta}_1^{(K_0+1)},\cdots,\tilde{\theta}_1^{(K)})$ 作为从 $\tilde{\theta}_1$ 的边缘后验分布 $p(\tilde{\theta}_1|D)$ 中抽取的样本. 其次, 利用 Gibbs 方法从参数 $\tilde{\theta}$ 的联合后验分布 $p(\tilde{\theta}|D)$ 中抽取样本 $\tilde{\theta}^{(r)}=(\tilde{\theta}_1^{(r)},\tilde{\theta}_2^{(r)}),r=1,\cdots,R$, 假设抽样算法在第 R_0 次已经收敛, 则将 $(\tilde{\theta}_2^{(R_0+1)},\cdots,\tilde{\theta}_2^{(R)})$ 作为从 $\tilde{\theta}_2$ 的边缘后验分布 $p(\tilde{\theta}_2|\tilde{\theta}_1,D)$ 中抽取的样本. 最后, 对于每个 $\tilde{\theta}_1^{(t)}(t=K_0+1,\cdots,K)$,

将 $\tilde{\theta}_2^{(r)}(r=R_0+1,\cdots,R)$ 作为从 $p(\tilde{\theta}_2|\tilde{\theta}_1^{(t)},D)$ 抽取的样本. 于是, 我们可以得到式 (5.4.9) 的 MCMC 近似形式为

$$\begin{aligned}\widehat{K}(P_1,P_{1(ij)})=&\log\left\{\frac{1}{K-K_0}\sum_{t=K_0+1}^{K}\frac{1}{p\left(y_{ij}\middle|\tilde{\theta}_1^{(t)},\tilde{\theta}_2^{(t)},X_{ij},W_{ij}\right)}\right\}\\&-\frac{1}{K-K_0}\sum_{t=K_0+1}^{K}\log\left[\frac{1}{R-R_0}\sum_{r=R_0+1}^{R}p\left(y_{ij}\middle|\tilde{\theta}_1^{(t)},\tilde{\theta}_2^{(r)},X_{ij},W_{ij}\right)^{-1}\right],\end{aligned}\tag{5.4.10}$$

其中 $i=1,\cdots,n,j=1,\cdots,n_i$. 于是, 基于式 (5.4.10) 可以得到参数 α, β, γ 以及 Σ 的相应 K-L 距离. 由此即可度量第 i 个个体第 j 次观测的数据点 $(i=1,\cdots,n;\ j=1,\cdots,n_i)$ 对这些参数的 Bayes 估计的影响, 详见 5.5 节.

5.5 模拟研究和实例分析

本节将基于广义 ZI 泊松模型, 通过随机模拟和实际数据来说明前面几节中涉及 Bayes 方法和有关统计量的有效性和实际应用.

5.5.1 广义 ZI 泊松回归模型 Bayes 分析的模拟研究和实例分析

1) 先验分布对 Bayes 估计影响的模拟研究

根据模型 (3.1.1), 考虑 ZIGP 回归模型, 其中

$$\log\mu_i=X_i^{\mathrm{T}}\beta,\quad \mathrm{logit}(\phi_i)=W_i^{\mathrm{T}}\gamma,\quad i=1,\cdots,n.\tag{5.5.1}$$

在本项模拟研究中, 我们取参数的真值为 $\alpha=0.2$, $\beta^{\mathrm{T}}=(\beta_1,\beta_2)=(0.5,0.5)$, $\gamma^{\mathrm{T}}=(\gamma_1,\gamma_2)=(-0.3,0.3)$, $n=400$. 令 $X_i=(1,X_{1i})^{\mathrm{T}}$, $W_i=(1,X_{1i})^{\mathrm{T}}$. 首先从均匀分布 $U(0,1)$ 中产生 400 个随机数作为变量 X_{1i} 的值, 接着根据给定的参数值和 X_{1i} 的值从相应的 ZIGP 回归模型中产生 400 个随机数作为 y_i 的值, 并将上述过程重复 100 次.

为了研究先验分布对 Bayes 估计的影响, 类似于唐年胜和韦博成 (2007), 考虑如下几种情形:

情形 1 取参数 β 先验分布中超参数 β_0 为上面给定的 β 的真值, $\Sigma_\beta=0.2I$, 取参数 γ 先验分布中超参数 γ_0 为上面给定的 γ 的真值, $\Sigma_\gamma=0.2I$, 其中 I 是单位阵. 此种情形充分利用了参数的真值信息, 因此其先验信息很强.

情形 2 取超参数 $\beta_0=(0,0)^{\mathrm{T}}$, $\Sigma_\beta=0.2I$, $\gamma_0=(0,0)^{\mathrm{T}}$, $\Sigma_\gamma=0.2I$. 此种情况利用了参数的错误信息, 故此时考虑了不正确的先验信息.

情形 3 取超参数 $\beta_0=(0,0)^{\mathrm{T}}$, $\Sigma_\beta=1000I$, $\gamma_0=(0,0)^{\mathrm{T}}$, $\Sigma_\gamma=1000I$. 此种情形利用了参数的无信息先验.

根据上述三种情形, 利用 5.1 节的 Bayes 方法结合前面产生的 100 组随机数进行 100 次重复实验, 从而得到模型参数的 Bayes 估计. 在产生 α 随机样本时, 取 $\sigma_\alpha=5.4$, 该值使得从 α 的条件分布 (5.1.8) 中产生随机数的平均接受率为 0.25; 在产生 β 随机样本时, 取 $\sigma_\beta^2=1.2$, 该值使得从 β 的条件分布 (5.1.9) 中产生随机数的平均接受率为 0.235; 在产生 γ 随机样本时, 取 $\sigma_\gamma^2=6.1$, 该值使得从 γ 的条件分布 (5.1.10) 中产生随机数的平均接受率为 0.24. 为了检验产生的马尔可夫链的收敛性, 根据 Gelman (1996) 的研究, 我们分别从三个不同初值出发, 得到三条平行的马尔可夫链, 同时在每次迭代后计算 PSR 值, 可以发现, 当迭代次数在 5500 次时, 所有参数对应的 PSR 值都小于 1.2, 表明此时的马尔可夫链已经收敛. 为了保证收敛性, 我们迭代 12000 次, 舍去前面的 9000 次, 利用余下的 3000 次迭代值来估计参数. 具体结果列于表 5.5.1, 其中 bias 表示参数的 100 次重复实验中 Bayes 估计的平均值与参数真值的差, RMS 为参数 100 次重复实验中 Bayes 估计值与真值差的平方的平均值的算术平方根. 从表 5.5.1 中可以看出, 情形 1 下的 Bayes 估计较精确, 同时, 发现 Bayes 估计对先验信息不是太敏感. 这点与唐年胜, 韦博成 (2007) 的结果类似.

表 5.5.1 模拟研究的参数 Bayes 估计

参数	情形 1		情形 2		情形 3	
	bias	RMS	bias	RMS	bias	RMS
α	0.0337	0.0746	0.0376	0.0794	−0.0034	0.0495
β_1	−0.0271	0.1196	0.0088	0.1152	0.0130	0.1686
β_2	−0.0191	0.1789	−0.1219	0.2183	0.0079	0.2882
γ_1	−0.0716	0.1927	0.0500	0.1836	0.0208	0.3513
γ_2	−0.0295	0.2004	−0.1686	0.3373	−0.0394	0.3660

2) Bayes 估计基于数据删除模型影响度量的模拟研究

为了说明 5.2 节中方法的有效性, 我们沿用 3.6.1 小节中影响分析的随机模拟所用的数据, 进行 Bayes 影响分析的模拟研究. 在 Bayes 分析中, 取超参数 β_0 和 γ_0 分别为对应的极大似然估计, 且 $\Sigma_\beta=0.2I$ 和 $\Sigma_\gamma=0.2I$, 其中 I 是 2×2 单位阵. 在产生 α 随机样本时, 取 $\sigma_\alpha=5.5$, 该值使得产生随机数的平均接受率为 0.2690; 在产生 β 随机样本时, 取 $\sigma_\beta^2=3.1$, 该值使得产生随机数的平均接受率为 0.2460; 在产生 γ 随机样本时, 取 $\sigma_\gamma^2=6.5$, 该值使得产生随机数的平均接受率为 0.2780. 为了检验产生的马尔可夫链的收敛性, 根据 Gelman(1996) 的研究, 我们分别从三个不同初值出发, 得到三条平行的马尔可夫链, 同时在每次迭代后计算 PSR 值, 可以发现, 当迭代次数在 5000 次时, 所有参数对应的 PSR 值都小于 1.2, 表明此时的马尔可夫链已经收敛. 为了保证收敛性, 我们迭代 12000 次, 舍去前面的 9000 次, 利用余下的 3000 次迭代值来计算相关统计量的值.

经过计算, 得到 5.2 节中有关统计量的值, 具体结果列于图 5.5.1(a)~(e) 中, 其中, 图 (a) 显示的是在原始产生的数据下对应的 K-L 距离, 从中发现第 126 号点是一个强影响点, 而图 (b)~(e) 都是在变化之后的数据基础上得到的, 图 (b) 是关于所有参数的 K-L 距离的散点图, 图 (c)~(e) 分别是关于参数 α, β 和 γ 的 K-L 距离的散点图. 我们从图 5.5.1(b) 中发现, 除了数据中已有的影响点 126 号点被检测出来外, 第 112 和 169 号两个人造的异常点也被成功检测出来. 根据 Cho 等 (2009) 的建议, 我们从方程 $p_i=\{1+[1-\exp\{-2K(P,P_{(i)})\}]^{1/2}\}/2$ 计算出 p_i 的值, 该值满足 $0.5\leqslant p_i\leqslant 1$. 按照 Cho 等 (2009), 若 $p_i\gg 0.5$, 则相应的第 i 号观测点就是影响点. 基于此方程, 我们得到第 112, 126, 169 号点对应的 p_i 值分别为 0.8611, 0.8524, 0.8573, 显然他们明显大于 0.5. 这些结果表明相关统计量是有效的. 从图 5.5.1(c) 中发现只有原来的第 126 号点对参数 α 有显著影响, 此时 p_i 值为 0.8633. 从图 5.5.1(d) 中可以发现两个人造的异常点对参数 β 有显著影响, 且它们对应的 p_i 的值分别为 0.8373 和 0.8350, 都明显大于 0.5. 之所以第 112 和 169 号点对 β 影响较大, 可能原因是由于这两个点是通过改变它们对应协变量的值得到的. 但是从图 (e) 中却没有检测出哪个点影响较大. 另外, 这些结果和 3.5.1 小节中所得结论保持一致, 表明 5.2 节中的相关影响度量是有效的.

3) 实例分析

例 5.5.1　医院门诊数据 (续例 3.7.1).

例 3.7.1 基于 ZIGP 回归模型研究了数据的影响诊断. 为了说明 5.1 节和 5.2 节两节方法的有效性, 再次对此数据进行分析. 在 Bayes 分析中, 通常可取参数 β 和 γ 的极大似然估计作为先验分布中超参数 β_0 和 γ_0 的值; 另外我们取超参数 $\Sigma_\beta=0.2I$, $\Sigma_\gamma=0.8I$, 其中 I 为 19×19 单位阵. 在利用 MH 算法对参数的条件分布抽样时, 我们取 $\sigma_\alpha=4.8$, $\sigma_\beta^2=0.65$ 和 $\sigma_\gamma^2=2.3$, 它们使得抽样过程中随机样本的平均接受率分别为 0.2602, 0.2359, 0.2544. 为了判别 Gibbs 抽样算法的收敛性, 我们取三组不同的参数初值, 分别为参数 α, β 和 γ 的极大似然估计的 1 倍、2 倍和 3 倍. 由此产生三条平行的马尔可夫链, 通过计算得到所有参数的 PSR 值, 结果列于图 5.5.2 中, 其中由于开始迭代时产生的 PSR 值较分散且较大, 为此我们去掉前面 200 次迭代结果, 用余下的迭代数值作图. 从图 5.5.2 中可以看出, 当迭代次数在 4000 次时, 所有参数的 PSR 值都小于 1.2, 表明此时 Gibbs 算法已经收敛. 在计算参数的 Bayes 估计时, 取迭代次数为 20000 次, 舍去前面 15000 次, 用余下的 5000 次进行估计, 结果列于表 5.5.2 中, 可以看出, Bayes 估计与例 3.7.1 中得到的极大似然估计结果基本一致.

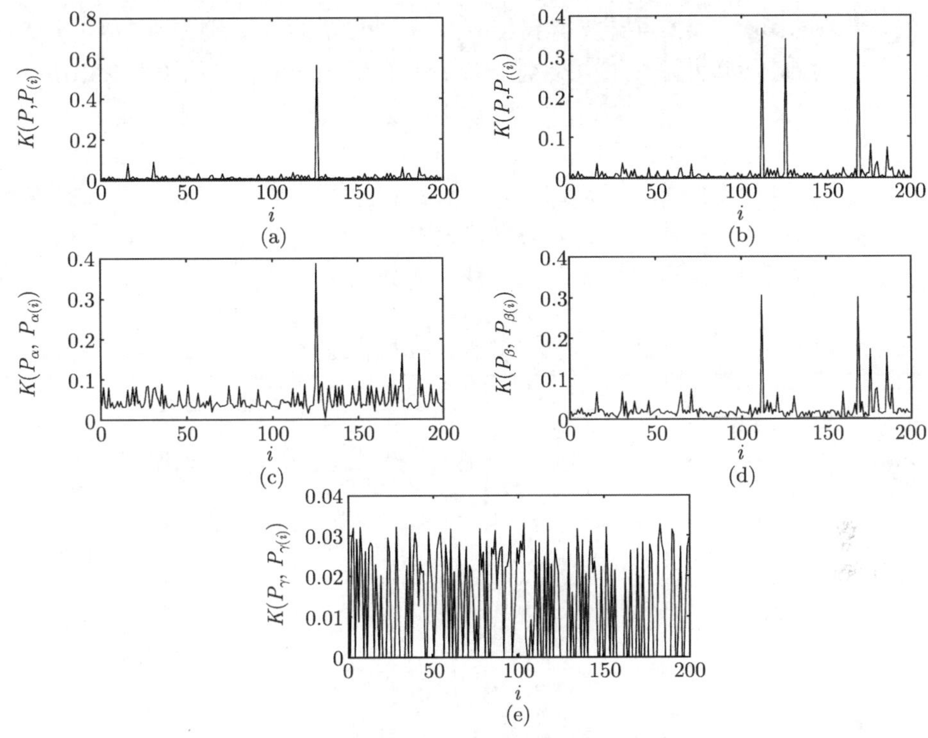

图 5.5.1 统计量的散点图

(a) 原始数据下 K-L 距离 $K(P, P_{(i)})$; (b) 数据变化后 K-L 距离 $K(P, P_{(i)})$; (c) 数据变化后参数 α 的 K-L 距离 $K(P_\alpha, P_{\alpha(i)})$; (d) 数据变化后参数 β 的 K-L 距离 $K(P_\beta, P_{\beta(i)})$; (e) 数据变化后参数 γ 的 K-L 距离 $K(P_\gamma, P_{\gamma(i)})$

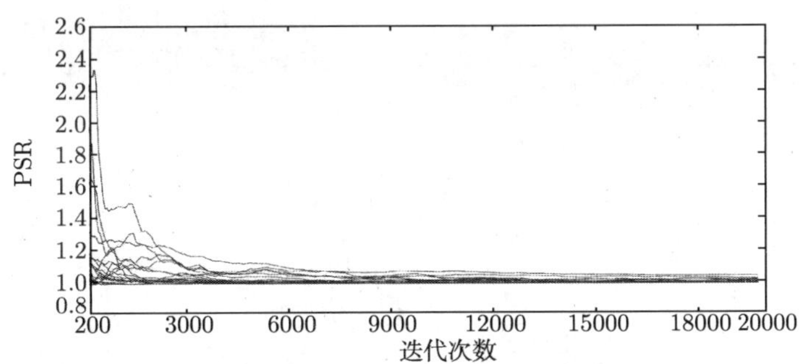

图 5.5.2 医院门诊数据中所有参数的 PSR 值

另外, 通过计算, 可以得到数据删除模型下 Bayes 估计影响诊断的结果, 列于图 5.5.3 (a)~(d) 中, 其中图 (a) 是关于所有参数的 K-L 距离的散点图, 图 (b)~(d) 分别是关于参数 α, β 和 γ 的 K-L 距离的散点图. 从图 5.5.3(a) 中可以看出, 第 37, 60,

158, 231 号点的影响较大, 且计算得到相应的 p_i 值 (见 (2)) 分别为 0.7884, 0.8150, 0.9088, 0.9075, 它们都明显大于 0.5, 进一步表明它们是影响点. 从图 5.5.3(b) 中可以得到第 60, 158, 231 号点对参数 α 的影响较大, 且相应的 p_i 值分别为 0.8903, 0.9456, 0.9100, 它们都明显大于 0.5. 图 5.5.3(c) 中检测出第 158, 231 号点对参数 β 的影响较大, 并且相应的 p_i 值分别为 0.8379, 0.9354, 它们也都明显大于 0.5. 从图 5.5.3(d) 中发现, 没有哪个点对参数 γ 有较大影响. 另外, 上述影响点在例 3.7.1 中也都被成功检测出来, 这也表明本章的方法是有效的.

表 5.5.2 医院门诊数据的 Bayes 估计

参数	Bayes 估计	标准差	参数	Bayes 估计	标准差
β_0	5.6191	0.6361	γ_1	−2.2752	0.5814
β_1	0.3003	0.1021	γ_2	0.4579	0.6859
β_2	−0.3977	0.2560	γ_3	−3.6642	0.3490
β_3	−0.8702	0.0938	γ_4	3.7706	0.6391
β_4	3.0875	0.8026	γ_5	0.9140	0.6411
β_5	1.0102	0.2821	γ_6	−0.1787	0.2108
β_6	−0.0595	0.0430	γ_7	−0.0999	0.3673
β_7	0.0286	0.0653	γ_8	−0.3064	0.6495
β_8	−1.4379	0.2979	α	1.4842	0.2173
γ_0	26.3058	0.6642			

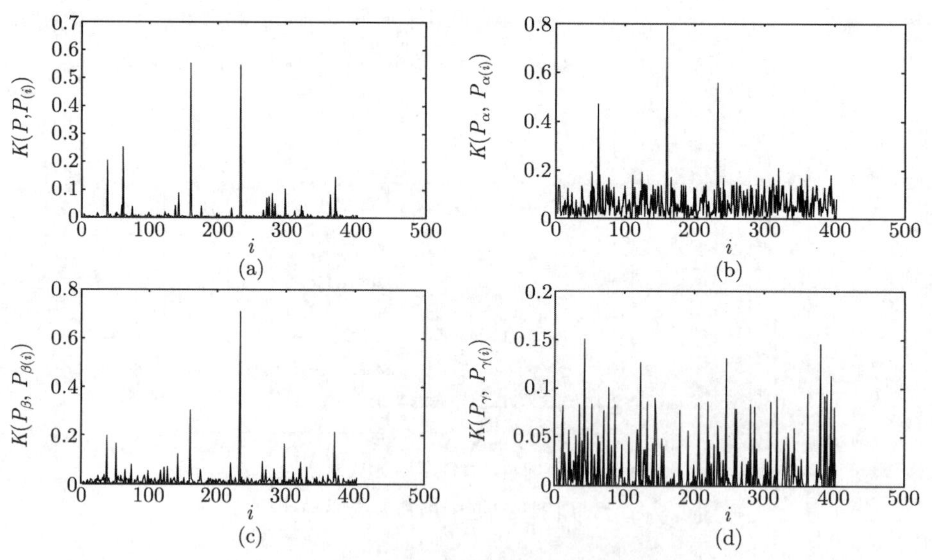

图 5.5.3 医院门诊数据中影响度量的散点图

(a) 所有参数的 K-L 距离 $K(P,P_{(i)})$; (b) 参数 α 的 K-L 距离 $K(P_\alpha,P_{\alpha(i)})$; (c) 参数 β 的 K-L 距离 $K(P_\beta,P_{\beta(i)})$; (d) 参数 γ 的 K-L 距离 $K(P_\gamma,P_{\gamma(i)})$

5.5.2 广义 ZI 泊松随机效应模型 Bayes 分析的模拟研究和实例分析

1) 先验分布对 Bayes 估计影响的模拟研究

根据模型 (4.1.1), 考虑 ZIGP 随机效应模型, 其中

$$\log \mu_{ij} = X_{ij}^{\mathrm{T}}\beta + b_{1i}, \quad \mathrm{logit}(\phi_{ij}) = W_{ij}^{\mathrm{T}}\gamma + b_{2i}, \quad i=1,\cdots,n, j=1,\cdots,n_i. \tag{5.5.2}$$

其中 $b_{1i} \sim N(0,\sigma_1^2)$, $b_{2i} \sim N(0,\sigma_2^2)$, 记 $b_i = (b_{1i}, b_{2i})$. 在此模拟研究中, 我们取参数的真值为 $\alpha = 0.2$, $\beta^{\mathrm{T}} = (\beta_1,\beta_2) = (0.5, 0.5)$, $\gamma^{\mathrm{T}} = (\gamma_1,\gamma_2) = (-0.3, 0.3)$, $\sigma_1^2 = 0.16$, $\sigma_2^2 = 0.16$, $n = 100$, $n_i = 10$. 令 $X_{ij} = (1, X_{1ij})^{\mathrm{T}}$, $W_{ij} = (1, X_{1ij})^{\mathrm{T}}$. 首先从均匀分布 $U(0,1)$ 中产生 100×10 个随机数作为变量 X_{1ij} 的值, 从 $N(0,\sigma_1^2)$ 中产生 100 个数作为 b_{1i} 的值, 从 $N(0,\sigma_2^2)$ 中产生 100 个数作为 b_{2i} 的值, 接着根据给定的参数值和 X_{1ij}, b_{1i}, b_{2i} 的值从相应的 ZIGP 随机效应模型中产生 100×10 个随机数作为 y_{ij} 的值, 并将上述过程重复 120 次.

为了研究先验分布对 Bayes 估计的影响, 类似于 5.5.1 小节的讨论, 考虑如下几种情形:

情形 1 取超参数 $\vartheta_1 = \vartheta_2 = \delta_1 = \delta_2 = 0.01$, β_0 为上面给定的 β 的真值, $\Sigma_\beta = 0.2I$, γ_0 为上面给定的 γ 的真值, $\Sigma_\gamma = 0.2I$, 其中 I 是单位阵. 此种情形充分利用了参数 β 和 γ 的真值信息, 因此其先验信息很强.

情形 2 取超参数 ϑ_1, ϑ_2, δ_1, δ_2 同情况 1, $\beta_0 = (0,0)^{\mathrm{T}}$, $\Sigma_\beta = 0.2I$, $\gamma_0 = (0,0)^{\mathrm{T}}$, $\Sigma_\gamma = 0.2I$. 此种情况利用了参数的错误信息, 故此时考虑了不正确的先验信息.

情形 3 取超参数 ϑ_1, ϑ_2, δ_1, δ_2 同情况 1, $\beta_0 = (0,0)^{\mathrm{T}}$, $\Sigma_\beta = 1000I$, $\gamma_0 = (0,0)^{\mathrm{T}}$, $\Sigma_\gamma = 1000I$. 此种情形利用了参数的无信息先验.

根据上述三种情形, 利用 5.3 节的 Bayes 方法结合前面产生的随机数进行 120 次重复实验, 从而得到模型参数的 Bayes 估计. 在产生 α 随机样本时, 取 $\sigma_\alpha = 5.4$, 该值使得从 α 的条件分布 (5.3.9) 中产生随机数的平均接受率为 0.235; 在产生 β 随机样本时, 取 $\sigma_\beta^2 = 5.5$, 该值使得从 β 的条件分布 (5.3.10) 中产生随机数的平均接受率为 0.25; 在产生 γ 随机样本时, 取 $\sigma_\gamma^2 = 6.1$, 该值使得从 γ 的条件分布 (5.3.11) 式中产生随机数的平均接受率为 0.239; 在产生 b_i 随机样本时, 取 $\sigma_b^2 = 0.055$, 该值使得从 b_i 的条件分布 (5.3.7) 中产生随机数的平均接受率为 0.248. 为了检验产生的马尔可夫链的收敛性, 根据 Gelman (1996) 的研究, 我们分别从三个不同初值出发, 得到三条平行的马尔可夫链, 同时在每次迭代后计算 PSR 值, 可以发现, 当迭代次数在 6500 次时, 所有参数对应的 PSR 值都小于 1.2, 表明此时的马尔可夫链已经收敛. 为了保证收敛性, 我们迭代 12000 次, 舍去前面的 9000 次, 利用余下的 3000 次迭代值来估计参数. 具体结果列于表 5.5.3, 从表 5.5.3 中可以看出, 情形 1 下的 Bayes 估计较精确, 同时, 发现 Bayes 估计对先验信息不是太敏感. 这点与表 5.5.1 的结果类似.

表 5.5.3 模拟研究的参数 Bayes 估计

参数	情形 1		情形 2		情形 3	
	bias	RMS	bias	RMS	bias	RMS
α	0.0152	0.0404	0.0143	0.0516	0.0214	0.0501
β_1	−0.0127	0.0945	0.0260	0.0957	−0.0179	0.1115
β_2	0.0351	0.1567	−0.0443	0.1491	0.0313	0.1814
γ_1	−0.0333	0.1526	0.0540	0.1631	−0.0891	0.2473
γ_2	−0.0200	0.1994	−0.1752	0.2673	0.0289	0.3328
σ_1^2	−0.0014	0.0091	−0.0004	0.0090	−0.0002	0.0089
σ_2^2	0.0027	0.0080	0.0028	0.0083	0.0032	0.0094

2) Bayes 估计基于数据删除模型影响度量的模拟研究

为了说明 5.4 节中方法的有效性, 我们沿用 4.8.1 小节中影响分析的随机模拟所用的数据, 进行 Bayes 影响分析的模拟研究. 假定这里感兴趣的参数是 α, β 和 γ. 在 Bayes 分析中, 取超参数 $\vartheta_1=\vartheta_2=\delta_1=\delta_2=0.01$, β_0 和 γ_0 分别取为对应的极大似然估计, 另外取 $\Sigma_\beta=0.2I$ 和 $\Sigma_\gamma=0.2I$, 其中 I 是 2×2 单位阵. 在产生 α 随机样本时, 取 $\sigma_\alpha=5.2$, 该值使得产生随机数的平均接受率为 0.2710; 在产生 β 随机样本时, 取 $\sigma_\beta^2=3.2$, 该值使得产生随机数的平均接受率为 0.2850; 在产生 γ 随机样本时, 取 $\sigma_\gamma^2=7.0$, 该值使得产生随机数的平均接受率为 0.2780; 在产生 b_i 随机样本时, 取 $\sigma_b^2=0.13$, 该值使得产生随机数的平均接受率为 0.2450. 为了检验产生的马尔可夫链的收敛性, 根据 Gelman (1996), 我们分别从三个不同初值出发, 得到三条平行的马尔可夫链, 同时在每次迭代后计算 PSR 值, 可以发现, 当迭代次数在 7000 次时, 所有参数对应的 PSR 值都小于 1.2, 表明此时的马尔可夫链已经收敛. 为了保证收敛性, 我们迭代 12000 次, 舍去前面的 9000 次, 利用余下的 3000 次迭代值来计算相关统计量的值.

经过计算, 我们得到 5.4 节中有关统计量的值, 具体结果列于图 5.5.4 (a)~(e) 中, 其中图 (a) 显示的是在原始产生的数据下对应的 K-L 距离, 从中发现第 286 和 358 号点是强影响点, 而图 (b)~(e) 都是在变化之后的数据基础上得到的, 图 (b) 是关于所有参数的 K-L 距离的散点图, 图 (c)~(e) 分别是关于参数 α, β 和 γ 的 K-L 距离的散点图. 我们从图 5.5.4(b) 中发现除了数据中已有的影响点第 286 和 358 号点被检测出来外, 第 45 和 165 号两个人造的异常点也被成功检测出来. 根据 Cho 等 (2009) 的建议, 我们从方程 $p_{ij}=\{1+[1-\exp\{-2K(P,P_{(ij)})\}]^{1/2}\}/2$ 得到第 45, 165, 286, 358 号点对应的 p_{ij} 值分别为 0.9441, 0.9639, 0.9393, 0.9530, 显然它们明显大于 0.5. 这些结果表明相关统计量是有效的. 从图 5.5.4(c) 中发现人造影响点第 165 号点和原来的影响点第 286 和 358 号点对参数 α 有显著影响, 且 p_{ij} 的值分别为 0.7962, 0.7944 和 0.8354, 都明显大于 0.5. 从图 5.5.4(d) 中可以发现只有第

45 号点对参数 β 有显著影响, 经过计算得到第 45 号点对应的 p_{ij} 的值为 0.9711, 显著大于 0.5. 另外, 我们从图 5.5.4(e) 中却没有检测出哪个点影响较大, 且他们的 p_{ij} 值中最大为 0.6888, 比较接近于 0.5, 这也进一步说明没有哪个点影响大. 上述结果和 4.8.1 小节中所得结论保持一致, 表明 5.4 节中方法是有效的.

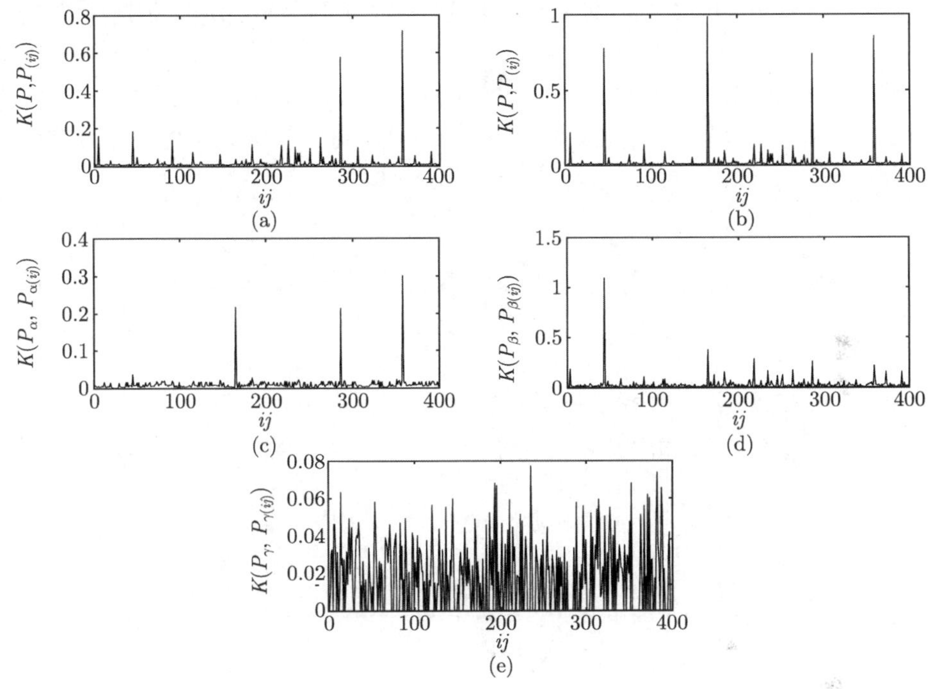

图 5.5.4 统计量的散点图

(a) 原始数据下 K-L 距离 $K(P,P_{(ij)})$; (b) 数据变化后 K-L 距离 $K(P,P_{(ij)})$; (c) 数据变化后参数 α 的 K-L 距离 $K(P_\alpha,P_{\alpha(ij)})$; (d) 数据变化后参数 β 的 K-L 距离 $K(P_\beta,P_{\beta(ij)})$; (e) 数据变化后参数 γ 的 K-L 距离 $K(P_\gamma,P_{\gamma(ij)})$

3) 实例分析

例 5.5.2 制药数据 (续例 4.9.1).

例 4.9.3 基于 ZIGP 随机效应模型研究了数据的影响诊断. 为了说明 5.3 节和 5.4 节两节方法的有效性, 再次对此数据进行分析. 在 Bayes 分析中, 我们将参数 β 和 γ 的极大似然估计作为此时它们先验分布中超参数 β_0 和 γ_0 的值, 同时取超参数 $\Sigma_\beta=0.2I$, $\Sigma_\gamma=0.2I$, 其中 I 为 3×3 单位阵, $\vartheta_1=\vartheta_2=\delta_1=\delta_2=0.01$. 在利用 MH 算法对参数的条件分布抽样时, 我们取 $\sigma_\alpha=7.0$, $\sigma_\beta^2=2.1$, $\sigma_\gamma^2=3.0$, $\sigma_b^2=0.046$. 它们使得抽样过程中随机样本的平均接受率分别为 0.2314, 0.2440, 0.2554, 0.2510. 为了判别 Gibbs 抽样算法的收敛性, 我们取三组不同的参数初值, 分别为参数极大似

然估计的 1 倍、0.5 倍和 0.1 倍. 由此产生三条平行的马尔可夫链, 通过计算得到所有参数的 PSR 值, 结果列于图 5.5.5 中, 其中由于开始迭代时产生的 PSR 值较分散且太大, 为此我们去掉前面 200 次迭代结果, 用余下的关于参数 α, β, γ 和 Σ 迭代数值作图. 从图 5.5.5 中可以看出, 当迭代次数在 6000 次时, 所有参数的 PSR 值都小于 1.2, 表明此时 Gibbs 算法已经收敛 (关于随机效应的迭代值对应的 PSR 在 6000 次时也都小于 1.2, 表明它们此时也已经收敛). 在计算参数的 Bayes 估计时, 取迭代次数为 20000 次, 舍去前面 10000 次, 用余下的 10000 次进行估计, 结果列于表 5.5.4 中, 可以看出, Bayes 估计与例 4.9.1 中得到的极大似然估计结果基本一致.

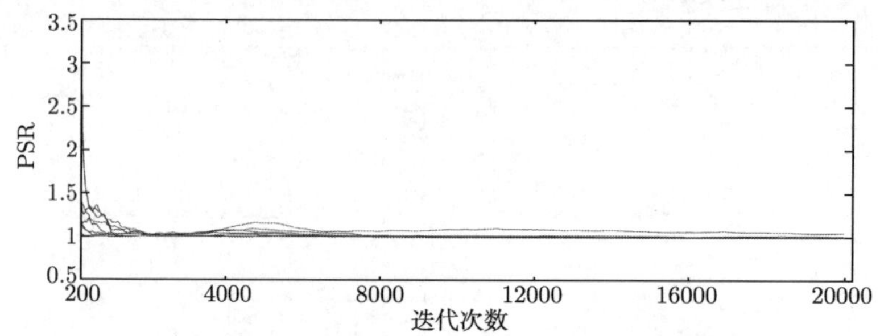

图 5.5.5 制药数据中参数 $\alpha,\beta,\gamma,\Sigma$ 的 PSR 值

表 5.5.4 制药数据的 Bayes 估计

参数	Bayes 估计	标准差	参数	Bayes 估计	标准差
β_0	−1.6677	0.2998	γ_2	0.2021	0.1760
β_1	0.7171	0.2347	σ_1^2	0.3845	0.0690
β_2	0.3231	0.1142	σ_2^2	1.9410	0.3200
γ_0	0.5718	0.4122	α	0.0342	0.0793
γ_1	−0.2919	0.3364			

另外, 通过计算, 可以得到数据删除模型下 Bayes 估计影响诊断的结果, 具体列于图 5.5.6 (a)~(d) 中, 其中图 (a) 是关于所有参数的 K-L 距离的散点图, 图 (b)~(d) 分别是关于参数 α, β 和 γ 的 K-L 距离的散点图. 从图 5.5.6(a) 中可以看出, 第 14, 64, 84, 101, 268, 388, 473, 491, 492, 594, 635 号点影响较大, 它们对应的 p_{ij} 值中最小的为 0.8359, 最大的为 0.9752, 显著大于 0.5, 且在这些点中, 我们发现第 14 和 594 号点的影响最大. 从图 5.5.6(b) 中可以看出, 第 14 和 388 号点对参数 α 影响显著, 同时第 84, 101, 473, 474, 492 号点也有较大影响, 另外它们对应的 p_{ij} 值中最小的为 0.7599, 最大的为 0.8541, 显著大于 0.5. 从图 5.5.6(c) 中可以看出, 第 14 号点对参数 β 影响最大, 同时第 64, 84, 176, 309, 624 和 672 号点也有较大影响, 它们对应的 p_{ij} 值中最小的为 0.8388, 最大的为 0.9417, 显著大于 0.5. 然而, 图 5.5.6(d) 中

却未能检测出哪个点对参数 γ 影响较大, 这点从它们对应的最大 p_{ij} 为 0.6612 也可以得到说明. 另外, 上面检测出的影响点在例 4.9.3 中基本上都被成功检测出来, 因此表明 Bayes 影响度量是有效的.

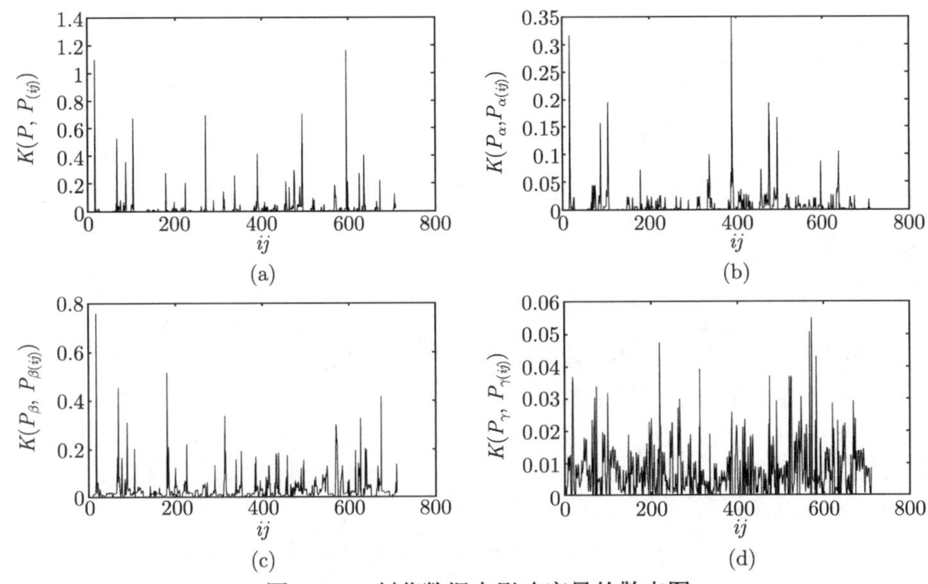

图 5.5.6　制药数据中影响度量的散点图

(a) 所有参数的 K-L 距离 $K(P, P_{(ij)})$; (b) 参数 α 的 K-L 距离 $K(P_\alpha, P_{\alpha(ij)})$; (c) 参数 β 的 K-L 距离 $K(P_\beta, P_{\beta(ij)})$; (d) 参数 γ 的 K-L 距离 $K(P_\gamma, P_{\gamma(ij)})$

5.6 小　结

本章研究了广义 ZI 泊松模型的 Bayes 统计分析. 首先, 利用 Gibbs 抽样和 MH 算法获得了来自于参数联合后验分布的随机样本序列, 从而得到广义 ZI 泊松回归模型和相应随机效应模型的 Bayes 估计. 其次, 利用 K-L 距离得到了 Bayes 估计基于数据删除模型的诊断统计量, 并通过随机模拟和实例说明了本章介绍的计算方法和所得诊断统计量的有效性和应用价值.

关于 Bayes 分析的统计诊断, 本章没有讨论局部影响分析方法. 事实上, 韦博成等 (1991) 曾经基于 K-L 距离研究了 Bayes 估计的局部影响分析方法, 特别是最近, Ibrahim 等 (2011) 和 Zhu 等 (2011) 进一步发展了 Bayes 局部影响分析方法, 他们针对不同的扰动模型, 建立了 Bayes 扰动流形, 在此基础上, 深入研究了相关统计模型中当数据、先验分布和抽样分布等因素发生微小扰动时的影响度量问题. 可以预期, 这些方法也可以应用于研究广义 ZI 泊松模型以及其他 ZI 模型的 Bayes 局部影响分析, 从而得到相应的诊断统计量.

参 考 文 献

陈家鼎, 孙山泽, 李东风. 2006. 数理统计讲义. 北京: 高等教育出版社.

林金官. 2002. 非线性模型的异方差和变离差检验. 南京: 东南大学博士学位论文.

茆诗松, 王静龙, 濮晓龙. 2006. 高等数理统计. 2 版. 北京: 高等教育出版社.

石磊. 1994. 多元正态模型的局部影响评价. 数理统计与应用概率, 3: 26–37.

唐年胜, 韦博成. 2007. 非线性再生散度模型. 北京: 科学出版社.

韦博成. 2006. 参数统计教程. 北京: 高等教育出版社.

韦博成, 林金官, 解锋昌. 2009. 统计诊断. 北京: 高等教育出版社.

韦博成, 鲁国斌, 史建清. 1991. 统计诊断引论. 南京：东南大学出版社.

韦博成, 解锋昌. 2006. ZI 纵向计数数据模型的影响分析. 应用概率统计, 22(3): 252–262.

解锋昌. 2011. 一类零过度数据的建模及诊断分析. 南京: 东南大学博士学位论文.

解锋昌, 韦博成. 2006. 多元 t 分布数据的局部影响分析. 应用概率统计, 22(2): 173–183.

解锋昌, 韦博成, 林金官. 2009. ZI 数据的统计分析综述. 应用概率统计, 25(6): 659–671.

Alonso A, Litiere S, Molenberghs G. 2008. A family of tests to detect misspecifications in the random-effects structure of generalized linear mixed models. Computational Statistics and Data Analysis, 52: 4474–4486.

Angers J F, Biswas A. 2003. A Bayesian analysis of zero-inflated generalized Poisson model. Computational Statistics and Data Analysis, 42: 37–46.

Ansari A, Jedidi K, Dube L. 2002. Heterogenous factor analysis models: a Bayesian approach. Psychometrika, 67: 49–78.

Arbogast P G, Lin D Y. 2005. Model-checking techniques for stratified case-control studies. Statistics in Medicine, 24: 229–247.

Berk K N, Lachenbruch P A. 2002. Repeated measures with zeros. Statistical Methods in Medical Research, 11: 303–316.

Berry D A. 1987. Logarithmic transformations in ANOVA. Biometrics, 43: 439–456.

Bohning D. 1998. Zero-inflated Poisson models and C.A.MAN: a tutorial collection of evidence. Biometrical Journal, 40: 833–843.

Bohning D, Dietz E, Schlattmann P. 1999. The zero-inflation Poisson and the decayed, missing and filled teeth index in dental epidemiology. Journal of the Royal Statistical Society, Series A, 162: 195–209.

Breslow N E. 1984. Extra Poisson variation in log-linear models. Applied Statistics, 33: 38–44.

Broek V J. 1995. A score test for zero inflation in a Poisson distribution. Biometrics, 51: 738–743.

Cai T, Zheng Y. 2007. Model checking for ROC regression analysis. Biometrics, 63: 152–163.

Cameron A C, Trivedi P K. 1986. Econometric models based on count data: comparisons and applications of some estimators and tests. Journal of Applied Econometrics, 1:

29–53.

Cameron A C, Trivedi P K. 1998. Regression Analysis of Count Data. Cambridge: Cambridge University Press.

Capanu M, Presnell B. 2008. Misspecification tests for binomial and beta-binomial models. Statistics in Medicine, 27: 2536–2554.

Carrasco J M F, Ortega E M M, Paula G A. 2008. Log-modified weibull regression models with censored data: sensitivity and residual analysis. Computational Statistics and Data Analysis, 52: 4021–4039.

Chen C F. 1983. Score test for regression models. Journal of the American Statistical Association, 78: 158–161.

Chesher A. 1983. The information matrix test: simplified calculation via a score test interpretation. Economics Letters, 13: 45–48.

Cheung Y B. 2002. Zero-inflated models for regression analysis of count data: a study of growth and development. Statistics in Medicine, 21: 1461–1469.

Cho H, Ibrahim J G, Sinha D, et al. 2009. Bayesian case influence diagnostics for survival models. Biometrics, 65: 116–124.

Christensen R. 1997. Log-Linear Models and Logistic Regression. New York: Springer-Verlag.

Cohen A. 1954. Estimation of the Poisson parameter from truncated samples and from censored samples. Journal of the American Statistical Association, 49: 158–168.

Consul P. 1989. Generalized Poisson Distributions. Properties and Applications. New York: Marcel Dekker.

Consul P C, Famoye F. 1992. Generalized Poisson regression model. Communication in Statistics-Theory and Methods, 2: 89–109.

Cook R D. 1977. Detection of influential observations in linear regression. Technometrics, 19: 15–18.

Cook R D. 1986. Assessment of local influence. Journal of the Royal Statistical Society Series B, 48: 133–169.

Cook R D, Weisberg S. 1982. Residuals and Influence in Regression. New York: Chapman and Hall.

Cook R D, Weisberg S. 1983. Diagnostics for heteroscedasticity in regression. Biometrika, 70: 1–10.

Cox D R. 1961. Tests of separate families of hypotheses. Berkeley, CA: University of California Press: 105–123.

Cox D R. 1962. Further results on tests of separate families of hypotheses. Journal of the Royal Statistical Society, Series B, 24: 406–424.

Cox D R, Hinkley D V. 1974. Theoretical Statistics. London: Chapman and Hall.

Dagne G A. 2004. Hierarchical Bayesian analysis of correlated zero-inflated count data.

Biometrical Journal, 46: 653–663.

Dalrymple M L, Hudson I L, Ford R P K. 2003. Finite mixture, zero-inflated poisson and hurdle models with application to SIDS. Computational Statistics and Data Analysis, 41: 491–504.

Davidian M, Giltinan D M. 1995. Nonlinear Models for Repeated Measurement Data. London: Chapman and Hall.

Deb P, Trivedi P. 1997. Demand for medical care by the elderly: a finite mixture approach. Journal of Applied Econometrics, 12: 313–336.

Deng D, Paul S R. 2000. Score tests for zero-inflation in generalized linear models. The Canadian Journal of Statistics, 27: 563–570.

Deng D, Paul S R. 2005. Score tests for zero-inflation and over-dispersion in generalized linear models. Statistica Sinica, 15: 257–276.

Dhaene G, Hoorelbeke D. 2004. The information matrix test with bootstrap-based covariance matrix estimation. Economics Letters, 82: 341–347.

Dietz E, Bohning D. 2000. On estimation of the poisson parameter in zero-modified poisson models. Computational Statistics and Data Analysis, 34: 441–460.

Diggle P J, Heagerty P J, Liang K Y, et al. 2002. Analysis of Longitudinal data. Oxford: Clarendon.

Efron B. 1986. Double exponential families and their use in generalized linear regression. Journal of the American Statistical Association, 81: 709–721.

Escobar L A, Meeker W Q. 1992. Assessing influence in regression analysis with censored data. Biometrics, 48: 507–528.

Fahrmeir L, Echavarria L O. 2006. Structured additive regression for overdispersed and zero-inflated count data. Applied Stochastic Models in Business and Industry, 22: 351–369.

Famoye F. 1993. Restricted generalized Poisson regression model. Communication in Statistics-Theory and Methods, 22: 1335–1354.

Famoye F, Singh K P. 2006. Zero-inflated generalized Poisson model with an application to domestic violence data. Journal of Data Science, 4: 117–130.

Famoye F, Wang W. 2004. Censored generalized Poisson regression model. Computational Statistics and Data Analysis, 46: 547–560.

Farewell V T, Sprott D A. 1988. The use of a mixture model in the analysis of count data. Biometrics, 44: 1191–1194.

Feng J, Zhu Z Y. 2011. Semiparametric analysis of longitudinal zero-inflated count data. Journal of Multivariate Analysis, 102: 61–72.

Galea M, Paula G A, Bolfarine H. 1997. Local infuence in elliptical linear regression models. The Statistician, 46: 71–79.

Galea M, Paula G A, Cysneiros F J. 2005. On diagnostics in symmetrical nonlinear models. Statistics and Probability Letters, 73: 459–467.

Gamerman D. 1997. Sampling from the posterior distribution in generalized linear mixed models. Statistics and computing, 7: 57–68.

Garay A M, Hashimoto E M, Ortega E M M, Lachos V H. 2011. On estimation and influence diagnostics for zero-inflated negative binomial regression models. Computational Statistics and Data Analysis, 55: 1304–1318.

Gelman A. 1996. Inference and monitoring convergence. London: Chapman and Hall.

Gelman A, Roberts G O, Gilks W R. 1995. Efficient Metropolis Jumping Rules. Oxford: Oxford University Press.

Gelman A, Rubin D B. 1992. Inference from iterative simulation using multiple sequences. Statistical Science, 7: 457–472.

Geman S, Geman D. 1984. Stochastic relaxation, Gibbs distribution, and the Bayesian restoration of images. IEEE Transactions on Pattern Analysis and Machine Intelligence, 6: 721–741.

Ghosh S K, Mukhopadhyay P, Lu J C. 2006. Bayesian analysis of zero-inflated regression models. Journal Statistical Planning and Inference, 136: 1360–1375.

Gilks W, Richardson S, Spiegelhalter D. 1996. Markov Chain Monte Carlo in Practice. New York: Chapman and Hall.

Greenwood M, Yule G U. 1920. An inquiry into the nature of frequency distributions of multiple happenings, etc. Journal of the Royal Statistical Society, 83: 255.

Gschlobl S, Czado C. 2008. Modelling count data with overdispersion and spatial effects. Statistical Papers, 49: 531–552.

Gupta P, Gupta R, Tripathi R C. 1996. Analysis of zero-adjusted count data. Computational Statistics and Data Analysis, 23: 207–218.

Gupta P L, Gupta R C, Tripathi R C. 2004. Score test for zero inflated generalized Poisson regression model. Communication in Statistics-Theory and Methods, 33: 47–64.

Gurmu S. 1997. Semi-parametric estimation of hurdle regression models with an application to medicaid utilization. Journal of Applied Econometrics, 12: 225–242.

Gurmu S, Elder J. 2008. A bivariate zero-inflated count data regression model with unrestricted correlation. Economics Letters, 100: 245–248.

Hall D B. 2000. Zero-inflated Poisson and binomial regression with random effects: a case study. Biometrics, 56: 1030–1039.

Hall D B, Berenhaut K S. 2002. Score tests for heterogeneity and overdispersion in zero-inflated poisson and binomial regression models. The Canadian Journal of Statistics, 30: 1–16.

Hall D B, Praestgaard J T. 2001. Order-restricted score tests for homogeneity in generalized linear and nonlinear mixed-effects models. Biometrika, 88: 739–751.

Hall D B, Wang L. 2005. Two-component mixtures of generalized linear mixed effects models for cluster correlated data. Statistical Modelling, 5: 21–37.

Hall D B, Zhang Z. 2004. Marginal models for zero inflated clustered data. Statistical Modelling, 4: 161–180.

Heilbron D. 1989. Generalized linear models for altered zero probabilities and over dispersion in count data. Technical Report, Department of Epidemiology and Biostatistics, University of California, San Francisco.

Heilbron D. 1994. Zero-altered and other regression models for count data with added zeros. Biometrics Journal, 36: 531–547.

Huang X Z. 2009. Diagnosis of random-effect model misspecification in generalized linear mixed models for binary response. Biometrics, 65: 361–368.

Hur K, Hedeker D, Henderson W, Khuri S, Daley J. 2002. Modeling clustered count data with excess zeros in health care outcomes research. Health Services and Outcomes Research Methodology, 3: 5–20.

Ibrahim J G, Zhu H T, Tang N S. 2011. Bayesian local influence for survival models. Lifetime Data Analysis, 17: 43–70.

Jansakul N, Hinde J P. 2002. Score tests for zero-inflated Poisson models. Computational Statistics and Data Analysis, 40: 75–96.

Johnson N, Kotz S. 1969. Distributions in Statistics: Discrete Distributions. Boston: Houghton Mifflin.

Johnson W, Geisser S. 1983. A predictive view of the detection and characterization of influential observations in regression analysis. Journal of the American Statistical Association, 78: 137–144.

Jung B C, Jhun M, Lee J W. 2005. Bootstrap tests for overdispersion in a zeros-inflated Poisson regression model. Biometrics, 61: 626–629.

Karlis D. 2001. A general EM approach for maximum likelihood estimation in mixed Poisson regression models. Statistical Modelling, 1: 305–318.

Kim S H, Chang C C H, Kim K H, Fine M J, Stone R A. 2012. BLUP(REMQL) estimation of a correlated random effects negative binomial hurdle model. Health Services and Outcomes Research Methodology DOI 10.1007/s10742-012-0083-0.

King G. 1989. Event count models for international relations: generalizations and applications. International Studies Quarterly, 33: 123–147.

Lai X, Yau K K W. 2009. Multilevel mixture cure models with random effects. Biometrical Journal, 51: 456–466.

Lambert D. 1992. Zero–inflated Poisson regression, with an application to defects in manufacturing. Technometrics, 34: 1–14.

Lam K F, Xue H Q, Cheung Y B. 2006a. Semiparametric analysis of zero-inflated count data. Research Report, Volume 424, Department of Statistics and Actuarial Science, The University of Hong Kong.

Lam K F, Xue H Q, Cheung Y B. 2006b. Semiparametric analysis of zero-inflated count data. Biometrics, 62: 996–1003.

Lancaster T. 1984. The covariance matrix of the information matrix test. Econometrics, 52: 1051–1053.

Lee A H, Wang K, Scott J A, et al. 2006. Multilevel zero-inflated Poisson regression modelling of correlated count data with excess zeros. Statistical Methods in Medical Research, 15: 47–61.

Lee A H, Wang K, Yau K K W. 2001. Analysis of zero-inflated Poisson data incorporating extent of exposure. Biometrical Journal, 43: 963–975.

Lee S Y, Wang S J. 1996. Sensitivity analysis of structural equation models. Psychometrika, 61: 93–108.

Leiva V, Barros M, Paula G A, Galea M. 2007. Infuence diagnostics in Log- Birnbaum-Saunders regression models with censored data. Computational Statistics and Data Analysis, 51: 5694–5707.

Lesaffre E, Verbeke G. 1998. Local influence in linear mixed models. Biometrics, 54: 570–582.

Li C S, Lu J C, Park J, Kim K, Brinkley P A, Peterson J P. 1999. Multivariate zero-inflated Poisson models and their applications. Technometrics, 41: 29–38.

Lin D Y, Wei L J, Ying Z. 1993. Checking the cox model with cumulative sums of martingale-based residuals. Biometrika, 80: 557–572.

Lin D Y, Wei L J, Ying Z. 2002. Model-checking techniques based on cumulative residuals. Biometrics, 58: 1–12.

Lin J G, Wei B C, Zhang N S. 2004. Varying dispersion diagnostics for inverse gaussian regression models. Journal of Applied Statistics, 31: 1157–1170.

Lin J G, Xie F C, Wei B C. 2009. Statistical diagnostics for skew-t-normal nonlinear models. Communications in Statistics-Simulation and Computation, 38: 2096–2110.

Lin J G, Zhu L X, Xie F C. 2009. Heteroscedasticity diagnostics for t linear regression models. Metrika, 70: 59–77.

Lin X. 1997. Variance component testing in generalized linear models with random effects. Biometrika, 84: 309–326.

Litiere S, Alonso A, Molenberghs G. 2007. Type I and type II error under random-effects misspecification in generalized linear mixed models. Biometrics, 63: 1038–1044.

Litiere S, Alonso A, Molenberghs G. 2008. The impact of a misspecified random-effects distribution on the estimation and the performance of inferential procedures in generalized linear mixed models. Statistics in Medicine, 27: 3125–3144.

Litiere S, Molenberghs G. 2008. A Sandwich-estimator test for misspecification in mixed effects models. Technical report 0658, Lap Statistics Network, Interumiversity Attraction Pole.

Liu J S. 2001. Monte Carlo Strategies in Scientific Computing. New York: Springer-Verlag.

Liu S. 2000. On local influence in elliptical linear regression models. Statistical Papers, 41: 211–224.

Loeys T, Moerkerke B, De Smet O, Buysse A. 2012. The analysis of zero-inflated count data: beyond zero-inflated Poisson regression. British Journal of Mathematical and Statistical Psychology, 65: 163–180.

McCullagh P, Nelder J A. 1989. Generalized Linear Models. 2nd ed. London: Chapman and Hall.

McGilchrist C A. 1994. Estimation in generalized mixed models. Journal of the Royal Statistical Society, Series B, 56: 61–69.

McGilchrist C A, Yau K K W. 1995. The derivation of BLUP, ML, REML estimation methods for generalized linear mixed models. Communications in Statistics-Theory and Methods, 24: 2963–2980.

Min Y, Agresti A. 2005. Random effect models for repeated measures of zero-inflated count data. Statistical Modelling, 5: 1–19.

Moghimbeigi A, Eshraghian M R, Mohammad K, et al. 2009. A score test for zero-inflation in multilevel count data. Computational Statistics and Data Analysis, 53: 1239–1248.

Morgan B J T, Palmer K J, Ridout M S. 2007. Negative score test statistic. The American Statistician, 61: 285–288.

Mullahy J. 1986. Specification and testing of some modified count data models. Journal of Econometrics, 33: 341–365.

Olsen M K, Schafer J L. 2001. A two-part random-effects model for semicontinuous longitudinal data. Journal of the American Statistical Association, 96: 730–745.

Ortega E M M, Cancho V G, Bolfarine H. 2006. Influence diagnostics in exponentiated-Weibull regression models with censored data. Statistics and Operations Research Transactions, 30: 172–192.

Osuna L E. 2004. Semiparametric bayesian count data models. Dissertation at the Faculty of Mathematics, Computer Sciences and Statistics, Ludwig-Maximilians-University, Munich.

Pan Z Y, Lin D Y. 2005. Goodness-of-fit methods for generalized linear mixed models. Biometrics, 61: 1000–1009.

Peng F, Dey D K. 1995. Bayesian analysis of outlier problems using divergence measures. The Canadian Journal of Statistics, 23: 199–213.

Pollard D. 1990. Empirical Processes: Theory and Applications. Hayward, California: Institute of Mathematical Statistics.

Poon W Y, Poon Y S. 1999. Conformal normal curvature and assessment of local influence. Journal of the Royal Statistical Society, Series B, 61: 51–61.

Pregibon D. 1981. Logistic regression diagnostics. The Annals of Statistics, 9: 705–724.

Rao C R. 2005. Score test: historical review and recent developments. In Advances in Ranking and Selection, Multiple Comparisons, and Reliability, N. Balakrishnan, N. Kannan and H. N. Nagaraja, eds. Birkhuser, Boston.

Ridout M, Demetrio C G B, Hinde J. 1998. Models for count data with many zeros. Invited paper, The Xixth International Biometric Conference, Cape Town, South Africa, 179–192.

Ridout M, Hinde J, Demetrio C G B. 2001. A score test for testing a zero-inflated Poisson regression model against Zero-inflated negative alternatives. Biometrics, 57: 219–223.

Roberts G O. 1996. Markov chain concepts related to sampling algorithm. London: Chapman and Hall.

Roberts G O, Rosenthal J S. 2001. Optimal scaling for various Metropolis-Hastings algorithms. Statistical Science, 16: 351–367.

Rodrigues J. 2006. Full Bayesian significance test for zero-inflated distributions. Communications in Statistics-Theory and Methods, 35: 299–307.

Royston P, Thompson S G. 1995. Comparing non-nested regression models. Biometrics, 51: 114–127.

Seber G A F, Wild C J. 1989. Nonlinear Regression. New York: Wiley.

Shankar V, Milton J, Mannereing F. 1997. Modeling accident frequencies as zero-altered probability processes: an empirical inquiry. Accident Analysis and Prevention, 29: 829–837.

Siddiqui O. 1996. Modeling clustered count and survival data with an application to a school-based smoking prevention study, PhD Dissertation, University of Illinois at Chicago.

Silvia L, Ferrari P, Cribari-neto F. 2004. Beta Regression for Modelling Rates and Proportions. Journal of Applied Statistics, 31, 799–815.

Simonoff J S, Tsai C L. 1994. Improved tests for nonconstant variance in regression based on the modified profile likelihood. Applied Statistics, 43: 357–370.

Singh S. 1963. A note on inflated Poisson distribution. Journal of the Indian Statistical Association, 1: 140–144.

Smyth G K. 1989. Generalized linear models with varying dispersion. Journal of the Royal Statistical Society, Series B, 51: 47–60.

Speed T. 1991. Comment on that BLUP is a good thing: the estimation of random efects. Statistical Science, 6, 42–44.

Street A, Jones A, Furuta A. 1999. Cost-sharing and pharmaceutical utilization and expenditure in Russia. Journal of Health Economics, 18: 459–472.

Stute W. 1997. Nonparametric model checks for regression. The Annals of Statistics, 25: 613–641.

Su J Q, Wei L J. 1991. A lack-of-fit test for the mean function in a generalized linear model. Journal of the American Statistical Association, 86: 420–426.

Tang N S, Wei B C, Wang X R. 2000. Influence diagnostics in nonlinear reproductive dispersion models. Statistics and Probability Letters, 46: 59–68.

Tang N S, Wei B C, Zhang W Z. 2006. Influence diagnostics in nonlinear reproductive dispersion mixed models. Statistics, 40: 227–246.

Tanner M A, Wong W H. 1987. The calculation of posterior distributions by data augmentation (with discussion). Journal of the American Statistical Association, 82: 528–540.

Terrell G R. 2002. The gradient statistic. Computing Science and Statistics, 34: 206–215.

Thall P F. 1992. Mixed Poisson likelihood regression models for longitudinal interval count data. Biometrics, 44: 197–209.

Thomas W, Cook R D. 1989. Assessing influence on regressing coefficients in generalized linear models. Biometrika, 76: 741–749.

Thomas W, Cook R D. 1990. Assessing influence on predictions from generalized linear models. Technometrics, 32: 59–65.

Tian L, Huang J. 2007. A two-part model for censored medical cost data. Statistics in Medicine, 26: 4273–4292.

Tsai C L. 1986. Score test for the first-order autoregressive model with heteroscedasticity. Biometrika, 73: 455–460.

van der Vaart A W, Wellner J A. 1996. Weak Convergence and Empirical Processes. New York: Springer-Verlag.

van Iersel M, Oetting R, Hall D B. 2000. Imidicloprid applications by subirrigation for control of silverleaf whitefly on poinsettia. Journal of Economic Entomology, 93: 813–819.

Verbeke G, Lesaffre E. 1997. The effect of misspecifying the random-effects distribution in linear mixed models for longitudinal data. Computational Statistics and Data Analysis, 23: 541–556.

Verbeke G, Molenberghs G. 2003. The use of score tests for inference on variance components. Biometrics, 59: 254–262.

Vieira A M C, Hinde J P, Demetrio C G B. 2000. Zero-inflated proportion data models applied to a biological control assay. Journal of Applied Statistics, 27: 373–389.

Wang K, Lee A H, Yau K K W, Carivick P J W. 2003. A bivariate zero-inflated Poisson regression model to analyze occupational injuries. Accident Analysis and Prevention, 35: 625–629.

Wang K, Yau K K W, Lee A H. 2002. A zero-inflated poisson mixed model to analyze diagnosis related groups with majority of same-day hospital stays. Computer Methods and Programs in Biomedicine, 68: 195–203.

Wang L. 2004. Parameter estimation for mixtures of generalized linear mixed-effects models. A Dissertation Submitted to the Graduate Faculty of The University of Georgia in Partial Fullment of the Requirements for the Degree Doctor of Philosophy, Athens, Georgia.

Wang P. 2003. A bivariate zero-inflated negative binomial regression model for count data with excess zeros. Economics Letters, 78: 373–378.

Wang W, Famoye F. 1997. Modeling household fertility decisions with generalized Poisson regression. Journal of Population Economics, 10: 273–283.

Wei B C. 1998. Exponential Family Nonlinear Models. Singapore: Springer-Verlag.

Wei B C, Shi J Q, Fung W K, Hu Y Q. 1998. Testing for varying dispersion in exponential family nonlinear models. Annals of the Institute of Statistical Mathematics, 50: 277–294.

Weiss R E. 1996. An approach to Bayesian sensitivity analysis. Journal of the Royal Statistical Society, Series B, 58: 739–750.

Weiss R E, Cho M. 1998. Bayesian marginal influence assessment. Journal of Statistical Planning and Inference, 71: 163–177.

Weiss R E, Cook R D. 1992. A graphical case statistic for assessing posterior influence. Biometrika, 79: 51–55.

Welsh A H, Cunningham R B, Donnelly C F, et al. 1996. Modelling the abundance of rare species: statistical models for counts with extra zeros. Ecological Modelling, 88: 297–308.

White H. 1982. Maximum likelihood estimation of misspecified models. Econometrica, 50: 1–25.

White H. 1994. Estimation, Inference, and Specification Analysis. New York: Cambridge University Press.

Winkelmann R, Zimmermann K F. 1995. Recent developments in count data modeling: theory and applications. Journal of Economic Surveys, 9: 1–24.

Woldie M, Folks J L, Chandler J P. 2001. Power function for inverse gaussian regression models. Communications in Statistics-Theory and Methods, 30: 787–797.

Wu C F J. 1983. On the convergence properties of the EM algorithm. The Annals of Statistics, 11: 95–103.

Xiang L, Lee A H, Yau K K W, et al. 2006. A score test for zero-inflation in correlated count data. Statistics in Medicine, 25: 1660–1671.

Xiang L, Lee A H, Yau K K W, et al. 2007. A score test for overdispersion in zero-inflated Poisson mixed regression model. Statistics in Medicine, 26: 1608–1622.

Xiang L M, Yau K K W, Lee A H, et al. 2005. Influence diagnostics for two-component Poisson mixture regression models: applications in public health. Statistics in Medicine, 24: 3053–3071.

Xie F C, Lin J G, Wei B C. 2009a. Diagnostics for skew-normal nonlinear regression models with AR(1) errors. Computational Statistics and Data Analysis, 53: 4403–4416.

Xie F C, Lin J G, Wei B C. 2010. Testing for varying zero-inflation and dispersion in generalized Poisson regression Models. Journal of Applied Statistics, 37: 1509–1522.

Xie F C, Lin J G, Wei B C. 2012a. Influence diagnostics for zero-inflated generalized Poisson regression models (submitted).

Xie F C, Lin J G, Wei B C. 2012b. Influence analysis for zero-inflated double Poisson regression models (submitted).

Xie F C, Lin J G, Wei B C. 2012c. Score tests for zero-inflated double Poisson regression models (submitted).

Xie F C, Lin J G, Wei B C. 2012d. Model checking for zero-inflated generalized Poisson regression models (submitted).

Xie F C, Lin J G, Wei B C. 2012e. A score test for zero-inflation in generalized Poisson mixed regression models (submitted).

Xie F C, Lin J G, Wei B C. 2012f. Homogeneity test for dispersion in zero-inflated generalized Poisson mixed regression model (submitted).

Xie F C, Lin J G, Wei B C. 2012g. Variance component testing in zero-inflated generalized Poisson mixed model (submitted).

Xie F C, Lin J G, Wei B C. 2012h. Model checking for zero-inflated generalized Poisson mixed models (submitted).

Xie F C, Lin J G, Wei B C. 2012i. Bayesian case influence diagnostics for zero-inflated generalized Poisson regression models (submitted).

Xie F C, Lin J G, Wei B C. 2012j. Bayesian case influence diagnostics for zero-inflated generalized Poisson mixed models (submitted).

Xie F C, Wei B C. 2007a. Diagnostics analysis in censored generalized Poisson regression model. Journal of Statistical Computation and Simulation, 77: 695–708.

Xie F C, Wei B C. 2007b. Diagnostics analysis for log-Birnbaum-Saunders regression models. Computational Statistics and Data Analysis, 51: 4692–4706.

Xie F C, Wei B C. 2008. Influence analysis for Poisson inverse Gaussian regression models based on the EM algorithm. Metrika, 67(1): 49–62.

Xie F C, Wei B C. 2009. Diagnostics for generalized Poisson regression models with errors in variables. Journal of Statistical Computation and Simulation, 79: 909–922.

Xie F C, Wei B C. 2010. Influence analysis for count data based on generalized Poisson regression models. Statistics, 44: 341–360.

Xie F C, Wei B C, Lin J G. 2007. Case-deletion influence measures for the data from multivariate t distributions. Journal of Applied Statistics, 34: 907–921.

Xie F C, Wei B C, Lin J G. 2008. Assessing influence for pharmaceutical data in zero-inflated generalized Poisson mixed models. Statistics in Medicine, 27: 3656–3673.

Xie F C, Wei B C, Lin J G. 2009b. Homogeneity diagnostics for skew-normal nonlinear regression models. Statistics and Probability Letters. 79: 821–827.

Xie F C, Wei B C, Lin J G. 2009c. Score tests for zero-inflated generalized Poisson mixed regression models. Computational Statistics and Data Analysis, 53: 3478–3489.

Xie M, He B, Goh H. 2001. Zero-inflated Poisson model in statistical process control. Computational Statistics and Data Analysis, 38: 191–201.

Yau K K W, Lee A H. 2001. Zero-inflated Poisson regression with random effects to evaluate an occupations injury prevention programme. Statistics in Medicine, 20: 2907–2920.

Yau K K W, Wang K, Lee A H. 2003. Zero-inflated negative binomial mixed regression modelling of over-dispersed count data with extra zeros. Biometrical Journal, 45: 437–452.

Yip K C H, Yau K K W. 2005. On modeling claim frequency data in general insurance with extra zeros. Insurance: Mathematics and Economics, 36: 153–163.

Zhang D, Lin X. 2007. Variance component testing in generalized linear mixed models for longitudinal/clustered data and other related topics // Dunson D. Model Selection in Linear Mixed Models. New York: Springer.

Zhu H T, Ibrahim J G, Shi X Y. 2009. Diagnostic measures for generalized linear models with missing covariates. Scandivian Journal of Statistics, 36: 686–712.

Zhu H T, Ibrahim J G, Tang N S. 2011. Bayesian influence analysis: a geometric approach. Biometrika, 98: 307–323.

Zhu H T, Ibrahim J G, Tang N S, et al. 2008. Diagnostic measures for empirical likelihood of general estimating equations. Biometrika, 95: 489–507.

Zhu H T, Lee S Y. 2001. Local influence for incomplete-data models. Journal of the Royal Statistical Society, Series B, 63: 111–126.

Zhu Z Y, Fung W K. 2004. Variance component testing in semiparametric mixed models. Journal of Multivariate Analysis, 91: 107–118.

名词索引

《现代数学基础丛书》已出版书目

(按出版时间排序)

1 数理逻辑基础(上册) 1981.1 胡世华 陆钟万 著
2 紧黎曼曲面引论 1981.3 伍鸿熙 吕以辇 陈志华 著
3 组合论(上册) 1981.10 柯 召 魏万迪 著
4 数理统计引论 1981.11 陈希孺 著
5 多元统计分析引论 1982.6 张尧庭 方开泰 著
6 概率论基础 1982.8 严士健、王隽骧 刘秀芳 著
7 数理逻辑基础(下册) 1982.8 胡世华 陆钟万 著
8 有限群构造(上册) 1982.11 张远达 著
9 有限群构造(下册) 1982.12 张远达 著
10 环与代数 1983.3 刘绍学 著
11 测度论基础 1983.9 朱成熹 著
12 分析概率论 1984.4 胡迪鹤 著
13 巴拿赫空间引论 1984.8 定光桂 著
14 微分方程定性理论 1985.5 张芷芬 丁同仁 黄文灶 董镇喜 著
15 傅里叶积分算子理论及其应用 1985.9 仇庆久等 编
16 辛几何引论 1986.3 J.柯歇尔 邹异明 著
17 概率论基础和随机过程 1986.6 王寿仁 著
18 算子代数 1986.6 李炳仁 著
19 线性偏微分算子引论(上册) 1986.8 齐民友 著
20 实用微分几何引论 1986.11 苏步青等 著
21 微分动力系统原理 1987.2 张筑生 著
22 线性代数群表示导论(上册) 1987.2 曹锡华等 著
23 模型论基础 1987.8 王世强 著
24 递归论 1987.11 莫绍揆 著
25 有限群导引(上册) 1987.12 徐明曜 著
26 组合论(下册) 1987.12 柯 召 魏万迪 著
27 拟共形映射及其在黎曼曲面论中的应用 1988.1 李 忠 著
28 代数体函数与常微分方程 1988.2 何育赞 著
29 同调代数 1988.2 周伯壎 著

30　近代调和分析方法及其应用　1988.6　韩永生　著
31　带有时滞的动力系统的稳定性　1989.10　秦元勋等　编著
32　代数拓扑与示性类　1989.11　马德森著　吴英青　段海鲍译
33　非线性发展方程　1989.12　李大潜　陈韵梅　著
34　反应扩散方程引论　1990.2　叶其孝等　著
35　仿微分算子引论　1990.2　陈恕行等　编
36　公理集合论导引　1991.1　张锦文　著
37　解析数论基础　1991.2　潘承洞等　著
38　拓扑群引论　1991.3　黎景辉　冯绪宁　著
39　二阶椭圆型方程与椭圆型方程组　1991.4　陈亚浙　吴兰成　著
40　黎曼曲面　1991.4　吕以辇　张学莲　著
41　线性偏微分算子引论(下册)　1992.1　齐民友　著
42　复变函数逼近论　1992.3　沈燮昌　著
43　Banach 代数　1992.11　李炳仁　著
44　随机点过程及其应用　1992.12　邓永录等　著
45　丢番图逼近引论　1993.4　朱尧辰等　著
46　线性微分方程的非线性扰动　1994.2　徐登洲　马如云　著
47　广义哈密顿系统理论及其应用　1994.12　李继彬　赵晓华　刘正荣　著
48　线性整数规划的数学基础　1995.2　马仲蕃　著
49　单复变函数论中的几个论题　1995.8　庄圻泰　著
50　复解析动力系统　1995.10　吕以辇　著
51　组合矩阵论　1996.3　柳柏濂　著
52　Banach 空间中的非线性逼近理论　1997.5　徐士英　李　冲　杨文善　著
53　有限典型群子空间轨道生成的格　1997.6　万哲先　霍元极　著
54　实分析导论　1998.2　丁传松等　著
55　对称性分岔理论基础　1998.3　唐　云　著
56　Gel'fond-Baker 方法在丢番图方程中的应用　1998.10　乐茂华　著
57　半群的 S-系理论　1999.2　刘仲奎　著
58　有限群导引(下册)　1999.5　徐明曜等　著
59　随机模型的密度演化方法　1999.6　史定华　著
60　非线性偏微分复方程　1999.6　闻国椿　著
61　复合算子理论　1999.8　徐宪民　著
62　离散鞅及其应用　1999.9　史及民　编著
63　调和分析及其在偏微分方程中的应用　1999.10　苗长兴　著

64 惯性流形与近似惯性流形 2000.1 戴正德 郭柏灵 著
65 数学规划导论 2000.6 徐增堃 著
66 拓扑空间中的反例 2000.6 汪 林 杨富春 编著
67 拓扑空间论 2000.7 高国士 著
68 非经典数理逻辑与近似推理 2000.9 王国俊 著
69 序半群引论 2001.1 谢祥云 著
70 动力系统的定性与分支理论 2001.2 罗定军 张 祥 董梅芳 编著
71 随机分析学基础(第二版) 2001.3 黄志远 著
72 非线性动力系统分析引论 2001.9 盛昭瀚 马军海 著
73 高斯过程的样本轨道性质 2001.11 林正炎 陆传荣 张立新 著
74 数组合地图论 2001.11 刘彦佩 著
75 光滑映射的奇点理论 2002.1 李养成 著
76 动力系统的周期解与分支理论 2002.4 韩茂安 著
77 神经动力学模型方法和应用 2002.4 阮炯 顾凡及 蔡志杰 编著
78 同调论——代数拓扑之一 2002.7 沈信耀 著
79 金兹堡-朗道方程 2002.8 郭柏灵等 著
80 排队论基础 2002.10 孙荣恒 李建平 著
81 算子代数上线性映射引论 2002.12 侯晋川 崔建莲 著
82 微分方法中的变分方法 2003.2 陆文端 著
83 周期小波及其应用 2003.3 彭思龙 李登峰 谌秋辉 著
84 集值分析 2003.8 李 雷 吴从炘 著
85 数理逻辑引论与归结原理 2003.8 王国俊 著
86 强偏差定理与分析方法 2003.8 刘 文 著
87 椭圆与抛物型方程引论 2003.9 伍卓群 尹景学 王春朋 著
88 有限典型群子空间轨道生成的格(第二版) 2003.10 万哲先 霍元极 著
89 调和分析及其在偏微分方程中的应用(第二版) 2004.3 苗长兴 著
90 稳定性和单纯性理论 2004.6 史念东 著
91 发展方程数值计算方法 2004.6 黄明游 编著
92 传染病动力学的数学建模与研究 2004.8 马知恩 周义仓 王稳地 靳 祯 著
93 模李超代数 2004.9 张永正 刘文德 著
94 巴拿赫空间中算子广义逆理论及其应用 2005.1 王玉文 著
95 巴拿赫空间结构和算子理想 2005.3 钟怀杰 著
96 脉冲微分系统引论 2005.3 傅希林 闫宝强 刘衍胜 著
97 代数学中的 Frobenius 结构 2005.7 汪明义 著

98　生存数据统计分析　2005.12　王启华　著
99　数理逻辑引论与归结原理(第二版)　2006.3　王国俊　著
100　数据包络分析　2006.3　魏权龄　著
101　代数群引论　2006.9　黎景辉　陈志杰　赵春来　著
102　矩阵结合方案　2006.9　王仰贤　霍元极　麻常利　著
103　椭圆曲线公钥密码导引　2006.10　祝跃飞　张亚娟　著
104　椭圆与超椭圆曲线公钥密码的理论与实现　2006.12　王学理　裴定一　著
105　散乱数据拟合的模型方法和理论　2007.1　吴宗敏　著
106　非线性演化方程的稳定性与分歧　2007.4　马　天　汪宁宏　著
107　正规族理论及其应用　2007.4　顾永兴　庞学诚　方明亮　著
108　组合网络理论　2007.5　徐俊明　著
109　矩阵的半张量积:理论与应用　2007.5　程代展　齐洪胜　著
110　鞅与 Banach 空间几何学　2007.5　刘培德　著
111　非线性常微分方程边值问题　2007.6　葛渭高　著
112　戴维-斯特瓦尔松方程　2007.5　戴正德　蒋慕蓉　李栋龙　著
113　广义哈密顿系统理论及其应用　2007.7　李继彬　赵晓华　刘正荣　著
114　Adams 谱序列和球面稳定同伦群　2007.7　林金坤　著
115　矩阵理论及其应用　2007.8　陈公宁　著
116　集值随机过程引论　2007.8　张文修　李寿梅　汪振鹏　高　勇　著
117　偏微分方程的调和分析方法　2008.1　苗长兴　张　波　著
118　拓扑动力系统概论　2008.1　叶向东　黄　文　邵　松　著
119　线性微分方程的非线性扰动(第二版)　2008.3　徐登洲　马如云　著
120　数组合地图论(第二版)　2008.3　刘彦佩　著
121　半群的 S-系理论(第二版)　2008.3　刘仲奎　乔虎生　著
122　巴拿赫空间引论(第二版)　2008.4　定光桂　著
123　拓扑空间论(第二版)　2008.4　高国士　著
124　非经典数理逻辑与近似推理(第二版)　2008.5　王国俊　著
125　非参数蒙特卡罗检验及其应用　2008.8　朱力行　许王莉　著
126　Camassa-Holm 方程　2008.8　郭柏灵　田立新　杨灵娥　殷朝阳　著
127　环与代数(第二版)　2009.1　刘绍学　郭晋云　朱　彬　韩　阳　著
128　泛函微分方程的相空间理论及应用　2009.4　王　克　范　猛　著
129　概率论基础(第二版)　2009.8　严士健　王隽骧　刘秀芳　著
130　自相似集的结构　2010.1　周作领　瞿成勤　朱智伟　著
131　现代统计研究基础　2010.3　王启华　史宁中　耿　直　主编

132 图的可嵌入性理论(第二版) 2010.3 刘彦佩 著
133 非线性波动方程的现代方法(第二版) 2010.4 苗长兴 著
134 算子代数与非交换 L_p 空间引论 2010.5 许全华、吐尔德别克、陈泽乾 著
135 非线性椭圆型方程 2010.7 王明新 著
136 流形拓扑学 2010.8 马 天 著
137 局部域上的调和分析与分形分析及其应用 2011.6 苏维宜 著
138 Zakharov 方程及其孤立波解 2011.6 郭柏灵 甘在会 张景军 著
139 反应扩散方程引论(第二版) 2011.9 叶其孝 李正元 王明新 吴雅萍 著
140 代数模型论引论 2011.10 史念东 著
141 拓扑动力系统——从拓扑方法到遍历理论方法 2011.12 周作领 尹建东 许绍元 著
142 Littlewood-Paley 理论及其在流体动力学方程中的应用 2012.3 苗长兴 吴家宏 章志飞 著
143 有约束条件的统计推断及其应用 2012.3 王金德 著
144 混沌、Mel'nikov 方法及新发展 2012.6 李继彬 陈凤娟 著
145 现代统计模型 2012.6 薛留根 著
146 金融数学引论 2012.7 严加安 著
147 零过多数据的统计分析及其应用 2013.1 解锋昌 韦博成 林金官 编著